"十三五"国家重点出版物出版规划项目
卓越工程能力培养与工程教育专业认证系列规划教材
（电气工程及其自动化、自动化专业）
军队院校优质课程配套教材

电　路

王向军　主　编
单潮龙　何　芳　副主编
嵇　斗　参　编

机械工业出版社

本书是依据"立足基础,精简理论,循序渐进,联系实际"的编写原则,为适应电气工程、自动化等专业领域知识面宽广的特点而编写的,主要内容包括电路模型和基尔霍夫定律、电阻电路的等效化简、电路的系统分析方法、电路定理、动态电路的时域分析、正弦稳态交流电路分析基础、互感器和变压器、谐振电路、三相电路、非正弦周期电流电路、二端口网络、动态电路的复频域分析等。每章都以应用电路实例引入,以分析实例相关电路结束,注重结合工程实际,启发学生思路,加深学生对相关理论的理解。

本书可作为高等学校电气类专业本科教材,也可作为电子信息类、计算机类专业阅读教材,以及供有关专业技术或工程应用人员阅读。

本书配有电子课件,欢迎选用本书作教材的老师发邮件至 jinacmp@163.com 索取,或登录 www.cmpedu.com 注册下载。

图书在版编目(CIP)数据

电路/王向军主编. —北京:机械工业出版社,2018.6(2023.1重印)

"十三五"国家重点出版物出版规划项目 卓越工程能力培养与工程教育专业认证系列规划教材. 电气工程及其自动化、自动化专业 军队院校优质课程配套教材

ISBN 978-7-111-59235-8

Ⅰ.①电… Ⅱ.①王… Ⅲ.①电路-高等学校-教材 Ⅳ.①TM13

中国版本图书馆 CIP 数据核字(2018)第 036135 号

机械工业出版社(北京市百万庄大街22号 邮政编码100037)
策划编辑:吉 玲 责任编辑:吉 玲 周金峰 王 荣 刘丽敏
责任校对:王明欣 封面设计:鞠 杨
责任印制:常天培
北京机工印刷厂有限公司印刷
2023年1月第1版第5次印刷
184mm×260mm・20.5 印张・498 千字
标准书号:ISBN 978-7-111-59235-8
定价:47.00元

凡购本书,如有缺页、倒页、脱页,由本社发行部调换

电话服务	网络服务
服务咨询热线:010-88379833	机 工 官 网:www.cmpbook.com
读者购书热线:010-88379649	机 工 官 博:weibo.com/cmp1952
	教育服务网:www.cmpedu.com
封面无防伪标均为盗版	金 书 网:www.golden-book.com

前　言

电路课程是电气类、电子信息类、计算机类专业的重要基础课程，本书侧重电气工程专业教学。电气工程专业是现代科技领域中的核心学科之一，从某种意义上讲，电气工程的发达程度代表着国家的科技进步水平。因此，电气工程的教育在国家高等教育教学中一直占据着十分重要的地位。传统的电气工程定义为用于创造产生电气与电子系统的有关学科的总和，而今天的电气工程则涵盖了几乎与电子、光子有关的所有工程行为。电气工程领域知识宽度的巨大增长，要求我们重新检查甚至重新构造电气工程的学科方向、课程设置、教材及教学内容，以使电气工程学科能有效地满足学生需求和社会需求。

国内院校电路课程是电气类、电子信息类、计算机类等专业学科必修的基础课，课程名称多为"电路原理""电路基础""电路分析基础"等。一般而言，"电路原理"侧重电路理论性、系统性，主要针对电气类强电专业，通常两学期授课；"电路分析基础"更侧重工程应用，主要针对电子信息类、计算机类等弱电专业，一学期授课。学习电路课程之前，需要进行大学物理（电磁部分）、高等数学（微积分、线性方程）等先导课程内容的学习。本书依据"立足基础，精简理论，循序渐进，联系实际"的编写原则，注重理论性、系统性，强调实用性、工程化。本书共12章，涵盖了电路分析的主要内容，书中标"*"号部分作为扩展内容供选修。为帮助读者学习相关理论并联系实际应用，每章开篇总括了该章的内容和要点，再以与该章节知识相关的实例引出问题，每章内容后附有实例应用，与导读思考相呼应，并附有每章小结和习题。

本书在编写过程中汲取了参考文献中各位专家、学者的许多经验，受益匪浅，在此一并表示感谢！

由于作者水平有限，本书结构和体系的安排、内容的取舍和叙述等方面恐有疏漏和不当之处，恳请读者指正。

编　者

目 录

前言
第1章 电路模型和基尔霍夫定律 ……… 1
[章前导读] ……… 1
[导读思考] ……… 1
1.1 电路与电路模型 ……… 2
1.1.1 电路的功能和电路的构成 ……… 2
1.1.2 电路模型 ……… 2
1.1.3 线性非时变集总参数电路 ……… 2
1.2 电流、电压及其参考方向 ……… 4
1.2.1 电流 ……… 4
1.2.2 电压 ……… 5
1.2.3 功率和能量 ……… 5
1.3 基尔霍夫定律 ……… 6
1.3.1 基尔霍夫电流定律 ……… 7
1.3.2 基尔霍夫电压定律 ……… 7
1.4 无源电路元件 ……… 8
1.4.1 电阻元件 ……… 9
1.4.2 电容元件 ……… 10
1.4.3 电感元件 ……… 13
1.5 有源电路元件 ……… 15
1.5.1 独立电源 ……… 15
1.5.2 受控源 ……… 18
[实例应用] ……… 20
本章小结 ……… 20
习题1 ……… 21

第2章 电阻电路的等效化简 ……… 25
[章前导读] ……… 25
[导读思考] ……… 25
2.1 单口网络等效化简的概念 ……… 26
2.1.1 端口 ……… 26
2.1.2 单口网络 ……… 26
2.1.3 单口网络的伏安特性 ……… 27
2.1.4 单口网络的等效电路 ……… 29
2.2 无源单口网络的等效化简 ……… 30
2.2.1 电阻串联的等效化简 ……… 30
2.2.2 电阻并联的等效化简 ……… 31
2.2.3 电阻混联的等效化简 ……… 34
2.3 电阻的Y联结和△联结的等效变换 ……… 36
2.3.1 Y和△联结 ……… 36
2.3.2 Y和△联结的等效互换 ……… 37
2.3.3 电桥电路及电桥平衡 ……… 39
2.4 有源单口网络的等效化简 ……… 42
2.4.1 独立电源串并联的等效化简 ……… 43
2.4.2 多余元件的概念 ……… 43
2.4.3 实际电源的两种模型及其等效变换 ……… 44
2.5 含受控源电路的等效化简 ……… 46
2.5.1 含受控源单口网络的等效电路 ……… 47
2.5.2 受控源单口网络两种电源形式的等效变换 ……… 48
[实例应用] ……… 49
本章小结 ……… 50
习题2 ……… 50

第3章 电路的系统分析方法 ……… 53
[章前导读] ……… 53
[导读思考] ……… 53
3.1 2b法和支路法 ……… 53
3.1.1 2b法 ……… 54
3.1.2 支路电流法 ……… 55
3.1.3 支路电压法 ……… 57
3.1.4 独立方程的选取 ……… 58
3.1.5 支路电流法的基本步骤 ……… 59
3.2 网孔法和回路法 ……… 60
3.2.1 网孔电流 ……… 61
3.2.2 网孔电流方程的列写 ……… 61
3.2.3 回路法 ……… 64

3.2.4 含有受控源的电阻电路回路方程列
写法 ……………………………… 65
3.3 节点法和改进的节点法 …………… 66
3.3.1 节点电压 ………………………… 66
3.3.2 节点法 …………………………… 67
3.3.3 改进的节点法 …………………… 70
3.3.4 含有受控源的电阻电路节点方程列
写法 ……………………………… 71
3.3.5 节点法与其他方法比较 ………… 73
[实例应用] ……………………………… 73
本章小结 ………………………………… 74
习题 3 …………………………………… 74

第 4 章 电路定理 …………………… 78
[章前导读] ……………………………… 78
[导读思考] ……………………………… 78
4.1 叠加定理 …………………………… 79
4.1.1 叠加定理的内容 ………………… 79
4.1.2 叠加定理的应用 ………………… 81
4.1.3 齐次性定理 ……………………… 84
4.2 替代定理 …………………………… 85
4.2.1 替代定理的内容 ………………… 85
4.2.2 替代定理的证明 ………………… 86
4.2.3 替代定理的要求 ………………… 87
4.2.4 替代定理的应用 ………………… 88
4.3 戴维南定理和诺顿定理 …………… 89
4.3.1 戴维南定理 ……………………… 89
4.3.2 诺顿定理 ………………………… 93
4.3.3 有源线性电阻单口网络的等效
电路 ……………………………… 95
4.3.4 最大功率传输定理 ……………… 97
4.4 特勒根定理和互易定理 …………… 100
4.4.1 特勒根定理 ……………………… 100
4.4.2 互易定理 ………………………… 103
*4.5 补偿定理 …………………………… 107
[实例应用] ……………………………… 109
本章小结 ………………………………… 109
习题 4 …………………………………… 110

第 5 章 动态电路的时域分析 …… 114
[章前导读] ……………………………… 114
[导读思考] ……………………………… 114
5.1 一阶电路的基本概念和换路定则 … 115
5.1.1 一阶电路的基本概念 …………… 115
5.1.2 换路定则与初始值的确定 ……… 115

5.2 一阶电路的零输入响应和零状态
响应 ………………………………… 117
5.2.1 RC 和 RL 电路的零输入响应 …… 117
5.2.2 RC 和 RL 电路的零状态响应 …… 122
5.3 一阶电路全响应和三要素法 ……… 125
5.3.1 全响应 …………………………… 125
5.3.2 三要素法 ………………………… 126
*5.4 一阶电路在正弦激励作用下的
响应 ………………………………… 127
5.5 阶跃响应和冲激响应 ……………… 129
5.5.1 阶跃函数与冲激函数 …………… 129
5.5.2 阶跃响应 ………………………… 131
5.5.3 冲激响应 ………………………… 132
*5.6 应用卷积积分法计算零状态响应 … 134
*5.7 二阶动态电路的响应 ……………… 139
5.7.1 二阶电路的零输入响应 ………… 139
5.7.2 二阶电路的零状态响应和全
响应 ……………………………… 147
[实例应用] ……………………………… 151
本章小结 ………………………………… 151
习题 5 …………………………………… 151

第 6 章 正弦稳态交流电路分析
基础 ……………………………… 156
[章前导读] ……………………………… 156
[导读思考] ……………………………… 156
6.1 正弦量的基本概念 ………………… 157
6.1.1 正弦量的三要素 ………………… 157
6.1.2 正弦量的相位差 ………………… 158
6.1.3 正弦量的有效值 ………………… 160
6.2 正弦量的相量表示 ………………… 161
6.2.1 复数的表示形式及运算 ………… 161
6.2.2 正弦量和相量 …………………… 163
6.2.3 同频率正弦量的运算 …………… 165
6.3 基尔霍夫定律和元件特性的相量
形式 ………………………………… 166
6.3.1 基尔霍夫定律的相量形式 ……… 166
6.3.2 元件特性方程的相量形式 ……… 167
6.4 阻抗与导纳 ………………………… 171
6.4.1 阻抗 ……………………………… 171
6.4.2 导纳 ……………………………… 172
6.4.3 阻抗和导纳的关系 ……………… 174
6.5 正弦交流电路的分析 ……………… 176
6.6 正弦交流电路的功率及最大功率

传输 ·················· 182
　6.6.1　正弦交流电路的功率 ········ 182
　6.6.2　最大功率传输 ············ 185
6.7　功率因数的提高 ·············· 186
［实例应用］ ···················· 189
本章小结 ······················ 189
习题 6 ························ 190

第 7 章　互感器和变压器 ········ 195
［章前导读］ ···················· 195
［导读思考］ ···················· 195
7.1　互感现象和耦合电感的伏安特性 ··· 196
　7.1.1　互感现象和耦合系数 ······ 196
　7.1.2　同名端与耦合电感的伏安特性 ··· 198
　7.1.3　正弦稳态条件下耦合电感元件的
　　　　伏安特性 ·············· 199
7.2　含耦合电感电路的分析 ········ 201
　7.2.1　耦合电感的串联 ·········· 201
　7.2.2　耦合电感的并联 ·········· 203
　7.2.3　耦合电感的 T 形等效 ······ 204
　7.2.4　含耦合电感元件一般电路的
　　　　分析 ·················· 205
7.3　空心变压器和理想变压器 ······ 206
　7.3.1　空心变压器 ············ 206
　7.3.2　全耦合变压器 ·········· 209
　7.3.3　理想变压器 ············ 211
［实例应用］ ···················· 215
本章小结 ······················ 216
习题 7 ························ 216

第 8 章　谐振电路 ·············· 222
［章前导读］ ···················· 222
［导读思考］ ···················· 222
8.1　串联谐振电路 ················ 223
　8.1.1　RLC 串联谐振电路 ········ 223
　8.1.2　频率响应 ·············· 225
　8.1.3　通频带 ················ 227
8.2　并联谐振电路 ················ 227
　8.2.1　GCL 并联谐振电路 ········ 227
　8.2.2　实用的并联谐振电路 ······ 230
［实例应用］ ···················· 232
本章小结 ······················ 233
习题 8 ························ 233

第 9 章　三相电路 ·············· 236

［章前导读］ ···················· 236
［导读思考］ ···················· 236
9.1　对称三相电路 ················ 236
　9.1.1　对称三相电源 ············ 236
　9.1.2　对称三相负载 ············ 239
　9.1.3　对称三相电路的计算 ······ 240
9.2　不对称三相电路 ·············· 242
　9.2.1　不对称三相电路概述 ······ 242
　9.2.2　不对称三相电路的一般计算
　　　　方法 ·················· 244
9.3　三相电路的功率及测量方法 ···· 245
　9.3.1　三相电路的功率 ·········· 245
　9.3.2　三相电路功率的测量方法 ··· 246
［实例应用］ ···················· 249
本章小结 ······················ 249
习题 9 ························ 250

第 10 章　非正弦周期电流电路 ···· 251
［章前导读］ ···················· 251
［导读思考］ ···················· 251
10.1　非正弦周期信号的傅里叶分解 ··· 251
　10.1.1　傅里叶级数的三角形式 ··· 252
　10.1.2　对称性的应用 ·········· 254
　10.1.3　频谱图 ················ 255
10.2　非正弦周期信号的有效值、平均值和
　　　功率 ···················· 255
　10.2.1　有效值 ················ 255
　10.2.2　平均功率 ·············· 256
10.3　非正弦周期电流电路的分析 ··· 258
［实例应用］ ···················· 261
本章小结 ······················ 261
习题 10 ······················ 262

第 11 章　二端口网络 ············ 264
［章前导读］ ···················· 264
［导读思考］ ···················· 264
11.1　二端口网络的方程与参数 ···· 265
　11.1.1　二端口网络参数与方程 ··· 265
　11.1.2　各组参数间的互换 ······ 271
11.2　二端口网络的等效与组合 ···· 272
　11.2.1　二端口网络的等效电路 ··· 272
　11.2.2　二端口网络的联结方式 ··· 273
11.3　接负载的二端口网络 ········ 275
　11.3.1　策动点阻抗 ············ 275
　11.3.2　转移函数 ·············· 276

11.4	回转器和负阻抗变换器	278	12.2.7 复频移性质	290
	11.4.1 回转器	278	12.3 拉普拉斯反变换	291
	11.4.2 负阻抗变换器	279	12.3.1 象函数的两种形式	292
[实例实用]		279	12.3.2 部分分式展开法求拉普拉斯反变换	293
本章小结		280	12.4 应用拉普拉斯变换分析线性时不变电路	299
习题 11		280		

第 12 章 动态电路的复频域分析　283

[章前导读] …… 283
[导读思考] …… 283
12.1 拉普拉斯变换 …… 284
　12.1.1 傅里叶变换在应用上的局限性 …… 284
　12.1.2 从傅里叶变换到拉普拉斯变换 …… 285
　12.1.3 拉普拉斯变换存在的条件与收敛域 …… 286
12.2 拉普拉斯变换的基本性质 …… 288
　12.2.1 线性性质 …… 288
　12.2.2 延时性质 …… 288
　12.2.3 时域微分性质 …… 289
　12.2.4 时域积分性质 …… 289
　12.2.5 时域卷积定理 …… 290
　12.2.6 尺度变换（时频展缩）性质 …… 290

　12.4.1 基尔霍夫定律的复频域形式 …… 299
　12.4.2 电路元件伏安关系的复频域形式 …… 300
　12.4.3 复频域阻抗与复频域导纳 …… 303
　12.4.4 线性时不变电路的复频域分析法 …… 304
　12.4.5 网络定理在复频域分析中的应用 …… 312
[实例应用] …… 315
本章小结 …… 315
习题 12 …… 315

附录　317

附录 A　法定单位 …… 317
附录 B　拉普拉斯变换表 …… 318

参考文献　319

第1章　电路模型和基尔霍夫定律

【章前导读】

本章主要介绍电路模型的概念、电压和电流的参考方向、基尔霍夫定律（包括基尔霍夫电流定律和基尔霍夫电压定律）和基本电路元件（包括电阻、电感、电容、电压源、电流源以及受控源）。电路理论主要研究的是电路模型，基尔霍夫定律和电路元件的特性是电路分析的基本依据。

【导读思考】

提到高电压，人人都知道高电压危险要远离，但是否人接触到高电压，就一定会触电呢？触电的关键在于人体的不同部位之间是否有电压，能否构成回路，是否有电流流过。

流过人体的电流大小、通电时间长短、频率高低及流过的身体部位都会对人体产生不同的影响。当电流只流过骨骼和肌肉时，会引起人体暂时麻痹，神经信号停止或产生不自觉的肌肉收缩，一般没有生命危险。当电流流过控制大脑供氧的神经和肌肉时，人体暂时麻痹可能会造成呼吸停止，突然的肌肉收缩会造成大脑供血暂停。这时必须紧急救援，否则几分钟内会引起死亡。对于电流和通电时间，国际电工委员会（IEC）通过测试，把30mA作为一个评判是否安全的界限。为安全起见，接触人体的电气设计一般将电流限制在几个毫安以内。表1-1是一篇医学报告经过严格测试后，做出的不同电流下人体生理反应的实验数据。

表1-1　不同电流下人体的生理反应

电流/mA	生理反应
3~5	仅仅能感觉
35~50	极端痛苦
50~70	肌肉麻痹
500	心跳停止

我们平常多说36V"安全电压"，为什么我们生活中常常提到的是"安全电压"而不是安全电流呢？因为通过人体的电流实在是既不好测量也不好计算，在实际应用中非常不方便。安全电压的提出是把人体看作一段电阻，建立电阻电路模型，遵循欧姆定律，有了电流作为上限，再根据人体电阻计算出来的。

如何建立电路模型？如何计算安全电压？学习电路模型及最基本的电路定律以后，在本章的实例应用中会给出详细的计算方法和答案。

1.1 电路与电路模型

1.1.1 电路的功能和电路的构成

电路也称电网络,它是电流的通路,是由一些电器元件相互连接而成的。每个电路都有其特定的功能。

电路的结构形式和所能完成的任务多种多样,但其功能可以归结为两类,一类是实现电能的传输和转换,典型的例子是电力系统;另一类是传递和处理信号,常见的例子如测量炉温的热电偶温度计、收音机、电视机等。不论电路的结构多么复杂,它们都由三大部分组成:电源或信号源、中间环节和负载。在传输和转换电能的电路里,电源是发电机或电池等,它们把其他形式的能量转换成电能;负载是电动机、电灯或电炉等,它们把电能转换成其他形式的能量;变压器和输电线是中间环节,是连接电源和负载的部分,它起传输和分配电能的作用。在传递和处理信号的电路中,信号源是热电偶、接收天线等,它们把温度、电磁波等信息转变成电压信号,而后通过中间环节(放大、调谐、检波、变频等各种电路)对信号进行传递和处理,最后送到负载(如毫伏计、扬声器、显像管等)还原为原始信息。

不论是用于电能的传输和转换,还是传递和处理信号,通常把电源或信号源的电压或电流称为激励,它推动电路工作;由激励在电路各部分产生的电压和电流称为响应。根据激励与响应之间的因果关系,有时又把激励称为输入,响应称为输出。

1.1.2 电路模型

实际电路都是由一些起不同作用的实际电路元件或器件所组成,如电阻器、电容器、线圈、开关、发电机、变压器、电动机、晶体管等,它们的电磁性质较为复杂。为了便于对实际电路进行分析和用数学方法对其特性进行描述,将实际元件理想化(或称模型化),即在一定条件下突出其主要的电磁性质,忽略次要因素,把它近似地看作理想电路元件(简称电路元件或元件)。如一个器件的主要效应表现为电能损耗,就可以用电阻元件来表示;对于主要效应表现为磁场能量储存的器件,可以用电感元件来表示;而对于主要效应表现为电场能量储存的器件,就可以用电容元件来表示。这样,电阻元件、电感元件和电容元件就是抽象化了的理想电路元件。

由一些理想电路元件所组成的电路,就是实际电路的电路模型。例如,图 1-1a 是一个蓄电池通过连接导线向一白炽灯供电的装置,是一个实际的电路,可以用图 1-1b 所示的电路作为它的电路模型。在这个模型中,蓄电池用一个电压为 U_S 的电源和一个与它串联的内阻 R_i 表示,白炽灯用一个电阻 R 表示。

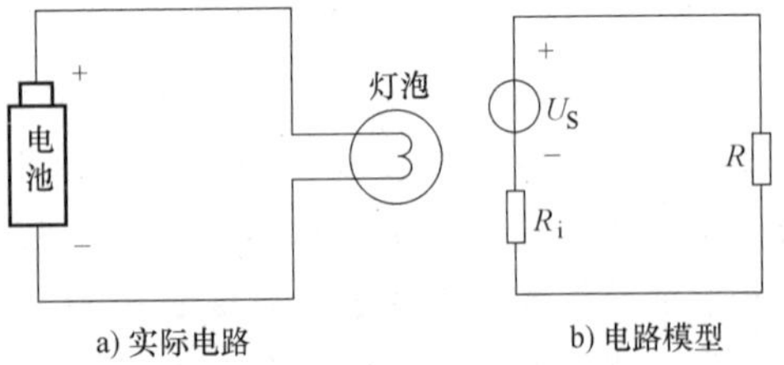

1.1.3 线性非时变集总参数电路

1. 线性电路

仅由线性元件组成的电路称为线性电路。线性电路最基本的特性是它具有叠加性(可加性)和均匀性(齐次性)。叠加性和均匀性的含

图 1-1 电路和电路模型图

义可以用图 1-2 来说明。

图 1-2 叠加性和均匀性说明图

图 1-2 中的方框表示电路，x 表示加在电路上的输入信号或称激励；y 表示电路对该输入信号产生的输出或称响应。叠加性的含义是：若激励 x_1 产生的激励为 y_1，激励 x_2 产生的激励为 y_2，则当 x_1 与 x_2 共同作用于电路时产生的响应为 y_1+y_2。均匀性的含义是：若激励 x 作用于电路产生的响应为 y，则激励 kx 作用于电路产生的响应必为 ky，k 为一常数。换句话说，线性电路在各个激励共同作用下的响应是各个激励所产生响应的加权之和。

严格地说，真正的线性电路在实际中是不存在的。但是大量的实际电路在一定条件下都可以近似视为线性电路。在电路理论中，对线性电路的研究已经有了相当长的历史，有了成熟的理论和方法。电路课程作为电路理论的入门课程，主要研究线性电路。

2. 非时变电路

组成电路的元件的参数不随时间变化的电路称为非时变电路，或者称为具有非时变特性的电路。所谓元件的非时变特性，是指函数 $y=f(x)$ 在 $y-x$ 平面上的特性曲线的位置不随时间而改变。对于非时变线性电路，若激励 $x(t)$ 的波形延迟一段时间 τ，则响应 $y(t)$ 的波形也只是延迟了一段时间 τ，如图 1-3 所示。

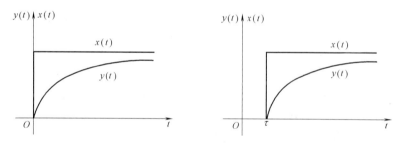

图 1-3 非时变特性说明图

3. 集总参数电路

电路理论主要研究电路中发生的电磁现象，用电流、电压（有时还用电荷、磁通）等电量来描述其中的过程。我们通常只关心各器件上流过的电流和端子间的电压，而不涉及器件内部的物理过程。这只有在满足集总化假设的条件下才是合理的。

实际器件、连接导线以及由它们连接成的实际电路都有一定的尺寸，占有一定的空间，而电磁能量的传播速度（$c=3\times10^8$ m/s）是有限的，如果电路尺寸 l 远小于电路最高工作频率 f 所对应的波长 $\lambda (\lambda = c/f)$，可以认为传送到实际电路各处的电磁能量是同时到达的。这时，与电磁波的波长相比，电路尺寸可以忽略不计。在这种假定条件下，可以证明在任意时刻流入各器件任一端子的电流和任意两个端子之间的电压都将是单值的量。在这种近似条件下，我们用足以反映其电磁性质，但几何尺寸又可忽略不计的理想电路元件或它们的组合来模拟实际电路中的器件。这种理想化的电路元件称为集总参数元件。

由集总参数元件连接组成的电路称为集总参数电路。通常所说的电路图是用"理想导线"将一些电路元件符号按一定规律连接组成的图形。电路图中元件符号的大小、连线的长短和形状都是无关紧要的,只要能正确地表明各电路元件之间的连接关系即可。

实际电路的几何尺寸相差甚大。对于电力输电线,其工作频率为 50Hz,相应的波长为 6000km,因而 30km 长的输电线只有波长的 1/200,可以看作是集总参数电路,而远距离输电线可长达数百乃至数千公里,就不能看作是集总参数电路。对于电视天线及其传输线来说,其工作频率为 10^8Hz 的数量级,譬如某电视频道的工作频率约为 200MHz,其相应的工作波长为 1.5m,这时 0.2m 长的输电线也不能看作是集总参数电路。对于非集总参数电路,需要用分布参数电路理论或电磁场理论来研究。

综合起来,具有线性非时变集总参数元件并用理想导线连接的电路模型称为线性非时变集总参数电路。

本书只讨论集总参数电路。

1.2 电流、电压及其参考方向

电路的电性能通常用一组可表示为时间函数的变量来描述,这些变量中最常用的是电流、电压和功率。在学习本节内容时要注意弄清楚电流电压的参考方向,这是一个重要概念。

1.2.1 电流

单位时间内通过导体横截面的电荷量定义为电流,用符号 i 表示,即

$$i = \frac{dq}{dt} \tag{1-1}$$

式中,q 为通过导体横截面的电荷量。当电流的大小和方向不随时间变化时,称为直流(恒定)电流,习惯上用大写字母 I 表示。

在国际单位制(SI)中,电荷量的单位是库仑(C),时间的单位是秒(s),电流的单位是安培(A)。

早期的科学家规定,电流的正方向是正电荷流动的方向。这个规定沿用至今。后来,科学家发现电流本质上是电子的定向运动,而电子是带负电荷的。因此,电流的正方向是与电子运动的方向相反的。但在具体电路中,电流的实际方向常常随时间不断变化;即使不随时间变化,某段电路中电流的实际方向也很难预先断定,因此,往往很难在电路中标明电流的实际方向。这就有必要引入电流"参考方向"的概念。

参考方向是任意假设的方向,也称为正方向。在电路图中以带箭头的实线表示电流的参考方向,如图 1-4 所示。参考方向选定后,电流就成为代数量。当参考方向与电流的实际方向(图 1-4 中带箭头的虚线)一致时,电流取正值($i>0$);反之,电流取负值($i<0$)。这样,在指定电流参考方向下,通过电流值的正或负,就可判断出电流的实际方向。显然,在未指定参考方向的情况下,电流值的正或负是没有意义的。表示电流参考方向的箭头通常标示于导线上,如图 1-4c 所示。

电流的参考方向也可用双下标表示,如 i_{ab},表示其参考方向为 a 指向 b。今后在电路图中只标明参考方向。

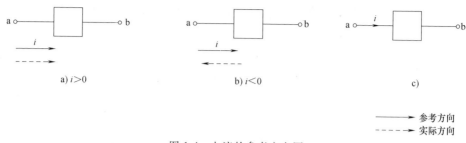

图 1-4 电流的参考方向图

1.2.2 电压

电路中,电场力将单位正电荷从某点移动到另一点所做的功定义为该两点之间的电压,也称电位差,用 u 表示,即

$$u = \frac{\mathrm{d}w}{\mathrm{d}q} \tag{1-2}$$

当电压的大小和方向不随时间变化时,称为直流(恒定)电压,通常用大写字母 U 表示。

如同电流一样,在分析电路时,也要预先假定电压的参考方向。在电路图中常用参考极性符号"+""−"表示,电压的参考方向由"+"极端指向"−"极端,电压的参考方向也可用带箭头的实线表示,如图 1-5 所示。参考方向一旦选定,电压也就成为代数量,有正负之分。当参考方向与电压的实际方向一致时,电压取正值($u>0$);反之,则电压取负值($u<0$)。电压的参考方向也可用双下标表示,如 u_{ab},表示 a 点为"+"极,b 点为"−"极。

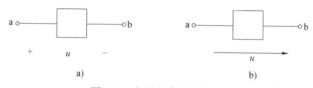

图 1-5 电压的参考方向图

在国际单位制(SI)中,电压的单位是伏特(V)。

电流、电压的参考方向在电路分析中起着十分重要的作用。电流、电压是代数量,既有数值又有与之相应的参考方向才有明确的物理意义。只有数值而无参考方向的电流、电压是没有意义的。

一个元件或一段电路上的电压、电流的参考方向可以分别独立地任意指定,如果其电流的参考方向和电压的参考方向取得一致

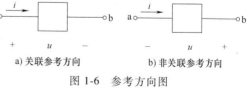

图 1-6 参考方向图

时,称为关联参考方向,如图 1-6a 所示。反之,则为非关联参考方向,如图 1-6b 所示。

1.2.3 功率和能量

功率与电压和电流密切相关。正电荷从电路元件上电压的"+"极移到"−"极是电场力对电荷做功的结果,这时元件吸收能量;反之,当正电荷从电路元件上电压的"−"极移

到"+"极,则必须由外力(化学力、电磁力等)对电荷做功以克服电场力,这时电路元件发出能量。

根据式(1-2),从 t_0 到 t 时间内,元件吸收的能量 w 为

$$w = \int_{q(t_0)}^{q(t)} u\,dq$$

在关联参考方向的情况下,由式(1-1)可得该元件吸收的能量为

$$w = \int_{t_0}^{t} ui\,dt \tag{1-3}$$

式中,u、i 都是时间的函数,并且是代数量,因此,w 也是时间的函数,也是代数量。

能量相对于时间的变化率称为电功率,简称功率。于是,电路元件吸收的功率 p 为

$$p = \frac{dw}{dt} = ui \tag{1-4}$$

需要注意的是,式(1-4)是在电流、电压为关联参考方向(见图1-6a)的情况下推得的。如果 $p>0$,表示元件吸收功率;如果 $p<0$,表示元件吸收的功率为负值,实际上它将发出功率。如果电流、电压为非关联参考方向,如图1-6b所示,式(1-4)应当改写为

$$p = -ui \tag{1-5}$$

在这种情况下,计算出的 $p>0$ 时,元件也是吸收功率;$p<0$ 时,元件还是发出功率。

在国际单位制(SI)中,能量的单位是焦耳(J),功率的单位为瓦特(W)。

1.3 基尔霍夫定律

电路是由一些电路元件相互连接构成的总体。电路中各个元件的电压和电流受到两类约束。一类是元件的相互连接给元件电流之间和元件电压之间带来的约束,称为拓扑约束,这类约束由基尔霍夫定律体现。另一类是元件的特性形成的约束,即每个元件上的电压与电流自身存在一定的关系,称为元件约束。本节先讨论前者,元件约束在后面几节讨论。

基尔霍夫定律是分析集总参数电路的重要定律,是电路理论的基石。为了便于对定律进行阐述,先介绍几个有关的电路术语。

(1)支路 电路的任何一个分支称为支路。一条支路可以是一个元件,也可以由几个元件串联组成。一条支路上的各元件都流过同一个电流。如图1-7所示的电路中共有5条支路。

(2)节点 电路中三条或三条以上支路的连接点,称为节点。如图1-7所示的电路中,1、2、3均是节点,共有3个节点。

(3)回路 电路中由若干条支路构成的闭合路径,称为回路。如图1-7所示的电路中共有7个回路。例如闭合路径1321是回路,43214也是回路,其他回路请读者自行找出。

(4)网孔 平面电路中没有支路穿过其中的回路,称为网孔。如图1-7所示的电路中共有3个网孔。网孔

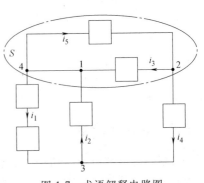

图1-7 术语解释电路图

属于回路,但回路不一定是网孔。例如闭合路径 43214 是回路,但它不是网孔。

1.3.1 基尔霍夫电流定律

基尔霍夫电流定律(Kirchhoff's Current Law,KCL)可表述为:对于集总参数电路中的任一节点,在任意时刻,流出该节点的电流之和等于流入该节点的电流之和,即

$$\sum i_{\text{入}} = \sum i_{\text{出}} \tag{1-6}$$

例如,对图 1-7 所示电路中的节点 1,列出 KCL 方程为

$$i_2 + i_3 = i_1 + i_5$$

若规定流入节点的电流取"+"号,流出节点的电流取"-",则上述方程可改写为

$$i_2 + i_3 - i_1 - i_5 = 0$$

因而,KCL 又可描述为:对于集总参数电路中的任一节点,在任意时刻,所有连接于该节点的支路电流的代数和恒等于零,即

$$\sum i = 0 \tag{1-7}$$

KCL 通常用于节点,它也可推广用于包括数个节点的闭合曲面(可称为广义节点)。KCL 是电荷守恒的体现。在图 1-7 中,对于闭合曲面 S,有

$$i_1 + i_2 - i_4 + i_6 = 0$$

例 1-1 如图 1-8 所示的电路,已知 $i_1 = 5\text{A}$,$i_2 = -1\text{A}$,$i_6 = -2\text{A}$,求 i_4。

解:为求得 i_4,对于节点 b,根据 KCL 有 $i_3 + i_4 = i_6$,即

$$i_4 = i_6 - i_3$$

为求出 i_3,可利用节点 a,由 KCL 有 $i_1 + i_2 + i_3 = 0$,即

$$i_3 = -i_1 - i_2 = -5\text{A} - (-1)\text{A} = -4\text{A}$$

将 i_3 代入 i_4 的表达式,得

$$i_4 = i_6 - i_3 = -2\text{A} - (-4)\text{A} = 2\text{A}$$

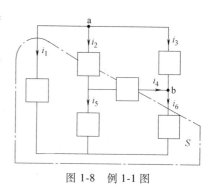

图 1-8 例 1-1 图

或者,取闭合曲面 S,如图 1-8 中的虚线所示,根据 KCL,有

$$i_1 + i_2 - i_4 + i_6 = 0$$

可得

$$i_4 = i_1 + i_2 + i_6 = 5\text{A} - 1\text{A} - 2\text{A} = 2\text{A}$$

1.3.2 基尔霍夫电压定律

基尔霍夫电压定律(Kirchhoff's Voltage Law,KVL)可表述为:集总参数电路中的任一回路,在任意时刻,沿该回路绕行一周的全部电压的代数和等于零,即

$$\sum u = 0 \tag{1-8}$$

注意:式 1-8 取和时,需要任意指定一个回路的绕行方向,凡支路电压的参考方向与回路的绕行方向一致时,该电压前面取"+"号;支路电压的参考方向与回路的绕行方向相反时,该电压前面取"-"号。

例如,对图 1-9 中的回路,以顺时针为回路绕行方向建立 KVL 方程为

$$u_1 - u_2 + u_3 - u_4 = 0$$

式中，u_1 和 u_3 的参考方向与回路绕行方向一致，取"+"号；u_2 和 u_4 参考方向与回路绕行方向不一致，取"-"号。

KVL 的应用还可推广到求解任意两点间的电压，譬如求取图 1-9 中 a、c 之间的电压 u_{ac}。在图 1-9 中，$u_{ab} = u_1$，$u_{bc} = -u_2$，$u_{cd} = u_3$，$u_{da} = -u_4$，而回路 KVL 方程为

$$u_1 - u_2 + u_3 - u_4 = 0$$

亦即

$$u_{ab} + u_{bc} + u_{cd} + u_{da} = 0$$

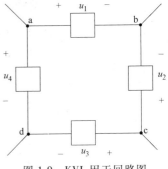

图 1-9　KVL 用于回路图

将上式中的后两项移到等号右边，考虑到 $u_{cd} = -u_{dc}$，$u_{da} = -u_{ad}$，可得

$$u_{ab} + u_{bc} = u_{ad} + u_{dc}$$

上式等号左端是沿路径 a、b、c 的电压 u_{ac}，即

$$u_{ac} = u_{ab} + u_{bc} = u_1 - u_2$$

而等号右端是沿路径 a、d、c 的电压 u_{ac}，即

$$u_{ac} = u_{ad} + u_{dc} = u_4 - u_3$$

二者相等。

以上结果表明，在集总参数电路中，任意两点（譬如 p 和 q）之间的电压 u_{pq} 等于沿从 p 到 q 的任一路径上所有支路电压的代数和，即

$$u_{pq} = \sum_{\substack{\text{沿由 p 到 q 的} \\ \text{任一路径}}} u \qquad (1-9)$$

例 1-2　如图 1-10 所示的电路，已知 $u_1 = 10\text{V}$，$u_2 = -2\text{V}$，$u_3 = 3\text{V}$，$u_7 = 2\text{V}$。求 u_5、u_6 和 u_{cd}。

解： 由图可见，$u_5 = u_{bc}$，沿 b、a、c 路径，得

$$u_5 = u_{ba} + u_{ac} = -u_1 + u_3 = -10\text{V} + 3\text{V} = -7\text{V}$$

又 $u_6 = u_{ad}$，沿 a、b、e、d 路径，得

$$u_6 = u_{ad} = u_{ab} + u_{be} + u_{ed} = u_1 + u_2 - u_7 = 10\text{V} - 2\text{V} - 2\text{V} = 6\text{V}$$

$$u_{cd} = u_{ca} + u_{ad} = -u_3 + u_6 = 3\text{V}$$

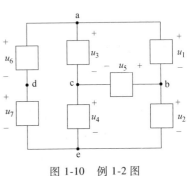

图 1-10　例 1-2 图

或者沿 c、a、b、e、d 路径，得

$$u_{cd} = u_{ca} + u_{ab} + u_{be} + u_{ed} = -u_3 + u_1 + u_2 - u_7 = -3\text{V} + 10\text{V} - 2\text{V} - 2\text{V} = 3\text{V}$$

基尔霍夫电流定律和基尔霍夫电压定律是集总参数电路的基本定律。KCL 描述了电路中任一节点处，各支路电流的约束关系；KVL 描述了在电路的任一回路中，各支路电压的约束关系。KCL 和 KVL 仅与电路中元件的相互连接形式有关，而与元件自身的特性无关，它是元件互连的拓扑约束关系。KCL 和 KVL 不仅适用于线性电路，也适用于非线性电路；不仅适用于非时变电路，也适用于时变电路。

1.4　无源电路元件

在集总参数电路中，电路元件是构成电路的基本单元，是实际器件的理想化模型，应有严格的定义。本节和下节将定义几种基本的电路元件及其元件的约束方程。

1.4.1 电阻元件

1. 电阻的定义

电阻是表示电路中阻碍电流流动和表示能量损耗大小的参数。电阻元件是用来模拟电能损耗或电能转换为热能等其他形式能量的理想元件。电阻元件习惯上简称为电阻（Resistor），故"电阻"一词有两种含义，应注意区别。从元件特性上电阻可分为线性、非线性、非时变和时变电阻；从功率的发出或吸收角度，可分为有源和无源电阻；从端子数上讲，又可分为二端电阻和多端电阻。下面给出二端电阻的定义，其概念可推广至多端电阻元件。

若一个二端元件在任意时刻其端电压 u 和流过的电流 i 之间的关系可由 $u\text{-}i$ 平面上的一条曲线来确定，则此二端元件称为二端电阻元件。该曲线称为电阻的伏安特性曲线，它反映了电阻的电压与电流的关系（Voltage Current Relationship，VCR）。

2. 线性电阻元件

线性电阻元件的伏安特性曲线是 $u\text{-}i$ 平面上一条通过原点的直线，电阻值的大小等于直线的斜率。斜率不随时间变化时称为线性时不变电阻（简称电阻），否则称为线性时变电阻。图1-11所示为线性电阻的伏安特性曲线及元件的符号。

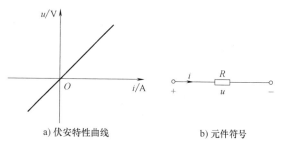

图1-11 线性电阻的伏安特性曲线及元件的符号

由特性曲线可知，线性电阻是双向元件，即改变电压极性时，电流方向也同时改变。在任何时刻，线性电阻两端的电压与流过的电流的关系都服从欧姆定律。在电压与电流为关联参考方向时，电压和电流的关系为

$$u = Ri \tag{1-10}$$

或

$$i = Gu \tag{1-11}$$

式中，电阻 R 是与电流和电压无关的常数；电导 G 是电阻的倒数，即 $G=1/R$。在国际单位制中，电阻的基本单位为欧姆（Ω），电导的基本单位为西门子（S）。

需要特别注意的是，当电阻元件两端的电压与流过的电流为非关联参考方向时，欧姆定律应改为

$$u = -Ri \tag{1-12}$$

或

$$i = -Gu \tag{1-13}$$

3. 开路和短路

有两种特殊的电阻值得注意：开路和短路。当一个二端元件（或电路）的端电压不论为何值时，流过它的电流值恒为零，就把它称为开路，开路可看成一个阻值为∞的电阻。当流过一个二端元件（或电路）的电流不论为何值时，它的电压值恒为零，就把它称为短路，短路可看成一个阻值为零的电阻，或看成理想导线。

电路

4. 电阻的功率

由功率的定义和欧姆定律可知,在电压与电流为关联参考方向时,电阻的功率为

$$p = ui = Ri^2 = Gu^2 \tag{1-14}$$

由于一般情况下电阻 R 和电导 G 是正实常数,故功率 p 恒为正值,表明电阻吸收功率。在电压与电流为非关联参考方向时,功率表示为

$$p = -ui$$

由于这时有 $u = -Ri$ 或 $i = -Gu$,因此功率 $p = -ui = -(-Ri)i = Ri^2$ 仍然为正值,这说明,电阻元件仍吸收功率,即其在任何时刻都是不可能发出功率(或能量)的,通常电阻吸收的全部电磁能量全部转化为热能。所以,线性电阻是无源耗能元件。

1.4.2 电容元件

电容是储存电场能量或储存电荷能力的度量。电容元件是用来模拟一类能够储存电场能量器件的理想元件模型。实际的电容器,可看成是由两片平行导体极板,其间填充绝缘介质构成的储存电场能量的器件。

如果一个二端元件在任一时刻,其储存的电荷 q 与两端电压 u 之间的关系可以由 q-u 平面上的一条曲线来描述,则该二端元件称为电容元件,相应的特性称为库伏特性,若库伏特性曲线不随时间变化,电容元件为非时变的。

线性非时变电容元件的特性曲线是 q-u 平面上一条通过原点的直线,且不随时间变化,如图 1-12b 所示。本节仅限于讨论线性时不变电容元件。在电容元件上电压与电荷的参考极性一致的条件下,在任一时刻,电荷量与其端电压的关系可表示为

$$q = Cu \tag{1-15}$$

式中,C 为电容元件的电容量,简称电容(Capacitance),它是一个与 q、u 及时间无关的正实常数。在国际单位制中,C 的单位为法拉(F),对于实际的电容器,法拉的单位太大,常采用微法(μF)和皮法(pF)等单位,其中 $1\mu F = 10^{-6} F$,$1pF = 10^{-12} F$。在不致混淆的情况下,"电容"一词及其符号 C 既可表示电容元件,也可表示元件的参数。

若考虑元件端电压与电流的关系,可设电容端电压 u 与其引线上的电流 i 参考方向一致(见图 1-12a),则由 $i = \dfrac{dq}{dt}$,有

$$i = \frac{dq}{dt} = C\frac{du}{dt} \tag{1-16}$$

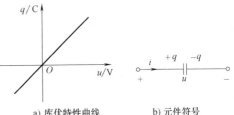

a) 库伏特性曲线　　b) 元件符号

图 1-12　线性非时变电容元件的库伏特性曲线及元件符号

式 1-16 常称为电容元件的伏安关系,是一个微分关系式。它表明,在任何时刻,电容元件上的电流与该时刻的电压变化率成正比,如果电压变化快,则电流较大。如果电压不随时间变化,则 $\dfrac{du}{dt} = 0$,故 $i = 0$,这时电容相当于开路。因此,电容元件有隔断直流的作用。

由式(1-16)可得

$$du = \frac{1}{C} i\,dt$$

对上式从 t_0 到 t 进行积分（为避免积分上限 t 与积分变量 t 相混，将积分变量换为 ξ），得

$$\int_{u(t_0)}^{u(t)} du = \frac{1}{C} \int_{t_0}^{t} i(\xi)\,d\xi$$

$$u(t) - u(t_0) = \frac{1}{C} \int_{t_0}^{t} i(\xi)\,d\xi$$

$$u(t) = u(t_0) + \frac{1}{C} \int_{t_0}^{t} i(\xi)\,d\xi \tag{1-17}$$

式中，t_0 为一个指定的时间，即计时起点 $u(t_0) = \frac{1}{C} q(t_0)$ 是在计时起点 t_0 时刻电容元件两端的电压。如果取 $t_0 = 0$，则有

$$u(t) = u(0) + \frac{1}{C} \int_{0}^{t} i(\xi)\,d\xi \tag{1-18}$$

式（1-18）也称为电容元件的伏安关系，是一个积分关系式。它表明，在任一时刻 t，电容电压 u 与初始电压 $u(t_0)$ 以及从 t_0 到 t 的所有时刻的电流值有关。因此，电容元件是一种"记忆"元件。

在电压与电流为关联参考方向时，电容元件吸收的功率为

$$p = ui = Cu \frac{du}{dt} \tag{1-19}$$

从 t_0 到 t 一段时间内，电容元件所吸收的能量为

$$w(t) = \int_{t_0}^{t} p(\xi)\,d\xi = C \int_{t_0}^{t} u(\xi) \frac{du(\xi)}{d\xi} d\xi$$

$$= C \int_{u(t_0)}^{u(t)} u\,du = \frac{1}{2} Cu^2(t) - \frac{1}{2} Cu^2(t_0)$$

若设 $u(t_0) = 0$，即电容初始储能为 0，则电容元件吸收的能量为

$$W(t) = \frac{1}{2} Cu^2(t) \tag{1-20}$$

这就是常用的电容元件储能公式，也可用于表示 t 时刻电容储能的状态。

从时间 t_1 到 t_2，电容元件所吸收的能量可表示为

$$w(t) = C \int_{u(t_1)}^{u(t_2)} u\,du = \frac{1}{2} Cu^2(t_2) - \frac{1}{2} Cu^2(t_1) \tag{1-21}$$

$$= W(t_2) - W(t_1)$$

即等于电容元件在 t_2 时刻和 t_1 时刻所储存的电场能量之差。

电容充电时，电压上升，$|u(t_2)| > |u(t_1)|$，$W(t_2) > W(t_1)$，$w(t) > 0$，它吸收电能，并全部转变成电场能量储存；在放电时，电压下降，$|u(t_2)| < |u(t_1)|$，$W(t_2) < W(t_1)$，$w(t) < 0$，它又将电场能量转变成电能释放出去。如果在 t_0 时刻，$u(t_0) = 0$，充电到 $u(t_1)$ 之后又放电，放到 t_2 时又有 $u(t_2) = 0$，则电容元件在充电时所吸收并储存起来的能量到放电完毕时已全部释放出去。因此，电容是一种储能元件，它不消耗能量。而且，电容所释放的能量最多也不会超过其先前吸收或储存的能量，所以，电容又是一种无源元件。

例 1-3 图 1-13a 中的电容 $C = 0.5\mathrm{F}$，其电流

$$i(t) = \begin{cases} 0 & -\infty < t < 0 \\ 2\mathrm{A} & 0 \leqslant t < 1\mathrm{s} \\ -2\mathrm{A} & 1 \leqslant t < 2\mathrm{s} \\ 0 & t \geqslant 2\mathrm{s} \end{cases}$$

其波形如图 1-13b 所示，求电容电压 $u(t)$、功率 $p(t)$ 和储能 $w(t)$ 的表达式和波形。

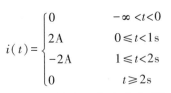
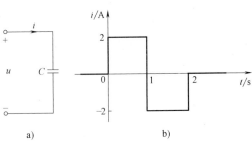

图 1-13 例 1-3 图

解：根据图 1-13a，电压与电流为关联参考方向，由于在 $t<0$ 时电流 i 恒为零，根据式（1-18），在 $-\infty < t < 0$ 区间 $u(t) = 0$，显然 $u(0) = 0$。

在 $0 \leqslant t < 1\mathrm{s}$ 区间

$$u(t) = u(0) + \frac{1}{C}\int_0^t 2\mathrm{d}\xi = 4t$$

$$u(1) = 4\mathrm{V}$$

在 $1 \leqslant t < 2\mathrm{s}$ 区间

$$u(t) = u(1) + \frac{1}{C}\int_1^t (-2)\mathrm{d}\xi = 4 - 4(t-1) = 4(2-t)$$

$$u(2) = 0\mathrm{V}$$

在 $t \geqslant 2\mathrm{s}$ 区间

$$u(t) = u(2) + \frac{1}{C}\int_2^t 0\mathrm{d}\xi = 0$$

即

$$u(t) = \begin{cases} 0 & -\infty < t < 0 \\ 4t & 0 \leqslant t < 1\mathrm{s} \\ 4(2-t) & 1 \leqslant t < 2\mathrm{s} \\ 0 & t \geqslant 2\mathrm{s} \end{cases}$$

其波形如图 1-14a 所示。

根据式（1-19），电容吸收的功率为

$$p(t) = \begin{cases} 8t & 0 \leqslant t < 1\mathrm{s} \\ -8(2-t) & 1 \leqslant t < 2\mathrm{s} \\ 0 & \text{其余时间} \end{cases}$$

其波形如图 1-14b 中虚线所示。

根据式（1-20），电容吸收的能量为

$$w(t) = \begin{cases} 4t^2 & 0 \leqslant t < 1\mathrm{s} \\ 4(2-t)^2 & 1 \leqslant t < 2\mathrm{s} \\ 0 & \text{其余时间} \end{cases}$$

其波形如图 1-14b 中实线所示。

实际电路中使用的电容器，其电容值范围变化很大，大多数电容器的漏电流很小，在工作电压较低的情况下，可以用一个理想电容元件作为它的电路模型。当其漏电流不能忽略

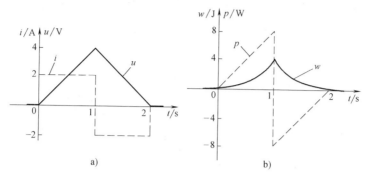

图 1-14 例 1-3 所求量波形图

（如电解质电容器）时，则可用一理想电容元件和理想电阻元件的并联作为它的电路模型。在工作频率很高的情况下，还需要串联一个理想电感元件来构成电容器的电路模型。此外，实际中为改变电容量的大小，常将电容做成极板面积可调的，称为可调电容器，如收音机中用来选台（调频）的电容器。

1.4.3 电感元件

由物理学知道，当导体中有电流流过时，导体周围将产生磁场。变化的磁场可以使置于磁场中的导体产生电压，这个电压的大小与产生磁场的电流随时间的变化率成正比。这里所讨论的电感元件就是用来模拟实际电感器件的理想元件。下面给出二端电感元件的定义。

一个二端元件，如果在任意时刻 t，通过它的电流 i 与其磁链 ψ 之间的关系可由 ψ-i 平面上的一条曲线所确定，就称其为电感元件，这条曲线称为电感元件的韦安特性曲线。若该元件的特性曲线是一条不随时间变化的过零点的直线，则称为线性时不变电感元件，简称电感（Inductor）。

图 1-15 所示为线性时不变电感元件的特性曲线和元件符号。当规定磁通 ϕ 和磁链 ψ 的参考方向与电流 i 的参考方向之间符合右手螺旋关系时，在任一时刻，磁链与电流的关系式为

$$\psi(t) = Li(t) \tag{1-22}$$

式中，L 称为元件的电感（量）。在国际单位制中，磁通和磁链的单位都是韦伯（Wb），电感的单位是亨利（H），简称亨。对于线性时不变电感元件，L 是正实常数。电感及其符号 L 既表示电感元件也表示元件参数。

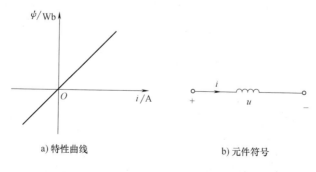

a) 特性曲线　　　　b) 元件符号

图 1-15 电感元件的特性曲线和元件符号

如上所述，随时间变化的磁场将产生电压，设电感端电压 u 与通过它的电流 i 参考方向为关联方向，如图 1-15b 所示，则根据楞次定律和式（1-22）可得

$$u = \frac{\mathrm{d}\psi}{\mathrm{d}t} = L\frac{\mathrm{d}i}{\mathrm{d}t} \tag{1-23}$$

式（1-23）称为电感元件的伏安关系式。该式表明，在任一时刻，电感元件上的电压与该时刻的电流变化率成正比。如果电流不随时间变化，则 $u=0$，电感元件相当于短路。

由式（1-23）导出电感电流与其端电压的积分关系式为

$$i(t) = i(t_0) + \frac{1}{L}\int_{t_0}^{t} u(\xi)\mathrm{d}\xi \tag{1-24}$$

式中，$i(t_0)$ 是在计时起点 t_0 时刻流过电感的电流。式（1-24）表明，电感元件上的电流 i 与初始值 $i(t_0)$ 以及从 t_0 到 t 时间内的所有电压值有关。因此，电感元件也是一种"记忆"元件。如果取计时起点 $t_0 = 0$，则

$$i(t) = i(0) + \frac{1}{L}\int_{t_0}^{t} u(\xi)\mathrm{d}\xi$$

在电流和电压为关联参考方向时，线性电感元件吸收的功率为

$$p = ui = Li\frac{\mathrm{d}i}{\mathrm{d}t} \tag{1-25}$$

从 t_0 到 t 这段时间内，电感元件所吸收的能量为

$$w(t) = \int_{t_0}^{t} p(\xi)\mathrm{d}\xi = L\int_{t_0}^{t} i(\xi)\frac{\mathrm{d}i(\xi)}{\mathrm{d}\xi}\mathrm{d}\xi$$

$$= L\int_{i(t_0)}^{i(t)} i\mathrm{d}i = \frac{1}{2}Li^2(t) - \frac{1}{2}Li^2(t_0)$$

若设 $i(t_0) = 0$，则得到电感元件的储能公式为

$$W(t) = \frac{1}{2}Li^2(t) \tag{1-26}$$

从时间 t_1 到 t_2，电感元件所吸收的能量为

$$w(t) = L\int_{i(t_1)}^{i(t_2)} i\mathrm{d}i = \frac{1}{2}Li^2(t_2) - \frac{1}{2}Li^2(t_1) \tag{1-27}$$

$$= W(t_2) - W(t_1)$$

即等于电感元件在 t_2 时刻和 t_1 时刻所储存的磁场能量之差。

若 $|i|$ 增加，则 $W(t_2) > W(t_1)$，$w(t) > 0$，电感元件吸收电能，并全部转变成磁场能储存在电感中；若 $|i|$ 减小，则 $W(t_2) < W(t_1)$，$w(t) < 0$，电感元件将磁场能转变成电能释放出去。如果从 t_0 时刻到 t_1 时刻，电流从零增加到 $i(t_1)$，然后从 t_1 时刻到 t_2 时刻，电流又从 $i(t_1)$ 减小到零，那么电感元件在建立磁场过程中所吸收的能量，在磁场消失的过程中又全部释放出去，由此可见理想电感元件是不消耗能量的，是一种储能元件，而且，它所释放的能量最多也不会超过其先前吸收的能量，因此，它又是一种无源元件。

实际电路中使用的电感线圈种类很多，电感值范围变化很大，且线圈导线总是有电阻的，特别是导线又长又细时，导线的电阻不能忽略。在这种情况下，可以用线性电阻元件和线性电感元件的串联组合作为它的电路模型。在工作频率很高的情况下，还需考虑线圈匝间

电容的影响，可再并联一个电容来构成线圈的电路模型。

1.5 有源电路元件

1.5.1 独立电源

电源是提供能量的器件，是一种有源的电路元件，是各种电能量（电功率）产生器的理想化模型。电源可分为独立电源和非独立电源（受控源）两类。所谓独立电源，是指能独立地向电路提供电压和电流的有源电路元件。独立电源可分为独立电压源和独立电流源。

1. 电压源

若一个二端元件不论其通过的电流为何值，或所连接的外部电路如何，其两端电压始终保持为某确定的时间函数 $u_S(t)$，则称其为独立电压源，简称电压源，其电路符号如图1-16a所示。其中端电压保持为常量的电压源，称为直流电压源或恒定电压源，常用 U_S 表示，其伏安特性如图1-16c所示，它是一条与电流轴平行的直线。如果 $u_S(t)$ 是随时间而变化的，则平行于电流轴的直线也随之改变其位置，如图1-16d所示。当直流电压源为电池时，常用图1-16b所示的符号表示。

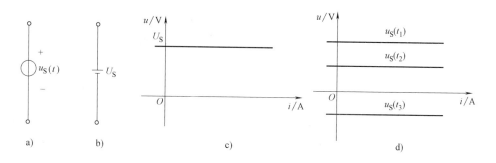

图 1-16 电压源的特性曲线及符号

当电压源没有接外部电路时，如图1-17a所示，电流 i 总为零，但其两端电压仍为 $u_S(t)$，称之为电压源开路，$u_S(t)$ 称为开路电压。当电压源与外部电路连接时，如图1-17b所示，则电压源的电流由电压源和与它相连的外电路共同决定，它随外电路的不同而变化，但其端电压始终为 $u_S(t)$，与外电路无关。如果电压源的电压 $u_S(t)$ 恒等于零，则其伏安特性与电流轴重合，该电压源相当于短路。

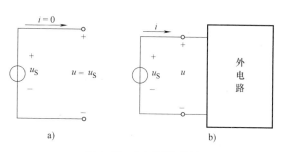

图 1-17 电压源的特性

顺便指出，电压源的电压与电流常采用非关联参考方向，如图1-17b所示。此时，电压源的功率为 $p=-ui$，若 $p<0$，则表明电压源发出功率，起电源作用；若 $p>0$，则表明电压源吸收功率，与负载的作用相当。

2. 电流源

若一个二端元件不论其端电压为何值，或所连接的外部电路如何，其输出电流始终保持某确定的时间函数 $i_S(t)$，则称其为独立电流源，简称电流源，其电路符号如图1-18a所示。其中电流始终保持为常量的电流源，称为直流电流源或恒定电流源，常用 I_S 表示，其伏安特性如图1-18b所示，任何时刻它都是一条与电压轴平行的直线。如果 $i_S(t)$ 是随时间而变化的，则平行于电压轴的直线也随之改变其位置，如图1-18c所示。

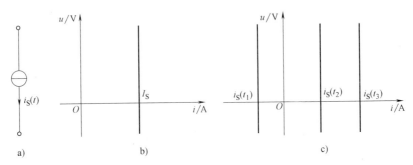

图1-18 电流源的特性曲线及符号

当电流源的外接电路是一条短路线时，其端电压 $u=0$，但输出的电流仍为 $i_S(t)$，即 $i(t)=i_S(t)$，也就是说，电流源的电流即为短路电流，如图1-19a所示。当电流源的外接电路是一个非短路电路时，如图1-19b所示，则电流源的端电压由电流源和与它相连的外电路共同决定，它随外电路的不同而变化，但其电流始终为 $i_S(t)$，与外电路无关。如果电流源的电流 $i_S(t)$ 恒等于零，则其伏安特性与电压轴重合，该电流源相当于开路。

顺便指出，电流源的电流与其端电压常采用非关联参考方向，如图1-19所示，电流源的功率为 $p=-ui$。若 $p<0$，则表明电流源发出功率；若 $p>0$，则表明电流源吸收功率。

例1-4 图1-20所示电路中，已知 $I_S=0.5\text{A}$，$R=10\Omega$，$U_S=10\text{V}$。求电压源和电流源产生的功率。

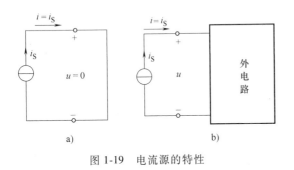

图1-19 电流源的特性

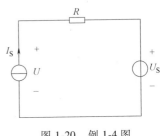

图1-20 例1-4图

解： 由图可知，电压源的电压与电流为关联参考方向，根据功率的定义可得

$$P_{U_S}=U_S I_S=10\times 0.5\text{W}=5\text{W}$$

由于 $P>0$，所以电压源吸收功率为5W，即电压源发出功率为-5W。

根据KVL，电流源的端口电压为

$$U=RI_S+U_S=10\times 0.5\text{V}+10\text{V}=15\text{V}$$

又电流源的电流与端电压为非关联参考方向，根据功率的定义可得

$$P_{I_S} = -UI_S = -15 \times 0.5 \text{W} = -7.5 \text{W}$$

由于 $P<0$，故电流源发出功率为 7.5W。

由本例结果可见，电源并非一定是发出功率，有时也可能吸收功率。

3. 电路中的参考点

在电路分析中，常指定电路中的某节点为参考点，则其他节点对参考点的电位差，称为各节点的电位或各节点的电压。参考点的电位为零，常用接地符号"⊥"表示，如图 1-21a 和图 1-21b 所示。

在图 1-21a 所示的电路中，若选节点 d 为参考点，节点 a、b、c 相对于参考点的电位或电压分别记为 V_a，V_b，V_c，则

$$V_a = u_{ad} = -u_{S1}, V_b = u_{bd} = R_3 i_3, V_c = u_{cd} = u_{S2}$$

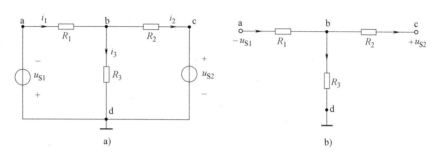

图 1-21 参考点的说明用图

为了简化电路图的画法，对于有一端接地（参考点）的电压源通常不画出电压源符号，而只在电压源的非接地的一端处标明电压的数值和极性。按此画法，图 1-21a 所示的电路可画为图 1-21b 所示结构。

需要强调指出，电路中某点的电位随参考点选取位置的不同而改变，不指明参考点而谈论某点的电位是没有意义的；而电压是两点之间的电位差，与参考点的选取无关。

例 1-5 电路如图 1-22 所示，已知 b 点的电位为 -8V，求：

（1）电阻 R；

（2）电压源产生的功率。

解：首先标明电阻两端电压 U 和有关电流 I_1，I_2，I_3 的参考方向，如图 1-22 所示。

（1）为求 R，需要求得 U 和 I_2。

由广义 KCL 可得

$$I_1 = 2\text{A}$$

由欧姆定律和两点间电压公式可得

$$U_{ab} = V_a - V_b = -2 \times 2\text{V} - (-8)\text{V} = 4\text{V}$$

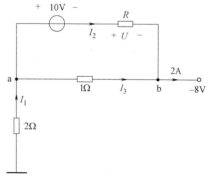

图 1-22 例 1-5 图

$$U_{ab} = 10\text{V} + U$$

所以

$$U = -6\text{V}$$

$$I_3 = \frac{U_{ab}}{1} = \frac{4}{1}A = 4A$$

对节点 a 列写 KCL 方程,可得

$$I_2 = I_1 - I_3 = 2A - 4A = -2A$$

最后由欧姆定律可得

$$R = \frac{U}{I_2} = \frac{-6}{-2}\Omega = 3\Omega$$

(2) 由于电压源电压与流过的电流 I_2 为关联参考方向,所以由功率的定义可得

$$P = UI = 10 \times (-2)W = -20W$$

又因为 $P<0$,所以电压源吸收功率 20W。

1.5.2 受控源

受控源是一种特殊的电源,其输出的电压或电流不是给定的时间函数,而是受电路中某支路电压或电流的控制。

受控源是有源的二端口元件,它有两个端口,一个是电源端口,体现为电压源 u_S 或电流源 i_S,能提供电功率;另一个是控制端口,体现为控制电压 u_C 或控制电流 i_C。控制端口上的功率恒为零,即当电压 u_C 控制时,控制端口电流 i_C 为零;当电流 i_C 控制时,控制端口电压 u_C 为零。根据控制量是电压还是电流,受控制量是电压还是电流,受控源有四种基本形式,它们分别是:电流控制的电压源(CCVS),电压控制的电压源(VCVS),电流控制的电流源(CCCS)和电压控制的电流源(VCCS)。受控源的电路符号如图 1-23 所示,其端口特性为

$$\text{电流控制的电压源(CCVS)} \begin{cases} u_S(t) = ri_C(t) \\ u_C(t) = 0 \end{cases} \tag{1-28}$$

$$\text{电压控制的电压源(VCVS)} \begin{cases} u_S(t) = \mu u_C(t) \\ i_C(t) = 0 \end{cases} \tag{1-29}$$

$$\text{电流控制的电流源(CCCS)} \begin{cases} i_S(t) = \alpha i_C(t) \\ u_C(t) = 0 \end{cases} \tag{1-30}$$

$$\text{电压控制的电流源(VCCS)} \begin{cases} i_S(t) = gu_C(t) \\ i_C(t) = 0 \end{cases} \tag{1-31}$$

式中,r,μ,α,g 是控制系数,其中 μ 和 α 无量纲,r 和 g 分别具有电阻和电导的量纲。当这些系数为不随时间变化的常数时,受控量与控制量成正比,这种受控源称为线性时不变受控源。本书论述中只涉及这类受控源。

作为一个二端口元件,受控源有两个端口。但由于控制端口的功率为零,它不是开路就是短路,所以,在电路图中,不一定要专门画出控制口,只要在控制支路中标明该控制量即可。如图 1-24a 和图 1-24b 所示的两电路本质上是相同的,但图 1-24a 所示的电路更为简洁明了。

必须指出,独立源和受控源是两个不同的概念。独立源在电路中起着"激励"的作用,它是实际电路中电能量或电信号的理想化模型;而受控源是描述电子器件中某支路对另一支

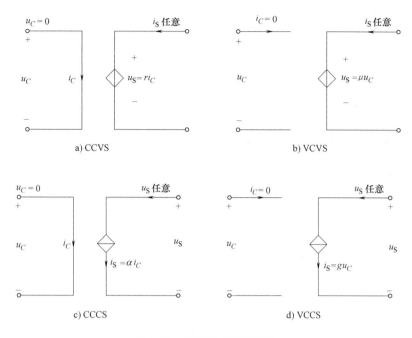

图 1-23 四种形式的受控源

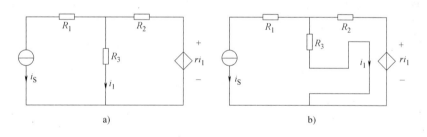

图 1-24 含受控源的电路

路控制作用的理想化模型,它本身不直接起"激励"作用。

例 1-6 电路如图 1-25 所示,计算电路中的电压 u。

解: 图 1-25 所示是含有流控电流源的电路。根据 KCL 可得

$$i = \frac{u}{6} + 0.5i + \frac{u}{3}$$

整理得

$$i = u$$

又由 KVL 可得

$$2i + u - 18 = 0$$

两式消去 i 可得

$$u = 6\mathrm{V}$$

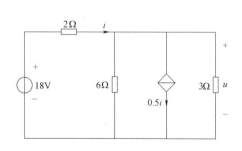

图 1-25 例 1-6 图

【实例应用】

常说的36V"安全电压"是一个比较笼统的说法,事实上,根据环境的不同,人体的电阻是变化的,一个主要的因素就是水,水越多,人体的电阻就越小,在干燥环境内安全的电压,在潮湿的环境中就有可能是致命的。到底人体会不会受到电伤,可以根据欧姆定律来进行具体计算。电流经过人体时,人体可以看作电阻。假设人体手臂电阻为400Ω,躯干电阻为50Ω,腿电阻为200Ω,一个人因事故两手分别抓住直流电压源两端的导体,如图1-26所示。若电源电压能产生电击引起人的麻痹,使人不能离开导体,请推算产生这种现象的最小电源电压。在维修配有5V和12V电源的个人计算机时,会发生这种事故吗?

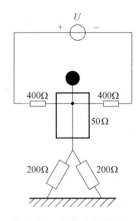

图1-26 人体电路模型

当人体两手分别抓住直流电压源两端的导体时,电流由人体两臂和躯干构成回路,人体电阻 $R = (400+50+400)\Omega = 850\Omega$,使人肌肉麻痹的最小电流是50mA,根据欧姆定律计算出最小电源电压。

$$U = RI = (400+50+400) \times 50 \times 10^{-3} \text{V} = 42.5\text{V}$$

使人肌肉麻痹的最小电源电压是42.5V,远远超过人体安全电压。

根据欧姆定律,$I = \dfrac{U}{R_1+R_2+R_3}$

电源电压为5V时,

$$I = \frac{5}{400+50+400}\text{A} \approx 5.88\text{mA}$$

电源电压为12V时,

$$I = \frac{12}{400+50+400}\text{A} \approx 14\text{mA}$$

在维修配有5V和12V电源的个人计算机时,若发生事故,人体会感觉到,但不会发生肌肉麻痹的重大安全事故。

本 章 小 结

知识点:
1. 关联参考方向;
2. 功率的计算与判断;
3. 基尔霍夫定律。

难点:
1. 在功率计算中电压电流的参考方向问题;
2. 含受控源电路的计算。

注意:在应用基尔霍夫电压定律时,一定要注意元件两端电压和电流参考方向的选取。

第1章 电路模型和基尔霍夫定律

习 题 1

1-1 各元件的情况如习题图 1-1 所示。
(1) 求元件 A 吸收的功率；
(2) 求元件 B 产生的功率；
(3) 若元件 C 产生的功率为 10W，求电流 i；
(4) 若元件 D 产生的功率为 -10W，求电压 u。

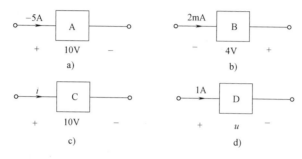

习题图 1-1

1-2 某元件电压 u 和电流 i 的波形如习题图 1-2 所示，电压 u 和电流 i 为关联参考方向，试求该元件吸收功率 $p(t)$ 及其波形，并计算该元件从 $t=0$ 至 $t=2$s 期间所吸收的能量。

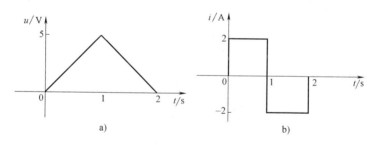

习题图 1-2

1-3 电路如习题图 1-3 所示，已知 $I_1 = 0.01\mu A$，$I_2 = 0.3\mu A$，$I_5 = 9.61\mu A$。试求电流 I_3、I_4 和 I_6。

1-4 电路如习题图 1-4 所示，求电压 u_1 和 u_{ab}。

1-5 电路如习题图 1-5 所示，已知 $I_1 = 2A$，$I_3 = -3A$，$U_1 = 10V$，$U_4 = -5V$。试计算各元件吸收的功率。

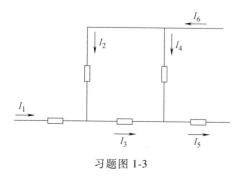

习题图 1-3

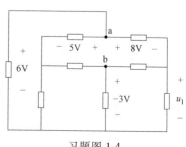

习题图 1-4

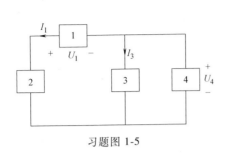

习题图 1-5

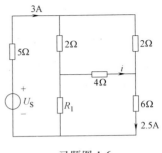

习题图 1-6

1-6 电路如习题图 1-6 所示，求电流 i。

1-7 电路如习题图 1-7 所示，求未知电阻 R。

1-8 求习题图 1-8 所示电路中的 u 和 i_S 的值。

习题图 1-7

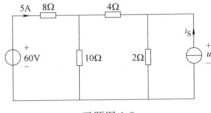

习题图 1-8

1-9 已知习题图 1-9a 所示电容两端电压波形如习题图 1-9b 所示。已知 $C = 100\text{pF}$，求电流 i。

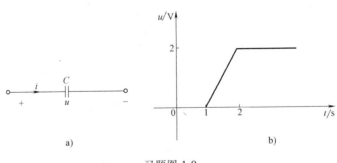

习题图 1-9

1-10 已知流过 0.2H 电感的电流波形如习题图 1-10 所示。设电感的电流和电压参考方向关联，求电感电压的波形。

1-11 一电容 $C = 0.2\text{F}$，其电流如习题图 1-11 所示，若已知在 $t = 0$ 时，电容电压 $u(0) = 0$，求其端电压 u。

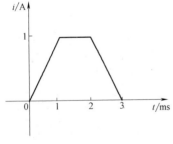

习题图 1-10

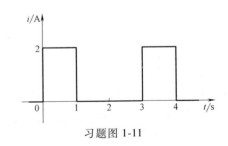

习题图 1-11

1-12 电路如习题图 1-12 所示。其中 $R=2\Omega$，$L=1H$，$C=0.1F$。若 $i(t)=e^{-t}A$，求 $t>0$ 时的 u_R，u_L 和 u_C。设 $u_C(0)=0$。

1-13 求习题图 1-13 所示电路中的电压 u。若 20Ω 电阻改成 40Ω，对结果有何影响，为什么？

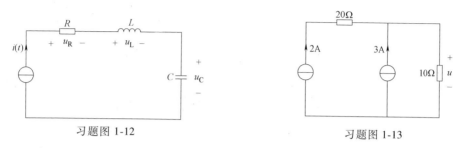

习题图 1-12   习题图 1-13

1-14 电路如习题图 1-14 所示。求：
（1）习题图 1-14a 中的电流 i；
（2）习题图 1-14b 中电流源的端电压 u；
（3）习题图 1-14c 中的电流 i。

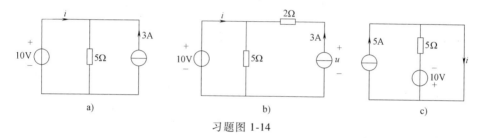

习题图 1-14

1-15 求习题图 1-15 所示电路的 u_1 及各元件吸收的功率。

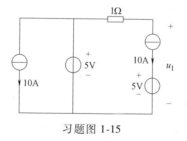

习题图 1-15

1-16 计算习题图 1-16 各电路中的 V_a，V_b 和 V_c。

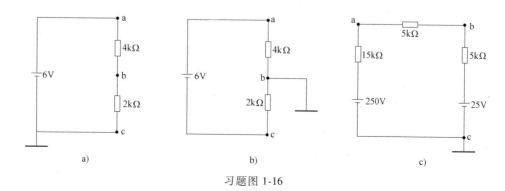

习题图 1-16

1-17 电路如习题图 1-17 所示。求：

（1）习题图 1-17a 中电路 a 点的电位；

（2）习题图 1-17b 中电压 u。

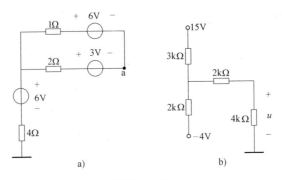

习题图 1-17

1-18 电路如习题图 1-18 所示。求：

（1）习题图 1-18a 中的电流 i_1 和电压 u_{ab}；

（2）习题图 1-18b 中的电压 u_{ab} 和 u_{cb}；

（3）习题图 1-18c 中的电压 u 和电流 i_1 和 i_2。

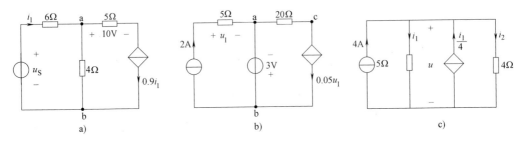

习题图 1-18

1-19 求习题图 1-19 所示电路中的电流 i_1 和电压 u。

1-20 求习题图 1-20 所示电路中的电压 u_{ab}。

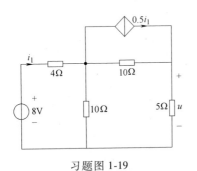

习题图 1-19

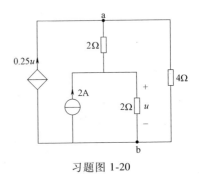

习题图 1-20

第2章　电阻电路的等效化简

【章前导读】

由电阻元件和独立电源组成的电路，称为电阻电路。在电阻电路中，独立电源起输入或激励的作用，而独立电源在电路各部分所产生的电压和电流，均可称为电路的输出或响应。当电路中的独立电源都是直流电源时，这类电路往往简称为直流电路。在电路分析时，有时并不需要求出全部的电压、电流，而只需要求出部分电压、电流，在这种情况下，通常可以将不包含待求电压和电流的网络部分加以等效化简，使之更容易求解。本章将讨论电阻电路等效化简的方法，通过将网络的结构加以等效变换而达到简化网络、减少计算量的目的。

本章首先介绍单口网络等效变换的概念，然后介绍电阻电路等效化简的方法，内容包括：无源单口网络的等效化简、电阻的串并联和混联、平衡电桥电路、电阻的Y联结和△联结的等效互换、有源单口网络的等效化简、含受控源电路的等效化简，这些方法可用于各种不同的电阻电路的等效化简。

【导读思考】

电桥电路在电子设备中应用很广，其最典型的用途就是用来精确地测量电阻元件的阻值，如图2-1a所示为较常见的QJ-23型携带式单电桥，图2-1b所示为其原理图。

a) QJ-23型携带式单电桥

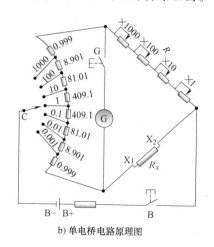
b) 单电桥电路原理图

图 2-1　单电桥

在电桥不平衡时，有电流通过检流计，表针偏离零位。调整桥臂电阻使表针归零，电桥就可达到平衡。只要电桥中的电阻选得精密，用这种电桥电路测量的电阻值精度就很高。除了测量直流电阻外，电桥电路还可以设计用来测量交流阻抗。

电桥平衡的原理是什么呢？如何应用电桥平衡测量电阻阻值呢？学习了电阻电路的相关知识，通过章后的实例计算，就可以得出答案。

2.1 单口网络等效化简的概念

单口网络等效化简在工程中经常用到，本节主要介绍与单口网络等效化简相关的基本概念。

2.1.1 端口

对一个网络的某两个引出端钮，当其中一个端钮流进的电流等于另一个端钮流出的电流时，我们把这两个引出端钮称为端口。如图 2-2a 所示，若 $i=i'$，则端钮 1、2 构成一个端口。端口中一个端钮流进的电流等于另一个端钮流出的电流，这被称为端口条件。从端口的定义可见，不是随便在网络中取两个端钮就可以说它们能构成端口，图 2-2b 所示电路的四个端钮就不存在端口。

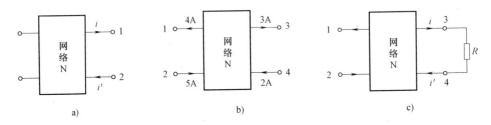

图 2-2 端口的概念

要确保所选取的两个端钮构成端口，要注意观察其中一个端钮流进的电流是否等于另一个端钮流出的电流，如果 2 个端钮之间只连接了一个元件，如图 2-2c 所示，则根据 KCL 有 $i=i'$，端口条件满足，因此端钮 3、4 便一定构成一个端口。

2.1.2 单口网络

只有两个端钮对外与其他电路相连接的网络称为二端网络，也可称为单口网络。为什么可以将二端网络称为单口网络呢？如图 2-3a 所示的二端网络，根据 KCL 容易证明，总有 $i=i'$，故端钮 1、2 构成一个端口，所以任何这样的二端网络都是一端口网络，或称为单口网络。类似地，有两个端口的网络被称为二端口网络。根据网络内部是否含有独立源，单口网络分为有源单口网络和无源单口网络，有源单口网络是指内部含有独立源的单口网络，如图 2-3b 所示，而无源单口网络内部不含独立源，但可以含有受控源，如图 2-3c 所示。

在电路分析中，经常可以把网络中的部分电路当作一个整体，当这个整体只有两个端子与外电路相连接，并且进出这两个端子的电流相同时，就可以把这个整体看成一个单口网络。我们常常利用单口网络的概念将如图 2-4a 所示的一个较大的网络分解为如图 2-4b 所示的两个较小的网络 N_1、N_2 分别进行研究，并采用等效化简的方法来分析电路，这一基本思

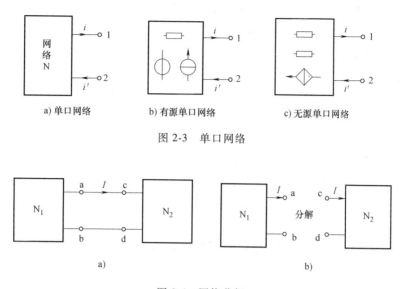

图 2-3 单口网络

图 2-4 网络分解

想也是这一章电路分析的主要思路。

在应用单口网络的概念时,要注意所指的单口网络必须是"明确的"单口网络,什么是明确的单口网络呢?如果在单口网络中不含任何通过电或非电(如磁耦、光耦等)的方式与网络之外的某些变量相耦合的元件,则称该单口网络是明确的。以下只讨论明确的单口网络,为方便省去"明确的"三个字。

通常,单口网络的描述方式一般有三种:①具体的电路模型;②等效电路;③端口电压与电流的约束关系,即单口网络的伏安特性,该方法是描述网络常用的方法。

下面将重点介绍单口网络的伏安特性。

2.1.3 单口网络的伏安特性

单口网络的伏安特性是指端口电压与电流的约束关系,即端口的 VCR,可以用方程或曲线来表述,对于单个元件而言,VCR 为元件的约束关系。端口伏安关系在电路分析中具有非常重要的地位,它是判断两个单口网络等效的依据,其原理还可推广到三端网络及双口网络。

通常可以在端口外加电压源或电流源,通过测量或计算方法获得网络的端口伏安关系。单口网络串联或并联后其端口伏安特性可通过图解法或解析法加以合成。

例 2-1 试求图 2-5a 所示含电压源和电阻的单口网络的 VCR。

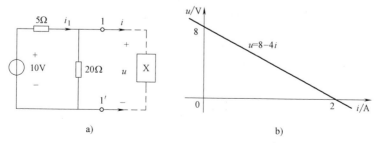

图 2-5 例 2-1 图

解：单口网络的 VCR 是由构成它的元件及结构决定的，与外接电路无关。因此可以在连接任何外接电路 X 的情况下来求它的 VCR。为此，要列出整个电路的方程，但无需列写元件 X 的 VCR，然后消去除 u 和 i 以外的所有变量即可。由电路可写出下述方程：

$$10 = 5i_1 + u$$
$$u = 20(i_1 - i)$$

消去 i_1 可得

$$u = 8 - 4i$$

此式即为在所设 u、i 参考方向下单口网络的 VCR，用曲线表示的 VCR 如图 2-5b 所示。

单口网络的 VCR 与外接电路无关，因此，完全可以在最简单的外接电路情况下，求得它的 VCR。外施电流源求电压法和外施电压源求电流法是常用的方法，也是用实验方法确定 VCR 的依据。

例 2-2 求图 2-6 所示含电源、电阻和受控源的单口网络的端口 VCR。

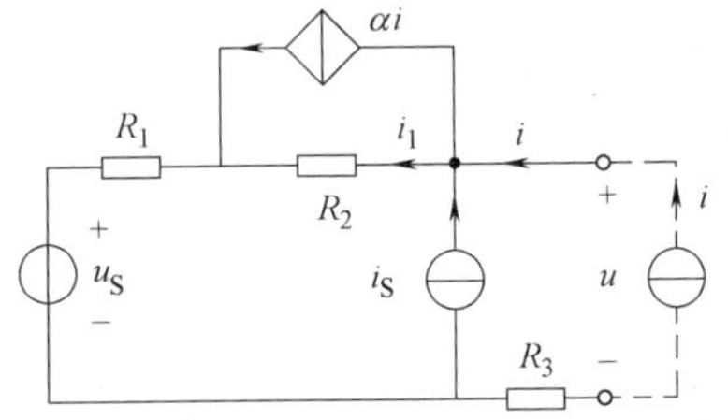

解：设想在电路端口两端施加电流源 i，根据对电路的观察应用 KVL 即可写出下述方程

$$\begin{aligned}u &= (i + i_S - \alpha i)R_2 + (i + i_S)R_1 + u_S + iR_3 \\ &= [u_S + (R_1 + R_2)i_S] + [R_1 + R_3 + (1-\alpha)R_2]i\end{aligned}$$

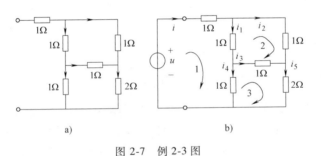

图 2-6 例 2-2 图

此即为所求 VCR。

由例 2-2 和例 2-1 可见，含源单口网络的 VCR 总可以表示为 $u = U_0 + Ri$ 的形式。

例 2-3 求图 2-7a 所示只含电阻的单口网络的 VCR。

图 2-7 例 2-3 图

解：外施电压源 u，如图 2-7b 所示，设备支路电路和 3 个回路方向如图所示。由 KCL 可得

$$\begin{cases} i - i_1 - i_2 = 0 \\ i_1 - i_3 - i_4 = 0 \\ i_2 + i_3 - i_5 = 0 \end{cases}$$

由 KVL 可得

$$\begin{cases} i + i_1 + i_4 = u \\ i_2 - i_3 - i_1 = 0 \\ i_3 + 2i_5 - i_4 = 0 \end{cases}$$

求解得

$$u = \frac{24}{11}i$$

此即为所求单口网络的 VCR。

一般地，无源单口网络的 VCR 总可表示为 $u = Ri$ 的形式，其中 R 为单口网络的等效电阻。

2.1.4 单口网络的等效电路

如果一个单口网络 N_1 的伏安关系和另一个单口网络 N_2 的伏安关系（外部特性）完全相同，则称两个单口网络 N_1 和 N_2 是等效的。如图 2-8 所示。两个网络等效，意味着二者对外部电路的作用完全相同，尽管两个网络可能具有完全不同的结构。

根据等效的概念，在研究分析单口网络 N_1 的性能时，可以用结构更为简单的等效电路 N_2 来置换它，即用 N_2 来等效 N_1，以达到简化电路结构、便于分析计算的目的。

要注意用等效电路的方法求解电路时，电压和电流保持不变的部分仅限于等效电路以外的部分，即对外部电路等效，等效电路的内部并不等效。比如图 2-9a 所示电路点画线框内的部分与图 2-9b 所示电路点画线框内的部分具有完全不同的结构，但对外部电路

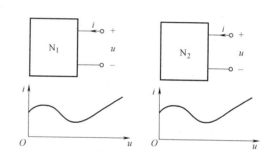

图 2-8 单口网络的等效电路

M 来说，由于它们相互等效，所以它们对外部电路 M 的影响是完全相同的。

等效电路也是单口网络的一种描述方式，最简单也是最基本的情形便是电阻的串联和电阻的并联等效，分别可以用与其具有相同伏安关系的单一电阻元件等效。

如图 2-10 所示单口无源电阻网络，其等效电阻定义为端口电压与电流之比，即

$$R_{eq} = \frac{u}{i} \tag{2-1}$$

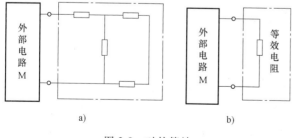

图 2-9 对外等效

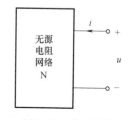

图 2-10 单口网络

应注意一点，只有无源单口网络存在等效电阻，有源单口网络端口电压与电流之比一般不是常数，所以讨论有源单口网络端口电压与电流之比无意义。

等效的概念和方法可以归纳为：

1) 两个电路部分的外部特性相同,则这两个电路可以互称等效电路。
2) 相互等效的二端网络在电路中可以相互代换。
3) 除被等效电路替代的部分外,未被替代部分的电压和电流均保持不变。

2.2 无源单口网络的等效化简

本节讨论无源单口网络的等效化简,包括电阻的串联、并联和混联的等效化简。

2.2.1 电阻串联的等效化简

线性时不变电阻器在网络中的基本连接形式是串联和并联。串联形式的特点是各电阻器顺序相接且各电阻器中流过相同的电流。并联形式的特点是各电阻器具有相同的端电压。这两种连接均可等效化简。

先讨论两个线性时不变电阻器的串联。两个线性时不变电阻器的串联可看成是一个内部结构为已知的二端口网络 N,如图 2-11a 所示,串联电路的特点是各电阻首端末端依次连接在一起,几个电阻承受相同的电流。

对此二端口网络列写 KVL 方程,有

$$u = u_1 + u_2 \qquad (2\text{-}2)$$

根据 KCL 可知,流过两个电阻器的电流相同,都为 i。另外,又知两个线性电阻器的特性方程分别为

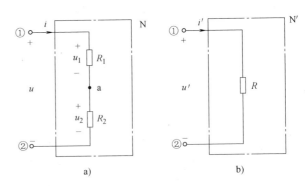

图 2-11 两个电阻的串联及其等效电阻

$$u_1 = R_1 i$$
$$u_2 = R_2 i$$

将上面两式代入式(2-2),得

$$u = R_1 i + R_2 i = (R_1 + R_2) i \qquad (2\text{-}3)$$

此式即二端口网络 N 的外特性方程。

再取仅含一个电阻 R 的二端口网络 N′,如图 2-11b 所示。此二端口网络的外特性方程是

$$u' = R i' \qquad (2\text{-}4)$$

比较式(2-3)和式(2-4)可知,只要 $R = R_1 + R_2$,则 $i' = i$ 时必有 $u' = u$;或者 $u' = u$ 时,必有 $i' = i$。于是得出在 $R = R_1 + R_2$ 成立时,N 与 N′ 必等效。

类似地,对图 2-12a 所示电路表示的 n 个电阻的串联,以 u 代表总电压,i 代表总电流,$R_1, R_2, \cdots, R_n$ 分别为各电阻值,$u_1, u_2, \cdots, u_n$ 分别为各电阻上的电压。由 KVL,有

$$u = u_1 + u_2 + \cdots + u_n$$

又由欧姆定律有

$$u_1 = R_1 i, \ u_2 = R_2 i, \ \cdots, \ u_n = R_n i$$

第 2 章 电阻电路的等效化简

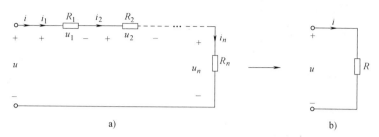

图 2-12 n 个电阻串联

则
$$u = R_1 i + R_2 i + \cdots + R_n i = (R_1 + R_2 + \cdots + R_n)i = Ri$$

式中，$R = R_1 + R_2 + \cdots + R_n = \sum_{k=1}^{n} R_k$，称为串联电阻的总电阻或等效电阻，其等效电路如图 2-12b 所示。

由此得出结论：由 n 个线性时不变电阻器 $R_1, R_2, \cdots, R_n$ 串联而成的二端口网络与仅含一个线性时不变电阻器 R 的二端口网络等效，且 $R = R_1 + R_2 + \cdots + R_n$，即串联电阻的总电阻或等效电阻等于各个电阻之和。

上述结论也可推广到线性时变电阻器的串联，即等效电阻器的电阻值为
$$R(t) = \sum_{k=1}^{n} R_k(t)$$

对于由 n 个线性时不变电阻器 $R_1, R_2, \cdots, R_n$ 串联而成的二端口网络 N，其功率为
$$P = ui = (R_1 + R_2 + \cdots + R_n)i^2 = R_1 i^2 + R_2 i^2 + \cdots + R_n i^2 = Ri^2$$

上式表明，多个串联电阻吸收的总功率等于各个电阻吸收的功率之和，也等于等效电阻吸收的功率。

串联电阻的一个常见用途是用于分压。

对于由 n 个线性时不变电阻器 $R_1, R_2, \cdots, R_n$ 串联而成的二端口网络 N，各电阻上的电压为
$$u_k = R_k i = \frac{R_k}{R} u$$

可见，串联时每一电阻的电压与该电阻的阻值成正比，或者说，总电压按各串联电阻的阻值进行分配，电阻越大分压越多，电阻越小分压越小，上式称为分压公式。

当两个电阻 R_1, R_2 串联时，分压公式为
$$u_1 = \frac{R_1}{R_1 + R_2} u$$
$$u_2 = \frac{R_2}{R_1 + R_2} u$$

2.2.2 电阻并联的等效化简

两个线性时不变电阻并联也可视为一个内部结构为已知的二端口网络 N，如图 2-13a 所

示。并联电路的特点是各电阻首端、末端分别连接在一起，几个电阻承受相同的电压。

对图 2-13a 所示的网络写出 KCL 方程为

$$i = i_1 + i_2 \quad (2\text{-}5)$$

由 KVL 可知，两个电阻有相同的端电压 u。又由欧姆定律，有

$$i_1 = \frac{u}{R_1} = G_1 u$$

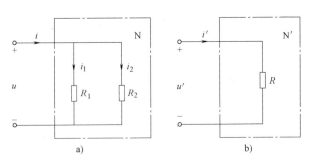

图 2-13 两个电阻的并联及其等效电阻

$$i_2 = \frac{u}{R_2} = G_2 u$$

式中，G_1、G_2 为电导，将上面两式代入式 (2-5)，得

$$i = G_1 u + G_2 u = (G_1 + G_2) u \tag{2-6}$$

式 (2-6) 即二端口网络 N 的外特性方程。

再取仅含一个电阻 R 的二端口网络 N′，如图 2-13b 所示。N′ 的外特性方程为

$$i' = \frac{u'}{R} = G u' \tag{2-7}$$

比较式 (2-6) 和式 (2-7) 可知，只要 $G = G_1 + G_2$ 或者 $\frac{1}{R} = \frac{1}{R_1} + \frac{1}{R_2}$ 成立，则 $i' = i$ 时必有 $u' = u$；或者 $u' = u$ 时，必有 $i' = i$。于是得出：当 $G = G_1 + G_2$ 成立时，N 与 N′ 必等效。

同理，对于图 2-14a 所示的 n 个电阻的并联电路，若 i 为总电流，u 为总电压，G_1，G_2，…，G_n 为各电阻的电导，i_1，i_2，…，i_n 为各电阻中的电流。根据 KCL 有

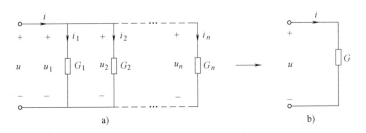

图 2-14 n 个电阻的并联及其等效电阻

$$i = i_1 + i_2 + \cdots + i_n = G_1 u + G_2 u + \cdots + G_n u = (G_1 + G_2 + \cdots + G_n) u = G u$$

式中，$G = \frac{i}{u} = G_1 + G_2 + \cdots + G_n$。$G$ 称为并联电阻的总电导或等效电导，它等于各并联电导之和。

因为

$$G = \frac{1}{R}, \quad G_1 = \frac{1}{R_1}, \quad G_2 = \frac{1}{R_2}, \quad \cdots, \quad G_n = \frac{1}{R_n}$$

则

$$G = \frac{1}{R} = \frac{1}{R_1} + \frac{1}{R_2} + \cdots + \frac{1}{R_n}$$

于是可得

$$R = \frac{1}{\frac{1}{R_1} + \frac{1}{R_2} + \cdots + \frac{1}{R_n}}$$

通常，电阻并联时用电导处理比用电阻处理方便一些。

由上面的讨论可知，由 n 个线性时不变电阻 $R_1, R_2, \cdots, R_n$ 并联而成的二端口网络 N 和仅含一个线性时不变电阻器 R 的二端口网络 N′ 等效，且 $G = G_1 + G_2 + \cdots + G_n$ 或者 $\frac{1}{R} = \frac{1}{R_1} + \frac{1}{R_2} + \cdots + \frac{1}{R_n}$。电阻 R 称为这 n 个电阻并联的等效电阻，其电导值为

$$G = \sum_{k=1}^{n} G_k \tag{2-8}$$

n 个电阻 $R_1, R_2, \cdots, R_n$ 并联的总功率为

$$P = ui = (G_1 + G_2 + \cdots + G_n)u^2 = G_1 u^2 + G_2 u^2 + \cdots + G_n u^2 = Gu^2$$

即并联电阻的总功率等于各电导的功率之和或等于等效电导的功率。

并联电阻的一个常见用途是用于分流。电阻并联时，各电阻中的电流为

$$i_k = G_k u = \frac{G_k}{G} i$$

可见并联电阻中的电流与各电阻的电导值成正比，或者说总电流按各个并联电阻的电导值进行分配，上式称为分流公式。

对于如图 2-13 所示只有两个电阻并联的情况，各电阻中的电流为

$$i_1 = \frac{G_1}{G} i = \frac{1/R_1}{1/R_1 + 1/R_2} i = \frac{R_2}{R_1 + R_2} i$$

$$i_2 = \frac{G_2}{G} i = \frac{1/R_2}{1/R_1 + 1/R_2} i = \frac{R_1}{R_1 + R_2} i$$

从上式可以看出，R_1 越大 i_1 越小，R_2 越大 i_2 越小，这个特点与电阻串联时电阻越大分压越大是不同的，应加以注意。串联电阻的分压公式和并联电阻的分流公式比较常用，应予记住。

从并联等效电阻的公式中还可发现一个特点，即

$$R = \frac{1}{\sum_{k=1}^{n} \frac{1}{R_k}} = \frac{1}{\frac{1}{R_1} + \frac{1}{R_2} + \cdots + \frac{1}{R_n}} < R_k, k = 1, 2, \cdots, n$$

所以，并联电阻总的等效电阻小于其中任意一个电阻的电阻值。

对于两个电阻的并联，其等效电阻为

$$R = \frac{1}{1/R_1 + 1/R_2} = \frac{R_1 R_2}{R_1 + R_2} \triangleq R_1 // R_2$$

该公式很常用，应熟记。

2.2.3 电阻混联的等效化简

既有电阻的串联又有电阻的并联的连接方式叫作电阻的混联。在图 2-15 所示的混联电路中，R_3 和 R_4 串联后，再与 R_2 并联，最后与 R_1 串联。在混联电路中，可以反复使用串联、并联电阻的计算式求得整个电路的等效电阻或总电阻。

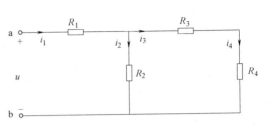

图 2-15 电阻的混联

例如对图 2-15 所示的混联电路，可算出电路的等效电阻为

$$R = R_1 + R_2 // (R_3 + R_4) = R_1 + \frac{R_2(R_3+R_4)}{R_2+R_3+R_4}$$

混联电路的一般求解步骤如下：
1) 求出整个电路的等效电阻 R 或等效电导 G。
2) 用欧姆定律求出电路的总电压或总电流。
3) 用分压和分流公式求出各个电阻上的电压和电流。

例 2-4 如图 2-15 所示电路，已知 $u = U_S$，求各个电阻上的电压和电流。

解：应用前面得到的等效电阻结果

$$R = R_1 + R_2 // (R_3 + R_4) = R_1 + \frac{R_2(R_3+R_4)}{R_2+R_3+R_4}$$

计算出总电流及 R_1 的电流为

$$i_1 = i = \frac{U_S}{R_1 + \frac{R_2(R_3+R_4)}{R_2+R_3+R_4}}$$

则 R_1、R_2 的电压分别为

$$u_1 = R_1 i_1$$

$$u_2 = u_{34} = (R_2 // R_{34})i = \frac{(R_3+R_4)R_2}{R_2+R_3+R_4}i_1$$

R_2、R_3 的电流分别为

$$i_2 = \frac{u_2}{R_2} = \frac{(R_3+R_4)R_2}{(R_2+R_3+R_4)} \frac{i_1}{R_2}$$

$$i_3 = i_4 = \frac{u_2}{R_3+R_4}$$

则 R_3、R_4 的电压分别为

$$u_3 = R_3 i_3$$
$$u_4 = R_4 i_4$$

例 2-5 图 2-16a 所示电路为双电源直流分压电路。试求电位器滑动端移动时，a 点电位 V_a 的变化范围。

解：将两个电位值用两个电压源替

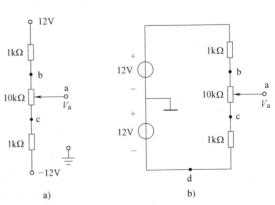

图 2-16 双电源直流分压电路

代，可画出图 2-16b 所示电路。

当电位器滑动端移到最下端时，a 点的电位为

$$V_a = U_{cd} - 12\text{V} = \frac{1\text{k}\Omega}{1\text{k}\Omega + 10\text{k}\Omega + 1\text{k}\Omega} \times 24\text{V} - 12\text{V} = -10\text{V}$$

当电位器滑动端移到最上端时，a 点的电位为

$$V_a = U_{bd} - 12\text{V} = \frac{10\text{k}\Omega + 1\text{k}\Omega}{1\text{k}\Omega + 10\text{k}\Omega + 1\text{k}\Omega} \times 24\text{V} - 12\text{V} = 10\text{V}$$

所以，当电位器滑动端由下向上逐渐移动时，a 点的电位将在 $-10 \sim 10\text{V}$ 间连续变化。

例 2-6 如图 2-17 所示电路，求各支路电流。

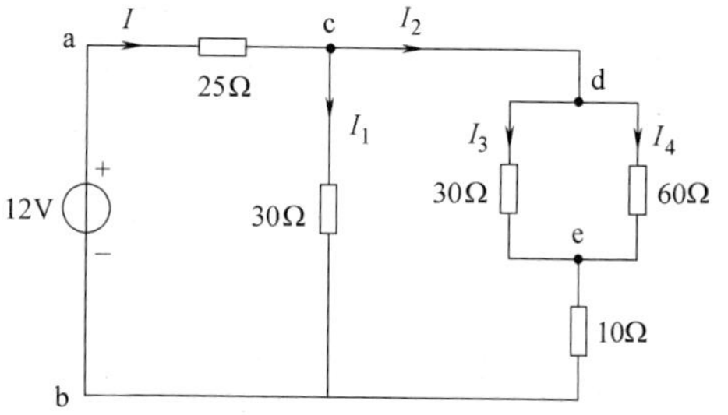

解：先求从 ab 两端向右看去的等效电阻 R_{ab}，然后求总电流，再用分流公式，求其他支路电流。有

$$R_{de} = 30\Omega \mathbin{/\mkern-6mu/} 60\Omega = \frac{30 \times 60}{30 + 60}\Omega = 20\Omega$$

$$R_{db} = 20\Omega + 10\Omega = 30\Omega$$

$$R_{eb} = 30\Omega \mathbin{/\mkern-6mu/} 30\Omega = \frac{30 \times 30}{30 + 30}\Omega = 15\Omega$$

$$R_{ab} = 15\Omega + 25\Omega = 40\Omega$$

图 2-17 例 2-6 图

根据欧姆定律得

$$I = \frac{12}{R_{ab}} = \frac{12}{40}\text{A} = 0.3\text{A}$$

根据分流公式得

$$I_2 = \frac{30}{30 + R_{db}}I = \frac{30}{30 + 30} \times 0.3\text{A} = 0.15\text{A}$$

$$I_1 = I - I_2 = 0.3\text{A} - 0.15\text{A} = 0.15\text{A}$$

$$I_3 = \frac{60}{30 + 60}I_2 = 0.10\text{A}$$

$$I_4 = I_2 - I_3 = 0.15\text{A} - 0.1\text{A} = 0.05\text{A}$$

例 2-7 图 2-18a 所示网络称为无限梯形网络。网络中电阻器均为线性时不变无源电阻。其中 R_s 称为串臂电阻，R_p 称为并臂电阻。若设 $R_s = 2\Omega$，$R_p = 1\Omega$，试求网络的入端电阻 R_i。

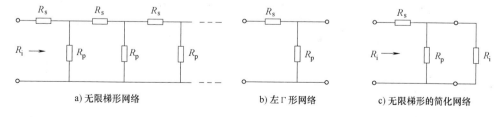

a) 无限梯形网络　　b) 左 Γ 形网络　　c) 无限梯形的简化网络

图 2-18 无限梯形网络

解： 显然，此网络是由无限多个如图 2-18b 所示的所谓左 Γ 形网络级联而成的。由于网络是无限的，所以从左端切除一节左 Γ 形网络，剩下的仍然是一个无限的梯形网络，而且这个网络的入端电阻仍可认为是 R_i。所以，原无限梯形网络可看成是一个左 Γ 形网络端接了一个电阻值为 R_i 的线性时不变电阻，如图 2-18c 所示。根据图 2-18c 的网络立即可以写出

$$R_i = R_s + R_p \mathbin{/\mkern-6mu/} R_i = R_s + \frac{R_p R_i}{R_p + R_i}$$

由此式求得

$$R_i = \frac{R_s + \sqrt{R_s^2 + 4R_p R_s}}{2}$$

将已知数据 $R_s = 2\Omega$，$R_p = 1\Omega$ 代入上式，求得

$$R_i = 2.73\Omega$$

尚有 $R_i = -0.73\Omega$，但不合题意，舍去。

2.3 电阻的Y联结和△联结的等效变换

在电路中，有时电阻的连接既非串联又非并联，如电桥电路。在这种情况下，要求出电路的等效电阻，就要用到本节介绍的Y和△联结等效变换的方法。

2.3.1 Y和△联结

如图 2-19a 所示，把每个电阻的一端连接在一起形成一个公共点，每个电阻的另一端连接外电路，这种连接就叫星形联结，又叫Y联结。

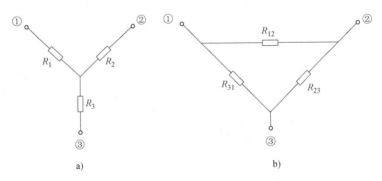

图 2-19 Y和△联结

在图 2-19b 所示电路中，把三个电阻首尾连接并从连接处各引出一个端子连向外电路，这种联结方式就叫作三角形联结或△联结。

如图 2-20a 所示电桥电路，如能把由 R_1、R_2、R_3 组成的三角形联结等效变换成由 R_a、R_b、R_c 组成的星形联结，如图 2-20b 所示，则 a、b 间的等效电阻（总电阻）就可以用串联公式求得为

$$R_{ab} = R_a + \frac{(R_4 + R_b)(R_5 + R_c)}{R_b + R_5 + R_c + R_4}$$

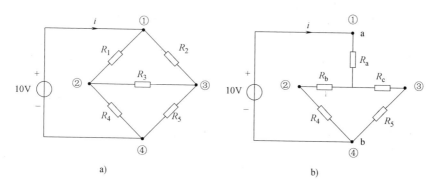

图 2-20 电桥电路及其等效变换

同样，若能把 R_1、R_3、R_4 构成的 Y 联结等效变换成 R'_a、R'_b、R'_c 构成的 △ 联结，则 a、b 间的总电阻也可以用串联并联公式求得，即

$$R_{ab} = \frac{R'_a \left(\dfrac{R_2 R'_b}{R_2 + R'_b} + \dfrac{R_5 R'_c}{R_5 + R'_c} \right)}{R'_a + \dfrac{R_2 R'_b}{R_2 + R'_b} + \dfrac{R_5 R'_c}{R_5 + R'_c}}$$

2.3.2 Y 和 △ 联结的等效互换

通过观察可以看出，电阻的星形联结和电阻的三角形联结都是通过三个端钮与外部相连的，它们都构成一个三端电阻网络。它们之间的等效互换就是要求它们的外部特性能相同。所谓外部特性相同是指：若在它们对应的端钮之间加相同的电压，流入相应端钮的电流也应相同。

一般来说，电阻三端网络的端口特性，可用联系这些端口电压和电流关系的两个代数方程来表征。

对于星形联结的三端电阻网络，外加两个电流源 i_1 和 i_2，如图 2-21 所示。

应用 KVL 求得端口电压 u_1 和 u_2 的表达式为

$$\begin{cases} u_1 = R_1 i_1 + R_3 (i_1 + i_2) \\ u_2 = R_2 i_2 + R_3 (i_1 + i_2) \end{cases}$$

整理得到

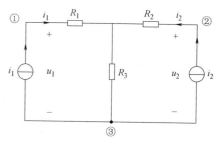

图 2-21 电阻星形联结的电路

$$\begin{cases} u_1 = (R_1 + R_3) i_1 + R_3 i_2 \\ u_2 = R_3 i_1 + (R_2 + R_3) i_2 \end{cases} \tag{2-9}$$

对图 2-22a 所示的三角形联结的三端电阻网络，外加两个电流源 i_1 和 i_2，并将电流源与电阻的并联等效变换为一个电压源与电阻的串联，得到图 2-22b 所示电路。

由此得到

$$i_{12} = \frac{R_{31} i_1 - R_{23} i_2}{R_{12} + R_{23} + R_{31}} \tag{2-10}$$

电路

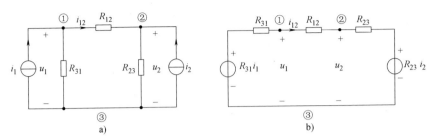

图 2-22 电阻三角形联结电路

$$\begin{cases} u_1 = R_{31}i_1 - R_{31}i_{12} = R_{31}(i_1 - i_{12}) \\ u_2 = R_{23}i_{12} + R_{23}i_2 = R_{23}(i_2 + i_{12}) \end{cases}$$

将 i_{12} 表达式代入式（2-10），得到

$$\begin{cases} u_1 = \dfrac{R_{31}(R_{12}+R_{23})}{R_{12}+R_{23}+R_{31}}i_1 + \dfrac{R_{23}R_{31}}{R_{12}+R_{23}+R_{31}}i_2 \\ u_2 = \dfrac{R_{23}R_{31}}{R_{12}+R_{23}+R_{31}}i_1 + \dfrac{R_{23}(R_{12}+R_{31})}{R_{12}+R_{23}+R_{31}}i_2 \end{cases} \quad (2\text{-}11)$$

式（2-9）和式（2-11）分别为星形联结和三角形联结电阻网络的 VCR 方程。

如果欲使电阻星形联结和三角形联结等效，则要求以上两个 VCR 方程的对应系数分别相等，即

$$\begin{cases} R_1 + R_3 = \dfrac{R_{31}(R_{12}+R_{23})}{R_{12}+R_{23}+R_{31}} \\ R_3 = \dfrac{R_{23}R_{31}}{R_{12}+R_{23}+R_{31}} \\ R_2 + R_3 = \dfrac{R_{23}(R_{12}+R_{31})}{R_{12}+R_{23}+R_{31}} \end{cases} \quad (2\text{-}12)$$

由此解得

$$\begin{cases} R_1 = \dfrac{R_{31}R_{12}}{R_{12}+R_{23}+R_{31}} \\ R_2 = \dfrac{R_{12}R_{23}}{R_{12}+R_{23}+R_{31}} \\ R_3 = \dfrac{R_{23}R_{31}}{R_{12}+R_{23}+R_{31}} \end{cases} \quad (2\text{-}13)$$

由式（2-13）可见，从电阻的三角形联结变换到电阻星形联结的等效变换公式为

$$R_i = \dfrac{\text{接于 } i \text{ 端两电阻之乘积}}{\triangle \text{三电阻之和}}$$

式中，R_i 为电阻的星形联结中连接在节点 i 的电阻，$i=1,2,3$。

当 $R_{12}=R_{23}=R_{31}=R_\triangle$ 时，有

$$R_1 = R_2 = R_3 = R_Y = \dfrac{1}{3}R_\triangle$$

由式（2-13）可解得

$$\begin{cases} R_{12} = \dfrac{R_1R_2+R_2R_3+R_3R_1}{R_3} \\ R_{23} = \dfrac{R_1R_2+R_2R_3+R_3R_1}{R_1} \\ R_{31} = \dfrac{R_1R_2+R_2R_3+R_3R_1}{R_2} \end{cases} \qquad (2\text{-}14)$$

即电阻的星形联结等效变换为电阻的三角形联结的公式为

$$R_{mn} = \dfrac{\text{Y电阻两两乘积之和}}{\text{不与 } mn \text{ 端相连的电阻}} \qquad (2\text{-}15)$$

式中，R_{mn} 为电阻的三角形联结中连接在节点 m、n 之间的电阻，m、$n = 1, 2, 3$。

当 $R_1 = R_2 = R_3 = R_Y$ 时，有

$$R_{12} = R_{23} = R_{31} = R_\triangle = 3R_Y \qquad (2\text{-}16)$$

在复杂的电阻网络中，利用电阻星形联结与电阻三角形联结网络的等效变换，可以简化电路分析。这一方法在后面的电路分析如三相电路的分析中，有着重要的应用。

例 2-8 如图 2-23a 所示电路，求总电阻 R_{ab}。

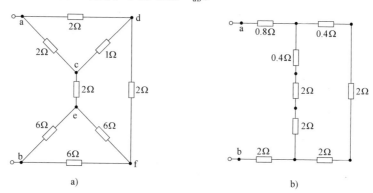

图 2-23 例 2-8 图

解：观察图 2-23a 所示电路，不难发现该电路中包含了由电阻构成的 Y 和 △ 的结构，所以此题有两种解法，一是进行 Y→△ 变换，二是进行 △→Y 变换。我们选择进行 △→Y 变换来求总电阻 R_{ab}。将 acd 和 bef 两个三角形联结变换为星形联结，如图 2-23b 所示。变换后的电路中只有串联和并联结构，则可方便地求得总电阻为

$$R_{ab} = [0.8 + 2 + (0.4 + 2 + 2) /\!/ (0.4 + 2 + 2)]\Omega = (2.8 + 2.2)\Omega = 5\Omega$$

2.3.3 电桥电路及电桥平衡

1. 电桥电路

在前面已提到了电桥电路，这是一种既无串联又无并联结构的特殊电路，常见的一种电桥电路如图 2-24a 所示。

电路中的 R_1、R_2、R_3、R_4 支路为电桥的 4 个"臂"，R_0 支路称为"桥"。

若电桥电路所接电源为直流电源，则称其为直流电桥，若电桥电路所接电源为交流电

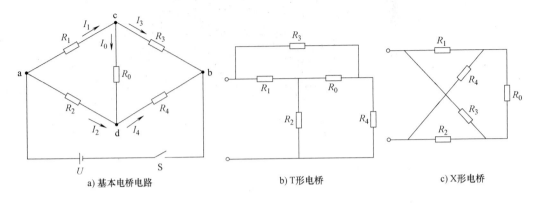

图 2-24 电桥电路

源,则称其为交流电桥,电桥常用于电阻或电感电容参数测量。

电桥电路的画法不是唯一的,其还有两种常见的变形画法,如图 2-24b 所示的 T 形电桥画法和如图 2-24c 所示的 X 形电桥画法。

例 2-9 对如图 2-25a 所示电桥电路,已知 $R_1=R_2=R_4=2\Omega$,$R_3=R_5=R_6=1\Omega$,求总电阻 R_{ab}。

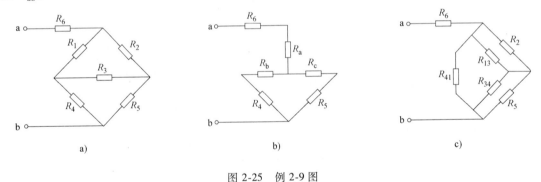

图 2-25 例 2-9 图

解:电桥电路可以采用 Y-△ 的方法变换,也可以采用 △-Y 的方法变换。下面分别进行讨论。

(1) △-Y 法:将 R_1、R_2、R_3 构成的三角形联结转化为星形联结,如图 2-25b 所示。因为 $\sum R_\triangle = R_1+R_2+R_3 = (2+2+1)\Omega = 5\Omega$,则

$$R_a = \frac{2\times 2}{5}\Omega = 0.8\Omega, R_b = \frac{1\times 2}{5}\Omega = 0.4\Omega, R_c = \frac{1\times 2}{5}\Omega = 0.4\Omega$$

$$R_{ab} = R_6 + R_a + \frac{(R_b+R_4)(R_c+R_5)}{R_b+R_4+R_c+R_5}$$

$$= \left[1+0.8+\frac{(2+0.4)(1+0.4)}{3+0.8}\right]\Omega = 2.684\Omega$$

(2) Y-△ 法:将 R_1、R_3、R_4 构成的星形联结转化为三角形联结,如图 2-25c 所示。

$$\sum R_Y = R_1R_3+R_3R_4+R_4R_1 = 1\times 2+1\times 2+2\times 2 = 8$$

$$R_{13} = \frac{8}{2}\Omega = 4\Omega, R_{34} = \frac{8}{2}\Omega = 4\Omega, R_{41} = \frac{8}{1}\Omega = 8\Omega$$

$$R_{ab} = \left[1 + \frac{8\left(\frac{2\times 4}{2+4} + \frac{1\times 4}{1+4}\right)}{8 + \frac{2\times 4}{2+4} + \frac{1\times 4}{1+4}}\right]\Omega = 2.684\Omega$$

两种方法所得结果相同。

2. 电桥平衡

在图 2-24a 所示电桥电路中，若接通电源后，"桥"支路上无电流，即 $I_0 = 0$，则称为电桥平衡。

下面推导电桥平衡的条件。

显然，欲使 $I_0 = 0$，则必须 c 与 d 两点等电位，即 $U_{cd} = 0$。因此有 $U_{ac} = U_{ad}$ 或 $U_{cb} = U_{db}$，即

$I_1 R_1 = I_2 R_2$ 或 $I_3 R_3 = I_4 R_4$，则

$$\frac{I_1 R_1}{I_3 R_3} = \frac{I_2 R_2}{I_4 R_4}$$

又因为当 $I_0 = 0$ 时，$I_1 = I_3$，$I_2 = I_4$，则有

$$\frac{R_1}{R_3} = \frac{R_2}{R_4} \text{ 或 } R_1 R_4 = R_2 R_3 \tag{2-17}$$

由此可得电桥的平衡条件如下：

1) 电桥两相邻臂电阻比值相等，即

$$\frac{R_1}{R_3} = \frac{R_2}{R_4} \text{ 或 } \frac{R_1}{R_2} = \frac{R_3}{R_4}$$

2) 电桥两相对桥臂电阻的乘积相等，即

$$R_1 R_4 = R_2 R_3$$

电桥平衡时，因为 $I_0 = 0$ 或 c、d 等电位，所以将桥支路开路或短路都不会影响各电阻的电压和电流。

例 2-10 电路如图 2-24a 所示，已知 $R_1 = 10\Omega$，$R_2 = 3\Omega$，$R_3 = 20\Omega$，$R_4 = 6\Omega$，$R_0 = 10\Omega$，$U = 13V$，求各支路的电流。

解：由 $R_1 R_4 = 10 \times 6 = 60$，$R_2 R_3 = 3 \times 20 = 60$ 可知电桥平衡，$I_0 = 0A$，因此有

$$I_1 = I_3 = \frac{U}{R_1 + R_3} = \frac{13}{10+20}A = \frac{13}{30}A$$

$$I_2 = I_4 = \frac{U}{R_2 + R_4} = \frac{13}{3+6}A = \frac{13}{9}A$$

$$I = I_1 + I_2 = 1.87A$$

应注意，当电桥不平衡时，$I_0 \neq 0$，这时就不能按以上方法进行计算了。这时，电路既非串联，又非并联，通常可以应用节点法或者戴维南定理分析。

3. 电桥电路的应用

本章导读思考中，用来精确测量电阻元件阻值的电桥电路是一个单臂电桥，其电路原理

图如图 2-26 所示。电桥中 4 个臂由 R_1、R_2、R、R_x 组成,"桥"支路上接灵敏度极高的零中心检流计 G,R 为可调电阻,R_x 是被测电阻。

在电桥不平衡时,有电流通过检流计,表针偏离零位。调整 R_1、R_2、R 使表针归零,电桥平衡,此时

$$R_1 R_x = R_2 R$$

$$R_x = \frac{R_2 R}{R_1} \qquad (2\text{-}18)$$

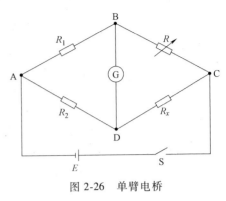

图 2-26 单臂电桥

从而得到被测电阻的阻值。由于电桥中的电阻都可以选的很精密,所以用这种电桥电路测量的电阻值精度很高,除了测量直流电阻外,电桥电路还可以设计用来测量交流阻抗。

例 2-11 电路如图 2-27 所示,已知:$R_1 = 1\mathrm{k}\Omega$,$R_2 = 3\mathrm{k}\Omega$,$R_3 = 2\mathrm{k}\Omega$,$R_4 = 2\mathrm{k}\Omega$,$R_6 = 500\Omega$,如要使开关通断对电流表的读数没有影响,R_5 应为多少?

解:图中 R_1、R_3、R_4、R_5 为电桥的 4 个臂,开关 S 与 R_2 是桥支路,R_6 和 U 是电源支路。

根据题意,要使桥支路的通、断对其他支路没有影响,电桥必须处于平衡状态,即应有

$$R_1 R_5 = R_3 R_4$$

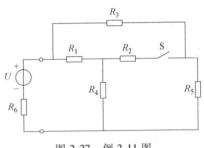

图 2-27 例 2-11 图

$$R_5 = \frac{R_3 R_4}{R_1} = \frac{2 \times 2}{1} \mathrm{k}\Omega = 4\mathrm{k}\Omega$$

例 2-12 如图 2-28 所示直流电路,设电流表电阻为零,电压表电阻为无穷大,求电流表、电压表的读数。

解:由于本电路外回路 4 个电阻组成一个平衡电桥,所以 BC 两点等电位,移去 BC 支路后可以直接求出电流表的读数为

$$I = \frac{99}{3+6+\dfrac{(3+6)(4+8)}{3+6+4+8}} \mathrm{A} = \frac{99}{9+\dfrac{36}{7}} \mathrm{A} = 7\mathrm{A}$$

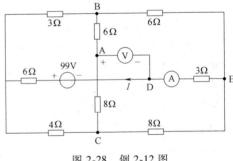

图 2-28 例 2-12 图

电压表的读数为

$$U_{AD} = U_{AB} + U_{BE} + U_{ED} = \left(0 + 6 \times \frac{4+8}{4+8+3+6} \times 7 + 3 \times 7\right)\mathrm{V} = 45\mathrm{V}$$

2.4 有源单口网络的等效化简

本节讨论含独立电源支路的串并联等效变换、多余元件化简、有伴电源等效变换和电源转移法,其中有伴电源等效变换是一种常用而有效的电路化简法。

2.4.1 独立电源串并联的等效化简

1. 独立电压源串联的化简

图 2-29a 所示为 n 个独立电压源串联的单口网络，就端口特性而言，其等效于一个独立电压源，如图 2-29b 所示，根据 KVL，其电压等于各电压源电压的代数和。

$$u_S = \sum_{k=1}^{n} u_{Sk} \tag{2-19}$$

式中，与 u_S 参考方向相同的电压源 u_{Sk} 取正号，相反则取负号。

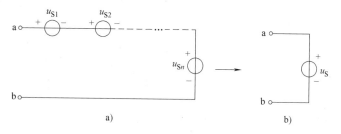

图 2-29 独立电压源的串联

2. 独立电流源的并联

n 个独立电流源并联的单口网络如图 2-30a 所示，就端口特性而言，其等效于一个独立电流源，如图 2-30b 所示，根据 KCL，其电流等于各电流源电流的代数和，即

$$i_S = i_{S1} + i_{S2} + \cdots + i_{Sn} = \sum_{k=1}^{n} i_{Sk} \tag{2-20}$$

在上面的表达式中，与 i_S 参考方向相同的电流源 i_{Sk} 取正号，相反则取负号。

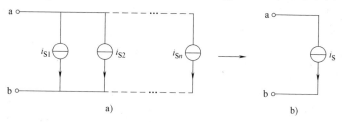

图 2-30 电流源的并联

另外要注意到，就电路模型而言，两个电压完全相同的电压源才能并联，两个电流完全相同的电流源才能串联，否则将违反 KCL、KVL 和独立电源的定义。

2.4.2 多余元件的概念

由于等效电路是针对外电路而言的，故当一个电流源与一个或多个电压源串联时，可等效为一个电流源，如图 2-31a 所示，即电压源被视为多余元件，可以去掉；而当一个电压源与一个电流源并联时，可等效为一个电压源，如图 2-31b 所示，即此时电流源被视为多余元件。

同理，当一个电流源与一个或多个电压源和电阻串联时，可等效为一个电流源，如图

2-31c 所示，此时，电压源和电阻都被视为多余元件。而当一个电压源与一个电流源和多个电阻并联时，可等效为一个电压源，如图 2-31d 所示，此时，电流源和电阻都被视为多余元件。

注意：等效只对 a、b 以外的电路有效，而在 a、b 内部是不等效的，所以如果要求 a、b 内部的电压和电流时，通常还要回到原电路进行。

例 2-13 如图 2-32a 所示电路。求电阻和电流源上的电压。

解：设所求电压分别为 u_1 和 u_2，如图 2-32a 所示。求 u_1 时，由于电流源与电压源串联，故对电阻而言，只有电流源起作用，电压源可以去掉，如图 2-32b 所示。因此

$$u_1 = 5 \times 10 \text{V} = 50 \text{V}$$

求 u_2 时，则不能将电压源去掉，应回到原电路去求解。根据 KVL 知

$$u_2 = -10 + u_1 = (-10+50) \text{V} = 40 \text{V}$$

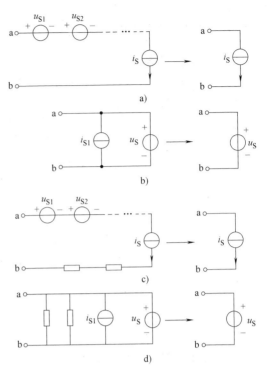

图 2-31 多余元件的简化

2.4.3 实际电源的两种模型及其等效变换

在电路分析中，有时用电压源比较方便，有时用电流源比较方便，这就要求电压源与电流源之间能够等效变换，通常，单个的电压源与单个电流源之间是不能等效变换的，但如果电压源串联一个电阻 R_0，而电流源并联一个电阻 R_0，则这种变换便成为可能，如图 2-33 所示，这两种电源也分别称为有伴电压源、有伴电流源。

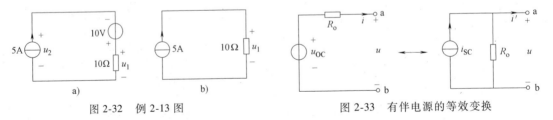

图 2-32 例 2-13 图　　　　图 2-33 有伴电源的等效变换

下面推导二者等效的条件。要使二者等效，必须使它们的外部特性相等，即若在端子 a、b 间同时加相同的电压 u，则流入二者的电流 $i = i'$。根据这一条件，对有伴电压源电路，有

$$i = \frac{u_{OC} - u}{R_o} = \frac{u_{OC}}{R_o} - \frac{u}{R_o}$$

对有伴电流源电路，有

$$i' = i_{SC} - \frac{u}{R_o}$$

要使二者相等，则必须以上两式中对应项相等，即 $i_{SC} = \dfrac{u_{OC}}{R_o}$，这就是这两种电路等效变换的条件，即 $i_{SC} = \dfrac{u_{OC}}{R_o}$ 或 $u_{OC} = i_{SC}R_o$。

注意在等效变换过程中，电压源与电流源的参考方向应如图 2-33 中所示的设定，即电流源电流的方向为从对应的电压源正极端流出。

两种有伴电源电路的等效变换可用图 2-34 表示。图 2-34a 表示有伴电压源变换为有伴电流源，图 2-34b 表示有伴电流源变换为有伴电压源。

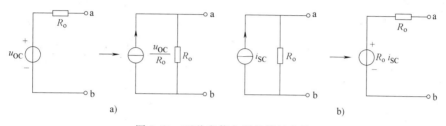

图 2-34　两种有伴电源的等效变换

一般来讲，在这两种有伴电源中，其内部的功率是不相同的。如图 2-35a 所示电路，当 a、b 端开路时，流过 u_{OC} 的电流为 0，电压源不发出功率，电阻也不吸收功率。但在图 2-35b 所示电流源电路中，电阻吸收的功率为 $P = R_o i_{SC}^2$，即电流源发出的功率，可见，二者的内部功率情况是不同的。

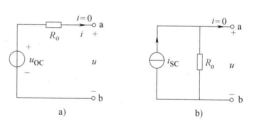

图 2-35　两种有伴电源端口开路情况

例 2-14　用电源等效变换求图 2-36a 单口网络的最简形式的等效电路。

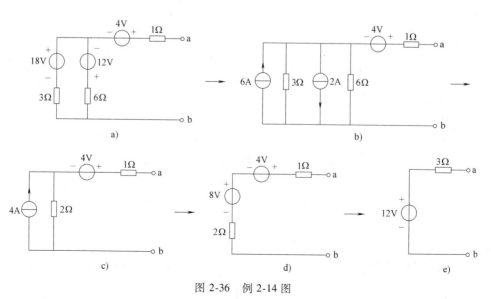

图 2-36　例 2-14 图

电路

解：利用等效变换的方法，将电路逐步化成最简形式，步骤如下：

1）将左边两条电压源与电阻的串联支路等效变换为电流源与电阻的并联，如图 2-36b 所示。

2）将两个并联的电流源等效为一个电流源，两并联电阻等效为一个电阻，如图 2-36c 所示。

3）将左边电流源与电阻的并联支路变换为电压源与电阻的串联支路，如图 2-36d 所示。

4）将两个串联的电压源等效为一个电压源，将两个串联的电阻等效为一个电阻，如图 2-36e 所示，这就是所求的最简单形式的等效电路。

例 2-15 求图 2-37a 电路中的电流 i。

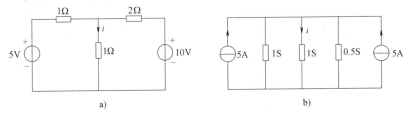

图 2-37 例 2-15 图

解：首先将左右两条电压源与电阻串联支路等效变换为电流源与电导的并联支路，得到图 2-37b 所示电路。再用分流公式求得

$$i = \frac{1\text{S}}{(1+1+0.5)\text{S}}(5\text{A}+5\text{A}) = 4\text{A}$$

例 2-16 求图 2-38a 所示电路中电压 u。

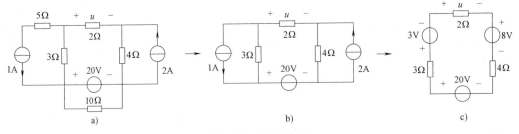

图 2-38 例 2-16 图

解：具体步骤如下：

（1）去掉多余元件：将 1A 电流源与 5Ω 电阻的串联等效为 1A 电流源。20V 电压源与 10Ω 电阻并联等效为 20V 电压源，得到图 2-38b 所示电路。

（2）电源等效变换：将电流源与电阻的并联等效为电压源与电阻的串联，得到图 2-38c 所示电路。由此求得

$$u = \frac{(-3+20-8)\text{V}}{(2+3+4)\Omega} \times 2\Omega = 2\text{V}$$

2.5 含受控源电路的等效化简

本节介绍含受控源的单口网络的等效化简方法。内容包括含受控源单口网络的等效电路

计算和两种受控电源的等效变换。

2.5.1 含受控源单口网络的等效电路

2.1 节中已指出，由若干线性二端电阻构成的单口网络，就端口特性而言，可等效为一个线性二端电阻。

仅由线性二端电阻和线性受控源构成的单口网络，就端口特性而言，也可等效为一个线性二端电阻，其等效电阻值常用外加独立电源后再计算单口 VCR 方程的方法求得。现举例说明。

例 2-17 求图 2-39a 所示单口网络的等效电阻。

解：设想在端口外加电流为 i 的电流源，写出端口电压 u 的表达式为

$$u = \mu u_1 + u_1 = (\mu+1) u_1 = (\mu+1) Ri = R_o i$$

则端口的等效电阻为

$$R_o = \frac{u}{i} = (\mu+1) R$$

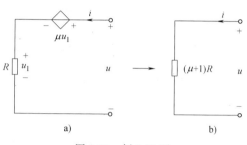

图 2-39 例 2-17 图

即原电路可等效为图 2-39b 所示的电阻。由于受控电压源的存在，使端口电压增加了 $\mu u_1 = \mu R i$，导致端口等效电阻增大到 $(\mu+1)$ 倍。若控制系数 $\mu = -2$，则单口等效电阻 $R_o = -R$，这表明该电路也可将正电阻变换为一个负电阻。

例 2-18 求图 2-40a 所示电路 a、b 端口的输入电阻 R_{in}，并求其等效电路。

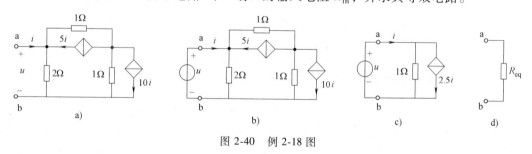

图 2-40 例 2-18 图

解：先在 ab 端口施加一电压为 u 的电压源，如图 2-40b 所示。再把 ab 右端电路进行简化得到图 2-40c，由此可得

$$u = (i - 2.5i) \times 1 = -1.5i$$

因此，该单口网络的输入电阻为

$$R_{in} = \frac{u}{i} = -1.5\Omega$$

由此例亦可知含受控源电阻电路的输入电阻可能是负值。图 2-40a 所示电路的等效电路为图 2-40d 所示的电路，其等效电阻值为

$$R_{eq} = R_{in} = -1.5\Omega$$

由线性受控源、线性电阻和独立电源构成的单口网络，就端口特性而言，可以等效为一个线性电阻和独立电压源的串联电路，或等效为一个线性电阻和独立电流源的并联电路。

类似地，可用外加电流源计算端口 VCR 方程的方法，求得含独立电源和线性受控源电阻单口网络的等效电路。

例 2-19 求图 2-41a 所示单口网络的等效电路。

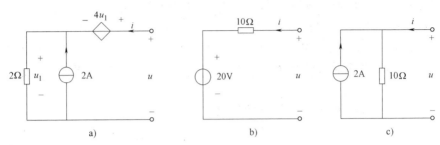

图 2-41　例 2-19 图

解：用外加电源法，求得单口 VCR 方程为

$$u = 4u_1 + u_1 = 5u_1$$

其中

$$u_1 = 2(i+2)$$

带入前式得到

$$u = 10i + 20$$

则单口 VCR 方程为

$$u = (10\Omega)i + 20V \quad \text{或} \quad i = \frac{1}{10\Omega}u - 2A$$

以上两式对应的等效电路为 10Ω 电阻和 20V 电压源的串联，如图 2-41b 所示，或 10Ω 电阻和 2A 电流源的并联，如图 2-41c 所示。

2.5.2　受控源单口网络两种电源形式的等效变换

独立电压源和电阻的串联可以等效变换为独立电流源和电阻的并联或反之。与此相似，一个受控电压源（仅指其受控支路，以下同）和电阻的串联，也可等效变换为一个受控电流源和电阻的并联，如图 2-42 所示。

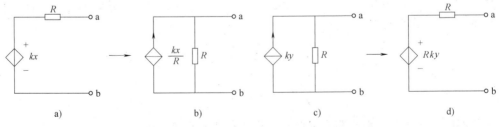

图 2-42　受控源单口网络的等效变换

例 2-20 在图 2-43a 所示电路中，已知转移电阻 $r = 3\Omega$。求单口网络的等效电阻。

解：先将受控电压源和 2Ω 电阻的串联等效变换为受控电流源 $0.5ri = 1.5i$ 和 2Ω 电阻的并联，如图 2-43b 所示，2Ω 电阻和 3Ω 电阻等效为一个 1.2Ω 的电阻，再将 1.5i 的受控电流源和 1.2Ω 电阻的并联等效变换为受控电压源 $0.6ri = 1.8i$ 和 1.2Ω 电阻的串联，如图 2-43c

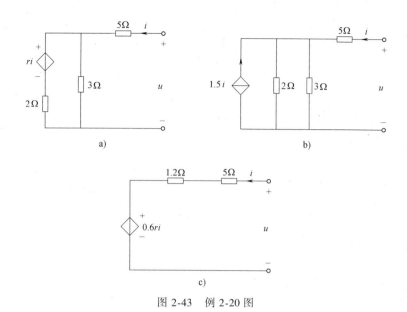

图 2-43 例 2-20 图

所示。由 KVL 可写出端口电压为

$$u = (5\Omega + 1.2\Omega + 0.6r)i = (8\Omega)i$$

则端口等效电阻为

$$R_o = \frac{u}{i} = 8\Omega$$

【实例应用】

根据电桥平衡原理 $R_1R_x = R_2R_3$,可以计算出被测电阻阻值 $R_x = \dfrac{R_2R_3}{R_1}$。电阻应变仪中的测量应用的是电桥平衡原理,如图 2-44 所示。R_x 是电阻应变片,黏附在被测零件上。当零件发生形变(伸长或缩短)时,R_x 的阻值随之改变,这反映在输出信号 U_o 上。在测量前如果把各个电阻调节到 R_x = 100Ω,$R_1 = R_2 = 200\Omega$,$R_3 = 100\Omega$,这时满足 $\dfrac{R_x}{R_3} = \dfrac{R_1}{R_2}$ 的电桥平衡条件,$U_o = 0$。通过测量 U_o,可以得到 ΔR_x 的改变情况。

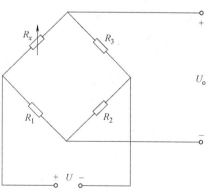

图 2-44 电阻应变仪的测量原理

(1) 设电源电压是直流3V,测量 $U_o = 1\text{mV}$ 或 $U_o = -1\text{mV}$ 时,计算两种情况下的 ΔR_x。

(2) U_o 极性的改变反映了什么?

当 $\dfrac{R_x}{R_3} = \dfrac{R_1}{R_2}$ 时,电桥平衡,$U_o = 0$

当 $\dfrac{R_x + \Delta R_x}{R_3} \neq \dfrac{R_1}{R_2}$,电桥不再平衡,$U_o \neq 0$

$$U_o = R_3 \frac{U}{R_x + \Delta R_x + R_3} - R_2 \frac{U}{R_1 + R_2}$$
$$= 100 \times \frac{3}{100 + \Delta R_x + 100} - 200 \times \frac{3}{200 + 200}$$
$$= \frac{300}{\Delta R_x + 200} - \frac{3}{2}$$

可得，$\Delta R_x = \dfrac{300}{1.5 + U_o} - 200$

（1）若 $U_o = 1\text{mV}$，代入可得

$$\Delta R_x = \left(\frac{300}{1.5 + 0.001} - 200\right)\Omega = -0.133\Omega，\Delta R_x \text{减小}$$

（2）若 $U_o = -1\text{mV}$，代入可得

$$\Delta R_x = \left(\frac{300}{1.5 - 0.001} - 200\right)\Omega = 0.133\Omega，\Delta R_x \text{增大}。$$

由 $R = \rho \dfrac{l}{S}$ 知，l 伸长或缩短时，R 将增大或减小。当 U_o 极性变正时，即 $U_o > 0$，电阻应变片阻值 ΔR_x 减小，即 $\Delta R_x < 0$，说明被测零件形变为缩短；当 U_o 极性变负时，即 $U_o < 0$，电阻应变片阻值 ΔR_x 增大，即 $\Delta R_x > 0$，说明被测零件形变为增长。

本 章 小 结

知识点：

1. 电源的等效变换：理想电源串并联等效、多余元件、实际电压源模型与实际电流源模型等效互换；

2. 单口网络的等效电阻求解：直接等效、独立源置零、外施电源法。

难点：

1. 含多个电源单口网络的化简；

2. 含受控源单口网络等效电阻的求解方法；

3. 受控电压源与受控电流源模型等效互换。

注意： 在等效分析过程中把握等效的概念，在实际电压源和电流源等效过程中注意参考方向，在特别是需要掌握外施电源法求解等效电阻的方法。

习 题 2

2-1 求习题图 2-1 所示各二端口网络的输入电阻 R_{ab}。

2-2 电路如习题图 2-2 所示，已知 $R_1 = 5\Omega$，$R_3 = 15\Omega$，$R_4 = 10\Omega$，电阻 R_4 两端电压 $u = 18\text{V}$。试求电阻 R_2 的值。

2-3 求习题图 2-3 所示电路的等效电阻 R_{ab}。

2-4 分别求习题图 2-4 所示电路的等效电阻 R_{ab}。

2-5 电路如习题图 2-5 所示，利用电源等效变换化简下列各二端口网络。

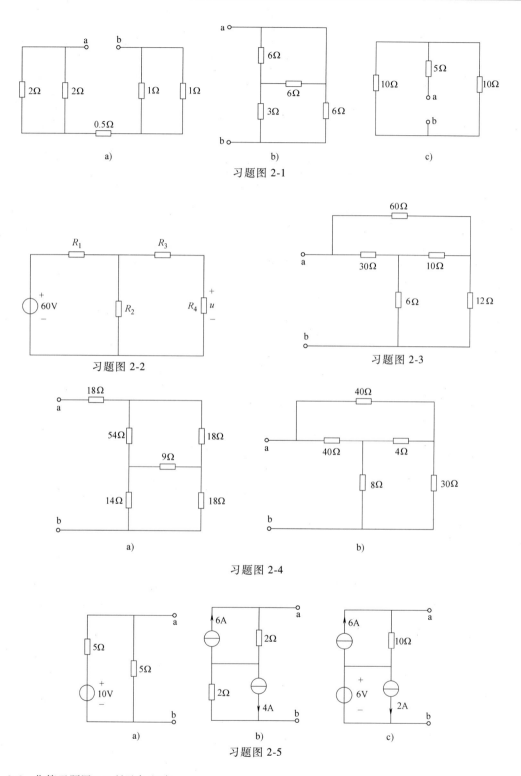

2-6 化简习题图 2-6 所示各电路。

2-7 利用电源等效变换化简习题图 2-7。

2-8 应用电源等效变换的方法求习题图 2-8 电路中的电流 i。

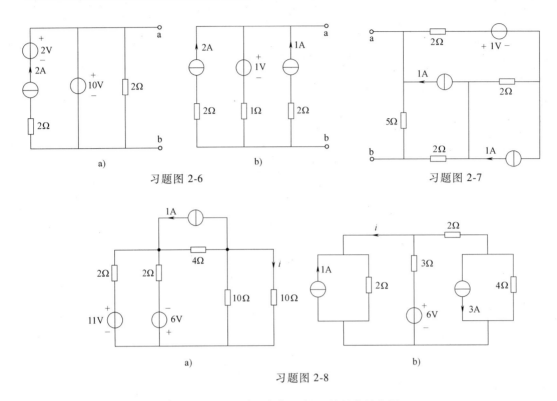

习题图 2-6 习题图 2-7

习题图 2-8

2-9 如习题图 2-9 所示含受控源的电路，求各图中 ab 端的等效电阻。

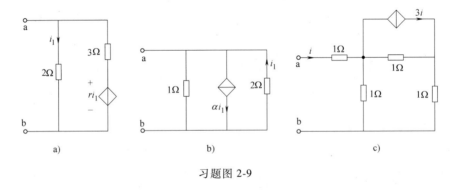

习题图 2-9

2-10 试把习题图 2-10 所示含受控源二端网络化简最简等效电路。

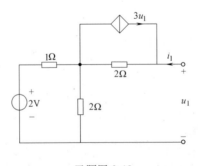

习题图 2-10

第3章　电路的系统分析方法

【章前导读】

由线性电阻元件和独立电源组成的电路，称为线性电阻电路，其响应与激励之间存在线性关系，利用这种线性关系，可以简化电路的分析和计算。本章以线性直流电阻电路为例介绍几种常见的、系统化普遍化的分析方法。所谓系统化指的是计算步骤有规律，便于编程；普遍化指的是适应面广，对于任何线性电路都适用。

本章介绍线性直流电阻电路的系统分析方法，包括2b法、支路法、网孔法、回路法、节点法和改进节点法。这些方法并不仅仅局限于线性直流电阻电路，也可以用于后面几章将要讨论的交流电路、动态电路。

【导读思考】

在第2章我们介绍过采用电桥平衡原理测量电阻形变，像电桥电路这样有着多条支路的电路结构，若要求得每条支路上的电流，该怎么分析求解呢？等效变换法已经完全不适用了，这就需要采用系统化的电路分析方法。与第2章介绍的等效变换法化简电路、改变电路结构不同，系统化的分析方法，一般不对所分析的电路进行等效化简，而是按照某种固定的步骤一步一步地分析求出所有解。由于所求出的某些解可能不是我们需要的，这种系统分析方法有时显得较为烦琐、不灵活，但特别适合于大数据的分析与计算机编程。例如某些大型电路板，可将电路拓扑结构及元件参数转化为计算机的输入数据，由计算机形成电路方程并求解；或者在计算机上作图，形成电路方程求解。

在学习了本章电路的系统分析方法以后，章后实例应用所介绍的检流计中，每条支路上的电流都可以求解。

3.1　2b法和支路法

本节介绍2b法和两种支路法，即支路电流法和支路电压法，它们是最基本的电路的系统分析方法，方程的列写也相对简单，涉及的支路、节点、网孔、回路等相关电路术语见第1章1.3节。任何集总参数电路的电压和电流都必须同时满足以下两类约束关系。

（1）拓扑约束　集总参数电路（模型）由电路元件连接而成，电路中各支路电流受到KCL约束，各支路电压受到KVL约束，这两种约束只与电路元件的连接方式有关，与元件特性无关。

（2）元件约束　集总参数电路（模型）的电压和电流还要受到元件特性（例如欧姆定律 $u=Ri$）的约束，这类约束只与元件的 VCR 有关，与元件连接方式无关。

电路分析的基本方法是：根据电路的结构和参数，列出反映这两类约束关系的 KCL、KVL 和 VCR 方程（称为电路方程），然后求解电路方程就能得到各电压和电流的解答。

3.1.1　2b 法

对于具有 b 条支路 n 个节点的连通电路，可以列出线性无关的方程有：①$n-1$ 个 KCL 方程；②$b-n+1$ 个 KVL 方程；③b 个 VCR 方程。从而得到以 b 个支路电压和 b 个支路电流为变量的电路方程，简称 2b 方程。2b 方程是最原始的电路方程，是分析电路的基本依据。求解 2b 方程可以得到电路的全部支路电压和支路电流。这种以 b 个支路电压和 b 个支路电流为变量采用 KCL、KVL 和 VCR 列写方程的方法称为 2b 法。下面举例说明。

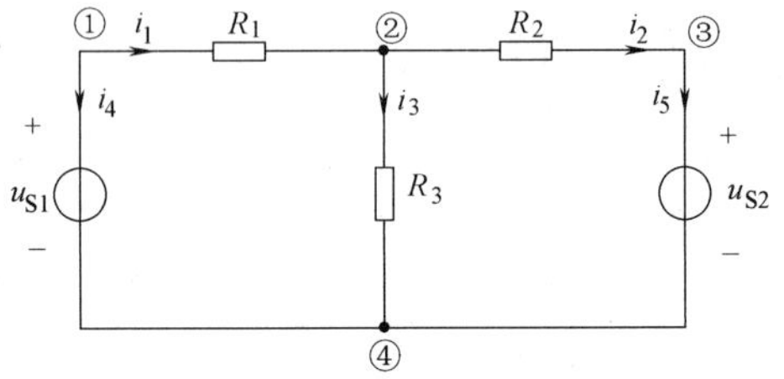

例 3-1　电路如图 3-1 所示，该电路是具有 5 条支路和 4 个节点的连通电路。求各支路电压和电流。

图 3-1　例 3-1 图

解：对节点①②③列出 KCL 方程：

$$\begin{cases} i_1 + i_4 = 0 \\ -i_1 + i_2 + i_3 = 0 \\ -i_2 + i_5 = 0 \end{cases}$$

各支路电压电流采用关联参考方向，按顺时针方向绕行一周，列出两个网孔的 KVL 方程：

$$\begin{cases} u_1 + u_3 - u_4 = 0 \\ u_2 + u_5 - u_3 = 0 \end{cases}$$

列出 b 条支路的 VCR 方程：

$$\begin{cases} u_1 = R_1 i_1 \quad u_2 = R_2 i_2 \quad u_3 = R_3 i_3 \\ u_4 = u_{S1} \quad u_5 = u_{S2} \end{cases}$$

若已知 $R_1 = R_3 = 1\Omega$，$R_2 = 2\Omega$，$u_{S1} = 5\text{V}$，$u_{S2} = 10\text{V}$。联立求解 10 个方程，得到各支路电压和电流为

$$\begin{cases} u_1 = 1\text{V} \quad i_1 = 1\text{A} \\ u_2 = -6\text{V} \quad i_2 = -3\text{A} \\ u_3 = 4\text{V} \quad i_3 = 4\text{A} \\ u_4 = 5\text{V} \quad i_4 = -1\text{A} \\ u_5 = 10\text{V} \quad i_5 = -3\text{A} \end{cases}$$

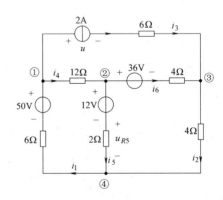

图 3-2　例 3-2 图

例 3-2　图 3-2 所示电路中，已知 $i_1 = 3\text{A}$。试求各支路电流和电流源两端电压 u。

解：注意到电流 $i_1 = 3\text{A}$ 和电流源支路电流 $i_3 = 2\text{A}$ 是已知量，观察电路的各节点可以看

出，根据节点①的 KCL 求得

$$i_4 = i_1 - i_3 = 3\text{A} - 2\text{A} = 1\text{A}$$

用欧姆定律和 KVL 求得电流 i_5 为

$$i_5 = \frac{u_{R5}}{2\Omega} = \frac{-12\text{V} - 12\Omega \times 1\text{A} + 50\text{V} - 6\Omega \times 3\text{A}}{2\Omega} = 4\text{A}$$

对节点②和④应用 KCL 分别求得

$$i_6 = i_4 - i_5 = 1\text{A} - 4\text{A} = -3\text{A}$$

$$i_2 = i_1 - i_5 = 3\text{A} - 4\text{A} = -1\text{A}$$

用 KVL 求得电流源两端电压

$$u = 12\Omega \times 1\text{A} + 36\text{V} + 4\Omega \times (-3\text{A}) - 6\Omega \times 2\text{A} = 24\text{V}$$

通过该例题可以看出，已知足够多的支路电压或支路电流，就可以推算出其余支路电压和支路电流，而不必联立求解 2b 方程。

一般来说，对于 n 个节点的连通电路，若已知 $n-1$ 个独立电压，则可用观察法逐步推算出全部支路电压和支路电流。具体方法是：

先用 KVL 方程求出其余 $b-n+1$ 个支路电压，再根据元件特性求出 b 条支路电流。

一般来说，对于 b 条支路和 n 个节点的连通电路，若已知 $b-n+1$ 个独立电流，则可用观察法推算出全部支路电流和支路电压。其具体方法是：

先用 KCL 方程求出其余 $n-1$ 个支路电流，再根据元件特性求出 b 条支路电压。

电路中各电压、电流是根据两类约束所建立电路方程的解答。但需注意，并非每个电路（模型）的各电压、电流都存在唯一解。有些电路可能无解或有多个解答。

当电路中含有纯电压源构成的回路时，如图 3-3a 所示，这些电压源的电流解答将不是唯一的；当电路中含有纯电流源构成的节点（或封闭面）时，如图 3-3b 所示，这些电流源电压的解答也不是唯一的。

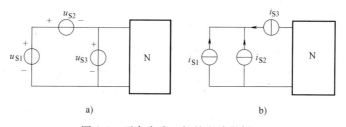

图 3-3 不存在唯一解的电路举例

上面介绍的 2b 方程的缺点是方程数太多，给手算求解联立方程带来困难。如何减少方程和变量的数目呢？下面将介绍支路法，支路法就是以支路电流（电压）为电路变量，应用 KCL 和 KVL，列出与支路电流数目相等的独立方程，解出各支路电流（电压），进而求出所要求的解。支路法分为支路电流法和支路电压法两种。

3.1.2 支路电流法

如果电路仅由独立电压源和线性二端电阻构成，可将欧姆定律 $u = Ri$ 代入 KVL 方程中，消去全部电阻支路电压，变成以支路电流为变量的 KVL 方程。加上原来的 KCL 方程，得到

以 b 个支路电流为变量的 b 个线性无关的方程，称为支路电流法方程。

这样，只需求解 b 个方程，就能得到全部支路电流，再利用 VCR 方程即可求得全部支路电压，这种方法就是支路电流法。

以图 3-4 所示电路为例说明如何建立支路电流法方程。它有三条支路、两个节点、三个回路。

现取支路电流 i_1、i_2、i_3 为电路变量，对节点②、④，根据 KCL 有

$$-i_1-i_2+i_3=0 \quad (3\text{-}1)$$
$$i_1+i_2-i_3=0 \quad (3\text{-}2)$$

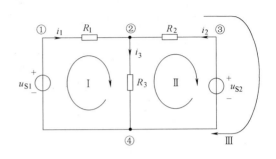

图 3-4 支路电流法示例用图

可见两个方程中只有一个是独立的。

其次，各支路电压电流采用关联参考方向，按如图 3-4 中所示的顺时针方向选取回路 Ⅰ、Ⅱ、Ⅲ，列出这三个回路的 KVL 方程，并在 KVL 方程中应用 b 条支路的 VCR 方程得到

$$R_1 i_1+R_3 i_3-u_{S1}=0 \quad (3\text{-}3)$$
$$-R_2 i_2-R_3 i_3+u_{S2}=0 \quad (3\text{-}4)$$
$$R_1 i_1-R_2 i_2+u_{S2}-u_{S1}=0 \quad (3\text{-}5)$$

观察发现这三个方程中也只有两个是独立的。

这样，根据 KCL 和 KVL 一共可以列出 5 个方程，其中只有三个是独立的，而电路变量（i_1、i_2、i_3）正好也只有三个，所以方程可以求解。

联立式（3-1）、式（3-3）、式（3-4）：

$$\begin{cases} -i_1-i_2+i_3=0 \\ R_1 i_1+R_3 i_3=u_{S1} \\ R_2 i_2+R_3 i_3=u_{S2} \end{cases}$$

后面两式可以理解为回路中全部电阻电压降的代数和等于该回路中全部电压源电压升的代数和。据此可用观察法直接列出以支路电流为变量的 KVL 方程。

解出 i_1、i_2、i_3 之后，其他变量如 u_{R1}、u_{R2}、u_{R3} 也就容易求解了，即

$$u_{R1}=R_1 i_1$$
$$u_{R2}=R_2 i_2$$
$$u_{R3}=R_3 i_3$$

例 3-3 用支路电流法求图 3-5 所示电路中各支路电流。

解：给出三个支路电流 i_1、i_2、i_3 的参考方向如图 3-5 所示。只需列出一个 KCL 方程，即

$$i_1+i_2-i_3=0$$

用观察法直接列出两个网孔的 KVL 方程为

$$\begin{cases} (2\Omega)i_1-(3\Omega)i_2=14\text{V}-2\text{V} \\ (3\Omega)i_2+(8\Omega)i_3=2\text{V} \end{cases}$$

联立求解以上三个方程得到

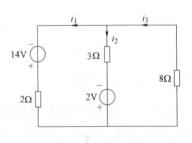

图 3-5 例 3-3 图

$$i_1=3\text{A}, i_2=-2\text{A}, i_3=1\text{A}$$

应用支路电流法分析含有受控源的电路时，可先将受控电源等同于独立电源，写出支路电流法方程后，再将受控源控制量用支路电流表示，联立求解方程。

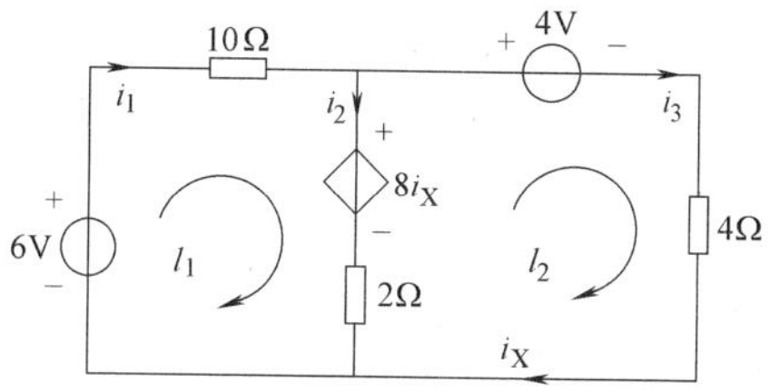

例 3-4 试用支路电流法求图 3-6 所示电路中受控源的电流 i_X。

解：设定三个支路电流分别为 i_1、i_2、i_3，方向如图 3-6 所示，先将受控电源等同于独立电源，写出支路电流法方程如下

$$\begin{cases} i_1 = i_2 + i_3 \\ 10i_1 + 2i_2 + 8i_X = 6 \\ 4 + 4i_X - 2i_2 - 8i_X = 0 \end{cases}$$

再将受控源控制量 i_X 用支路电流表示为

$$i_X = i_3$$

解得

$$i_X = 3\text{A}$$

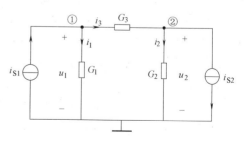

图 3-6 例 3-4 图

3.1.3 支路电压法

与支路电流法类似，对于由线性二端电阻和独立电流源构成的电路，也可以用支路电压作为变量来建立电路方程。在 2b 方程的基础上，我们将电阻元件的 VCR 方程 $i=Gu$ 代入到 KCL 方程中，将支路电流转换为支路电压，得到 $n-1$ 个以支路电压作为变量的 KCL 方程，加上原来的 $b-n+1$ 个 KVL 方程，就构成 b 个以支路电压作为变量的电路方程，这组方程称为支路电压法方程。对于由线性二端电阻和独立电流源构成的电路，可以用观察电路的方法，直接列出这 b 个方程，求解方程得到各支路电压后，再用欧姆定律 $i=Gu$ 可以求出各电阻的电流。

下面以图 3-7 所示电路说明支路电压法方程的建立过程。

先列出两个 KCL 方程为

$$i_1 + i_3 = i_{S1}$$
$$i_2 - i_3 = -i_{S2}$$

将以下三个电阻的 VCR 方程 $i_1 = G_1 u_1$，$i_2 = G_2 u_2$，$i_3 = G_3 u_3$ 代入上述 KCL 方程，得到以 u_1、u_2、u_3 为变量的 KCL 方程，即

$$\begin{cases} G_1 u_1 + G_3 u_3 = i_{S1} \\ G_2 u_2 - G_3 u_3 = -i_{S2} \end{cases}$$

图 3-7 支路电压法方程的建立

这两个方程表示流出某个节点的各电阻支路电流 $G_k u_k$ 之和等于流入该节点电流源电流 i_{Sk} 之和，根据这种理解，可以用观察电路的方法直接写这些方程。

再列写一个 KVL 方程，即

$$u_1 - u_2 - u_3 = 0$$

上述三个方程联立后就得到以三个支路电压作为变量的支路电压法的电路方程。需说明的是，在实际中较少应用支路点压法，一般是用支路电流法。在后面的讨论中，支路法均指支路电流法。

3.1.4 独立方程的选取

从以上讨论可以看出：支路法的关键在于列出与支路电流（或支路电压）数目相等的独立方程，而这些方程仅来自于 KCL 和 KVL。那么，对于一般的电路（b 条支路，n 个节点）来说，根据 KCL 和 KVL，到底能列出多少个独立方程呢？从上面这个例子可以看到，独立方程数刚好与变量数相等，那么这种相等究竟是巧合呢，还是必然？为此，下面来研究一个稍为复杂一点的例子。

如图 3-8 所示电路，此电路共有三个节点，可以列出全部三个 KCL 方程：

$$-i_1 + i_2 + i_3 = 0$$
$$-i_3 + i_4 + i_5 = 0$$
$$i_1 - i_2 - i_4 - i_5 = 0$$

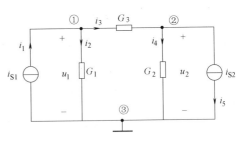

图 3-8 电路独立方程选取

在这些方程中，每个支路电流都出现两次，一次为正、一次为负。这是显而易见的，因为每条支路一定跨接在两个节点之间，那么每一支路电流流入一个节点必定流出另一个节点。并且，除此两节点之外，该支路不再与其他节点发生联系。

因为规定流出电流取正、流入取负，所以每个电流在 KCL 方程中必然出现两次，即一正一负。若把所有方程全加起来，必然得到一个 $0=0$ 方程，因此根据 KCL 对所有节点列出的方程肯定不是一组独立的方程。

如果我们去掉其中任何一个方程，则意味着把与这个方程所对应的节点的有关支路变量给划去了，则与这个节点所关联的支路变量在其他方程中只能出现一次，这样其他所有方程相加就不等于零了，这说明剩下的这组方程可能是独立的（线性无关）。

利用图论的知识可以证明如下结论。

结论 1：对于具有 n 个节点的电路来说，根据 KCL 列出的方程中，只有 $n-1$ 个是独立的。

因此对于一个电路来说，我们只需要对其中任意 $n-1$ 个节点列 KCL 方程就行了，列出的方程一定是独立的。这些独立方程所对应的节点叫作独立节点。

结论 2：对于一个具有 n 个节点的电路，其中只有 $n-1$ 个节点是独立节点。

正因为如此，我们常常把那个非独立节点选为参考节点，记作 0 节点，或用接地符号表示。

同样可以证明：对于具有 b 条支路、n 个节点的电路，只能列出 $l = b - n + 1$ 个 KVL 独立方程。

如图 3-9 所示电路，$b = 5$，$n = 3$，所以 $l = b - n + 1 = 3$，共有 3 个独立方程。

我们把与 KVL 独立方程所对应的回路叫作独立回路。

结论3：对于一个具有 b 条支路、n 个节点的电路，共有 $b-n+1$ 个独立回路。也就是根据 KVL 一共可以列出 $b-n+1$ 个独立方程。

独立回路的选取可以采用以下方法：即每选一个回路，都使该回路中包括一条新的支路，这样一直到选满 $b-n+1$ 个为止。这样选出的回路一定是独立的，因为每个方程中都有一个其他方程中没有的变量，所以所有方程相加就不可能左右等于零。

如图 3-9 所示电路，因为 $b-n+1=5-3+1=3$，所以选 3 个回路就可以了。例如回路 Ⅰ、Ⅱ、Ⅲ 便是独立回路。

图 3-9 所示电路中，Ⅰ、Ⅱ、Ⅲ 这种单孔回路叫作网孔，显然，一个网孔就是一个独立回路。事实上，对于平面电路而言，网孔数就是独立回路数。这样我们在选取独立回路时，可以简单地选取网孔，再直接按网孔列方程就行了，对平面电路都可以这样处理。

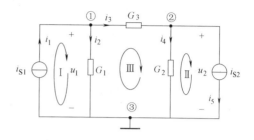

图 3-9 独立回路的选取

总之，对于一个具有 n 个节点、b 条支路的电路根据 KCL 可列写 $n-1$ 个独立方程；根据 KVL 可列写 $b-n+1$ 个独立方程。总共有 $b-n+1+n-1=b$ 个独立方程，总的独立方程数等于支路电流数，可以联立方程求出电路的解来。

3.1.5 支路电流法的基本步骤

根据上面的分析，可以归纳出支路电流法的基本步骤如下：
1）指定各支路电流的参考方向。
2）对 $n-1$ 个独立节点列写节点 KCL 方程。
3）选取 $b-n+1$ 个独立回路（或网孔），列写出这些独立回路的 KVL 方程。
4）联立求解这含有 b 个方程的方程组，得出各支路电流。
5）最后求出所需要的电路响应。

同时，应注意以下问题
1）如果电路中含有电流源，在列含有电流源的回路 KVL 方程时，应设电流源电压为 u，作为未知量，然后再在方程组中补充一个方程 $i=\pm i_S$，这样，方程数仍然与未知量数目相等。
2）用支路法求解电路，至少要解 b 个方程，计算量较大。

例 3-5 如图 3-10 所示电路，已知：$u_{S1}=130\text{V}$，$u_{S2}=117\text{V}$，$R_1=1\Omega$，$R_2=0.6\Omega$，$R_3=24\Omega$，求：(1) 流过两个电源的电流 i_1、i_2；(2) 电源供给的功率。

解：此电路共有两个节点，3 条支路，2 个网孔，所以有一个独立的 KCL 方程，两个独立的 KVL 方程。

由 KCL 得
$$i_1+i_2=i_3$$

由 KVL 得
$$\begin{cases} R_1 i_1 + R_2(-i_2) = u_{S1} - u_{S2} \\ R_2 i_2 + R_3 i_3 = u_{S2} \end{cases}$$

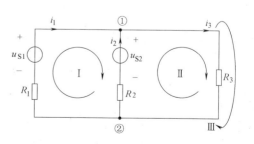

图 3-10 例 3-5 图

联立上述方程求解得

$$i_1 = 10\text{A}, i_2 = -5\text{A}$$
$$P_1 = i_1 u_{S1} = 10 \times 130\text{W} = 1300\text{W}（发出能量）$$
$$P_2 = i_2 u_{S2} = (-5) \times 117\text{W} = -585\text{W}（吸收能量）$$

例 3-6 如图 3-11 所示电路，已知：$u_{S1} = 4\text{V}$，$u_{S2} = 2\text{V}$，$R_1 = R_2 = 10\Omega$，$R_3 = 20\Omega$，$I_S = 0.1\text{A}$，求各支路电流、电阻吸收的功率和电源发出的功率。

解： 该电路的支路数 $b = 4$，节点数 $n = 2$，网孔数 $l = 3$。列写节点①的 KCL 方程为

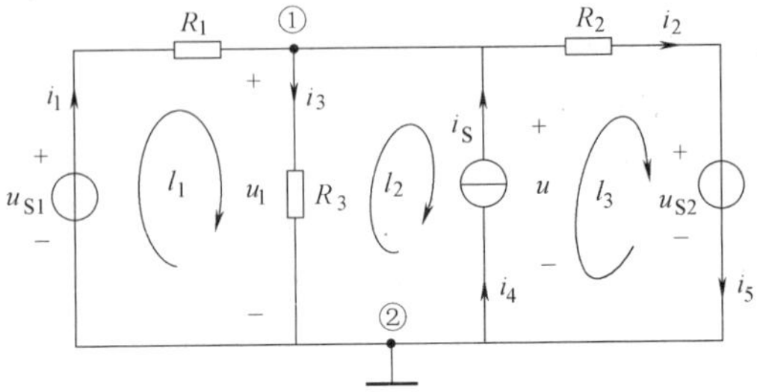

$$-i_1 + i_2 + i_3 - i_4 = 0$$

列写 3 个网孔的 KVL 方程如下：

$$\begin{cases} R_1 i_1 + R_3 i_3 = u_{S1} \\ -R_3 i_3 + u = 0 \\ R_2 i_2 = u - u_{S2} \end{cases}$$

即

$$\begin{cases} 10 i_1 + 20 i_3 = 4 \\ -20 i_3 + u = 0 \\ 10 i_2 = u - 2 \end{cases}$$

图 3-11 例 3-6 图

补充方程

$$i_4 = i_S = 0.1\text{A}$$

将上述方程组联立后解得各支路电流为

$$i_1 = 120\text{mA}, i_2 = 80\text{mA}, i_3 = 140\text{mA}, i_4 = 100\text{mA}, u = 2.8\text{V}$$

电阻吸收的功率为

$$P_R = P_{R1} + P_{R2} + P_{R3} = R_1 i_1^2 + R_2 i_2^2 + R_3 i_3^2 = 0.6\text{W}$$

各电源发出的功率为

$$P_{u_{S1}} = u_{S1} i_1 = 4 \times 0.12\text{W} = 0.48\text{W}（发出）$$
$$P_{u_{S2}} = -u_{S2} i_2 = -2 \times 0.08\text{W} = -0.16\text{W}（吸收）$$
$$P_{i_S} = u i_S = 0.1 \times 2.8\text{W} = 0.28\text{W}（发出）$$

则所有电源发出的功率为

$$P_S = P_{u_{S1}} + P_{u_{S2}} + P_{i_S} = (0.48 - 0.16 + 0.28)\text{W} = 0.6\text{W}$$

3.2 网孔法和回路法

在 3.1 节中讨论了支路法，它是电路分析中最基本的一种方法。在支路法中，电路变量是支路电流，所以含有 b 条支路的电路至少要解 b 个独立方程，计算量较大。

为了减少计算量，在支路法的基础上，人们又总结出了两种方法：网孔法和回路法。网孔法的基本思想就是引入一组新的变量——网孔电流，即假设每个网孔中都有一个网孔电流流过，把这些网孔电流作为电路的变量，应用 KVL 列出与网孔电流数目相等的独立方程，

解出网孔电流,再根据网孔电流和支路电流之间的关系,求出各支路电流。回路法是网孔法的推广。

3.2.1 网孔电流

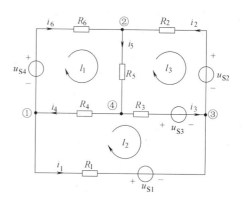

图 3-12 网孔电流

网孔电流是一种假想的沿着平面网络的网孔边界连续流动的电流,其流向一般规定为与网孔的绕行方向一致。如图 3-12 所示电路,此电路有三个网孔,假设每个网孔都对应一个网孔电流,如图 3-12 中所示,分别记作 i_{l1}、i_{l2}、i_{l3}。

显然,若已知三个网孔电流,则各支路电流便可求出,即 $i_1 = -i_{l2}$;$i_2 = -i_{l3}$;$i_3 = i_{l2} - i_{l3}$;$i_4 = i_{l1} - i_{l2}$;$i_5 = i_{l1} - i_{l3}$;$i_6 = i_{l1}$。

可见,网孔电流是一组完备的变量,容易证明网孔电流也是一组独立的电流。

网孔法的关键就是要列出以网孔电流 i_l 为变量的电路方程——网孔电流方程。

3.2.2 网孔电流方程的列写

下面讨论网孔电流方程的列写方法。

对如图 3-12 所示电路,分别对三个网孔应用 KVL,有

$$l_1 : R_6 i_{l1} + R_5(i_{l1} - i_{l3}) + R_4(i_{l1} - i_{l2}) = u_{S4}$$
$$l_2 : R_1 i_{l2} + R_3(i_{l2} - i_{l3}) + R_4(i_{l2} - i_{l1}) = u_{S1} - u_{S3}$$
$$l_3 : R_2 i_{l3} + R_3(i_{l3} - i_{l2}) + R_5(i_{l3} - i_{l1}) = u_{S3} - u_{S2}$$

经整理得

$$\begin{cases} (R_4 + R_5 + R_6) i_{l1} - R_4 i_{l2} - R_5 i_{l3} = u_{S4} \\ -R_4 i_{l1} + (R_1 + R_3 + R_4) i_{l2} - R_3 i_{l3} = u_{S1} - u_{S3} \\ -R_5 i_{l1} - R_3 i_{l2} + (R_2 + R_3 + R_5) i_{l3} = u_{S3} - u_{S2} \end{cases}$$

这就是我们所需要的网孔电流方程,其中只有网孔电流 i_{l1}、i_{l2}、i_{l3} 是未知变量,其余均为已知量。若该方程的秩与其对应齐次方程的秩相等,且秩的大小等于未知变量个数时,该方程有唯一解。

以上网孔电流方程,我们是根据 KVL 方程,经过推导得到的。事实上,如果掌握了其中的规律,可以直接根据给定的电路把其网孔电流方程写出来。

通过观察,我们不难发现以上方程具有如下特点:

1) 方程左边是网孔的电压降,右边是电压升(一般是电压源电压);对于网孔 l_1 的方程来说,i_{l1} 前面的系数是 l_1 中所有支路的电阻之和,且符号为正。同样,网孔 l_2 和 l_3 方程中 i_{l2}、i_{l3} 前面的系数也分别是 l_2 和 l_3 中的全部电阻之和。我们把这类系数叫作网孔的自电阻,简称自电阻,用 R_{nn} 表示,例如,l_1 的自电阻为 $R_{11} = R_4 + R_5 + R_6$,l_2 的自电阻为 $R_{22} = R_1 + R_3 + R_4$,l_3 的自电阻为 $R_{33} = R_2 + R_3 + R_5$;

2) 对网孔 l_1 而言,i_{l2}、i_{l3} 前面的系数都是 l_1 与 l_2、l_3 共同含有的电阻之和,且符号为

负。同样，对网孔 l_2、l_3 也是。这类系数，我们把它们叫作互电阻，用 R_{nm} 表示，即：$R_{12} = -R_4$，$R_{13} = -R_5$，$R_{21} = -R_4$，$R_{23} = -R_3$，$R_{31} = -R_5$，$R_{32} = -R_3$，可见，自电阻总是正的，互电阻可能是负的。

上述特点可以说明如下：

1）因为假设网孔电流的方向与该网孔的绕行方向一致，所以由网孔电流在该网孔电阻上产生的压降总是正的，所以自电阻前的符号都是正的。

2）因为各网孔的绕行方向都一致（如图 3-12 所示都是顺时针方向），所以网孔电流在其他网孔中产生的压降总为负。

这样，我们就可以把以上网孔电流方程写成一般形式

$$R_{11}i_{l1}+R_{12}i_{l2}+R_{13}i_{l3}=u_{S11}$$
$$R_{21}i_{l1}+R_{22}i_{l2}+R_{23}i_{l3}=u_{S22}$$
$$R_{31}i_{l1}+R_{32}i_{l2}+R_{33}i_{l3}=u_{S33}$$

其中，u_{S11}、u_{S22}、u_{S33} 分别表示网孔 l_1、l_2、l_3 中电源的电压升，即电压源电压之和。

对于只含有电阻和独立电压源的电路，若其具有 n 个独立网孔，且各网孔电流的绕向一致，则其网孔电流方程一般形式为

$$R_{11}i_{l1}+R_{12}i_{l2}+\cdots+R_{1n}i_{ln}=u_{S11}$$
$$R_{21}i_{l1}+R_{22}i_{l2}+\cdots+R_{2n}i_{ln}=u_{S22}$$
$$\cdots$$
$$R_{k1}i_{l1}+R_{k2}i_{l2}+\cdots+R_{kn}i_{ln}=u_{Skk}$$
$$\cdots$$
$$R_{n1}i_{l1}+R_{n2}i_{l2}+\cdots+R_{nn}i_{ln}=u_{Snn}$$

其中：

1）R_{kk} 为网孔 k 的自电阻，等于网孔 k 中所有支路的电阻之和，恒取正号。

2）R_{kj}（$k \neq j$）为网孔 k 与网孔 j 之间的互电阻，等于网孔 k 与网孔 j 之间相关联的全部公共电阻之和，若两网孔在公共电阻上的方向一致取正，否则取负号，若所有网孔都为相同方向，可以证明互电阻均为负。若两网孔之间没有公共电阻，则二者之间的互电阻等于 0。

3）u_{Skk} 为网孔 k 的等效电压源的电压，为网孔 k 中所有电压源的电压的代数和。当电压源电压的方向与网孔绕行方向相反时取正号，否则取负号。

现将用网孔法求解电路的步骤归纳如下：

1）选定 n 个独立网孔，规定网孔电流方向与网孔绕行方向一致，且都为顺时针方向。

2）直接列写 n 个网孔电流方程（注意：自电阻为正，互电阻为负）。

3）解方程组求出各网孔电流。

4）由网孔电流求各支路电流。指定各支路电流的参考方向，则支路电流为有关网孔电流的代数和。

例 3-7 如图 3-13 所示电路，已知 $u_{S1}=u_{S2}=17V$，$R_1=1\Omega$，$R_2=2\Omega$，$R_3=5\Omega$，求各支路电流。

解：选定两个网孔（Ⅰ、Ⅱ）电流及其

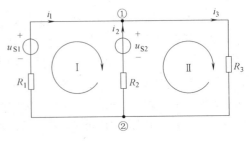

图 3-13 例 3-7 图

方向如图 3-13 所示，各自电阻和互电阻为

$$R_{11} = R_1 + R_2 = 1 + 2 = 3\Omega$$
$$R_{22} = R_2 + R_3 = 2 + 5 = 7\Omega$$
$$R_{12} = R_{21} = -R_2 = -2\Omega$$

两个网孔等效电压源的电压分别为

$$u_{S11} = u_{S1} - u_{S2} = 17\text{V} - 17\text{V} = 0\text{V}, \quad u_{S22} = u_{S2} = 17\text{V}$$

所需列写的网孔方程为

$$\begin{cases} 3i_{l1} - 2i_{l2} = 0 \\ -2i_{l1} + 7i_{l2} = 17 \end{cases}$$

解之得

$$i_{l1} = 2\text{A}, \quad i_{l2} = 3\text{A}$$

则各支路电流为

$$i_1 = i_{l1} = 2\text{A}$$
$$i_2 = i_{l2} - i_{l1} = 1\text{A}$$
$$i_3 = i_{l2} = 3\text{A}$$

例 3-8 在图 3-14 所示电路中，电阻和电压源均已给定，试用网孔法求各支路电流。

解：选定各网孔电流的参考方向，如图 3-14 所示。用观察法直接列出网孔电流方程为

$$\begin{cases} (2\Omega + 1\Omega + 2\Omega)i_1 - (2\Omega)i_2 - (1\Omega)i_3 = 6\text{V} - 18\text{V} \\ -(2\Omega)i_1 + (2\Omega + 6\Omega + 3\Omega)i_2 - (6\Omega)i_3 = 18\text{V} - 12\text{V} \\ -(1\Omega)i_1 - (6\Omega)i_2 + (3\Omega + 6\Omega + 1\Omega)i_3 = 25\text{V} - 6\text{V} \end{cases}$$

整理为

$$\begin{cases} 5i_1 - 2i_2 - i_3 = -12 \\ -2i_1 + 11i_2 - 6i_3 = 6 \\ -i_1 - 6i_2 + 10i_3 = 19 \end{cases}$$

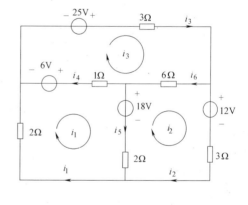

图 3-14 例 3-8 图

解之得

$$i_1 = -1\text{A} \quad i_2 = 2\text{A} \quad i_3 = 3\text{A}$$

则

$$i_4 = i_3 - i_1 = 4\text{A} \quad i_5 = i_1 - i_2 = -3\text{A} \quad i_6 = i_3 - i_2 = 1\text{A}$$

如果电路中含有电流源，则处理的方法通常有两种：一种方法是设电流源两端的电压为 u，把 u 也作为一个电路变量列入方程，所以最后还要补充一个方程；另一种方法是在选取网孔电流时，只让一个网孔电流通过电流源，这种方法也叫回路法，这样该网孔的网孔电流就可以定为电流源的电流，这样做实际上是减少了一个网孔方程。后一种方法简单，但要求概念明确，列方程熟悉；前一种方法稍繁，但可以按常规列方程，不容易出错，应用时要灵活掌握，有时两种方法要同时使用。

例 3-9 求图 3-15 所示电路的各网孔电流。

解：当电流源出现在电路外围边界上时，该网孔电流等于电流源电流，成为已知量，此例中为 $i_3 = 2\text{A}$。此时不必列出此网孔的网孔方程，实际效果相当于去掉了一个方程，运算更

简单了。

对于 1A 电流源,有两个网孔电流流过它,列写方程时需要计入它的电压 u,如图 3-15 所示,然后列出两个网孔方程和一个补充方程:

$$\begin{cases} (1\Omega)i_1-(1\Omega)i_3+u=20\text{V} \\ (5\Omega+3\Omega)i_2-(3\Omega)i_3-u=0 \\ i_1-i_2=1\text{A} \end{cases}$$

代入 $i_3=2\text{A}$,整理后得到

$$\begin{cases} i_1+8i_2=28 \\ i_1-i_2=1 \end{cases}$$

解得 $i_1=4\text{A}$,$i_2=3\text{A}$,$i_3=2\text{A}$。

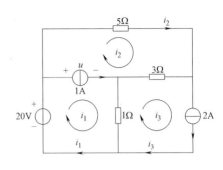

图 3-15 例 3-9 图

3.2.3 回路法

用网孔法时,网孔电流的选取比较方便,但是也存在不足之处,如对于前面讨论的例 3-9 而言,需要设定一个新的变量 u,增加一个方程,使得解方程难度增加。对于上面遇到的这种含纯电流源支路的情况,通常采用回路法比较好一些。回路法实际上可以看成是网孔法的推广,其基本思路类似于网孔法,即选取一组独立的回路电流作为变量,应用 KVL 列方程求解。由于回路电流的选择有较大灵活性,当电路存在 m 个电流源时,若能选择每个电流源电流作为一个回路电流,就可以少列写 m 个回路方程。

例 3-10 用回路法求解图 3-16 所示电路各支路电流。

解:为了减少联立方程数目,选择回路电流的原则是每个电流源支路只流过一个回路电流。

如图 3-16 所示,选择图中所示的三个回路电流 i_1,i_3 和 i_4,则 $i_3=2\text{A}$,$i_4=1\text{A}$ 成为已知量。只需列出 i_1 回路的方程

$$(5\Omega+3\Omega+1\Omega)i_1-(1\Omega+3\Omega)i_3-(5\Omega+3\Omega)i_4=20\text{V}$$

代入 $i_3=2\text{A}$,$i_4=1\text{A}$,解得:

$$i_1=\frac{20\text{V}+8\text{V}+8\text{V}}{5\Omega+3\Omega+1\Omega}=4\text{A} \quad i_2=i_1-i_4=3\text{A}$$

$$i_5=i_1-i_3=2\text{A} \quad i_6=i_2-i_3=1\text{A}$$

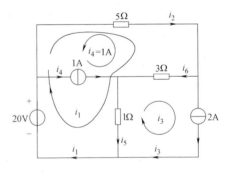

图 3-16 例 3-10 图

对比例 3-9,显然这种方法列出的方程数较少,优于网孔法。

对于只含有电阻和独立电压源的电路,若其具有 n 个独立回路,则其回路法方程一般形式是

$$R_{11}i_{l1}+R_{12}i_{l2}+\cdots+R_{1n}i_{ln}=u_{S11}$$
$$R_{21}i_{l1}+R_{22}i_{l2}+\cdots+R_{2n}i_{ln}=u_{S22}$$
$$\cdots$$
$$R_{k1}i_{l1}+R_{k2}i_{l2}+\cdots+R_{kn}i_{ln}=u_{Skk}$$

$$\vdots$$
$$R_{n1}i_{l1}+R_{n2}i_{l2}+\cdots+R_{nn}i_{ln}=u_{Snn}$$

其中：

1) R_{kk} 为回路 k 的自电阻，等于回路 k 中所有支路的电阻之和，恒取正号。

2) R_{kj} $(k\neq j)$ 为回路 k 与回路 j 之间的互电阻，等于回路 k 与回路 j 之间相关联的全部公共电阻之和，当回路 k 与回路 j 的绕行方向在公共电阻上相同时取正号，否则取负号。若两回路之间没有公共电阻，则二者之间的互电阻等于 0。

3) u_{Skk} 为回路 k 的等效电压源的电压，为回路 k 中所有电压源的电压的代数和。当电压源电压的方向与回路绕行方向相反时取正号，否则取负号。

对含有并联电阻的电流源（有伴电流源），在条件允许的情况下，可先采用第 2 章介绍的电源等效变换法进行处理，如图 3-17 所示，将有伴电流源变换为有伴电压源，这样做有两个好处：①可以减少一个回路；②转换后的电路不存在纯电流源支路，便于直接列写回路方程。

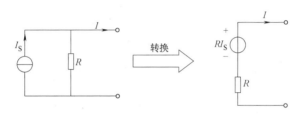

图 3-17　用电源等效变换减少一个回路

回路法的缺点是回路的选取不如网孔法中网孔的选取方便，尽管如此，由于网孔法只适用于平面电路，而回路法却是任何线性电路普遍适用的方法，因此回路法优于网孔法，应熟练掌握。

3.2.4　含有受控源的电阻电路回路方程列写法

下面讨论含有受控源的电阻电路的回路方程的列写法。

对于含有受控源的电路，在列写回路方程时，其基本步骤与前面类似，但应注意三点：

1) 把受控源与独立电源同样处理，即把受控电源当作独立电源。

2) 把控制量用电路变量表示，即把控制电压或电流用回路电流表示。

3) 把方程整理成标准形式，即把未知量合并到方程左边，已知量放在方程右边。

例 3-11　电路如图 3-18 所示，试列出此电路的回路电流方程。

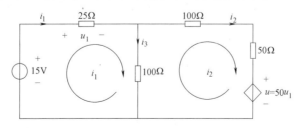

图 3-18　例 3-11 图

解：选择网孔为独立回路，设回路电流 i_1、i_2 参考方向如图 3-18 所示，列写回路方程如下

$$\begin{cases} (25+100)i_1 - 100i_2 = 15 \\ -100i_1 + (50+100+100)i_2 = -u = -50u_1 \end{cases}$$

补充受控源的控制量方程

$$u_1 = 25i_1$$

代入上式整理得

$$\begin{cases} 125i_1 - 100i_2 = 15 \\ 1150i_1 + 250i_2 = 0 \end{cases}$$

由本例可以看出：$R_{12} \neq R_{21}$。此特点可以推广到一般电路，即电路中含有受控源时，方程组的系数行列式将不再对称。

例 3-12 列出图 3-19 所示电路的回路电流方程。

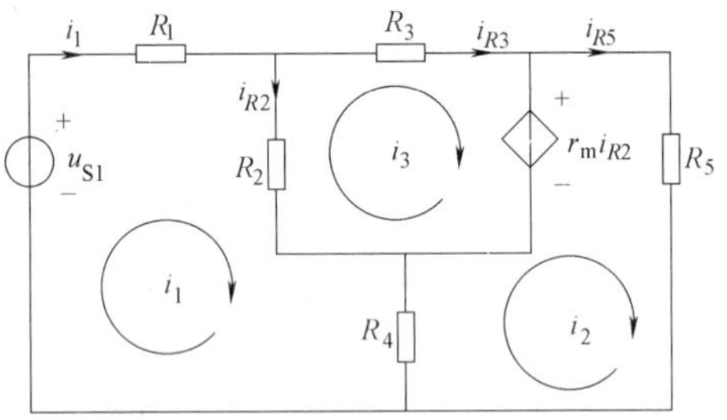

解：这个电路共有 3 个回路，设回路电流 i_1、i_2、i_3 的参考方向如图 3-19 所示，列写回路方程如下

$$\begin{cases} (R_1+R_2+R_4)i_1 - R_4i_2 - R_2i_3 = u_{S1} \\ -R_4i_1 + (R_4+R_5)i_2 = r_m i_{R2} \\ -R_2i_1 + (R_2+R_3)i_3 = -r_m i_{R2} \end{cases}$$

图 3-19 例 3-12 图

因 $i_{R2} = i_1 - i_3$，可得

$$r_m i_{R2} = r_m i_1 - r_m i_3$$

将式 $i_{R2} = i_1 - i_3$ 代入方程组，合并同类项得所需的回路电流方程

$$\begin{cases} (R_1+R_2+R_4)i_1 - R_4i_2 - R_4i_3 = u_{S1} \\ -(r_m+R_4)i_1 + (R_4+R_5)i_2 + r_m i_3 = 0 \\ (r_m-R_2)i_1 + (R_2+R_3-r_m)i_3 = 0 \end{cases}$$

3.3 节点法和改进的节点法

与用独立电流变量来建立电路方程相类似，也可用独立电压变量来建立电路方程。在全部支路电压中，只有一部分电压是独立电压变量，另一部分电压则可由这些独立电压根据 KVL 方程来确定。若用独立电压变量来建立电路方程，也可使电路方程数目减少。对于具有 n 个节点的连通电路来说，它的 $n-1$ 个节点对第 n 个节点的电压，就是一组独立电压变量。用这些节点电压作为变量建立的电路方程，称为节点法方程，简称节点方程。这样，只需求解 $n-1$ 个节点方程，就可得到全部节点电压，然后根据 KVL 方程求出各支路电压，再根据 VCR 方程可求得各支路电流。

3.3.1 节点电压

在具有 n 个节点的连通电路中，可以任选其中一个节点作为基准，称为参考节点，其余

$n-1$ 个节点相对基准节点的电压,称为节点电压。将基准节点作为电位参考点或零电位点,各节点电压就等于各节点电位。每一节点电压均不能用其他的节点电压表示,这表明节点电压是一组独立的电压变量。由于任一支路电压是其两端节点电位之差或节点电压之差,由此可求得全部支路电压。注意:节点电压的参考极性总是指向参考节点的。

如图 3-20 所示电路,此电路共有 4 个节点,即节点①、②、③和⓪,若以⓪节点为参考节点,则其他节点对参考节点的电压就是节点电压,分别记作 u_{n1}、u_{n2} 和 u_{n3}。

设 u_{10}、u_{20} 和 u_{30} 为已知,则可得到各支路电压:

$u_1 = u_{10} = u_{n1}$ $u_4 = u_{10} - u_{30} = u_{n1} - u_{n3}$

$u_2 = u_{20} = u_{n2}$ $u_5 = u_{10} - u_{20} = u_{n1} - u_{n2}$

$u_3 = u_{30} = u_{n3}$ $u_6 = u_{20} - u_{30} = u_{n2} - u_{n3}$

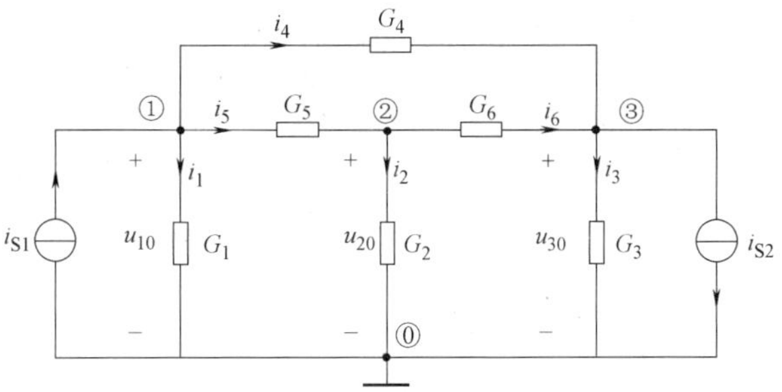

图 3-20 节点电压的说明

而得到各支路电压,就可求得各支路电流。

3.3.2 节点法

节点法就是以节点电压作为电路的变量并应用 KCL 列出与节点电压数目相等的独立方程求解的方法,根据需要可由节点电压求得各支路电流、电压或功率。

节点法的关键是要列出以节点电压为变量的 KCL 电路方程,该方程称为节点电压方程。下面以图 3-20 所示的电路为例讨论节点电压方程的列写方法。

首先对电路的三个独立节点列出 KCL 方程为

$$\begin{cases} i_1 + i_4 + i_5 = i_{S1} \\ i_2 - i_5 + i_6 = 0 \\ i_3 - i_4 - i_6 = -i_{S2} \end{cases}$$

写出用节点电压表示的电阻 VCR 方程为

$$i_1 = G_1 u_{n1} \quad i_2 = G_2 u_{n2} \quad i_3 = G_3 u_{n3}$$

$$i_4 = G_4(u_{n1} - u_{n3}) \quad i_5 = G_5(u_{n1} - u_{n2}) \quad i_6 = G_6(u_{n2} - u_{n3})$$

将上述各 VCR 方程代入 KCL 方程中,经过整理后得到

$$\begin{cases} (G_1 + G_4 + G_5) u_{n1} - G_5 u_{n2} - G_4 u_{n3} = i_{S1} \\ -G_5 u_{n1} + (G_2 + G_5 + G_6) u_{n2} - G_6 u_{n3} = 0 \\ -G_4 u_{n1} - G_6 u_{n2} + (G_3 + G_4 + G_6) u_{n3} = -i_{S2} \end{cases}$$

上述方程组就是所需的节点电压方程,其中节点电压 u_{n1}、u_{n2} 和 u_{n3} 是未知变量。

上述过程是先列写,再推导得出节点电压方程。实际上只要了解了规律,凭观察就可以直接根据电路把节点电压方程写出来。

通过观察上例方程,我们不难发现节点电压方程的一些特点:

1) 方程左边是流出该节点的电流,方程右边是流入该节点电流,即连接于该节点的电

流源电流。

2）对于节点①的方程来说，u_{n1}前面的系数是与该节点相关联支路的电导之和；u_{n2}、u_{n3}前面的系数分别是与节点①相邻节点之间的电导之和。对于节点②和节点③的方程来说也同样如此。

我们把与节点i相关联支路的电导之和叫作该节点的自电导，记为G_{ii}，在此例中分别为G_{11}、G_{22}、G_{33}，如节点①的自电导为$G_{11}=G_1+G_4+G_5$，节点②的自电导为$G_{22}=G_2+G_5+G_6$，节点③的自电导为$G_{33}=G_3+G_4+G_6$。因为已经假设节点电压是由节点指向参考节点的，所以各节点电压在自电导中产生的电流总是流出该节点的，则自电导前面的符号恒为正。

G_{ij}（$i\neq j$）称为节点i和j的互电导，是节点i和j间各电导总和的负值，此例中①与②之间的互电导$G_{12}=G_{21}=-G_5$，$G_{13}=G_{31}=-G_4$，$G_{23}=G_{32}=-G_6$。

因为对于某个节点来说，由其他节点电压通过互电导而产生的电流总是流入该节点的，所以互电导前面符号恒为负。

另外，方程右边的电流记为i_{Sii}，为流入节点i的全部电流源电流的代数和。此例中$i_{S11}=i_{S1}$，$i_{S22}=0$，$i_{S33}=-i_{S3}$。

这样，就可以把节点电压方程写成下面的形式

$$\begin{cases} G_{11}u_{n1}+G_{12}u_{n2}+G_{13}u_{n3}=i_{S11} \\ G_{21}u_{n1}+G_{22}u_{n2}+G_{23}u_{n3}=i_{S22} \\ G_{31}u_{n1}+G_{32}u_{n2}+G_{33}u_{n3}=i_{S33} \end{cases} \tag{3-6}$$

可见，节点法方程中各项系数及常数的构成很有规律性，可以用观察电路图的方法直接写出节点法方程。

一般地，由独立电流源和线性电阻构成的具有n个节点的电路，其节点法方程的形式为

$$\begin{cases} G_{11}u_{n1}+G_{12}u_{n2}+\cdots+G_{1(n-1)}u_{n(n-1)}=i_{S11} \\ G_{21}u_{n1}+G_{22}u_{n2}+\cdots+G_{2(n-1)}u_{n(n-1)}=i_{S22} \\ \cdots \\ G_{k1}u_{n1}+G_{k2}u_{n2}+\cdots+G_{kk}u_{n(n-1)}=i_{Skk} \\ \cdots \\ G_{(n-1)1}u_{n1}+G_{(n-1)2}u_{n2}+\cdots+G_{(n-1)(n-1)}u_{n(n-1)}=i_{S(n-1)(n-1)} \end{cases} \tag{3-7}$$

其中：

1）G_{kk}为节点k的自电导，等于与节点k相连的所有支路的电导之和，恒为正。

2）G_{kj}（$k\neq j$）为节点k与节点j之间的互电导，等于节点k与节点j之间相连的所有支路的电导之和，恒为负，若两节点之间没有支路直接相连，则二者之间的互电导为零。

3）i_{Skk}为节点k的等效电流源的电流，为与节点k相连的所有支路中电流源的电流的代数和，当电流源电流的方向为流进节点k时取正号，否则取负号。

根据上述所述，节点法方程的列写步骤可归纳如下：

1）指定参考节点并给各节点编号。

2）通过对电路的观察直接列写节点电压方程。

3）由节点电压方程解出节点电压，进而求出各支路电压及各支路电流。

例 3-13 列出图 3-21 所示的节点电压方程。

解：选定参考节点并给节点编号，如图 3-21 所示，则节点电压方程可以通过观察直接列写为

$$\begin{cases} (G_1+G_2)U_1 - G_2U_2 = I_{S1} \\ -G_2U_1 + (G_2+G_3)U_2 = -I_{S3} \end{cases}$$

例 3-14 用节点法求图 3-22 所示电路中的各支路电压。

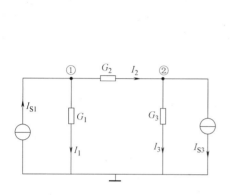

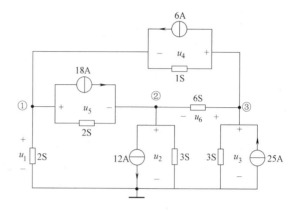

图 3-21　例 3-13 图　　　　　　　　图 3-22　例 3-14 图

解：指定参考节点并给各节点编号，如图 3-22 所示。用观察法列出三个节点的方程为

$$\begin{cases} (2+2+1)u_1 - 2u_2 - u_3 = 6-18 \\ -2u_1 + (2+3+6)u_2 - 6u_3 = 18-12 \\ -u_1 - 6u_2 + (1+6+3)u_3 = 25-6 \end{cases}$$

整理后得到

$$\begin{cases} 5u_1 - 2u_2 - u_3 = -12 \\ -2u_1 + 11u_2 - 6u_3 = 6 \\ -u_1 - 6u_2 + 10u_3 = 19 \end{cases}$$

解得各节点电压为

$$\begin{cases} u_1 = -1\text{V} \\ u_2 = 2\text{V} \\ u_3 = 3\text{V} \end{cases}$$

求得另外三个支路电压为

$$u_4 = u_3 - u_1 = 4\text{V} \quad u_5 = u_1 - u_2 = -3\text{V} \quad u_6 = u_3 - u_2 = 1\text{V}$$

由上述两例可以看出 $G_{ij}=G_{ji}$。此特点可以推广到一般电路，即当电路中不含受控源时节点法方程组的系数行列式一般是对称的。

在以上讨论中，都是假定电路中只含有独立电流源，方程右边就是独立电流源的代数和。但是，当电路中含有电压源或受控源时如何处理呢？当电路中存在独立电压源时，不能直接按式（3-7）建立节点法方程，这是因为需要考虑电压源的电流。

这里先考虑电路含有独立电压源的情况，电路中含有受控源的情况在后面讨论。

假设电路包含的独立电压源为有伴电压源（即与某电阻串联），对于这种情况，可先进

行电源等效变换，把有伴电压源（电压源与电阻的串联）变成有伴电流源（电流源与电阻的并联），然后再列写节点电压方程。

例 3-15 用节点法求图 3-23a 所示电路的电压 u 和支路电流 i_1，i_2。

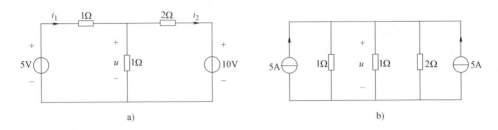

图 3-23 例 3-15 图

解：先将电压源与电阻的串联等效变换为电流源与电阻并联，如图 3-23b 所示。对节点电压 u 来说，图 3-23b 与图 3-23a 等效。只需列出一个节点方程，即

$$(1S+1S+0.5S)u = 5A+5A$$

解得

$$u = \frac{10A}{2.5S} = 4V$$

按照图 3-23a 所示电路可求得电流 i_1 和 i_2 为

$$i_1 = \frac{5V-4V}{1\Omega} = 1A \quad i_2 = \frac{4V-10V}{2\Omega} = -3A$$

熟练之后也可以直接列写节点法方程而不必将电压源与电阻的串联等效变换为电流源与电阻并联。

例 3-16 列出图 3-24a 所示的节点电压方程并求出节点①、②的节点电压。

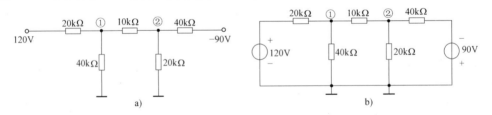

图 3-24 例 3-16 图

解：重画电路并选定参考节点如图 3-24b 所示，直接列写节点电压方程为

$$\begin{cases} \left(\dfrac{1}{20\times10^3}+\dfrac{1}{40\times10^3}+\dfrac{1}{10\times10^3}\right)u_{n1} - \dfrac{1}{10\times10^3}u_{n2} = \dfrac{120}{20\times10^3} \\ -\dfrac{1}{10\times10^3}u_{n1} + \left(\dfrac{1}{20\times10^3}+\dfrac{1}{10\times10^3}+\dfrac{1}{40\times10^3}\right)u_{n2} = -\dfrac{90}{40\times10^3} \end{cases}$$

解得 $u_{n1} = 40V$，$u_{n2} = 10V$。

3.3.3 改进的节点法

对于电路含有纯独立电压源支路的情况，采用的处理方法有两种：一是如果电路中只有

一个电压源，就把这个电压源的负极性端选作参考点，则电压源正极性端的节点电压就自动等于电压源的电压，而无须求解，从而减少了一个电路方程；二是若电路中有两个以上的电压源，且没有公共点，显然以上方法就不适用了。这时可设流过电压源的电流为一个新的电路变量 I_{u_s}，并把这个电压源看成电流 I_{u_s} 的电流源，其贡献写入方程右边，由于多了一个变量，还需补充一个用节点电压表示的电压源电压的方程。

例 3-17 用节点法求图 3-25 所示电路的各节点电压。

解：此电路有两条纯电压源支路。由于 14V 电压源连接到节点①和参考节点之间，节点①的节点电压 $u_1 = 14\text{V}$ 成为已知量，因此可以不列出节点①的节点方程。设 8V 电压源支路中的电流为 i_6，列出节点②和节点③的方程为

$$\begin{cases} -(1\text{S})u_1 + (1\text{S}+0.5\text{S})u_2 = 3\text{A} - i_6 \\ -(0.5\text{S})u_1 + (1\text{S}+0.5\text{S})u_3 = i_6 \end{cases}$$

补充方程为

$$u_2 - u_3 = 8\text{V}$$

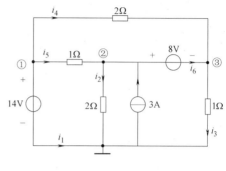

图 3-25 例 3-17 图

代入 $u_1 = 14\text{V}$，整理得到

$$\begin{cases} 1.5u_2 + 1.5u_3 = 24 \\ u_2 - u_3 = 8 \end{cases}$$

解得

$$u_2 = 12\text{V} \quad u_3 = 4\text{V} \quad i_6 = -1\text{A}$$

这种增加电压源电流变量建立的一组电路方程，称为改进的节点方程（Modified Node Equation），它扩大了节点法的适用范围，为很多计算机电路分析程序所采用。

3.3.4 含有受控源的电阻电路节点方程列写法

下面讨论含有受控源的电阻电路节点法方程的列写方法。

对于含有受控源的电路，在列写节点法方程时，应注意三点：

1）列方程时把受控源与独立电源同等看待，即受控电压源当作独立电压源，受控电流源当作独立电流源。

2）把控制量用电路变量表示，即把控制电压或电流用节点电压表示。

3）把方程整理成标准形式，即把未知量放到方程左边，已知量放在方程右边。

例 3-18 电路如图 3-26 所示，试列出此电路的节点法方程。

解：选择参考节点如图 3-26 所示，该电路只有一个独立节点①，设该节点电压为 u_n，列写节点法方程如下

$$\left(\frac{1}{25} + \frac{1}{100} + \frac{1}{100+50}\right)u_n = \frac{15}{25} + \frac{u}{100+50} = \frac{3}{5} + \frac{50u_1}{150}$$

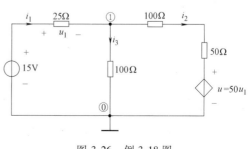

图 3-26 例 3-18 图

受控源的控制量用节点电压表示为
$$u_1 = 15 - u_n$$
所以有
$$\left(\frac{1}{25}+\frac{1}{100}+\frac{1}{100+50}\right)u_n = \frac{3}{5}+\frac{15-u_n}{3}$$
整理后得到所需的节点法方程为
$$\left(\frac{1}{25}+\frac{1}{100}+\frac{1}{100+50}+\frac{1}{3}\right)u_n = \frac{3}{5}+5$$

例 3-19 列出图 3-27 所示电路的节点法方程。

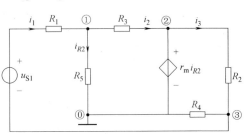

图 3-27 例 3-19 图

解： 该电路共有 4 个节点，选择参考节点如图 3-27 所示，设 3 个独立节点电压分别为 u_{n1}、u_{n2}、u_{n3}，列写节点方程如下：

$$\begin{cases} \left(\dfrac{1}{R_1}+\dfrac{1}{R_3}+\dfrac{1}{R_5}\right)u_{n1}-\dfrac{1}{R_3}u_{n2}-\dfrac{1}{R_1}u_{n3}=\dfrac{u_{S1}}{R_1} \\ u_{n2}=r_m i_{R2} \\ \left(\dfrac{1}{R_1}+\dfrac{1}{R_2}+\dfrac{1}{R_4}\right)u_{n3}-\dfrac{1}{R_1}u_{n1}-\dfrac{1}{R_2}u_{n2}=-\dfrac{u_{S1}}{R_1} \end{cases}$$

由于受控源的控制量为 $i_{R2} = u_{n1}/R_5$，所以有

$$\begin{cases} \left(\dfrac{1}{R_1}+\dfrac{1}{R_3}+\dfrac{1}{R_5}\right)u_{n1}-\dfrac{1}{R_3}u_{n2}-\dfrac{1}{R_1}u_{n3}=\dfrac{u_{S1}}{R_1} \\ u_{n2}=r_m \dfrac{u_{n1}}{R_5} \\ \left(\dfrac{1}{R_1}+\dfrac{1}{R_2}+\dfrac{1}{R_4}\right)u_{n3}-\dfrac{1}{R_1}u_{n1}-\dfrac{1}{R_2}u_{n2}=-\dfrac{u_{S1}}{R_1} \end{cases}$$

此即所求的节点方程。

例 3-20 电路如图 3-28 所示。已知 $g = 2S$，求各节点电压和受控电流源发出的功率。

解： 当电路中含有受控电压源时，应增加受控电压源中的电流变量 i 来建立节点法方程。选参考节点并给节点编号，将受控源视为独立电源后列写出方程为

$$\begin{cases} (2S)u_1-(1S)u_2+i=6A \\ -(1S)u_1+(3S)u_2-(1S)u_3=0 \\ -(1S)u_2+(2S)u_3-i=gu_2 \end{cases}$$

补充方程
$$u_1 - u_3 = 0.5u_4 = 0.5(u_2 - u_3)$$

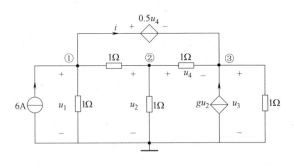

图 3-28 例 3-20 图

代入 $g = 2S$，消去电流 i，经整理得到以下节点法方程：

$$\begin{cases} 2u_1 - 4u_2 + 2u_3 = 6 \\ -u_1 + 3u_2 - u_3 = 0 \\ u_1 - 0.5u_2 - 0.5u_3 = 0 \end{cases}$$

求解可得 $u_1 = 4\text{V}$，$u_2 = 3\text{V}$，$u_3 = 5\text{V}$。则受控电流源发出的功率为

$$p = u_3(gu_2) = 5 \times 2 \times 3\text{W} = 30\text{W}$$

对于本例，如果选取受控电压源的任一个端子为参考点列写节点法方程，可以减少一个方程。此外从本例还可以看出 $G_{ij} \neq G_{ji}$，此特点可以推广到一般电路，即当电路中含有受控源时方程组的系数行列式一般将不再对称。

3.3.5 节点法与其他方法比较

对于一个具有 n 个节点、b 条支路的电路而言，其独立节点数为 $n-1$，独立回路数 $l = b-n+1$，采用 2b 法列出的方程为 $2b$ 个，采用支路电流法、支路电压法列出的方程为 b 个，采用网孔法、回路法列出的方程为 $b-n+1$ 个，采用节点法列出的方程为 $n-1$ 个，显然，2b 法列写出的方程数最多，支路电流、支路电压法写出的方程数次之，而网孔法、回路法、节点法写出的方程数相对较少，较为常用。支路电流法、支路电压法是最基本的方法，适用于任何电路，由于所列方程数多，求解烦琐，所以应用较少。表 3-1 列出了支路法、回路法和节点法使用 KCL、KVL 列写的方程数的情况。

表 3-1 支路法、回路法、节点法列写方程数的比较

	KCL 方程	KVL 方程	方程总数
支路法	$n-1$	$b-(n-1)$	b
回路法	0	$b-(n-1)$	$b-(n-1)$
节点法	$n-1$	0	$n-1$

分析求解电路时，在各种网络分析方法的选择上应注意以下几点：

1) 网孔法是回路法的特例，只适用于平面电路。
2) 回路法使用更灵活，适用于任何电路，但对复杂非平面电路回路的选择比较困难。
3) 节点电压法在节点选取上不存在困难，适用于任何电路，实际应用最多。
4) 当独立节点数少于独立回路数时，一般应选用节点法，反之则选用回路法。
5) 目前计算机辅助分析软件多采用节点法编程，可以分析大型电网络。

【实例应用】

电桥电路结构如图 3-29 所示，$R_1 = R_2 = R_4 = 5\Omega$，$R_3 = R_G = 10\Omega$，电源电压 $E = 12\text{V}$，求桥支路上的检流计的电流。

该题利用网孔法求解，列写网孔方程：

$$\begin{cases} R_1 I_1 + R_G I_G - R_3 I_3 = 0 \\ R_2 I_2 - R_4 I_4 - R_G I_G = 0 \\ E = R_3 I_3 + R_4 I_4 \end{cases}$$

可以求得：$I_G = 0.126\text{A}$，同时也可得出每条支路上的

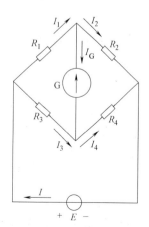

图 3-29 电桥电路结构

电流。

本章小结

知识点：

1. 支路法：以支路电流为未知量，用 KCL、KVL 列方程；
2. 网孔和回路法：人为假想网孔或回路里流动的电流，以假想电流为未知量，列写 KVL 方程；
3. 节点电压法：先选定参考节点，以节点电压为未知量，列写 KCL 方程。

支路法和回路（网孔）法都是以电流建立方程，区别是支路电流是支路上的电流，网孔电流是人为假想的网孔里流动的电流，网孔法属于回路法。节点电压法是以节点电压建立方程，本质上是电流方程。

难点：

1. 对节点电压法本质是电流方程以及网孔电流法是电压方程的理解；
2. 如何巧选回路或巧选参考点减少方程列写数目。

习 题 3

3-1 电路如习题图 3-1 所示，试用支路法求各支路电流。

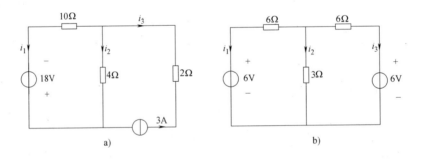

习题图 3-1

3-2 用支路电流法求各电路的电流 i_1，并求出习题图 3-2b 电路中电流源的功率。

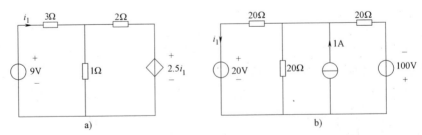

习题图 3-2

3-3 电路如习题图 3-3 所示，已知 $u_{S1}=10V$，$u_{S2}=12V$，$u_{S3}=16V$，$R_1=2\Omega$，$R_2=4\Omega$，$R_3=6\Omega$，分别用支路电流法和网孔电流法求各支路电流。

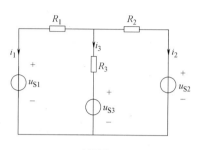

习题图 3-3

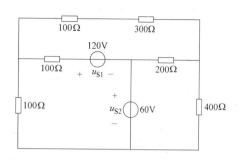

习题图 3-4

3-4 试用网孔电流法求习题图 3-4 所示电路各电压源对电路提供的功率 P_{S1} 和 P_{S2}。

3-5 电路如习题图 3-5 所示，用网孔电流法求电流 i。

3-6 电路如习题图 3-6 所示，用网孔分析法求电流 i_A，并求受控源提供的功率。

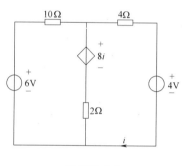

习题图 3-5

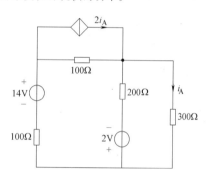

习题图 3-6

3-7 电路如习题图 3-7 所示，用网孔分析法求 4Ω 电阻的功率。

3-8 用网孔分析法求习题图 3-8 所示电路中电流源的端电压 u。

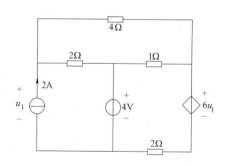

习题图 3-7

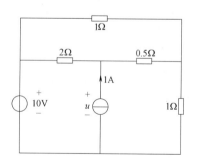

习题图 3-8

3-9 电路如习题图 3-9 所示，分别用网孔电流法和回路电流法列写电路方程。

3-10 电路如习题图 3-10 所示，已知其网孔电流方程为

$$\begin{cases} 2i_1 + i_2 = 4\text{V} \\ 4i_2 = 8\text{V} \end{cases}$$

电流单位为 A，求各元件参数和电压源发出的功率。

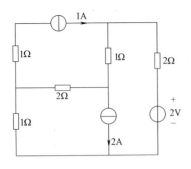

习题图 3-9

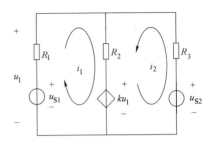

习题图 3-10

3-11 用网孔电流法求习题图 3-11 所示电路的网孔电流。

3-12 电路如习题图 3-12 所示，用节点法求电流源对电路提供的功率。

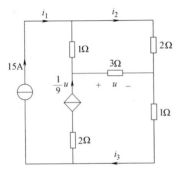

习题图 3-11

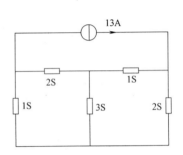

习题图 3-12

3-13 用节点电压法求习题图 3-13 所示电路中的 u 和 i。

3-14 用节点电压法求习题图 3-14 所示电路中的 u_1 和 i。

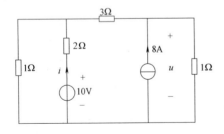

习题图 3-13

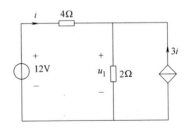

习题图 3-14

3-15 求习题图 3-15 所示电路中 50kΩ 电阻中的电流 i_{AB}。

3-16 用节点电压法求习题图 3-16 所示电路中的电压 u 及受控源的功率。

3-17 列写习题图 3-17 所示电路的节点电压方程（图中 S 代表西门子）。

3-18 试列出为求解习题图 3-18 所示电路中 u_0 所需的节点电压方程。

3-19 仅列一个方程求习题图 3-19 所示电路中的电流 i。

3-20 仅列一个方程求习题图 3-20 所示电路中的电压 u。

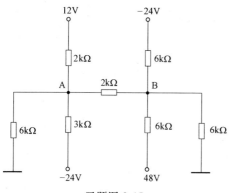

习题图 3-15

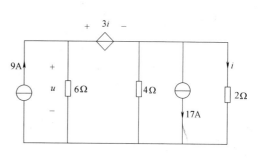

习题图 3-16

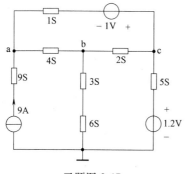

习题图 3-17

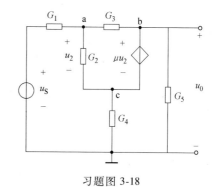

习题图 3-18

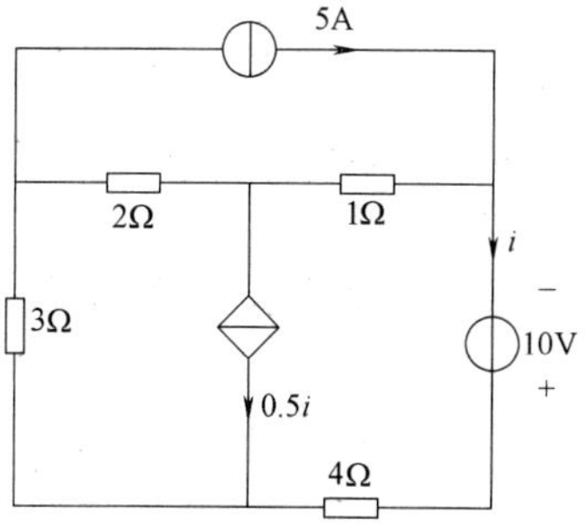

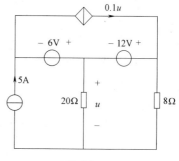

习题图 3-19

习题图 3-20

第4章　电路定理

【章前导读】

前面讨论了电路的等效化简法和系统分析法，系统分析法的缺点是需要联立求解的方程数会随网络的支路数的增加而增加，造成求解的困难。利用等效化简法，可将网络的结构加以变换而达到简化网络、减少需求解的方程数的目的，比较适合于那种结构相对简单且只需要求出部分电压、电流的电路分析问题。

本章介绍电路理论中的一些重要定理，内容包括：叠加定理、替代定理、戴维南定理和诺顿定理、特勒根定理和互易定理、补偿定理，以便使读者进一步了解电路的基本性质，利用这些定理分析和计算电路。

本章介绍的电路定理在电路理论分析中十分重要，在工程实践中也较实用，尽管这些定理是基于直流电路讨论的，但是这些定理都可以用于后面章节介绍的交流电路分析，掌握好本章的内容对学习整个电路课程以及后续课程起着至关重要的作用。

【导读思考】

从电源到负载进行功率传输时，人们主要关心的是两个方面，一个是功率传输最大值，一个是功率传输的效率。电力系统的功率传输若效率过低，则产生的功率很大部分损耗于传输和分配的过程中，白白浪费掉了。在电子系统中，电信号的功率传输受到限制，通常都是小功率传输，传输效率不是主要关心的问题，更多的是考虑最大功率传输。实际的某些电阻电路集成化以后，目测并不知道其内部结构，我们称之为"黑盒子"结构。对于"黑盒子"问题，可以通过外加负载测电压的方法，计算出接入多大的负载可以获得最大功率。

例如，有一个内部结构不明确的电阻网络，如图4-1所示，AB端口外接负载，当15kΩ电阻接到AB端口时，电压测得45V，当5kΩ电阻接到AB端口时，电压测得25V。要求外接多大负载时，负载可以获得最大功率。

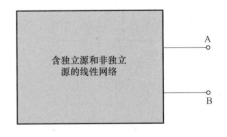

图4-1　某内部结构不明确的电阻网络

像这种类型的实际问题，该怎样建立电路模型？通过什么分析方法来解决呢？应用广泛的戴维南定理，就可以很好地解决此类问题。在本章后的实例应用中会给出详细的解答步骤。

第 4 章 电路定理

4.1 叠加定理

叠加定理是电路理论中的一个重要定理,是线性电路的基本定理,后面将要介绍的几个定理的证明有的就要用到叠加定理。

4.1.1 叠加定理的内容

由独立电源和线性元件(线性电阻和线性受控源)组成的电路,称为线性电阻电路。描述线性电阻电路各电压电流关系的各种电路方程,是以电压电流为变量的一组线性代数方程。作为电路输入或激励的独立电源,其电压 u_S 和电流 i_S 总是作为与电压电流变量无关的量出现在这些方程的右边。求解这些电路方程得到的各支路电流和电压(称为输出或响应)是独立电源 u_S 和 i_S (称为激励输入或激励)的线性函数。电路响应与激励之间的这种线性关系称为叠加性,它是线性电路的一种重要基本性质。

现以图 4-2a 所示双输入电路为例予以说明。

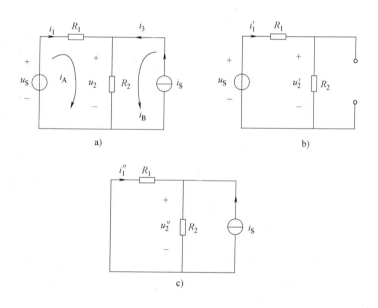

图 4-2 说明叠加定理的电路

如需求响应电流 i_1,可采用网孔法。设网孔电流为 i_A、i_B。由图可知 $i_B = i_S$,$i_A = i_1$,列出图 4-2a 电路的网孔方程为

$$\begin{cases}(R_1+R_2)i_A+R_2i_B=u_S\\ i_B=i_S\end{cases} \quad (4\text{-}1)$$

求解上式可得到电阻 R_1 的电流 i_1 为

$$i_1=i_A=\frac{u_S}{R_1+R_2}-\frac{R_2}{R_1+R_2}i_S$$

如令

$$i_1' = i_1\big|_{i_S=0} = \frac{1}{R_1+R_2}u_S$$

其为 u_S 单独作用时在电阻 R_1 上产生的电流，如令

$$i_1'' = i_1\big|_{u_S=0} = \frac{-R_2}{R_1+R_2}i_S$$

其为 i_S 单独作用时在电阻 R_1 上产生的电流，则可将电流 i_1 写为

$$i_1 = i_1' + i_1''$$

这表明电流 i_1 具有叠加性。

同样，电压 u_2 也具有叠加性：

$$u_2 = \frac{R_2}{R_1+R_2}u_S + \frac{R_1 R_2}{R_1+R_2}i_S = u_2' + u_2''$$

式中，$u_2' = u_2\big|_{i_S=0} = \dfrac{R_2}{R_1+R_2}u_S$，$u_2'' = u_2\big|_{u_S=0} = \dfrac{R_1 R_2}{R_1+R_2}i_S$。

由上面可见电流 i_1 和电压 u_2 均由两项叠加而成。

第一项 i_1' 和 u_2' 是该电路在独立电流源置 0（$i_S=0$）时，由独立电压源单独作用所产生。

第二项 i_1'' 和 u_2'' 是该电路在独立电压源置 0（$u_S=0$）时，由独立电流源单独作用所产生。

以上表明，由两个独立电源共同产生的响应，等于每个独立电源单独作用所产生响应之和。线性电路的这种叠加性称为叠加定理。

一般地，叠加定理可陈述为：对于有唯一解的线性电路而言，由全部独立电源在线性电阻电路中产生的任一电压或电流，等于每一个独立电源单独作用所产生的相应电压或电流的代数和。

也就是说，只要电路存在唯一解，线性电阻电路中的任一节点电压、支路电压或支路电流均可表示为以下形式

$$y = H_1 u_{S1} + H_2 u_{S2} + \cdots + H_m u_{Sm} + K_1 i_{S1} + K_2 i_{S2} + \cdots + K_n i_{Sn} \tag{4-2}$$

式中，u_{Sk}（$k=1,2,\cdots,m$）表示电路中独立电压源的电压；i_{Sk}（$k=1,2,\cdots,n$）表示电路中独立电流源的电流。H_k（$k=1,2,\cdots,m$）和 K_k（$k=1,2,\cdots,n$）是常量，它们取决于电路的参数、结构和输出变量的选择，而与独立电源无关。

在计算某一独立电源单独作用所产生的电压或电流时，应将电路中其他独立源置零，即独立电压源用短路（$u_S=0$）代替，而独立电流源用开路（$i_S=0$）代替。

式（4-2）中的每一项 $y(u_{Sk}) = H_k u_{Sk}$ 或 $y(i_{Sk}) = K_k i_{Sk}$ 是该独立电源单独作用，其余独立电源全部置零时的响应。这表明 $y(u_{Sk})$ 与输入 u_{Sk} 或 $y(i_{Sk})$ 与输入 i_{Sk} 之间存在正比例关系，这是线性电路具有"齐次性"的体现。

式（4-2）还表明在线性电阻电路中，由几个独立电源共同作用产生的响应，等于每个独立电源单独作用产生的响应之和，这是线性电路具有可"叠加性"的体现。利用叠加定理所反映的线性电路的这种基本性质，可以简化线性电路的分析和计算，在以后的学习中经常用到。

值得注意的是：线性电路中元件的功率并不等于每个独立电源单独产生的功率之和。例如在双输入电路中某元件吸收的功率

$$p = ui = (u' + u'')(i' + i'')$$

$$= u'i' + u'i'' + u''i' + u''i''$$
$$\neq u'i' + u''i'' = p_1 + p_2$$

4.1.2 叠加定理的应用

利用叠加定理所反映的线性电路的基本性质，可以简化线性电路的分析和计算。

通常，在应用叠加定理时应注意以下几点：

1）叠加定理只适用于存在唯一解的线性电路电压或电流的计算，不能用来直接计算功率。

2）只有一个独立源的线性电阻电路中，各电压电流与此电源的电压或电流成正比例关系，这也被称为激励与响应的齐次性关系。

3）叠加时要注意电压、电流的参考方向，叠加实际上是代数和。

4）叠加时，不能改变电路的结构。

5）若电路中有受控源，则受控源一般不能当作独立电源处理，它与电阻一样均存在于各独立源作用的电路中。

6）应用叠加定理计算包含几个独立电源的线性电路中的电压电流时，可以分别计算各个独立电源所产生的电压和电流，也可以把电源分成几组简单的电路，按组计算出结果，再予叠加。

例 4-1 电路如图 4-3a 所示。若已知：

（1）$u_{S1} = 5V$，$u_{S2} = 10V$；

（2）$u_{S1} = 10V$，$u_{S2} = 5V$；

（3）$u_{S1} = 20\cos\omega t V$，$u_{S2} = 15\sin 2\omega t V$。

试用叠加定理分别计算电压 u。

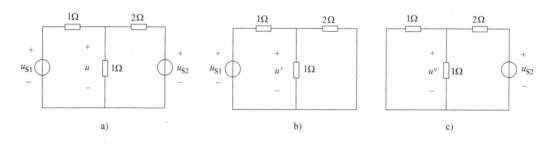

图 4-3 例 4-1 图

解： 画出 u_{S1} 和 u_{S2} 单独作用的电路，如图 4-3b、c 所示，分别求出 u 的两个分量为

$$u' = H_1 u_{S1} = \frac{2/3}{1+2/3} u_{S1} = 0.4 u_{S1}$$

$$u'' = H_2 u_{S2} = \frac{0.5}{2+0.5} u_{S2} = 0.2 u_{S2}$$

根据叠加定理

$$u = u' + u'' = 0.4 u_{S1} + 0.2 u_{S2}$$

代入 u_{S1} 和 u_{S2} 数据，分别得到：

（1） $u = 0.4 \times 5\text{V} + 0.2 \times 10\text{V} = 4\text{V}$；

（2） $u = 0.4 \times 10\text{V} + 0.2 \times 5\text{V} = 5\text{V}$；

（3） $u = [0.4 \times 20\cos\omega t + 0.2 \times 15\sin 2\omega t]\text{V} = [8\cos\omega t + 3\sin 2\omega t]\text{V}$。

例 4-2 电路如图 4-4 所示。已知 $r = 2\Omega$，试用叠加定理求电流 i 和电压 u。

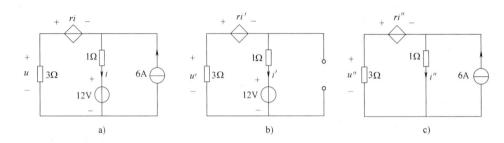

图 4-4 例 4-2 图

解：画出 12V 独立电压源和 6A 独立电流源单独作用的电路如图 4-4b、c 所示（注意在每个电路内均保留受控源，但控制量分别改为分电路中的相应量）。对于图 4-4b 所示电路，列出 KVL 方程为

$$(2\Omega)i' + (1\Omega)i' + 12\text{V} + (3\Omega)i' = 0$$

求得

$$i' = -2\text{A}$$
$$u' = -(3\Omega)i' = 6\text{V}$$

对于图 4-4c 所示电路，列出 KVL 方程为

$$(2\Omega)i'' + (1\Omega)i'' + (3\Omega)(i'' - 6\text{A}) = 0$$

求得

$$i'' = 3\text{A}$$
$$u'' = (3\Omega)(6\text{A} - i'') = 9\text{V}$$

最后应用叠加原理求得

$$i = i' + i'' = -2\text{A} + 3\text{A} = 1\text{A}$$
$$u = u' + u'' = 6\text{V} + 9\text{V} = 15\text{V}$$

例 4-3 用叠加定理求图 4-5a 所示电路中的电压 u。

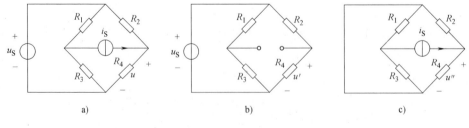

图 4-5 例 4-3 图

解：画出独立电压源 u_S 和独立电流源 i_S 单独作用时的电路，如图 4-5b、c 所示。由此分

别求得 u' 和 u''，然后根据叠加定理将 u' 和 u'' 相加得到电压 u。

$$u' = \frac{R_4}{R_2+R_4} u_S \quad u'' = \frac{R_2 R_4}{R_2+R_4} i_S$$

$$u = u' + u'' = \frac{R_4}{R_2+R_4}(u_S + R_2 i_S)$$

例 4-4 图 4-6a 所示的电路是一个含有受控电源的电路。已知 $u_S = 10\text{V}$，$i_S = 2\text{A}$，试求节点电压 u_{n1} 和支路电流 i_1 及 i_2。

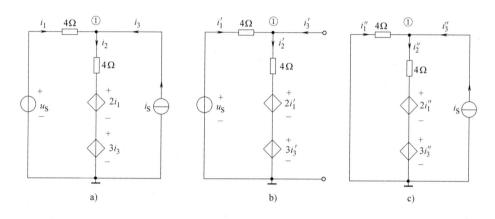

图 4-6 例 4-4 图

解：根据叠加定理，画出原电路中两个独立源单独作用时的电路，如图 4-6b 和图 4-6c 所示。

对图 4-6b 所示的电路可写出 KVL 方程和 KCL 方程

$$4i_1' + 4i_2' + 2i_1' - 10 = 0$$

$$i_1' = i_2'$$

由上述两式可解出

$$i_1' = i_2' = 1\text{A}$$

又由支路方程

$$u_{n1}' = u_S - 4i_1'$$

求得

$$u_{n1}' = 10\text{V} - 4 \times 1\text{V} = 6\text{V}$$

对图 4-6c 所示的电路可写出节点法方程为

$$\left(\frac{1}{4} + \frac{1}{4}\right) u_{n1}'' = i_S + \frac{1}{4}(2i_1'' + 3i_3'')$$

又有

$$i_3'' = i_S \text{ 和 } i_1'' = -\frac{u_{n1}''}{4}$$

将它们代入节点法方程可解得

$$u_{n1}'' = 5.6\text{V}$$

电路

$$i_1'' = -1.4\text{A}$$

根据 KCL 知

$$i_2'' = i_1'' + i_3''$$

将已知的 i_1'' 和 i_3'' 代入上式，有

$$i_2'' = -1.4\text{A} + 2\text{A} = 0.6\text{A}$$

最后进行叠加，得

$$u_{n1} = u_{n1}' + u_{n1}'' = 6\text{V} + 5.6\text{V} = 11.6\text{V}$$
$$i_1 = i_1' + i_1'' = 1\text{A} - 1.4\text{A} = -0.4\text{A}$$
$$i_2 = i_2' + i_2'' = 1\text{A} + 0.6\text{A} = 1.6\text{A}$$

4.1.3 齐次性定理

齐次性定理可表述为：在线性电路中，当所有激励（电压源和电流源）都增大为原来的 K 倍或缩小为原来的 $1/K$（K 为实常数），响应（电压和电流）也将同样增大为原来的 K 倍或缩小为原来的 $1/K$。

应注意，激励增大为原来的 K 倍，必须是所有的激励，即所有的独立电源都增大为原来的 K 倍，否则将导致错误结果。齐次性定理容易由叠加定理推出。

齐次性定理在分析梯形电路时特别有效。

例 4-5 梯形电路如图 4-7 所示。（1）已知 $I_5 = 1\text{A}$，求各支路电流和电压源电压 U_S；（2）若已知 $U_S = 120\text{V}$，再求各支路电流。

解：（1）根据 KCL 和 KVL，由 I_5 支路向前推算：

$I_4 = 12I_5/4 = 3\text{A}$ $I_3 = I_4 + I_5 = 4\text{A}$
$I_2 = (7I_3 + 4I_4)/10 = 4\text{A}$ $I_1 = I_2 + I_3 = 8\text{A}$
$U_S = 5I_1 + 10I_2 = 80\text{V}$

（2）当 $U_S = 120\text{V}$ 时，它是原来电压 80V 的 1.5 倍，根据线性电路齐次性可以断言，该电路中各电压和电流均增加到原来值的 1.5 倍，即

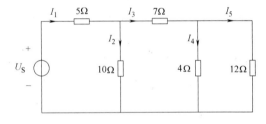

图 4-7 例 4-5 图

$$I_1 = 1.5 \times 8\text{A} = 12\text{A}$$
$$I_2 = I_3 = 1.5 \times 4\text{A} = 6\text{A}$$
$$I_4 = 1.5 \times 3\text{A} = 4.5\text{A}$$
$$I_5 = 1.5 \times 1\text{A} = 1.5\text{A}$$

上述应用齐次性定理分析梯形电路的方法叫作"倒退法"或"爬山法"，即从最远离电源一端开始计算，逐步推算至电压源处，然后再根据实际电源值予以修正。通常为了方便计算，可以先设最远端支路电流为一个较为简单的值如 $I_5 = 1\text{A}$ 开始计算。

例 4-6 求如图 4-8 所示电路中标出的各电流、电压。

解： 用齐次性定理求解。为此，先任意设 I_5 的数值，然后向前推算。

令 $I_5 = 1\text{A}$，则 $U_4 = 12I_5 = 12\text{V}$

$I_4 = 12/4\text{A} = 3\text{A}$,$I_3 = I_4 + I_5 = 4\text{A}$,$U_3 = 6I_3 = 24\text{V}$
$U_2 = U_3 + U_4 = 36\text{V}$,$I_2 = 36/18\text{A} = 2\text{A}$
$I_1 = I_2 + I_3 = (4+2)\text{A} = 6\text{A}$,$U_1 = 5I_1 = 6\times 5\text{V} = 30\text{V}$

故得
$$U_S = U_1 + U_2 = 66\text{V}$$

由于给定 $U_S = 165\text{V}$,为计算值 66V 的 2.5 倍,由齐次性定理可知,电路中的各电压、电流都相应增大为原来的 2.5 倍,即

$I_1 = 15\text{A}$,$I_2 = 5\text{A}$,$I_3 = 10\text{A}$,$I_4 = 7.5\text{A}$,$I_5 = 2.5\text{A}$,
$U_1 = 75\text{V}$,$U_2 = 90\text{V}$,$U_3 = 60\text{V}$。

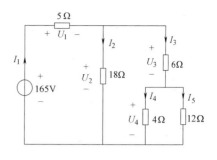

图 4-8 例 4-6 图

4.2 替代定理

4.2.1 替代定理的内容

替代定理还可以陈述为:

对于电路中的任意一条支路 k,若该支路电压 u_k 和电流 i_k 为已知,则该支路就可以用一个电压为 u_S 的独立电压源或用一个电流为 i_S 的独立电流源来替代,替代后电路中的全部电压和电流均保持原值不变。

如果网络 N 由一个电阻性单口网络 N_R 和一个任意单口网络 N_L 连接而成,如图 4-9a 所示,则:

1) 如果端口电压 u 有唯一解,则可用电压为 u 的电压源来替代单口网络 N_L,只要替代后的网络(见图 4-9b)仍有唯一解,则不会影响单口网络 N_R 内的电压和电流。

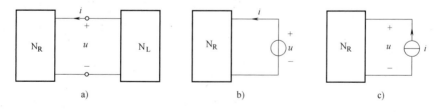

图 4-9 替代定理

2) 如果端口电流 i 有唯一解,则可用电流为 i 的电流源来替代单口网络 N_L,只要替代后的网络(见图 4-9c)仍有唯一解,则不会影响单口网络 N_R 内的电压和电流。

替代定理的价值在于,若网络中某支路电压或电流为已知量时,则可用一个独立源来替代该支路或单口网络 N_L,从而简化电路的分析与计算。

替代定理对单口网络 N_L 并无特殊要求,例如它可以是非线性电阻单口网络和非电阻性的单口网络。

例 4-7 试求图 4-10a 所示电路在 $I = 2\text{A}$ 时,20V 电压源发出的功率。

解:由于 $I = 2\text{A}$ 为已知,根据替代定理可以用 2A 电流源替代图 4-10a 电路中由电阻 R_x

电路

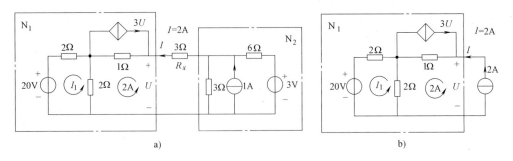

图 4-10 例 4-7 图

和单口网络 N_2 组成的那部分电路，得到如图 4-10b 所示的电路。对此电路列出网孔方程为

$$(4\Omega)I_1 - (2\Omega) \times 2A = -20V$$

求得

$$I_1 = -4A$$

则 20V 电压源发出的功率为

$$P = -20V \times (-4A) = 80W$$

几点说明：

1) 定理中所提到的第 k 条支路可以是无源的，如一个电阻元件；也可以是有源的，如电压源与电阻的串联。

2) 被替代的支路不能含控制量在未替代部分的受控源或反之，即替代部分与未替代部分不能存在耦合关系。

4.2.2 替代定理的证明

证明用电压源替代的结论。如图 4-11a 所示，设电路第 k 条电阻支路的电压 u_k 为已知，可以在第 k 条支路上串入两个电压均为 u_k 但方向相反的电压源，如图 4-11b 所示，第 k 条电阻支路的电压 u_k 和在其中一个电压源的电压抵消，化简后就得到如图 4-11c 所示的电路。

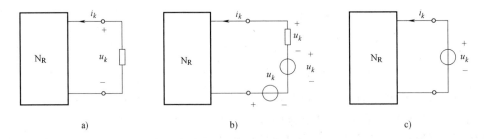

图 4-11 替代定理的证明

因为图 4-11a、c 两个电路的全部支路的约束关系，除第 k 条支路外，是完全相同的。现在，替代后的电路第 k 条支路的电压被规定为 u_k，所以根据 KVL，其他支路电压不变；电压不变，电流也不变，所以替代前后所有支路电压、电流都不变。即图 4-11a、c 两个电路为等效电路，这样就证明了在电路第 k 条电阻支路的电压 u_k 为已知的情况下可以将它用

电压为 u_k 的电压源替代的结论。

类似地，可以证明电流源替代的结论。

顺便指出，替代定理同样适用于非线性电路和时变电路。

4.2.3 替代定理的要求

替代定理要求替代前后的电路存在唯一解，即在替代改变前后，电路各支路电压和电流应是唯一的。

要求替代后电路存在唯一解的几何解释可分三种情况说明。

1）两条直线有唯一交点，电压 u 电流 i 有唯一解。

原电路如图 4-12a 所示，左边支路的 VCR 直线和右边电阻支路的 VCR 直线如图 4-12b 所示，两条直线有唯一交点，所以电压 u、电流 i 有唯一解。

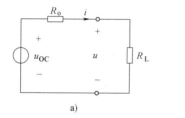 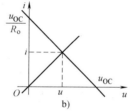

图 4-12 原电路及其 VCR

2）用电压源替代负载后电流有唯一解。

原电路中的负载 R_L 用电压源替代后，如图 4-13a 所示，左边支路的 VCR 直线和右边电压源支路的 VCR 直线如图 4-13b 所示，两条直线有唯一交点，所以电流 i 有唯一解。

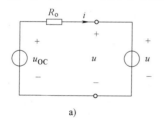 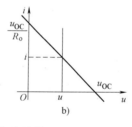

图 4-13 用电压源替代的电路及其 VCR

3）用电流源替代负载后电压有唯一解。

原电路中的负载用电流源替代后，如图 4-14a 所示，左边支路的 VCR 直线和右边电流源支路的 VCR 直线如图 4-14b 所示，两条直线有唯一交点，所以电压 u 有唯一解。

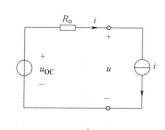 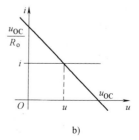

图 4-14 用电流源替代的电路及其 VCR

4.2.4 替代定理的应用

1. 替代定理用于非电阻性网络的分析

例 4-8 图 4-15a 所示电路中,已知电容电流 $i_C(t) = 2.5\mathrm{e}^{-t}\mathrm{A}$,用替代定理求 $i_1(t)$ 和 $i_2(t)$。

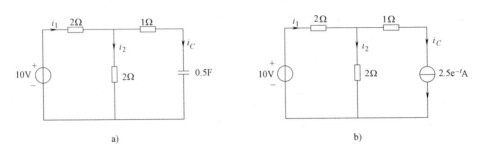

图 4-15 例 4-8 图

解:先用电流为 $i_C(t) = 2.5\mathrm{e}^{-t}\mathrm{A}$ 的电流源替代图 4-15a 电路中电容,得到图 4-15b 所示线性电阻电路,再用叠加定理可求得

$$i_1(t) = \frac{10}{2+2}\mathrm{A} + \frac{2}{2+2} \times 2.5\mathrm{e}^{-t}\mathrm{A} = (2.5 + 1.25\mathrm{e}^{-t})\mathrm{A}$$

$$i_2(t) = \frac{10}{2+2}\mathrm{A} - \frac{2}{2+2} \times 2.5\mathrm{e}^{-t}\mathrm{A} = (2.5 - 1.25\mathrm{e}^{-t})\mathrm{A}$$

例 4-9 图 4-16a 所示电路中 $g = 2\mathrm{S}$。试求电流 I。

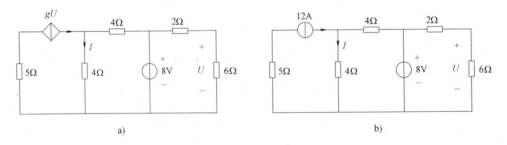

图 4-16 例 4-9 图

解:先用分压公式求受控源控制变量 U

$$U = \frac{6}{2+6} \times 8\mathrm{V} = 6\mathrm{V}$$

再用电流为 $gU = 12\mathrm{A}$ 的电流源替代受控电流源,得到如图 4-16b 所示的不含受控电源的电路,对该电路应用叠加定理求得电流为

$$I = \left(\frac{4}{4+4} \times 12 + \frac{8}{4+4}\right)\mathrm{A} = 7\mathrm{A}$$

2. 替代定理(或再辅之以电源转移)可用于把一个大网络分解成一些规模较小的子网络

例 4-10 设有一个由子网络 A、B 和 C 组成的线性电阻性网络如图 4-17a 所示。根据替

代定理，子网络 B 和 C 组成的二端网络对子网络 A 来说，可以用独立电压源 u_1 来替代，子网络 A 和子网络 C 本身就是二端网络，所以对子网络 B 来说，二者可分别用独立电压源 u_1 和 u_2 来替代，子网络 B 和 A 组成的二端网络对子网络 C 来说，可用独立电压源 u_2 来替代。经过上述替代后，原网络便被分解成如图 4-17b 所示的 3 个子网络。

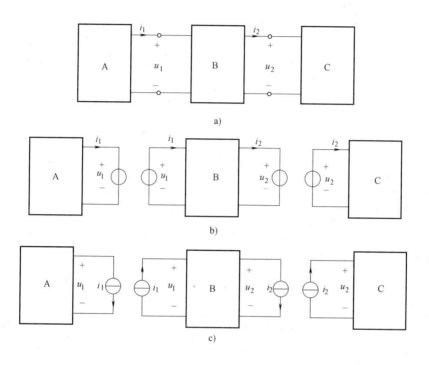

图 4-17 例 4-10 图

同理，应用替代定理能将网络撕裂成为图 4-17c 所示 3 个子网络。

4.3 戴维南定理和诺顿定理

在实际工作中，对网络的分析计算，往往只需要求出网络中某一条支路或某一元件中的电压或电流，而不需要求出网络中全部支路的电压或电流。在这种情况下，可以用戴维南定理或诺顿定理求解。本章介绍的戴维南定理和诺顿定理还提供了求有源单口网络等效电路的一般方法，对简化电路的分析和计算十分有用。本节先介绍戴维南定理，再介绍诺顿定理。

4.3.1 戴维南定理

1. 戴维南定理的内容

戴维南定理告诉我们：含独立电源的线性电阻单口网络 N，就端口特性而言，可以等效为一个电压源和电阻串联的单口网络，如图 4-18a 所示。电压源的电压等于单口网络在端口开路时的电压 u_{oc}；电阻 R_o 是单口网络内全部独立电源置零时所得无源网络 N_0 的等效电阻，如图 4-18b 所示。

入端电阻也称为戴维南等效电阻，在电子电路中，当单口网络视为电源时，常称此电阻

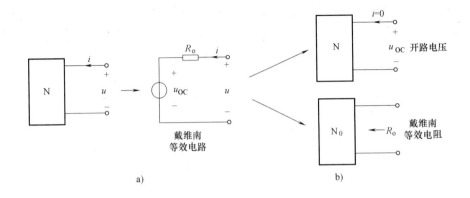

图 4-18 戴维南定理

为输出电阻,常用 R_o 表示;当单口网络视为负载时,则称之为输入电阻,并常用 R_i 表示。

2. 戴维南定理的证明

可以用前面介绍的叠加定理和替代定理来证明戴维南定理。

如图 4-19a 所示电路,N 为有源一端口网络,其与外部电路相接,端口电流为 i,用替代定理将外电路用电流为 i 的电流源替代,如图 4-19b 所示。

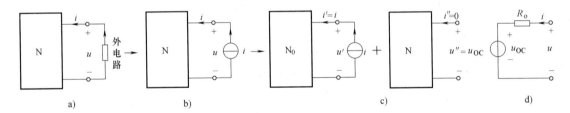

图 4-19 戴维南定理的证明

又根据叠加定理,端口电压可以分为两部分,如图 4-19c 所示。一部分由电流源单独作用(单口内全部独立电源置零)产生的电压 $u' = R_o i$,另一部分是外加电流源置零($i=0$),即单口网络开路时,由单口网络内部全部独立电源共同作用产生的电压 $u'' = u_{OC}$。由此得到

$$u = u' + u'' = R_o i + u_{OC} \tag{4-3}$$

此式为图 4-19d 所示电路的端口特性方程,这就证明了有源线性电阻单口网络,在端口外加电流源存在唯一解的条件下,可以等效为一个电压源 u_{OC} 和电阻 R_o 串联的电路。

通常,只要分别计算出单口网络 N 的开路电压 u_{OC} 和单口网络内全部独立电源置零(独立电压源用短路代替及独立电流源用开路代替)时单口网络 N_0 的等效电阻 R_o,就可得到单口网络的戴维南等效电路。

戴维南定理也称为等效发电机定理,在电路网络计算中有着广泛的应用。

例 4-11 求图 4-20a 所示电路的戴维南等效电路。

解:先在电路的端口上标明开路电压 u_{OC} 的参考方向,注意到 $i=0$,可求得

$$u_{OC} = -1V + (2\Omega) \times 2A = 3V$$

再将电路内 1V 电压源用短路代替,2A 电流源用开路代替,得到图 4-20b 所示电路,由

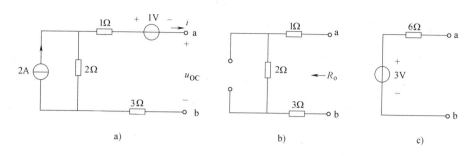

图 4-20 例 4-11 图

此求得

$$R_o = 1\Omega + 2\Omega + 3\Omega = 6\Omega$$

最后，根据 u_{OC} 的参考方向，即可画出戴维南等效电路，如图 4-20c 所示。

例 4-12 求图 4-21a 所示电桥电路中电阻 R_L 的电流 i。

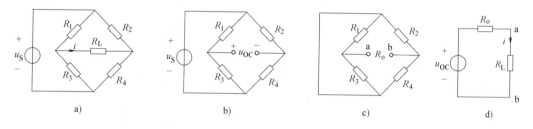

图 4-21 例 4-12 图

解： 断开负载电阻 R_L，得到图 4-21b 电路，用分压公式求得开路电压为

$$u_{OC} = \left(\frac{R_3}{R_1+R_3} - \frac{R_4}{R_2+R_4}\right) u_S \tag{4-4}$$

再将独立电压源用短路代替，得到图 4-21c 电路，由此求得戴维南等效电阻为

$$R_o = \left(\frac{R_1 R_3}{R_1+R_3} + \frac{R_2 R_4}{R_2+R_4}\right) \tag{4-5}$$

最后，用戴维南等效电路代替单口网络，得到图 4-21d 电路，由此求得

$$i = \frac{u_{OC}}{R_o + R_L} \tag{4-6}$$

3. 电阻 R_o 的两种计算方法

（1）**外加电源法** 将 N 中所有独立电源置零，但受控源予以保留，然后在端口处加一个电压源 u，如图 4-22 所示。

求出端口电流 i 后，根据欧姆定律有

$$R_o = u/i$$

也可以在端口处施加一个电流源 i 求端口电压 u，代入上式求出 R_o。

（2）**开路短路法** 对于戴维南等效电路而言，其端口

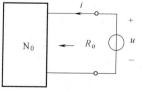

图 4-22 外加电源法

VCR 为
$$u = u_{OC} - R_o i$$

若将端口短路，即令 $u=0$，则
$$u_{OC} - R_o i_{SC} = 0 \rightarrow R_o = u_{OC}/i_{SC}$$

可见，只要知道了开路电压 u_{OC} 和短路电流 i_{SC}，短路电流的求解方法将在下一部分内容中阐述，这样就可以计算出戴维南等效电阻。所以此法称为开路短路法。

例 4-13 求图 4-23a 所示电路的戴维南等效电路。

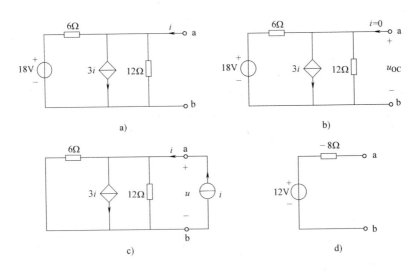

图 4-23 例 4-13 图

解：u_{OC} 的参考方向如图 4-23b 所示。由于 $i=0$，使得受控电流源的电流 $3i=0$，相当于开路，用分压公式可求得 u_{OC} 为
$$u_{OC} = \frac{12}{12+6} \times 18V = 12V$$

为求 R_o，将 18V 独立电压源用短路代替，保留受控源，在 a、b 端口外加电流源 i，得到如图 4-23c 所示电路。下面通过计算端口电压 u 的表达式可求得电阻 R_o。
$$u = \frac{(6 \times 12)\Omega}{6+12}(i - 3i) = (-8\Omega)i$$
$$R_o = u/i = -8\Omega$$

等效电路如图 4-23d 所示。

戴维南定理除了要求负载 N_L 中的元件不得与 N 中的元件有任何耦合关系外，还要求负载 N_L 与 N 接在一起时形成的网络应具有唯一解（替代定理的要求）。至于 N_L 的性质则不受限制，它既可以是线性的，也可以是非线性的。

例 4-14 求图 4-24a 所示电路中的电流 I_1 和 I_2。

解：注意到此题电路是非线性电阻电路，不能用网孔分析和节点分析求解。但可用戴维南定理简化电路后再分析。

尽管图 4-24a 是一个非线性电阻电路，但去掉两个理想二极管支路后的图 4-24b 电路是一个有源线性电阻单口网络，可用戴维南等效电路代替。先对图 4-24b 所示电路求得开路电

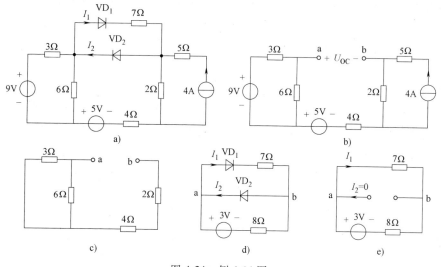

图 4-24 例 4-14 图

压为

$$U_{OC} = \frac{6}{3+6} \times 9V + 5V - (2\Omega) \times (4A) = 3V$$

再由图 4-24c 所示电路求得等效电阻为

$$R_o = \frac{3 \times 6}{3+6}\Omega + 4\Omega + 2\Omega = 8\Omega$$

最后，用 3V 电压源与 8Ω 电阻的串联代替图 4-24b 所示单口网络，得到图 4-24d 所示等效电路。由于理想二极管 VD_2 是反向偏置，相当于开路，即 $I_2 = 0$，理想二极管 VD_1 是正向偏置，相当于短路，可得到图 4-24e 所示等效电路。由图 4-24e 容易求得

$$I_1 = \frac{3}{8+7}A = 0.2A$$

4.3.2 诺顿定理

诺顿定理告诉我们：有唯一解的含源线性电阻单口网络 N，就端口特性而言，可以等效为一个电流源和电阻的并联（见图 4-25a）。电流源的电流等于单口网络外部短路时的端口电流 i_{SC}；电阻 R_o 是单口网络内全部独立源置零时所得网络 N_0 的等效电阻（见图 4-25b）。

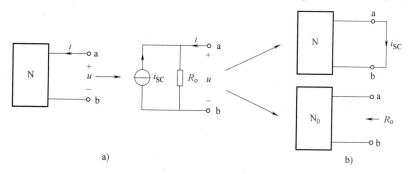

图 4-25 诺顿定理

i_{SC} 称为短路电流，R_o 称为诺顿等效电阻。可以发现，该电阻与戴维南电阻相同。电流源 i_{SC} 和电阻 R_o 并联的电路，称为单口网络的诺顿等效电路。

在端口电压电流采用关联参考方向时，诺顿等效电路端口的 VCR 方程可表示为

$$i = \frac{1}{R_o}u - i_{SC} \tag{4-7}$$

诺顿定理的证明与戴维南定理的证明类似，可用替代定理和叠加定理证明。将图 4-26a 所示网络中的外电路用电压源替代，如图 4-26b 所示，分别求出外加电压源单独作用产生的电流和单口网络内全部独立源产生的电流 $i'' = -i_{SC}$，如图 4-26c 所示。

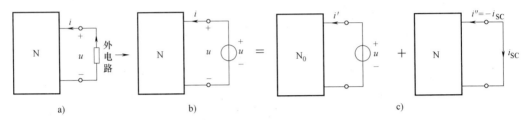

图 4-26 诺顿定理的证明

然后叠加得到端口电压电流关系式

$$i = i' + i'' = \frac{1}{R_o}u - i_{SC}$$

上式与式（4-7）完全相同。这就证明了有源线性电阻单口网络，在外加电压源存在唯一解的条件下，可以等效为一个电流源 i_{SC} 和电阻 R_o 的并联。

与戴维南定理类似，诺顿定理也常用于分析电路中某一支路的电压和电流。

例 4-15 求图 4-27a 所示电路的诺顿等效电路。

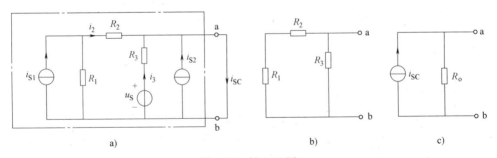

图 4-27 例 4-15 图

解： 为求 i_{SC}，将单口网络的端口从外部短路，并标明短路电流 i_{SC} 的参考方向，如图 4-27a 所示。由 KCL 和 VCR 求得

$$i_{SC} = i_2 + i_3 + i_{S2} = \frac{R_1}{R_1 + R_2}i_{S1} + \frac{u_S}{R_3} + i_{S2}$$

为求 R_o，将单口网络内电压源用短路代替，电流源用开路代替，得到图 4-27b 所示电路，由此求得

$$R_o = \frac{(R_1 + R_2)R_3}{R_1 + R_2 + R_3}$$

根据所设 i_{SC} 的参考方向，可画出诺顿等效电路如图 4-27c 所示。

例 4-16 求图 4-28a 所示电路的戴维南和诺顿等效电路。

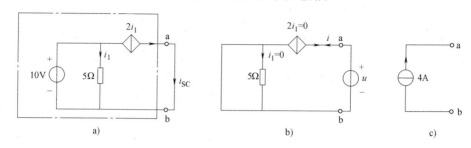

图 4-28 例 4-16 图

解： 为求 i_{SC}，将单口网络端口短路，并设 i_{SC} 的参考方向如图 4-28a 所示。用欧姆定律先求出受控源的控制变量 i_1：

$$i_1 = 10/5\text{A} = 2\text{A}$$

得到

$$i_{SC} = 2i_1 = 4\text{A}$$

为求 R_o，将 10V 电压源用短路代替，在端口上外加电压源 u，如图 4-28b 所示。由于 $i_1 = 0$，故 $i = -2i_1 = 0$，求得

$$G_o = i/u = 0 \quad \text{或} \quad R_o = 1/G_o = \infty$$

由以上计算可知，该单口网络等效为一个 4A 电流源，如图 4-28c 所示。由于对于该单口网络无法求出确定的开路电压 u_{OC}，因此它不存在戴维南等效电路。

4.3.3 有源线性电阻单口网络的等效电路

根据戴维南定理和诺顿定理可知，有源线性电阻单口网络（见图 4-29a）可以等效为一个电压源和电阻的串联或一个电流源和电阻的并联（见图 4-29b、c）。只要能计算出确定的 u_{OC}、i_{SC} 和 R_o（见图 4-29d、e、f），就能求得这两种等效电路。

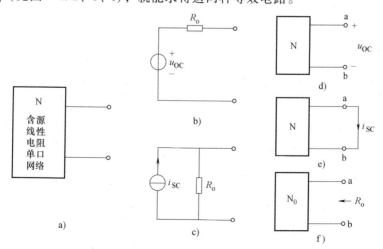

图 4-29 戴维南和诺顿等效电路

求解两种等效电路的要点可归纳如下：

1) 计算开路电压 u_{OC} 的一般方法是将单口网络的外部负载断开，用网络分析的任一种方法，算出端口电压 u_{OC}，如图 4-29d 所示。

2) 计算 i_{SC} 的一般方法是将单口网络从外部短路，用网络分析的任一种方法，算出端口的短路电流 i_{SC}，如图 4-29e 所示。

3) 计算 R_o 的一般方法是将单口网络内全部独立电压源用短路代替，独立电流源用开路代替得到无源单口网络 N_0，再用外加电源法或电阻串并联公式计算出电阻 R_o，如图 4-29f 所示。

还可以利用以下公式从 u_{OC}，i_{SC} 和 R_o 中任两个量求出第三个量：

$$R_o = u_{OC}/i_{SC} \quad u_{OC} = R_o i_{SC} \quad i_{SC} = u_{OC}/R_o \tag{4-8}$$

例 4-17 求图 4-30a 所示单口网络的戴维南和诺顿等效电路。

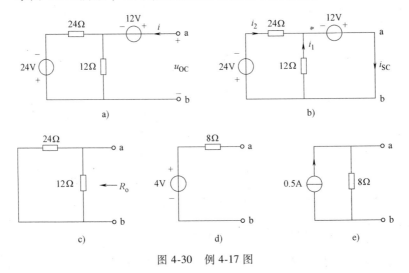

图 4-30 例 4-17 图

解：为求 u_{OC}，设单口网络开路电压 u_{OC} 的参考方向由 a 指向 b，如图 4-30a 所示。注意到 $i=0$，由 KVL 求得

$$u_{OC} = 12V + \frac{12}{12+24} \times (-24V) = 4V$$

为求 i_{SC}，将端口短路，并设 i_{SC} 的参考方向由 a 指向 b，如图 4-30b 所示。

$$i_{SC} = i_1 + i_2 = \frac{12V}{12\Omega} + \frac{(-24+12)V}{24\Omega} = 0.5A$$

为求 R_o，将单口网络内的电压源用短路代替，得到图 4-30c 电路，用电阻并联公式求得

$$R_o = \frac{12 \times 24}{12+24}\Omega = 8\Omega$$

根据所设 u_{OC} 和 i_{SC} 的参考方向及求得的 $u_{OC}=4V$，$i_{SC}=0.5A$，$R_o=8\Omega$，可得到图 4-30d 和图 4-30e 所示的戴维南等效电路和诺顿等效电路。

本题可以只计算 u_{OC}、i_{SC} 和 R_o 中的任两个量，另一个可用式(4-8)计算出来。例如 $u_{OC} = R_o i_{SC} = 8\Omega \times 0.5A = 4V$，$i_{SC} = u_{OC}/R_o = 4V/8\Omega = 0.5A$，$R_o = u_{OC}/i_{SC} = 4V/0.5A = 8\Omega$。

需要说明的是：并非任何有源线性电阻单口网络都能找到戴维南或诺顿等效电路。一般来说，外加电流源后具有唯一解的单口网络存在戴维南等效电路；外加电压源后具有唯一解的单口网络存在诺顿等效电路。

某些含受控源的单口网络外加电压源和电流源时均无唯一解（无解或无穷多解），它们就既无戴维南等效电路，又无诺顿等效电路。

例如图 4-31a 所示单口网络，其端口电压和电流均为零，即 $u = i = 0$，其特性曲线是 $u\text{-}i$ 平面上的坐标原点，如图 4-31b 所示。该单口不存在戴维南等效电路和诺顿等效电路。

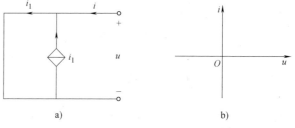

图 4-31 不存在戴维南等效电路和诺顿等效电路的情况

在分析电路中某电阻何时获得最大功率以及电路中电压和电流对某元件变化的灵敏度时，诺顿定理与戴维南定理也十分有效。

4.3.4 最大功率传输定理

这里介绍戴维南定理的一个重要应用。在电子电路中，常常遇到电阻负载如何从电路获得最大功率的问题。这类问题可以抽象为图 4-32a 所示的电路模型来分析。

网络 N 表示供给电阻负载能量的有源线性电阻单口网络，它可用戴维南等效电路来代替，如图 4-32b 所示。电阻 R_L 表示获得能量的负载。设负载电阻 R_L 可变，下面来分析 R_L 等于多少时，它从电源中吸取最大功率，最大功率等于多少。

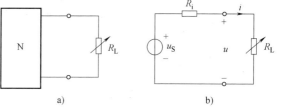

图 4-32 最大功率传输定理

注意到 R_L 变化并不影响戴维南等效电路，故负载 R_L 的功率的表达式为

$$p = R_L i^2 = \frac{R_L u_{OC}^2}{(R_o + R_L)^2}$$

欲求 p 的最大值，应满足 $\mathrm{d}p/\mathrm{d}R_L = 0$，即

$$\frac{\mathrm{d}p}{\mathrm{d}R_L} = \frac{u_{OC}^2}{(R_o + R_L)^2} + \frac{-2R_L u_{OC}^2}{(R_o + R_L)^3} = \frac{(R_o - R_L) u_{OC}^2}{(R_o + R_L)^3} = 0$$

由此式求得 p 为极大值或极小值的条件是

$$R_L = R_o \tag{4-9}$$

由于二阶导数

$$\left.\frac{\mathrm{d}^2 p}{\mathrm{d}R_L^2}\right|_{R_L = R_o} = -\left.\frac{u_{OC}^2}{8R_o^3}\right|_{R_o > 0} < 0$$

由此可知，当 $R_o > 0$，且 $R_L = R_o$ 时，负载电阻 R_L 从单口网络获得最大功率，这是一个很重要的结论。容易推得此时最大功率为

$$P_{\max} = R_o \cdot \left(\frac{u_{OC}}{2R_o}\right)^2 = \frac{u_{OC}^2}{4R_o}$$

综上所述，最大功率传输定理可表达为：含源线性电阻单口网络（$R_o>0$）向可变电阻负载 R_L 传输最大功率的条件是负载电阻 R_L 与单口网络的输出电阻 R_o 相等。满足 $R_L=R_o$ 条件时，称为最大功率匹配，此时负载电阻 R_L 获得的最大功率为

$$P_{\max} = \frac{u_{OC}^2}{4R_o} \tag{4-10}$$

满足最大功率匹配条件（$R_L=R_o>0$）时，R_o 吸收的功率与 R_L 吸收的功率相等，对电压源 u_{OC} 而言，能量传输效率为 $\eta=50\%$，比较低。对单口网络 N 中的独立源而言，效率可能更低。电力系统要求尽可能提高效率，以便更充分地利用能源，不能采用功率匹配条件。但是在测量、电子与信息工程中，常常着眼于从微弱信号中获得最大功率，而不看重传输效率的高低，往往要求最大功率匹配。

例 4-18 如图 4-33a 所示电路。试求：（1）R_L 为何值时获得最大功率；（2）R_L 获得的最大功率；（3）10V 电压源的功率传输效率。

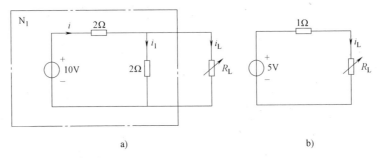

图 4-33 例 4-18 图

解：（1）先断开负载 R_L，求得单口网络 N_1 的戴维南等效电路参数为

$$u_{OC} = \frac{2}{2+2} \times 10\text{V} = 5\text{V} \quad R_o = \frac{2 \times 2}{2+2}\Omega = 1\Omega$$

等效电路如图 4-33b 所示，由此可知当 $R_L=R_o=1\Omega$ 时可获得最大功率。

（2）由式（4-10）求得 R_L 获得的最大功率为

$$P_{\max} = \frac{u_{OC}^2}{4R_o} = \frac{25}{4 \times 1}\text{W} = 6.25\text{W}$$

（3）先计算 10V 电压源发出的功率。当 $R_L=1\Omega$ 时

$$i_L = \frac{u_{OC}}{R_o+R_L} = \frac{5}{2}\text{A} = 2.5\text{A} \quad u_L = R_L i_L = 2.5\text{V}$$

$$i = i_1 + i_L = \left(\frac{2.5}{2} + 2.5\right)\text{A} = 3.75\text{A} \quad P = 10\text{V} \times 3.75\text{A} = 37.5\text{W}$$

10V 电压源发出 37.5W 功率，电阻 R_L 吸收功率 6.25W，其功率传输效率为

$$\eta = \frac{6.25}{37.5} \approx 16.7\%$$

例 4-19 求图 4-34a 所示单口网络向外传输的最大功率。

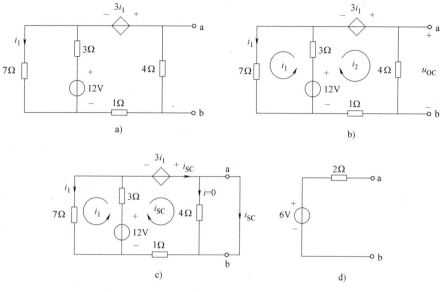

图 4-34 例 4-19 图

解： 先求 u_{OC}，按图 4-34b 所示网孔电流的参考方向，列出网孔方程为

$$\begin{cases} (10\Omega)i_1 + (3\Omega)i_2 = 12V \\ (3\Omega)i_1 + (8\Omega)i_2 = 12V + (3\Omega)i_1 \end{cases}$$

整理得

$$\begin{cases} 10i_1 + 3i_2 = 12A \\ 8i_2 = 12A \end{cases}$$

解之得

$$i_2 = 1.5A$$
$$u_{OC} = (4\Omega)i_2 = 6V$$

再求 i_{SC}，按图 4-34c 所示网孔电流参考方向，列出网孔方程为

$$\begin{cases} (10\Omega)i_1 + (3\Omega)i_{SC} = 12V \\ (3\Omega)i_1 + (4\Omega)i_{SC} = 12V + (3\Omega)i_1 \end{cases}$$

整理得

$$\begin{cases} 10i_1 + 3i_{SC} = 12A \\ 4i_{SC} = 12A \end{cases}$$

解之得 $i_{SC} = 3A$
又求得

$$R_o = \frac{u_{OC}}{i_{SC}} = \frac{6}{3}\Omega = 2\Omega$$

得到单口网络的戴维南等效电路如图 4-34d 所示。由式（4-10）求得最大功率：

$$P_{max} = \frac{u_{OC}^2}{4R_o} = \frac{6^2}{4 \times 2}W = 4.5W$$

4.4 特勒根定理和互易定理

特勒根定理（Tellegen's Theorem）是基于基尔霍夫定律得到的一个普遍适用的网络定理，其应用范围和基尔霍夫定律一样。它与网络元件的特性无关，对具有非线性以及时变元件参数的网络都适用。互易定理是特勒根定理的一个特例。

4.4.1 特勒根定理

1. 特勒根定理 1

对于一个具有 n 个节点和 b 条支路的电路，假设各支路电流和电压取关联参考方向，并令 $(i_1, i_2, \cdots, i_b)$、$(u_1, u_2, \cdots, u_b)$ 分别为 b 条支路的电流和电压，则对任何时间 t，有

$$\sum_{k=1}^{b} u_k i_k = 0 \qquad (4-11)$$

为了有助于大家理解，结合一个实际的例子来说明特勒根定理。

对于图 4-35a 所示的电路，其图具有 4 个节点和 6 条支路，如图 4-35b 所示，设图 4-35a 所示的网络各支路电流和电压分别为 $(i_1, i_2, \cdots, i_6)$ 和 $(u_1, u_2, \cdots, u_6)$，则由 KVL 可列出以下方程

$$\begin{cases} u_1 = u_{n1} \\ u_2 = u_{n1} - u_{n2} \\ u_3 = u_{n2} - u_{n3} \\ u_4 = u_{n1} - u_{n3} \\ u_5 = u_{n2} \\ u_6 = u_{n3} \end{cases}$$

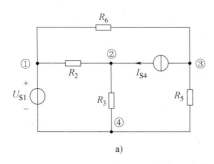
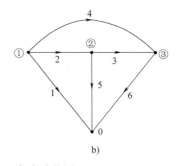

图 4-35 具有 4 个节点和 6 条支路的图

由 KCL 可列出以下方程

$$\begin{cases} i_1 + i_2 + i_4 = 0 \\ -i_2 + i_3 + i_5 = 0 \\ -i_3 - i_4 + i_6 = 0 \end{cases}$$

则有

$$\sum_{k=1}^{6} u_k i_k = u_1 i_1 + u_2 i_2 + u_3 i_3 + u_4 i_4 + u_5 i_5 + u_6 i_6$$
$$= u_{n1} i_1 + (u_{n1} - u_{n2}) i_2 + (u_{n2} - u_{n3}) i_3 + (u_{n1} - u_{n3}) i_4 + u_{n2} i_5 + u_{n3} i_6$$
$$= u_{n1}(i_1 + i_2 + i_4) + u_{n2}(-i_2 + i_3 + i_5) + u_{n3}(-i_3 - i_4 + i_6)$$
$$= 0$$

在上述分析过程中，只涉及电路的拓扑结构和 KCL、KVL 以及电路的节点电压与各个支路电压的关系而并不涉及元件的性质，故该定理适用于线性、非线性和时变元件的集总电路。

式（4-11）实际上是功率守恒的数学表达式，这表明在任意网络 N 中，在任意瞬时 t，任一电路的所有支路吸收功率的代数和恒等于零。也就是说，该定理实质上是功率守恒的具体体现。

2. 特勒根定理 2

两个均具有 n 个节点和 b 条支路的不同网络，其拓扑结构相同（即图完全相同），支路和节点编号、参考方向相同，并分别用 $(i_1, i_2, \cdots, i_b)$、$(u_1, u_2, \cdots, u_b)$ 和 $(\hat{i}_1, \hat{i}_2, \cdots, \hat{i}_b)$、$(\hat{u}_1, \hat{u}_2, \cdots, \hat{u}_b)$ 表示二者的 b 条支路的电流和电压，则对任何时间 t，有

$$\sum_{k=1}^{b} u_k \hat{i}_k = 0 \text{ 和 } \sum_{k=1}^{b} \hat{u}_k i_k = 0 \tag{4-12}$$

以图 4-36a、b 所示的网络说明，这两个网络具有相同的拓扑结构，即其有向图相同，如图 4-36c 所示，设图 4-36b 所示的网络各支路电流和电压分别为 $(\hat{i}_1, \hat{i}_2, \cdots, \hat{i}_6)$ 和 $(\hat{u}_1, \hat{u}_2, \cdots, \hat{u}_6)$，则对图 4-36b 所示的电路，由 KCL 可得

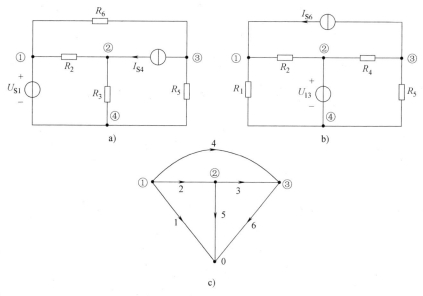

图 4-36 两个具有 4 个节点和 6 条支路的图

$$\begin{cases} \hat{i}_1 + \hat{i}_2 + \hat{i}_4 = 0 \\ -\hat{i}_2 + \hat{i}_3 + \hat{i}_5 = 0 \\ -\hat{i}_3 - \hat{i}_4 + \hat{i}_6 = 0 \end{cases}$$

所以，类似于前例，同样有

$$\sum_{k=1}^{6} u_k \hat{i}_k = u_{n1}(\hat{i}_1 + \hat{i}_2 + \hat{i}_4) + u_{n2}(-\hat{i}_2 + \hat{i}_3 + \hat{i}_5) + u_{n3}(-\hat{i}_3 - \hat{i}_4 + \hat{i}_6) = 0$$

特勒根定理 2 表明,有向图相同的任意两个网络 N 和 $\hat{N}$ 在任意瞬时 t,一个网络的支路电压与另一个网络的支路电流的乘积的代数和恒等于零。

1) 定理 2 说明了两个拓扑结构相同的电路,一个电路的支路电压和另一个电路的支路电流之间必然遵循的数学关系。

2) 定理 2 不能用功率守恒来解释,因此有时又称为"似功率守恒定理"。

例 4-20 如图 4-37a 所示电路,网络 N 为线性电阻无源网络,已知当 $R_2 = 2\Omega$,$U_1 = 6V$ 时,测得 $I_1 = 2A$,$U_2 = 2V$,当 $R_2 = 4\Omega$,$\hat{U}_1 = 10V$ 时,测得 $\hat{I}_1 = 3A$,如图 4-37b 所示,求 $\hat{U}_2$。

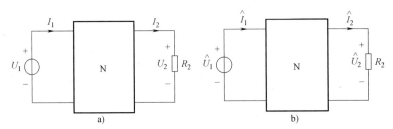

图 4-37 例 4-20 图

解: 设网络 N 中含有 b 条支路,由特勒根似功率守恒定理得

$$-U_1 \hat{I}_1 + U_2 \hat{I}_2 + \sum_{k=1}^{b} U_k \hat{I}_k = 0$$

$$-\hat{U}_1 I_1 + \hat{U}_2 I_2 + \sum_{k=1}^{b} \hat{U}_k I_k = 0$$

由于图 4-37a、b 所示的两个网络 N 结构和其中的电阻元件参数相同,因此有

$$\sum_{k=1}^{b} U_k \hat{I}_k = \sum_{k=1}^{b} R_k I_k \hat{I}_k = \sum_{k=1}^{b} (R_k \hat{I}_k) I_k = \sum_{k=1}^{b} \hat{U}_k I_k$$

这样就有

$$-U_1 \hat{I}_1 + U_2 \hat{I}_2 = -\hat{U}_1 I_1 + \hat{U}_2 I_2 \tag{4-13}$$

代入已知条件可得

$$\hat{U}_2 = 4V$$

由该例可见,若网络 N 为线性电阻无源网络时,仅需对其端口的两条外支路直接使用由特勒根定理 2 推导出的式 (4-13) 进行分析,可简化计算过程。注意在使用定理的过程中,一定要注意对应端口的电压、电流的参考方向要关联。

例 4-21 由线性电阻元件构成的二端口网络,如图 4-38a 所示,当输入端口接 $u_S = 10V$ 电压源,输出端口短接时,输入端电流为 5A,输出端电流 1A;如果把电压源移至输出端口,且输入端口接一个 2Ω 的电阻元件,如图 4-38b 所示,试求 2Ω 电阻上的电压。

解: 根据由特勒根似功率守恒定理所得的式 (4-13),有

$$u_1 \hat{i}_1 + u_2 \hat{i}_2 = \hat{u}_1 i_1 + \hat{u}_2 i_2$$

又因 $u_1 = 10V$,$i_1 = -5A$,$u_2 = 0$,$i_2 = 1A$,$\hat{u}_1 = 2\hat{i}_1$,$\hat{u}_2 = 10V$

则 $10\hat{i}_1 + 0 \times \hat{i}_2 = 2\hat{i}_1 \times (-5) + 10 \times 1$

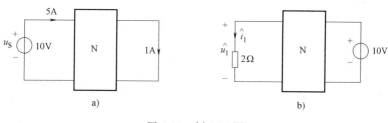

图 4-38 例 4-21 图

$$20\hat{i}_1 = 10 \Rightarrow \hat{i}_1 = 0.5\text{A}$$

则
$$\hat{u}_1 = 2\hat{i}_1 = 1\text{V}$$

4.4.2 互易定理

具有互易性的网络称为互易网络。互易定理是对这种网络所具有的性质进行的概括，即：对一个仅含线性电阻的电路，在单一激励的情况下，当激励和响应互换位置后，将不改变同一激励所产生的响应。

并非任何网络都具有互易性，一般只有那些不含受控源、独立电压源、电流源和回转器的线性时不变无源网络才具有这种性质。由此可知，互易定理的适用范围较窄。

互易定理可分三种形式进行描述。

1. 互易定理 1

对内部不含独立源和受控源的线性电阻网络 N，任取两个端口 $\alpha\alpha'$ 和 $\beta\beta'$，如果在端口 $\alpha\alpha'$ 施加输入电压 $u_{S\alpha}$，在端口 $\beta\beta'$ 可得到输出电流 i_β，如图 4-39a 所示。反之，对 $\beta\beta'$ 施加输入电压 $\hat{u}_{S\beta}$，可在 $\alpha\alpha'$ 得到输出电流 $\hat{i}_\alpha$，如图 4-39b 所示。则有

$$\frac{\hat{i}_\alpha}{\hat{u}_{S\beta}} = \frac{i_\beta}{u_{S\alpha}}$$

现用特勒根定理证明之。

设图 4-39a 所示线性无源电阻网络 N 中有 b 条支路，支路电压为 u_k，支路电流为 i_k（$k=1, 2, \cdots, b$），N 的端口 $\alpha\alpha'$ 和 $\beta\beta'$ 所接支路的电压和支路电流分别为 u_α、i_α 和 u_β、i_β，且所有支路电压和支路电流均取一致参考方向。同样，设图 4-39b 中线性无源电阻网络 N 中的支路电压为 $\hat{u}_k$，支路电流为 $\hat{i}_k$（$k=1, 2, \cdots, b$），以及 $\hat{u}_\alpha$、$\hat{i}_\alpha$ 和 $\hat{u}_\beta$、$\hat{i}_\beta$，支路电压和支路电流也取一致参考方向。

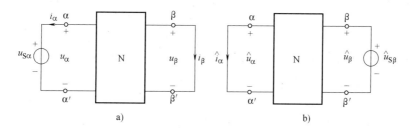

图 4-39 互易定理之一

按图中标定的参考方向，根据特勒根定理，由式（4-12）有

$$u_\alpha \hat{i}_\alpha + u_\beta \hat{i}_\beta + \sum_{k=3}^{b} u_k \hat{i}_k = 0 \tag{4-14}$$

$$\hat{u}_\alpha i_\alpha + \hat{u}_\beta i_\beta + \sum_{k=3}^{b} \hat{u}_k i_k = 0 \tag{4-15}$$

由于图 4-39a 中的网络 N 和图 4-39b 中的网络 N 是由线性电阻组成的相同网络，有

$$u_k = R_k i_k, k = 1, 2, \cdots, b$$

$$\hat{u}_k = R_k \hat{i}_k, k = 1, 2, \cdots, b$$

所以式（4-14）可写作

$$u_\alpha \hat{i}_\alpha + u_\beta \hat{i}_\beta = -\sum_{k=3}^{b} R_k i_k \hat{i}_k \tag{4-16}$$

式（4-15）可表示成

$$\hat{u}_\alpha i_\alpha + \hat{u}_\beta i_\beta = -\sum_{k=3}^{b} R_k \hat{i}_k i_k \tag{4-17}$$

式（4-16）和式（4-17）的右边相等，故

$$u_\alpha \hat{i}_\alpha + u_\beta \hat{i}_\beta = \hat{u}_\alpha i_\alpha + \hat{u}_\beta i_\beta \tag{4-18}$$

图 4-39a 中 $u_\alpha = u_{S\alpha}$，$u_\beta = 0$，图 4-39b 中 $\hat{u}_\alpha = 0$，$\hat{u}_\beta = \hat{u}_{S\beta}$。代入式（4-18）得

$$u_{S\alpha} \hat{i}_\alpha = \hat{u}_{S\beta} i_\beta$$

因此

$$\frac{\hat{i}_\alpha}{\hat{u}_{S\beta}} = \frac{i_\beta}{u_{S\alpha}}$$

证毕。

例 4-22 求图 4-40a 所示网络中的电流 I。

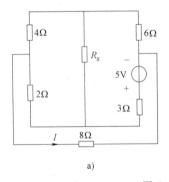 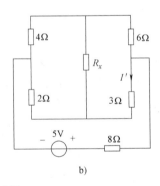

图 4-40 例 4-22 图

解：图 4-40a 所示网络为电桥电路。由于 R_x 未知，给求解带来困难。现应用互易定理 1，将 5V 电压源移到 8Ω 电阻支路中去，得图 4-40b。若求得 I'，则 $I = I'$。

图 4-40b 为平衡电桥电路，R_x 中无电流，用开路代之，可求得 $I' = 5/17$A。因此

$$I = I' = 0.294\text{A}$$

例 4-23 试求图 4-41a 所示电路中电流 i。

解：直接在图 4-41a 所示电路上求 i 较为困难，而采用互易定理 1 来求 i 较为简单，将电压源转移到与电阻 R 串联的支路上去，则有

第4章 电路定理

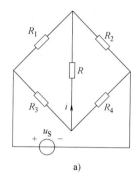
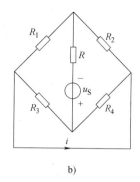

图 4-41 例 4-23 图

$$i = \frac{u_S}{R + R_1 // R_2 + R_3 // R_4} \left(\frac{R_4}{R_3 + R_4} - \frac{R_2}{R_1 + R_2} \right)$$

2. 互易定理 2

对内部不含独立源和受控源的线性电阻网络 N，任取两个端口 αα′ 和 ββ′，如果在端口 αα′ 施加输入电流 $i_{S\alpha}$，在端口 ββ′ 可得输出电压 u_β，如图 4-42a 所示。反之，对 ββ′ 施加输入电流 $\hat{i}_{S\beta}$，可在 αα′ 得到输出电压 $\hat{u}_\alpha$，如图 4-42b 所示，则有

$$\frac{\hat{u}_\alpha}{\hat{i}_{S\beta}} = \frac{u_\beta}{i_{S\alpha}}$$

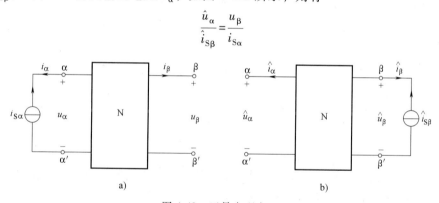

图 4-42 互易定理之二

证明：和互易定理 1 的证明假设一样，根据特勒根定理可得式（4-13）

$$u_\alpha \hat{i}_\alpha + u_\beta \hat{i}_\beta = \hat{u}_\alpha i_\alpha + \hat{u}_\beta i_\beta$$

图 4-42a 中 $i_\alpha = -i_{S\alpha}$，$i_\beta = 0$，图 4-42b 中 $\hat{i}_\beta = -\hat{i}_{S\beta}$，$\hat{i}_\alpha = 0$。代入上式得

$$-u_\beta \hat{i}_{S\beta} = -\hat{u}_\alpha i_{S\alpha}$$

因此

$$\frac{\hat{u}_\alpha}{\hat{i}_{S\beta}} = \frac{u_\beta}{i_{S\alpha}}$$

证毕。

互易定理的适用范围是比较窄的，它只适用于线性时不变无源网络。如果网络中有电源（独立的或非独立的）、非线性元件、时变元件等，一般来说都不能运用互易定理。

例 4-24 图 4-43a 上的网络内含有受控源，试问此网络是否为互易网络。

解： 先在端口①①′接上电流源 i_S，见图 4-43b。在 i_S 的激励下，端口②②′上的响应

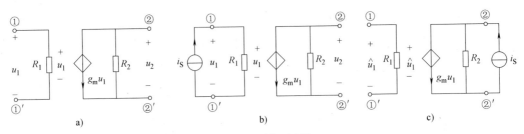

图 4-43 例 4-24 图

$$u_2 = -g_m u_1 R_2 = -g_m R_1 R_2 i_S$$

再将电流源 i_S 转移到端口②②′上，如图 4-43c 所示，此时在 i_S 激励下端口①①′上的响应显然是 $\hat{u}_1 = 0$。因为 $\hat{u}_2 \neq \hat{u}_1$，所以所给定的网络是非互易网络。

此题说明含有受控源的网络一般是非互易网络。但在特定的条件下，个别含受控源的网络也可能是互易网络，下举一例。

例 4-25 如图 4-44a 所示网络，试问 α 与 μ 为何种关系时此网络具有互易性。

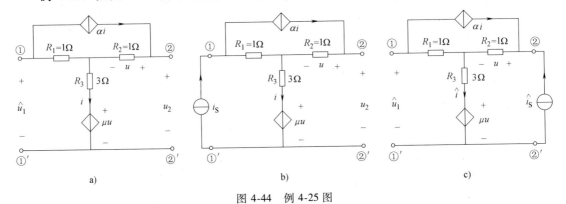

图 4-44 例 4-25 图

解：因为网络具有互易性时互易定理成立，所以如果本例网络具有互易性，则根据互易定理 2 从图 4-44b 算出的 u_2 应与从图 4-44c 算出的 $\hat{u}_1$ 相等。

由图 4-44b 可知

$$u_2 = u + R_3 i + \mu u = (1+\mu)u + R_3 i$$

但因

$$i = i_S, u = \alpha R_2 i = \alpha R_2 i_S$$

所以有

$$u_2 = [(1+\mu)\alpha R_2 + R_3] i_S$$

将 R_2、R_3 的值代入上式，得

$$u_2 = [(1+\mu)\alpha + 3] i_S$$

从图 4-44c 可知

$$\hat{u}_1 = \hat{u}_{R1} + R_3 \hat{i} + \mu \hat{u}$$

因为

$$\hat{i} = \hat{i}_S, \hat{u}_{R1} = -\alpha R_1 \hat{i} = -\alpha R_1 \hat{i}_S,$$
$$\hat{u} = R_2(\alpha \hat{i} + \hat{i}_S) = R_2(1+\alpha) \hat{i}_S$$

所以
$$\hat{u}_1 = -\alpha R_1 i_S + R_3 i_S + \mu R_2(1+\alpha) i_S = [R_3 - \alpha R_1 + \mu R_2(1+\alpha)] i_S$$

将 R_1、R_2、R_3 的值代入上式，得
$$\hat{u}_1 = [3-\alpha+\mu(1+\alpha)] i_S$$

由于 u_2 应等于 $\hat{u}_1$，所以有
$$(1+\mu)\alpha + 3 = 3 - \alpha + \mu(1+\alpha)$$

从上式可得
$$\alpha = \mu/2$$

此式表明当 $\alpha = \mu/2$ 时，本例的网络具有互易性，尽管其含有受控源。

3. 互易定理 3

对内部不含独立源和受控源的线性电阻网络 N，任取两个端口 αα′ 和 ββ′，如果在端口 αα′ 施加输入电流 $i_{S\alpha}$，在端口 ββ′ 可得输出电压 i_β，如图 4-45a 所示。反之，对 ββ′ 施加输入电压 $\hat{u}_{S\beta}$，可在 αα′ 得到输出电流 $\hat{u}_\alpha$，如图 4-45b 所示。则有

$$\frac{\hat{u}_\alpha}{\hat{u}_{S\beta}} = \frac{i_\beta}{i_{S\alpha}}$$

若数值上有 $i_{S\alpha} = \hat{u}_{S\beta}$，则有 $i_\beta = \hat{u}_\alpha$。

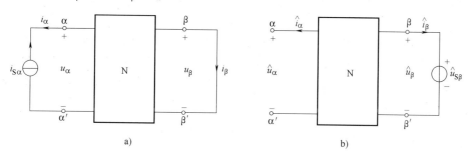

图 4-45 互易定理之三

互易定理 3 的证明和互易定理 1、互易定理 2 的证明类似，这里从略。

互易定理应用于网络分析时，不仅要注意变量的数值大小，还要注意它们的参考方向。

*4.5 补偿定理

补偿定理又称为变量定理，定理可表述为：对一个具有唯一解的线性时不变电阻性网络，已知其支路 k 流过的电流为 i_k，如果该支路的电阻值 R_k 发生了变化，即由 R_k 变化为 $R_k + \delta R_k$，则此改变量 δR_k 在所有支路中引起的电流和电压的改变量，等于在改变后的支路 k 中嵌入一个数值为 $i_k \delta R_k$、极性与 i_k 方向相同的独立电压源单独作用时所产生的电流和电压。

在实际工程电路中，由于周围温度的变化、日久老化等原因，电路参数发生变化的情况是非常常见的，因此，讨论补偿定理有实际意义。下面应用戴维南定理证明补偿定理。

考虑一个线性电阻性网络，已知其支路 k 中电阻元件的电阻值由于周围温度的变化有一 δR_k 的改变量，下面来导出支路 k 中电流因此改变而出现的改变量 δi_k 的计算公式。

现将支路 k 从网络取出，其余部分用一个方框 N 表示，见图 4-46a。此图中的 N 可以用

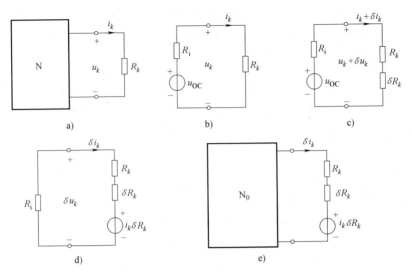

图 4-46 补偿定理

其戴维南等效电路来替代，见图 4-46b。图上的 u_{OC} 是 N 的开路电压；R_i 是 N 的内电阻；R_k 是电阻元件的原有电阻值；u_k 和 i_k 是电阻值未改变时支路 k 的电压和电流。从此图可得

$$(R_i+R_k)i_k = u_{OC} \tag{4-19}$$

尽管电阻元件的阻值由 R_k 变为 $R_k+\delta R_k$，引起了支路电流的改变，由 i_k 改变为 $i_k+\delta i_k$（当然其他支路电流和电压都要改变），但却并不引起网络 N 内部支路电阻值和开路电压 u_{OC} 的改变，即 R_k 的改变并不影响 N 的戴维南等效电路，所以 R_k 改变后的电路图可表示成如图 4-46c 的形式。对此图可写出

$$(R_i+R_k+\delta R_k)(i_k+\delta i_k) = u_{OC}$$

将上式左端展开，得

$$i_k(R_i+R_k)+i_k\delta R_k+\delta i_k(R_i+R_k+\delta R_k) = u_{OC}$$

考虑到式（4-19），上式又可变成

$$i_k\delta R_k+\delta i_k(R_i+R_k+\delta R_k) = 0 \tag{4-20}$$

由此式解出 δR_k 便得出所要导出的公式

$$\delta i_k = \frac{-i_k\delta R_k}{R_i+R_k+\delta R_k} \tag{4-21}$$

如果我们把式中的 $i_k\delta R_k$ 看成一个独立电压源，则此式对应的电路应如图 4-46d 所示。根据此图又可求得

$$\delta u_k = \delta i_k(R_k+\delta R_k)+i_k\delta R_k$$

如果要求其他支路（即网络 N 中的支路）的电流、电压改变量，显然可按图 4-46e 所示的电路进行分析。其中 N_0 是网络 N 中的独立电源全部置零后所得到的网络。因为电路中只有一个独立电压源在作用，所以若用 δ_y 表示支路电流、电压的改变量，则有

$$\delta_y = hi_k\delta R_k \tag{4-22}$$

式中的 h 是由网络参数所决定的比例常数，当 δ_y 代表支路电流的改变量时它具有电导的量纲；当 δ_y 代表支路电压的改变量时，则是无量纲的常数。

【实例应用】

对于"黑盒子"功率传输问题,解决的第一步就是将电阻网络用戴维南等效电路替换掉,然后调整负载电阻满足最大功率传输条件,如图4-47所示。

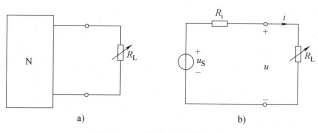

图4-47 戴维南等效电路

戴维南等效电路可以通过测量相应的一对端子来确定。如图4-48所示,在电路A、B端测量。当15kΩ电阻接到AB端口时,电压测得45V,当5kΩ电阻接到AB端口时,电压测得25V。求网络AB端的戴维南等效电路,并求当接入电阻获得最大功率时,应接入多大电阻?此时功率传递效率η为多少($\eta = \dfrac{R\text{的功率}}{\text{电源产生的功率}} \times 100\%$)?

$$\frac{U_S}{R_o + 15 \times 10^3} \times 15 \times 10^3 = 45$$

$$\frac{U_S}{R_o + 5 \times 10^3} \times 5 \times 10^3 = 25$$

解得 $U_S = 75\text{V}$,$R_o = 10\text{k}\Omega$

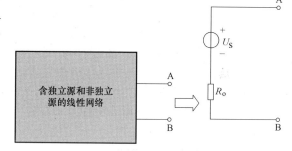

图4-48 "黑盒子"等效成戴维南等效电路

当接入电阻 $R_L = R_o = 10\text{k}\Omega$,其所获得最大功率

$$P_{\max} = \frac{U_S^2}{(R_0+R_L)^2} R_o = \frac{U_S^2}{4R_0} = \frac{75^2}{4 \times 10 \times 10^3} \text{W} \approx 0.14\text{W}$$

$$P_S = U_S \frac{U_S}{R_o + R_L} = \frac{U_S^2}{2R_o} = \frac{75^2}{20 \times 10^3} \text{W} \approx 0.28\text{W}$$

$$\eta = \frac{P_{\max}}{P_S} \times 100\% = 50\%$$

本 章 小 结

知识点:
1. 戴维南定理和诺顿定理;
2. 最大功率传输定理。

难点:
1. 等效电阻的求解方法:外加电源法、开路短路法;

2. 特勒根定理和互易定理。

习 题 4

4-1 电路如习题图 4-1 所示，利用叠加定理求：

（1）习题图 4-1a 电路中的电压 u；

（2）习题图 4-1b 电路中的电流 i_X。

4-2 习题图 4-2 所示电路中，$R_2 = R_3$。当 $I_S = 0$ 时，$I_1 = 2A$，$I_2 = I_3 = 4A$。求 $I_S = 10A$ 时的 I_1，I_2 和 I_3。

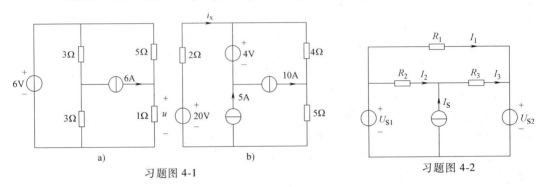

习题图 4-1

习题图 4-2

4-3 电路如习题图 4-3 所示，当 $u_S = 10V$，$i_S = 2A$ 时 $u_{ab} = 5V$；$u_S = 10V$，$i_S = 1A$ 时 $u_{ab} = 3V$；求 $u_S = 1V$，$i_S = 0A$ 时的 u_{ab}。

4-4 电路如习题图 4-4 所示，当 2A 电流源未接入时，3A 电流源向网络提供的功率为 54W，$u_2 = 12V$；当 3A 电流源未接入时，2A 电流源向网络提供的功率为 28W，$u_3 = 8V$。求两电源同时接入时，各电流源的功率。

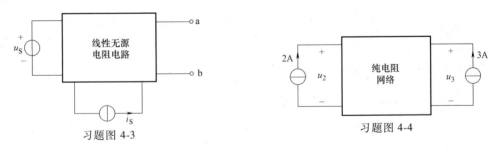

习题图 4-3

习题图 4-4

4-5 电路如习题图 4-5 所示，已知 $R_1 = 2\Omega$，$R_2 = 20\Omega$，若 $i_7 = 1A$，求：

（1）电阻 R_2 上的电压；

（2）电阻 R_1 上的电流；

（3）电源电压 u；

（4）当 $u = 100V$ 时，电流 i_7 的值。

4-6 电路如习题图 4-6 所示，用叠加定理求 u_X。

4-7 电路如习题图 4-7 所示，已知：$u_S = 6V$，$i_S = 3A$，用叠加定理求 i_X。

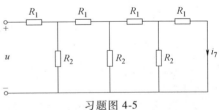

习题图 4-5

4-8 习题图 4-8 所示为线性时不变电阻电路，已知当 $i_S = 2\cos10t$ (A)，$R_L = 2\Omega$ 时，电流 $i_L = 4\cos10t + 2$ (A)；当 $i_S = 4A$，$R_L = 4\Omega$ 时，电流 $i_L = 8A$。问当 $i_S = 5A$，$R_L = 10\Omega$ 时，电流 i_L 为多少？

4-9 求习题图 4-9 所示各电路的戴维南等效电路和诺顿等效电路。

4-10 求习题图 4-10 所示各电路的戴维南等效电路和诺顿等效电路。

第4章 电路定理

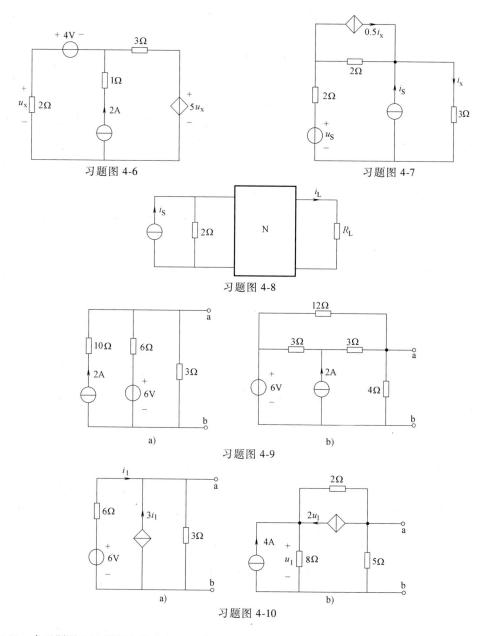

习题图 4-6

习题图 4-7

习题图 4-8

习题图 4-9

习题图 4-10

4-11 求习题图 4-11 所示电路中电阻 R 为 3Ω 及 7Ω 时的电流 i。

4-12 试用戴维南定理求习题图 4-12 所示电路的电流 i。

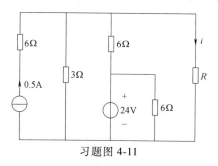

习题图 4-11

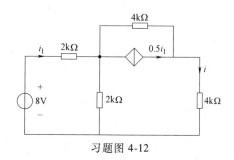

习题图 4-12

4-13 在习题图 4-13a 所示电路中,测得 $u_2 = 12.5\text{V}$,若将 a、b 两点短路,如习题图 4-13b 所示,短路线电流为 $i = 10\text{mA}$,试求网络 N 的戴维南等效电路。

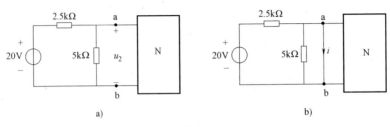

习题图 4-13

4-14 电路如习题图 4-14 所示,问负载电阻 R_L 为何值时获得最大功率,并求最大功率。

4-15 电路如习题图 4-15 所示,求:

(1) $R = 5\Omega$ 时的 I 及 P。

(2) 若 R 可调,R 为何值时获最大功率,最大功率为多少?

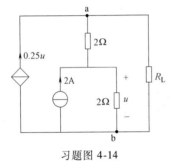

习题图 4-14

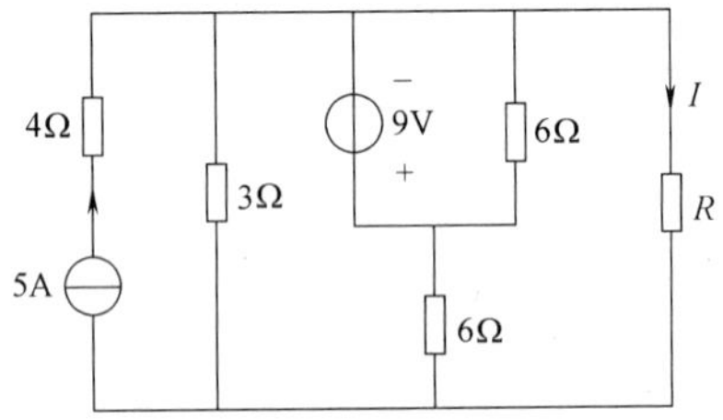

习题图 4-15

4-16 电路如习题图 4-16 所示,负载电阻 R_L 为何值时获得最大功率?并求最大功率。

4-17 电路如习题图 4-17 所示,负载电阻 R_L 为何值时获得最大功率?并求最大功率。

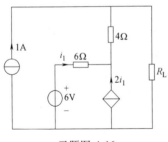

习题图 4-16

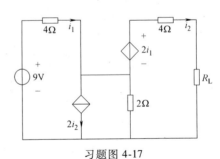

习题图 4-17

4-18 习题图 4-18 所示电路中:(1) 求 R 获得最大功率时的电阻值;(2) 求原电路中,R 获得最大功率时,各电阻消耗的功率,并计算功率传递效率 $\eta\left(\eta = \dfrac{R \text{ 的功率}}{\text{电源产生的功率}}\right)$;(3) 求戴维南等效电路中,$R$ 获得最大功率时,等效电阻 R_0 消耗的功率,并计算 η。

4-19 在习题图 4-19 所示电路中,N_R 仅由线性电阻组成。已知当 $R_2 = 2\Omega$,$u_{S1} = 6\text{V}$ 时,$i_1 = 2\text{A}$,$u_2 = 2\text{V}$;当 $R_2 = 4\Omega$,

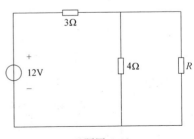

习题图 4-18

$u_{S1}=10\text{V}$ 时,$i_1=3\text{A}$,求此时 u_2 的值。

4-20 在习题图 4-20 所示电路中,N_R 仅由线性电阻组成,当 i_{S1},R_2,R_3 为不同数值时,分别测得的结果如下:

(1) 当 $i_{S1}=1.2\text{A}$,$R_2=20\Omega$,$R_3=5\Omega$ 时,$u_1=3\text{V}$,$u_2=2\text{V}$,$i_3=0.2\text{A}$;

(2) 当 $i_{S1}=2\text{A}$,$R_2=10\Omega$,$R_3=10\Omega$ 时,$u_1=5\text{V}$,$u_3=2\text{V}$。

求第二种条件下的 i_2。

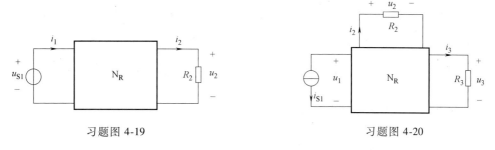

习题图 4-19   习题图 4-20

4-21 在习题图 4-21 所示电路中,N_R 仅由线性电阻组成,当 1-1′端接以 10Ω 与 u_{S1} 的串联组合时,测得 $u_2=2\text{V}$(见习题图 4-21a)。求电路接成如习题图 4-21b 所示时的电压 u_1。

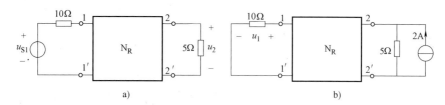

a)   b)

习题图 4-21

4-22 电路如习题图 4-22 所示,试用互易定理求 8Ω 电阻中的电流 i。

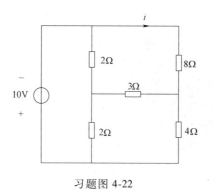

习题图 4-22

第5章 动态电路的时域分析

【章前导读】

动态电路是工程中广泛应用的一类电路，如电容充放电电路。本章主要介绍动态电路的时域分析方法，其中包括过渡过程、时间常数、零输入响应、零状态响应、全响应、冲激响应和阶跃响应、卷积积分等基本概念。本章重点介绍一阶电路的时域分析的三要素法、一阶电路零输入响应、零状态响应、全响应、暂态响应和稳态响应、应用卷积积分法求解零状态响应、二阶电路零输入响应、二阶电路零状态响应和全响应等分析求解方法。

【导读思考】

生活中需要闪光灯的场合非常多。照相机在光线比较暗的条件下照相，需要闪光灯照亮场景，记录影像。一般来说，照相机闪光灯电路需要重新充电后才能再照下一张照片，而闪光灯是通过开关手工操作控制还是按照预设频率重复自拍与使用电源有关。常用的闪光灯的基本电路模型由直流电压源、电阻、电容和一个在临界电压下放电闪光的灯组成，如图5-1所示。

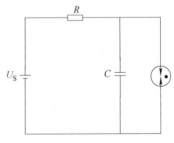

a) 常用闪光灯　　　　　　　　　　b) 常用闪光灯的基本电路模型

图 5-1　常用闪光灯的基本电路模型

闪光灯是如何点亮的呢？直流电源又是怎样通过电阻给电容充电的呢？学习完直流动态电路的相关知识，在本章实例应用中会给出详细的计算结果及电容充放电波形。

5.1 一阶电路的基本概念和换路定则

5.1.1 一阶电路的基本概念

前面所讨论的线性电阻电路，描述电路的方程是线性代数方程。但当电路中含有电容元件和电感元件时，由于它们的电压和电流的关系是通过导数（或微分）来描述的，因而根据 KVL、KCL 和 VCR 建立的电路方程将是微分方程或微分-积分方程。

当电路中仅含有一个独立的动态元件（或储能元件）时，电路的方程将是一阶常系数微分方程，对应的电路称为一阶电路，如图 5-2a 所示。当电路中含有两个独立的动态元件时，电路的方程是二阶常系数微分方程，对应的电路称为二阶电路，如图 5-2b 所示。当电路中含有 n 个独立的动态元件时，电路的方程是 n 阶常系数微分方程，对应的电路称为 n 阶电路。

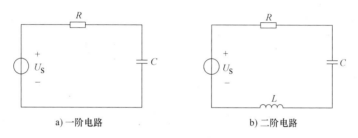

图 5-2 动态电路的例子

动态电路的一个重要特征是存在着过渡过程，所谓过渡过程是指电路从一种稳定工作状态转变到另一种稳定工作状态的过程。发生过渡过程的原因有两个：①电路中存在动态元件，由于动态元件中的储能是不能突变的，因而存在过渡过程；②电路的结构或元件参数发生变化，迫使电路的工作状态发生变化。

由上述电路的结构或元件参数而引起的电路变化统称为"换路"，并假定换路是在 $t=0$ 时刻进行的。把换路前的最终时刻记为 $t=0_-$，把换路后的最初时刻记为 $t=0_+$，换路经历的时间为 $0_- \sim 0_+$。

分析动态电路过渡过程的常用方法是：根据 KVL、KCL 和元件的 VCR 建立描述电路的方程，建立的方程是以时间为自变量的线性常微分方程，然后求解常微分方程，从而得到电路所求变量。这种方法称为经典法，由于这种方法是在时域中进行的，所以又称时域分析法。

5.1.2 换路定则与初始值的确定

用经典法求解常微分方程时，必须根据电路的初始条件确定解答中的积分常数。设描述电路动态过程的微分方程为 n 阶，初始条件是指电路所求变量及其 $n-1$ 阶导数在 $t=0_+$ 时刻的值，也称为初始值。电容电压 u_C 和电感电流 i_L 的初始值，即 $u_C(0_+)$ 和 $i_L(0_+)$ 称为独立的初始条件，其他的则称为非独立的初始条件。

1. $u_C(0_+)$ 和 $i_L(0_+)$ 的确定

对于线性电容 C,在任意时刻 t,它的电荷、电压与电流的关系为

$$q_C(t) = q_C(t_0) + \int_{t_0}^{t} i_C(\xi)\,d\xi$$

$$u_C(t) = u_C(t_0) + \frac{1}{C}\int_{t_0}^{t} i_C(\xi)\,d\xi$$

令 $t_0 = 0_-$,$t = 0_+$,得

$$q_C(0_+) = q_C(0_-) + \int_{0_-}^{0_+} i_C(\xi)\,d\xi \tag{5-1}$$

$$u_C(0_+) = u_C(0_-) + \frac{1}{C}\int_{0_-}^{0_+} i_C(\xi)\,d\xi \tag{5-2}$$

如果在 $(0_-, 0_+)$ 内,流过电容的电流 $i_C(t)$ 为有限值,则式 (5-1) 和式 (5-2) 中右边的积分项为零,此时电容上的电荷和电压就不发生跃变,即

$$q_C(0_+) = q_C(0_-) \tag{5-3}$$

$$u_C(0_+) = u_C(0_-) \tag{5-4}$$

对于线性电感,在任意时刻 t,它的磁链、电流与电压的关系为

$$\psi_L(t) = \psi_L(t_0) + \int_{t_0}^{t} u_L(\xi)\,d\xi$$

$$i_L(t) = i_L(t_0) + \frac{1}{L}\int_{t_0}^{t} u_L(\xi)\,d\xi$$

令 $t_0 = 0_-$,$t = 0_+$,得

$$\psi_L(0_+) = \psi_L(0_-) + \int_{0_-}^{0_+} u_L(\xi)\,d\xi \tag{5-5}$$

$$i_L(0_+) = i_L(0_-) + \frac{1}{L}\int_{0_-}^{0_+} u_L(\xi)\,d\xi \tag{5-6}$$

如果在 $(0_-, 0_+)$ 内,电感两端的电压 $u_L(t)$ 为有限值,则式 (5-5) 和式 (5-6) 中右边的积分项为零,此时电感中的磁通量和电流就不发生跃变。即

$$\psi_L(0_+) = \psi_L(0_-) \tag{5-7}$$

$$i_L(0_+) = i_L(0_-) \tag{5-8}$$

式 (5-3)、式 (5-4) 和式 (5-7)、式 (5-8) 称为换路定则。

2. 电路中其他变量初始值的确定

对于电路中除 u_C 和 i_L 以外的其他变量的初始值可按下面步骤确定:

1) 根据 $t = 0_-$ 时的等效电路,确定 $u_C(0_-)$ 和 $i_L(0_-)$。对于直流激励的电路,若 $t = 0_-$ 时电路处于稳态,则电感视为短路,电容视为开路,得到 $t = 0_-$ 时的等效电路,并用前面所讲的分析直流电路的方法确定 $u_C(0_-)$ 和 $i_L(0_-)$。

2) 由换路定则得到 $u_C(0_+)$ 和 $i_L(0_+)$。

3) 画出 $t = 0_+$ 时的等效电路。在 $t = 0_+$ 时的等效电路中,电容用电压为 $u_C(0_+)$ 的电压源代替,电感用电流为 $i_L(0_+)$ 的电流源代替,电路的独立电源取 $t = 0_+$ 时的值。

4) 根据 $t = 0_+$ 时的等效电路求其他变量的初始值。

3. 确定 $\left.\dfrac{du_C}{dt}\right|_{0_+}$ 与 $\left.\dfrac{di_L}{dt}\right|_{0_+}$ 的值

当电容和电感上的电压和电流取关联参考方向时，$i_C = C\dfrac{du_C}{dt}$，$u_L = L\dfrac{di_L}{dt}$，可得 $\left.\dfrac{du_C}{dt}\right|_{0_+} = \dfrac{1}{C}i_C(0_+)$，$\left.\dfrac{di_L}{dt}\right|_{0_+} = \dfrac{1}{L}u_L(0_+)$，其他变量的初始值可根据 $t=0_+$ 时的等效电路确定。

例 5-1 如图 5-3a 所示电路，开关动作前电路已达稳定，$t=0$ 时开关 S 打开。求 $u_C(0_+)$、$i_L(0_+)$、$i_C(0_+)$、$u_L(0_+)$、$i_R(0_+)$、$\left.\dfrac{du_C}{dt}\right|_{0_+}$、$\left.\dfrac{di_L}{dt}\right|_{0_+}$。

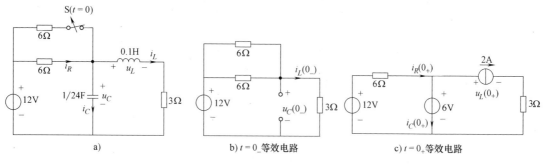

图 5-3 例 5-1 图

解：由于开关动作前电路已达稳定，画出 $t=0_-$ 的等效电路如图 5-3b 所示。有

$$i_L(0_-) = \dfrac{12}{\dfrac{6\times 6}{6+6}+3}\text{A} = 2\text{A}, \quad u_C(0_-) = 3i_L(0_-) = 6\text{V}$$

由换路定则得 $\quad u_C(0_+) = u_C(0_-) = 6\text{V}, \quad i_L(0_+) = i_L(0_-) = 2\text{A}$

画出 $t=0_+$ 时的等效电路如图 5-3c 所示，由 KVL 有

$$6i_R(0_+) + 6 - 12 = 0$$

所以 $\quad i_R(0_+) = 1\text{A}, \quad i_C(0_+) = i_R(0_+) - 2 = -1\text{A}, \quad u_L(0_+) = (6 - 3\times 2)\text{V} = 0\text{V}$

$$\left.\dfrac{du_C}{dt}\right|_{0_+} = \dfrac{1}{C}i_C(0_+) = -24\text{V/s}, \quad \left.\dfrac{di_L}{dt}\right|_{0_+} = \dfrac{1}{L}u_L(0_+) = 0\text{A/s}$$

5.2 一阶电路的零输入响应和零状态响应

5.2.1 *RC* 和 *RL* 电路的零输入响应

零输入响应是指电路没有外加激励、仅由储能单元（动态元件）的初始储能所引起的响应。

1. *RC* 电路的零输入响应

在图 5-4a 所示 *RC* 电路中，开关原来在位置 1，电容已充电，其上电压 $u_C(0_-) = U_0$，$i(0_-) = 0$，开关在 $t=0$ 时从 1 拨到 2，由于电容电压不能跃变，$u_C(0_+) = u_C(0_-) = U_0$，此时

电路中的电流最大,$i(0_+) = U_0/R$,即在换路瞬间,电路中的电流发生跃变。换路后,电容通过电阻 R 放电,u_C 减小,当 $t \to \infty$ 时,$u_C(t) \to 0$,$i(t) \to 0$。在这一过程中,电容所储存的能量逐渐被电阻所消耗,转化为热能。以上是从物理概念上做的定性分析。下面从数学上分析电路中的电流和电压的变化规律。

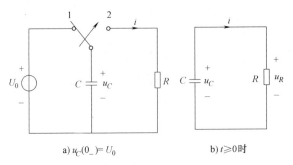

a) $u_C(0_-) = U_0$　　b) $t \geqslant 0$ 时

图 5-4　RC 电路的零输入响应

当 $t \geqslant 0$ 时,电路如图 5-4b 所示。由 KVL 得

$$u_C - u_R = 0$$

而

$$u_R = Ri, \quad i = -C\frac{du_C}{dt}$$

代入上式得

$$RC\frac{du_C}{dt} + u_C = 0$$

这是一阶齐次微分方程,初始条件为

$$u_C(0_+) = u_C(0_-) = U_0$$

相应的特征方程为

$$RCp + 1 = 0$$

特征根为

$$p = -\frac{1}{RC}$$

齐次微分方程的通解为

$$u_C(t) = Ae^{pt} = Ae^{-\frac{1}{RC}t}$$

代入初始条件得

$$A = u_C(0_+) = U_0$$

所以微分方程的解为

$$u_C(t) = u_C(0_+)e^{-\frac{1}{RC}t} = U_0 e^{-\frac{1}{RC}t}$$

这就是放电过程中电容电压 u_C 的表达式。

电路中的电流为

$$i(t) = -C\frac{du_C}{dt} = \frac{U_0}{R}e^{-\frac{1}{RC}t}$$

电阻上的电压为

$$u_C(t) = u_R(t) = U_0 e^{-\frac{1}{RC}t}$$

$u_C(t)$ 和 $i(t)$ 的波形如图 5-5a、b 所示。

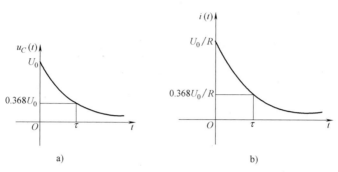

图 5-5 零输入响应 u_C 和 i 随时间变化的曲线

从上面的波形可以看出,在换路瞬间,$i(0_-) = 0$,$i(0_+) = U_0/R$,电流发生了跃变,而电容电压没有发生跃变。从它们的表达式可以看出,电压 $u_C(t)$、$u_R(t)$、和电流 $i(t)$ 都是按照相同的指数规律变化,它们衰减的快慢取决于指数中的 $1/RC$ 的大小。

定义时间常数 τ 为一阶电路齐次方程特征根 p 的导数的负值,即

$$\tau = -1/p$$

对于 RC 电路,则时间常数

$$\tau = -1/p = RC$$

τ 的单位为

$$\Omega \cdot F = \frac{V}{A} \cdot \frac{C}{V} = \frac{V}{A} \cdot \frac{A \cdot s}{V} = s[秒]$$

当电路的结构和元件的参数一定时,τ 为常数,因为它具有时间的量纲,所以称 τ 为时间常数。引入时间常数 τ 后,上述 $u_C(t)$ 和 $i(t)$ 又可以表示为

$$u_C(t) = U_0 e^{-t/\tau}, i(t) = \frac{U_0}{R} e^{-t/\tau}$$

τ 的大小反映了一阶过渡过程的进展速度,它是反映过渡过程特性的一个重要的量。表 5-1 列出了 $t = 0$、τ、2τ、3τ…时刻的电容电压 u_C 的值。

表 5-1 不同时刻的 u_C 的值

t	0	τ	2τ	3τ	4τ	5τ	…	∞
$u_C(t)$	U_0	$0.368U_0$	$0.135U_0$	$0.05U_0$	$0.018U_0$	$0.0067U_0$	…	0

从表 5-1 可以看出,经过一个时间常数 τ 后,电容电压衰减为初始值的 36.8% 或衰减了 63.2%。理论上讲要经过无穷长的时间 $u_C(t)$ 才能衰减为零。但工程上一般认为经过 $3\tau \sim 5\tau$ 的时间,过渡过程结束。

时间常数 τ 可以根据电路参数或特征方程的特征根计算,也可以在响应曲线上确定。

(1) 用电路参数计算 利用电路参数,可得

$$\tau = R_{eq}C$$

式中，R_{eq} 为从电容两端看进去的等效电阻。

例如，图 5-6 所示为一换路后的零输入电路，则 $R_{eq}=R_2//R_3+R_1$，电路的时间常数为

$$\tau = R_{eq}C = \left(\frac{R_2R_3}{R_2+R_3}+R_1\right)C$$

（2）用特征根计算　利用特征根，可得

$$\tau = -1/p$$

（3）用图解法确定　在图 5-7 中，取电容电压曲线上任意一点 A，过 A 作切线 AC，则图中的次切距

$$BC = \frac{AB}{\tan\alpha} = \frac{u_C(t_0)}{-\left.\frac{\mathrm{d}u_C}{\mathrm{d}t}\right|_{t=t_0}} = \frac{U_0\mathrm{e}^{-t_0/\tau}}{\frac{1}{\tau}U_0\mathrm{e}^{-t_0/\tau}} = \tau$$

即在时间坐标上的次切距的长度等于时间常数 τ。

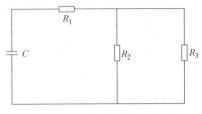

图 5-6　换路后的零输入电路

2. RL 电路的零输入响应

图 5-8a 所示的 RL 电路中，开关 S 动作之前电压和电流已稳定，$i_L(0_-)=U_0/R_0=I_0$。在 $t=0$ 时开关从 1 合到 2，由于电感电流不能跃变，$i_L(0_+)=i_L(0_-)=I_0$。这一电流将在 RL 回路中逐渐下降，最后为零。在这一过程中，初始时刻电感储存的磁场能量逐渐被电阻消耗，转化为热能。下面从数学上来分析电路中的电压和电流的变化规律。

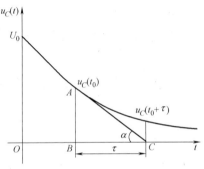

图 5-7　时间常数 τ 的几何意义

在图 5-8b 所示电路中，由 KVL 得

$$u_L+u_R=0$$

而

$$u_R=Ri_L, u_L=L\frac{\mathrm{d}i_L}{\mathrm{d}t}$$

代入上式得

$$L\frac{\mathrm{d}i_L}{\mathrm{d}t}+Ri_L=0$$

这也是一阶齐次微分方程，初始条件为

$$i_L(0_+)=i_L(0_-)=I_0$$

相应的特征方程为

$$Lp+R=0$$

特征根为

$$p=-R/L$$

RL 电路的时间常数为

$$\tau = -1/p = L/R$$

电感电流为

$$i_L(t)=I_0\mathrm{e}^{-\frac{R}{L}t}=I_0\mathrm{e}^{-t/\tau}$$

电阻上的电压为

$$u_R(t) = Ri_L = RI_0 e^{-t/\tau}$$

电感上的电压为

$$u_L(t) = L\frac{di_L}{dt} = -RI_0 e^{-t/\tau}$$

RL 电路的零输入响应曲线如图 5-9 所示。

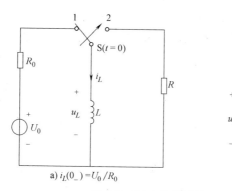

图 5-8 RL 电路的零输入响应

从上面的分析可知：RC 电路（或 RL 电路）的零输入响应都是从初始值开始，按同一指数规律变化。若初始值增大为 K 倍，则零输入响应也相应增大为 K 倍，这种关系称为零输入响应的比例性。零输入响应的一般形式可写为

$$f(t) = f(0_+) e^{-t/\tau} \qquad t>0$$

式中，$f(t)$ 为电路的零输入响应；$f(0_+)$ 为响应的初始值；τ 为时间常数（对于 RC 电路，$\tau = RC$；对于 RL 电路，$\tau = L/R$）。

例 5-2 图 5-10a 所示电路中，开关 S 原在位置 1，且电路已达稳定。$t=0$ 时开关由 1 合向 2，试求 $t>0$ 时的 $u_C(t)$、$i(t)$。

解： 换路前电路已达稳定，则

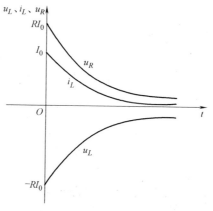

图 5-9 RL 电路的零输入响应曲线

$$u_C(0_+) = u_C(0_-) = \frac{10}{2+4+4} \times 4\text{V} = 4\text{V}$$

换路后电路如图 5-10b 所示，电容经 R_1、R_2 放电，为零输入响应。

$$R_{eq} = \frac{4\times 4}{4+4}\Omega = 2\Omega, \tau = R_{eq}C = 2\times 1\text{s} = 2\text{s}$$

所以

$$u_C(t) = u_C(0_+) e^{-t/\tau} = 4e^{-0.5t}\text{V}, i(t) = -u_C/4 = -e^{-0.5t}\text{A}$$

$i(t)$ 也可根据 $i = i(0_+) e^{-t/\tau}$ 求得，读者可以自己练习。

例 5-3 如图 5-11a 所示电路，已知 $i_L(0_+) = 150\text{mA}$，求 $t>0$ 时的电压 $u(t)$。

解： 先求电感两端的等效电阻 R_{eq}。采用外加电源法，如图 5-11b 所示。由 KVL 得

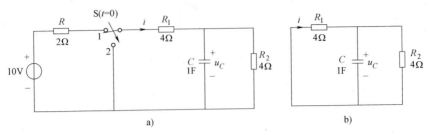

图 5-10 例 5-2 图

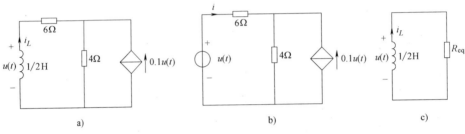

图 5-11 例 5-3 图

$$u = 6i + 4(i + 0.1u)$$

可得

$$R_{eq} = u/i = 50/3\ \Omega$$

等效电路如图 5-11c 所示，则

$$u(0_+) = R_{eq} i_L(0_+) = \frac{50}{3} \times 0.15\ \mathrm{V} = 2.5\ \mathrm{V}$$

所以

$$u(t) = u(0_+) \mathrm{e}^{-t/\tau} = 2.5 \mathrm{e}^{-100t/3}\ (\mathrm{V}) \qquad t > 0$$

5.2.2 RC 和 RL 电路的零状态响应

零状态响应是指电路在零初始状态下（动态元件的初始储能为零）仅由外加激励所产生的响应。

1. RC 电路的零状态响应

如图 5-12 所示 RC 电路，开关闭合前电路处于稳态，初始状态为零，在 $t=0$ 时刻开关 S 闭合。其物理过程为：开关闭合瞬间，电容电压不能跃变，电容相当于短路，此时 $u_R(0_+) = U_S$，充电电流 $i(0_+) = U_S/R$，为最大；随着电源对电容充电，u_C 增大，电流逐渐减小；当 $u_C = U_S$ 时。$i=0$，$u_R=0$，充电过程结束，电路进入新稳态。

下面从数学上分析电路中的电压和电流按何种规律变化。

由 KVL 得

$$u_R + u_C = U_S$$

把

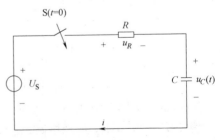

图 5-12 RC 电路的零状态响应

$$u_R = Ri, \quad i = C\frac{du_C}{dt}$$

代入得

$$RC\frac{du_C}{dt} + u_C = U_S$$

此方程为一阶线性非齐次微分方程,初始条件 $u_C(0_+) = u_C(0_-) = 0$。方程的解由两个分量组成,即非齐次方程的特解 u_C' 和对应齐次方程的通解 u_C'',即

$$u_C = u_C' + u_C''$$

不难求得特解

$$u_C' = U_S$$

而对应的齐次方程 $RC\dfrac{du_C}{dt} + u_C = 0$ 的通解为

$$u_C'' = Ae^{-\frac{t}{RC}} = Ae^{-\frac{t}{\tau}}$$

因此

$$u_C = U_S + Ae^{-\frac{t}{\tau}}$$

代入初始条件

$$u_C(0_+) = u_C(0_-) = 0$$

得

$$A = -U_S$$

所以

$$u_C(t) = U_S - U_S e^{-t/\tau} = U_S(1 - e^{-t/\tau})$$

电路中电流为

$$i(t) = C\frac{du_C}{dt} = \frac{U_S}{R}e^{-t/\tau}$$

$u_C(t)$ 和 $i(t)$ 的零状态响应波形如图 5-13 所示。

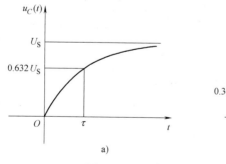
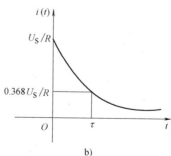

图 5-13 $u_C(t)$ 和 $i(t)$ 的零状态响应波形

在这里说明几个概念。微分方程的特解称为强制分量,它与外加激励的变化规律有关。当强制分量为常量或周期函数时,这一分量又称为稳态分量。微分方程的通解,其变化规律

取决于电路的结构和元件参数，与外加激励无关，随时间的增长而衰减为零，所以称为自由分量，又可称为暂态分量。

RC 电路接通直流电源的过程也即电源通过电阻对电容充电的过程。在充电过程中电阻消耗的能量为

$$W_R = \int_0^\infty i^2 R dt = \int_0^\infty \left(\frac{U_S}{R} e^{-t/\tau}\right)^2 R dt = \frac{U_S^2}{R}\left(-\frac{RC}{2}\right) e^{-\frac{2}{RC}t} \bigg|_0^\infty = \frac{1}{2} C U_S^2$$

电容的储能为

$$W_C = \frac{1}{2} C U_C^2(\infty) = \frac{1}{2} C U_S^2$$

可见，在充电过程中电源提供的能量只有一半转变成电场能量储存于电容中，而另一半为电阻所消耗，即充电效率只有 50%。

2. *RL* 电路的零状态响应

如图 5-14 所示 RL 电路，开关闭合前电路处于零初始状态，即 $i_L(0_-) = 0$。开关闭合瞬间，由于电感电流不能跃变，$i_L(0_+) = i_L(0_-) = 0$，电感相当于开路，电感两端的电压 $u_L(0_+) = U_S$；随着电流的增加，u_R 也增加，u_L 减小，由于 $\frac{di_L}{dt} = \frac{1}{L} u_L$，电流的变化率也减小，电流上升得越来越慢。最后，当 $i_L = U_S/R$，$u_R = U_S$，$u_L = 0$ 时，电路进入另一种稳定状态。

电路的微分方程为

$$L \frac{di_L}{dt} + R i_L = U_S$$

这也是一个一阶非齐次微分方程，初始条件为

$$i_L(0_+) = i_L(0_-) = 0$$

电流 i_L 的解为

$$i_L = i_L' + i_L'' = \frac{U_S}{R} + A e^{-\frac{R}{L}t} = \frac{U_S}{R} + A e^{-\frac{t}{\tau}}$$

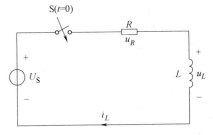

图 5-14 RL 电路的零状态响应

代入初始条件得

$$A = -U_S/R$$

所以

$$i_L(t) = \frac{U_S}{R} - U_S e^{-\frac{t}{\tau}} = \frac{U_S}{R}(1 - e^{-\frac{t}{\tau}})$$

电感两端的电压为

$$u_L(t) = L \frac{di_L}{dt} = U_S e^{-\frac{t}{\tau}}$$

$i_L(t)$ 和 $u_L(t)$ 的零状态响应波形如图 5-15 所示。

从上面零状态响应的表达式可以看出，零状态响应与外加激励成正比，当外加激励增大为 K 倍时，则零状态响应也增大为 K 倍。这种线性关系称为零状态响应的比例性。

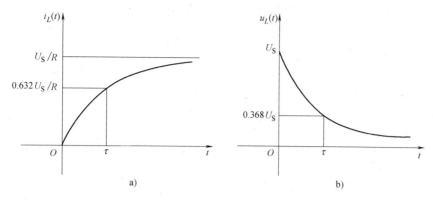

图 5-15　$i_L(t)$ 和 $u_L(t)$ 的零状态响应波形

5.3　一阶电路全响应和三要素法

5.3.1　全响应

一个非零初始状态的一阶电路在外加激励下所产生的响应称为全响应。下面以图 5-16 为例进行说明。

图 5-16 所示电路中，设电容的初始电压为 U_0，在 $t=0$ 时开关 S 闭合，当 $t>0$ 时则根据 KVL 有

$$RC\frac{du_C}{dt}+u_C=U_S$$

方程的全解为

$$u_C=u_C'+u_C''$$

方程的特解为电路进入稳定状态后的电容电压，则

$$u_C'=U_S$$

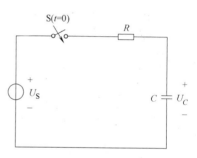

图 5-16　一阶电路的全响应

对应的齐次方程的通解为

$$u_C''=Ae^{-t/\tau}$$

所以

$$u_C=U_S+Ae^{-t/\tau}$$

代入初始条件：$u_C(0_+)=u_C(0_-)=U_0$，得 $A=U_0-U_S$
所以电容电压为

$$u_C(t)=U_S+(U_0-U_S)e^{-t/\tau},t>0 \tag{5-9}$$

这就是电容电压的全响应表达式。

由式（5-9）可以看出，右边的第一项是稳态分量，它等于外施的直流电压，而第二项是暂态分量，它随时间的增加而衰减为零。所以全响应可以表示为

全响应＝稳态分量＋暂态分量＝强制分量＋自由分量

若把式（5-9）改写为

$$u_C(t)=U_S(1-e^{-t/\tau})+U_0e^{-t/\tau}$$

上式右边第一项为电路的零状态响应，因为它正好是 $u_C(0_-)=0$ 时的响应；第二项为电路的零输入响应，因为当 $U_S=0$ 时电路的响应正好等于 $U_0\mathrm{e}^{-t/\tau}$。这说明在一阶电路中，全响应是零输入响应和零状态响应的叠加，这是线性电路的叠加定理在动态电路中的体现。

上述对全响应的两种分析方法只是着眼点不同，前者着眼于反映线性动态电路在换路后通常要经过一段过渡时间才能进入稳态，而后者则着眼于电路中的因果关系。并不是所有的线性电路都能分出暂态和稳态这两种工作状态，但只要是线性电路，全响应总可以分解为零输入响应和零状态响应。

5.3.2 三要素法

从上面的分析可以看出，无论是零输入响应、零状态响应还是全响应，当初始值 $f(0_+)$、特解 $f_s(t)$ 和时间常数 τ（称为一阶电路的三要素）确定后，电路的响应也就确定了。电路的响应均可以按式（5-10）求出

$$f(t)=f_s(t)+[f(0_+)-f_s(0_+)]\mathrm{e}^{-t/\tau} \tag{5-10}$$

当电路的三要素确定后，根据式（5-10）可直接写出电路的响应，这种方法称为三要素法。在直流激励下，特解 $f_s(t)$ 为常数，$f_s(t)=f_s(0_+)=f(\infty)$，式（5-10）又可写为

$$f(t)=f(\infty)+[f(0_+)-f(\infty)]\mathrm{e}^{-t/\tau}$$

在正弦激励下，特解 $f_s(t)$ 为正弦函数，$f_s(0_+)$ 取 $f_s(t)$ 在 $t=0_+$ 时的值。式中 $f(0_+)$、τ 的含义和前面所述相同。需要注意的是三要素法只适用于一阶电路，电路中的激励可以是直流、正弦函数、阶跃函数等。

例 5-4 如图 5-17a 所示电路，开关打开以前电路已达稳态，$t=0$ 时开关 S 打开。求 $t>0$ 时的 $u_C(t)$、$i_C(t)$。

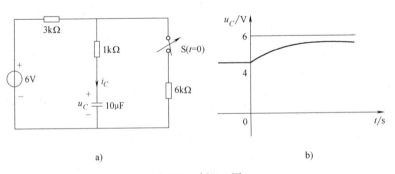

图 5-17 例 5-4 图

解：电容电压的初始值为

$$u_C(0_+)=u_C(0_-)=\frac{6}{6+3}\times 6\mathrm{V}=4\mathrm{V}$$

特解为

$$u_C'=u_C(\infty)=6\mathrm{V}$$

时间常数为

$$\tau=R_{eq}C=(1+3)\times 10^3\times 10\times 10^{-6}\mathrm{s}=0.04\mathrm{s}$$

由式（5-10）可得

$$u_C(t) = [6+(4-6)e^{-t/0.04}]V = (6-2e^{-25t})V \quad t>0$$

$$i_C(t) = C\frac{du_C}{dt} = 0.5e^{-25t}mA \quad t>0$$

u_C 的波形如图 5-17b 所示。

例 5-5 如图 5-18a 所示电路，已知 $i_L(0_-) = 2A$，求 $t \geq 0$ 时的 $i_L(t)$、$i_1(t)$。

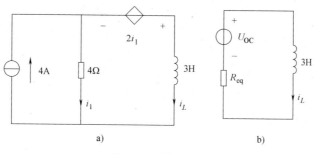

图 5-18 例 5-5 图

解：先求出电感两端左侧电路的戴维南等效电路，如图 5-18b 所示，其中 $u_{OC} = 24V$，$R_{eq} = 6\Omega$。

$$i_L(0_+) = i_L(0_-) = 2A$$
$$i_{LS} = i_L(\infty) = u_{OC}/R_{eq} = 4A$$
$$\tau = \frac{L}{R_{eq}} = 3/6s = 0.5s$$

所以

$$i_L(t) = [4+(2-4)e^{-2t}]A$$
$$= (4-2e^{-2t})A$$
$$i_1(t) = 4-i_L = 2e^{-2t}A$$

*5.4 一阶电路在正弦激励作用下的响应

以图 5-19a 所示电路为例。设外加激励为正弦电压，即 $u_S = U_m\cos(\omega t+\psi_u)$，式中，$\psi_u$ 为接通电路时外施激励源的初相角，它决定于电路的接通时刻，所以又称接入相位角或合闸角。

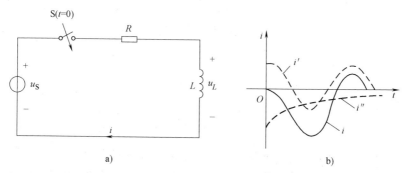

图 5-19 正弦激励下 RL 电路的零状态响应

开关接通后的电路方程为

$$L\frac{\mathrm{d}i}{\mathrm{d}t}+Ri=u_S=U_m\cos(\omega t+\psi_u)$$

其解为 $i=i'+i''$。其中方程的通解 $i''=A\mathrm{e}^{-t/\tau}$，$\tau=L/R$。$i'$ 为方程的特解，特解应与外加激励的形式相同，可设 $i'=I_m\cos(\omega t+\theta)$。$i'$ 应满足

$$L\frac{\mathrm{d}i'}{\mathrm{d}t}+Ri'=U_m\cos(\omega t+\psi_u)$$

代入上述方程用待定系数法可求出

$$I_m=\frac{U_m}{\sqrt{R^2+(\omega L)^2}}=\frac{U_m}{|Z|},\theta=\psi_u-\varphi$$

其中，$\tan\varphi=\omega L/R$，$|Z|=\sqrt{R^2+(\omega L)^2}$。

所以特解为

$$i'=\frac{U_m}{|Z|}\cos(\omega t+\psi_u-\varphi)$$

方程的通解为

$$i(t)=\frac{U_m}{|Z|}\cos(\omega t+\psi_u-\varphi)+A\mathrm{e}^{-t/\tau}$$

代入初始条件 $i(0_+)=i(0_-)=0$ 可解得

$$A=-\frac{U_m}{|Z|}\cos(\psi_u-\varphi)$$

所以电路中的电流为

$$i(t)=\frac{U_m}{|Z|}\cos(\omega t+\psi_u-\varphi)-\frac{U_m}{|Z|}\cos(\psi_u-\varphi)\mathrm{e}^{-t/\tau}$$

由上述解可见，方程的特解或强制分量与外加激励按同频率的正弦规律变化，方程的通解或自由分量则随时间增长而趋于零，最后只剩下强制分量，如图 5-19b 所示。自由分量与开关闭合的时刻相关。

当开关闭合时，若有 $\psi_u=\varphi+\frac{\pi}{2}$ 或 $\psi_u=\varphi-\frac{\pi}{2}$，自由分量为零，则

$$i(t)=\frac{U_m}{|Z|}\cos\left(\omega t+\frac{\pi}{2}\right) \text{ 或 } i(t)=\frac{U_m}{|Z|}\cos\left(\omega t-\frac{\pi}{2}\right)$$

即换路后，电路不发生过渡过程而立即进入稳定状态。

当开关闭合时，若有 $\psi_u=\varphi$，则有

$$A=-U_m/|Z|$$

电路中电流

$$i=\frac{U_m}{|Z|}\cos(\omega t)-\frac{U_m}{|Z|}\mathrm{e}^{-t/\tau}$$

从上式可以看出，当电路的时间常数很大时，则 i'' 衰减得很慢，大约经过半个周期的时间，电流的最大瞬时值将接近稳态电流振幅的两倍。如在电力系统中出现这样的情况，电路

中会产生过电流,这种情况要避免。

可见,RL 串联电路与正弦电压接通后,在 U_m、$|Z|$、φ 一定的情况下,电路的过渡过程与开关动作的时刻相关。

5.5 阶跃响应和冲激响应

5.5.1 阶跃函数与冲激函数

1. 单位阶跃函数

单位阶跃函数是一种奇异函数,如图 5-20a 所示,它定义为

$$\varepsilon(t) = \begin{cases} 0 & t \leq 0_- \\ 1 & t \geq 0_+ \end{cases}$$

它在 $(0_-, 0_+)$ 内发生了单位阶跃。这个函数可以用来描述如图 5-20b 所示的开关从 1 到 2 的动作,它表示 $t=0$ 时把电路接到单位直流电压。阶跃函数可以作为开关的数学模型,所以有时也称为开关函数。

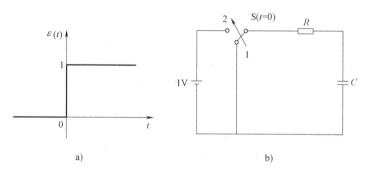

图 5-20 单位阶跃函数

若开关不是在 $t=0$ 时发生,而是在 $t=t_0$ 时,则由单位阶跃函数定义得

$$\varepsilon(t-t_0) = \begin{cases} 0 & t \leq t_{0_-} \\ 1 & t \geq t_{0_+} \end{cases}$$

称为延迟的单位阶跃函数,它可看作是把 $\varepsilon(t)$ 在时间轴上向右移动 t_0 后的结果,如图 5-21 所示。

假设在 $t=t_0$ 时刻把电路接到 3A 的直流电流源上,则此电流源的电流可写成 $3\varepsilon(t-t_0)$A。

单位阶跃函数可以用来"起始"任意一个函数 $f(t)$,设 $f(t)$ 为对所有 t 都有定义的一个任意函数,如图 5-22a 所示,则

$$f(t)\varepsilon(t-t_0) = \begin{cases} 0 & t \leq t_{0_-} \\ f(t) & t \geq t_{0_+} \end{cases}$$

它的波形如图 5-22b 所示。

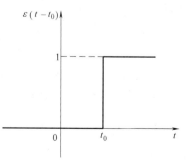

图 5-21 延迟的单位阶跃函数

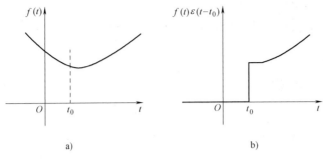

图 5-22 单位阶跃函数的"起始"作用

单位阶跃函数可以用来描述矩形脉冲。对于图 5-23a 所示的脉冲信号，可以分解为如图 5-23b、c 所示两个阶跃函数之和，即

$$f(t) = \varepsilon(t) - \varepsilon(t-t_0)$$

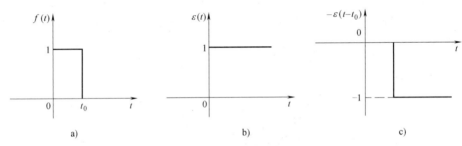

图 5-23 矩形脉冲的分解

2. 单位冲激函数

单位冲激函数也是一种奇异函数，其定义为

$$\delta(t) = 0, t \neq 0; \int_{-\infty}^{+\infty} \delta(t)\,\mathrm{d}t = 1$$

单位冲激函数又称为 δ 函数。它在 $t \neq 0$ 时为零，但在 $t=0$ 处为奇异的。

单位冲激函数可以看作单位阶跃函数的极限。图 5-24a 所示为一个单位矩形脉冲函数 $p_\Delta(t)$ 的波形，它的高为 $1/\Delta$，宽为 Δ。当 Δ 减小时，它的脉冲函数高度 $1/\Delta$ 增加，而矩形面积 $\dfrac{1}{\Delta} \cdot \Delta = 1$ 总保持不变。当 $\Delta \to 0$ 时，脉冲高度 $1/\Delta \to \infty$，在此极限情况下，可以得到一个宽度趋于零，幅度趋于无限大但具有单位面积的脉冲，这就是单位冲激函数 $\delta(t)$，可记为

$$\lim_{\Delta \to 0} p_\Delta(t) = \delta(t)$$

单位冲激函数的波形可用图 5-24b 所示的箭头表示，在箭头旁边注明"1"表示冲激强度。强度为 K 的冲激函数用图 5-24c 表示，此时箭头旁注明 K。

单位延迟冲激函数定义为

$$\delta(t-t_0) = 0, t \neq 0; \int_{-\infty}^{+\infty} \delta(t-t_0)\,\mathrm{d}t = 1$$

如图 5-24d 所示。

若发生在 $t=t_0$ 时刻，冲激强度为 K 的冲激函数，则表示为 $K\delta(t-t_0)$。

第 5 章 动态电路的时域分析

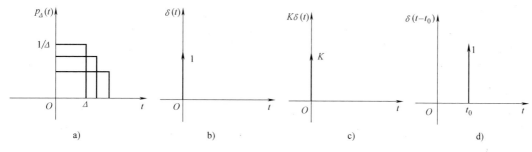

图 5-24 单位冲激函数

冲激函数有如下两个主要性质：

1) 单位冲激函数是单位阶跃函数的导数，即

$$\frac{\mathrm{d}\varepsilon(t)}{\mathrm{d}t}=\delta(t)$$

反之，单位阶跃函数是单位冲激函数的积分，即 $\int_{-\infty}^{t}\delta(t)\mathrm{d}t=\varepsilon(t)$。

2) 单位冲激函数的"筛分"性质。

由于在 $t\neq 0$ 时，$\delta(t)=0$，所以对任意在 $t=0$ 时连续的函数 $f(t)$，有

$$f(t)\delta(t)=f(0)\delta(t)$$

所以

$$\int_{-\infty}^{+\infty}f(t)\delta(t)\mathrm{d}t=\int_{-\infty}^{+\infty}f(0)\delta(t)\mathrm{d}t=f(0)\int_{-\infty}^{+\infty}\delta(t)\mathrm{d}t=f(0)$$

同理可得

$$\int_{-\infty}^{+\infty}f(t)\delta(t-t_0)\mathrm{d}t=f(t_0)$$

这表明冲激函数能把函数 $f(t)$ 在冲激存在时刻的函数值筛选出来，所以称为"筛分"性质，又称取样性质。

5.5.2 阶跃响应

电路对于单位阶跃函数输入的零状态响应称为单位阶跃响应，用 $s(t)$ 表示。阶跃响应的求法与在直流激励下的零状态响应相同。如果电路的输入是幅度为 A 的阶跃函数，则根据零状态响应的比例性可知电路的零状态响应为 $As(t)$。由于非时变电路的电路参数不随时间变化，则在延迟的单位阶跃信号作用下的响应为 $s(t-t_0)$，这一性质称为非时变性（或定常性）。

例 5-6 图 5-25 所示电路中，$R=1\Omega$，$L=2\mathrm{H}$，u_S 的波形如图 5-25b 所示。计算 $t\geq 0$ 时的零状态响应 $i(t)$，并画出 $i(t)$ 的波形。

解：此题可用两种方法求解。

（1）分段计算。

在 $t<0$ 时，$i(t)=0$。

在 $0\leq t\leq 2\mathrm{s}$ 时，$u_\mathrm{S}=10\mathrm{V}$，电路为零状态响应，用"三要素"法求解。

$$i_L(0_+)=i_L(0_-)=0\mathrm{A},\ i(\infty)=u_\mathrm{S}/R=10\mathrm{A},\ \tau=L/R=2\mathrm{s}$$

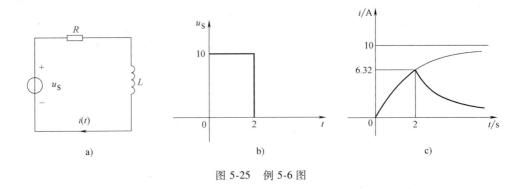

图 5-25 例 5-6 图

所以
$$i(t) = 10(1-e^{-t/2}) \text{ A}$$

在 $t \geq 2\text{s}$ 时，$u_S = 0$，电路为零输入响应。
$$i(2_+) = i(2_-) = 10(1-e^{-1}) = 6.32 \text{ A}$$

所以
$$i(t) = 6.32 e^{-(t-2)/2} \text{ A}$$

（2）用阶跃函数表示激励，有
$$u_S(t) = 10\varepsilon(t) - 10\varepsilon(t-2)$$

电路的单位阶跃响应为
$$s(t) = (1-e^{-t/2})\varepsilon(t)$$

由零状态响应的比例性和非时变性可得
$$i(t) = [10(1-e^{-t/2})\varepsilon(t) - 10(1-e^{-(t-2)/2})\varepsilon(t-2)] \text{ A}$$

$i(t)$ 的波形如图 5-25c 所示。

5.5.3 冲激响应

电路在单位冲激函数激励下的零状态响应称为单位冲激响应，用 $h(t)$ 表示。

冲激函数作用于零状态的电路，在 $(0_-, 0_+)$ 的区间内将使电容电压或电感电流发生跃变，$t \geq 0_+$ 后，冲激函数激励为零，电路的冲激响应相当于在初始状态所引起的零输入响应。所以，冲激响应的一种求法是：先计算由 $\delta(t)$ 作用下的 $u_C(0_+)$ 或 $i_L(0_+)$，然后求解由这一初始状态所产生的零输入响应，此即为 $t>0$ 时的冲激响应。

现在的关键是如何确定 $t=0_+$ 时的电容电压和电感电流。由于电容和电感的储能为有限值，因此电容两端不应出现冲激电压，电感中不能流过冲激电流。也就是说在冲激电源作用于电路的瞬间，电容应看作短路，电感应看作开路。据此可画出冲激电源作用瞬间的等效电路，从而确定冲激电流和冲激电压的分布情况。如有冲激电流流过电容处，电容电压将发生跃变；如有冲激电压出现于电感两端，电感电流将发生跃变。利用式（5-2）和式（5-6）可求得 $u_C(0_+)$ 和 $i_L(0_+)$。

例 5-7 求图 5-26a 所示电路中电容电压 u_C 的冲激响应。

解： 冲激电源作用时，把电容看作短路，$t=0$ 时的等效电路如图 5-26b 所示。可见电流源的冲激电流全部流过电容，这个冲激电流使电容电压发生跃变，即

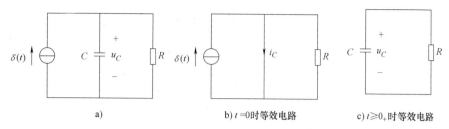

a) b) $t=0$ 时等效电路 c) $t \geqslant 0_+$ 时等效电路

图 5-26 例 5-7 图

$$u_C(0_+) = u_C(0_-) + \frac{1}{C}\int_{0_-}^{0_+} i_C \, dt = \frac{1}{C}\int_{0_-}^{0_+} \delta(t) \, dt = \frac{1}{C}$$

当 $t \geqslant 0_+$ 时，$\delta(t)=0$，电路如图 5-26c 所示，电容电压的冲激响应为

$$h(t) = \frac{1}{C} e^{-t/\tau}$$

式中，$\tau = RC$。上式适用于 $t \geqslant 0_+$ 时，所以又可以写为

$$h(t) = \frac{1}{C} e^{-t/\tau} \varepsilon(t) \, \text{V}$$

例 5-8 如图 5-27a 所示电路，$i_L(0_-)=0$，$R_1=6\Omega$，$R_2=4\Omega$，$L=100\text{mH}$。求 $t>0$ 时的冲激响应 $u_L(t)$ 和 $i_L(t)$。

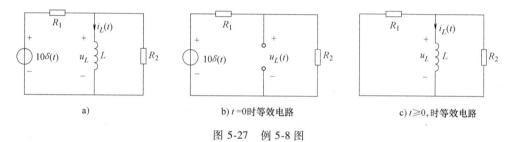

a) b) $t=0$ 时等效电路 c) $t \geqslant 0_+$ 时等效电路

图 5-27 例 5-8 图

解：在冲激电源的作用下，电感相当于开路，$t=0$ 时的等效电路如图 5-27b 所示。可知电感两端的电压为

$$u_L = \frac{R_2}{R_1+R_2} \times 10\delta(t) = \frac{4}{6+4} \times 10\delta(t) = 4\delta(t)$$

这个冲激电压使电感电流发生跃变，有

$$i_L(0_+) = i_L(0_-) + \frac{1}{L}\int_{0_-}^{0_+} u_L \, dt = \frac{1}{100 \times 10^{-3}} \int_{0_-}^{0_+} 4\delta(t) \, dt = 40\text{A}$$

当 $t \geqslant 0_+$ 时，等效电路如图 5-27c 所示。有

$$\tau = \frac{L}{R_1 // R_2} = \frac{100 \times 10^{-3}}{2.4}\text{s} = \frac{1}{24}\text{s}$$

电感电流为

$$i_L(t) = i_L(0_+) e^{-\frac{t}{\tau}} = 40 e^{-24t} \varepsilon(t) \, \text{A}$$

电感电压为

$$u_L(t) = L\frac{\mathrm{d}i_L}{\mathrm{d}t} = 100\times10^{-3}\times40[-24\mathrm{e}^{-24t}\varepsilon(t)+\mathrm{e}^{-24t}\delta(t)]$$
$$= [4\delta(t)-96\mathrm{e}^{-24t}\varepsilon(t)]\,\mathrm{V}$$

$i_L(t)$ 和 $u_L(t)$ 的波形如图 5-28 所示。注意 $i_L(t)$ 和 $u_L(t)$ 的冲激和跃变情况。

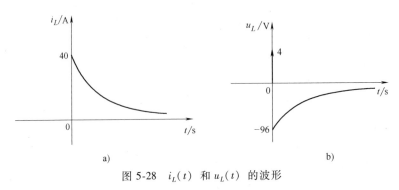

图 5-28 $i_L(t)$ 和 $u_L(t)$ 的波形

*5.6 应用卷积积分法计算零状态响应

本节介绍当输入任意波形激励时线性非时变电路的零状态响应的分析方法。这一方法中要用到的一个重要概念——卷积积分。

若已知函数 $f_1(t)$、$f_2(t)$ ($t<0$ 时均为零) 则积分

$$\int_0^t f_1(\zeta)f_2(t-\zeta)\,\mathrm{d}\zeta \;\ominus$$

称为函数 $f_1(t)$ 与 $f_2(t)$ 的卷积积分,简称为卷积,记为 $f_1(t)*f_2(t)$,即

$$f_1(t)*f_2(t) = \int_0^t f_1(\zeta)f_2(t-\zeta)\,\mathrm{d}\zeta \tag{5-11}$$

显然卷积符合交换律,即

$$f_1(t)*f_2(t) = f_2(t)*f_1(t) \tag{5-12}$$

下面讨论利用卷积积分计算线性非时变电路对任意输入的响应。

电路的单位冲激响应是特定输入的零状态响应,冲激响应可以反映线性、非时变电路本身的固有性质,是反映电路特征的一种方式。可以证明,只要求得电路的单位冲激响应,就可以计算出该电路在任意输入激励下的零状态响应,而不必列出描述该电路动态特征的微分方程。特别是冲激响应可以由实验方法测定,在不知道电路具体结构时,也可以计算出电路对任意输入的零状态响应。

对于线性、非时变、零状态电路 N,已知其冲激响应为 $h(t)$,如何用任意激励 $x(t)$ 和 $h(t)$ 来表示零状态响应的 $y(t)$,这是要解决的主要问题。

如图 5-29 所示,任意波形激励 $x(t)$ [$t<0$ 时,$x(t)=0$] 作用于零状态电路 N,$x(t)$ 可以近似地认为由许多矩形脉冲波的叠加所组成,每个脉冲的宽度 $\Delta\zeta$ 越小,则叠加的结果越接近

$\ominus$ 这里的积分下限 "0" 应取 "0_-",而积分上限 t 应取 t_+,这样便于把在原点的冲激函数包含在内,此处为了记法方便,并与常用公式一致起见,故写为 "0" 和 t。

$x(t)$ 波形。若记第一个脉冲波为 $x(0) \cdot p_\Delta(t) \cdot \Delta\zeta$，则第 ($k+1$) 个脉冲波就应为 $x(k\Delta\zeta) \cdot p_\Delta(t-k\Delta\zeta) \cdot \Delta\zeta$，其中，$k=0, 1, \cdots, n-1$。

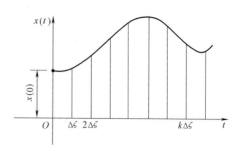

所以任意波形激励 $x(t)$ 可近似表示为

$$x(t) \approx \sum_{k=0}^{n-1} x(k\Delta\zeta) p_\Delta(t - k\Delta\zeta) \Delta\zeta \quad (5\text{-}13)$$

若线性非时变电路对单位脉冲波 $p_\Delta(t)$ 的零状态响应为 $h_\Delta(t)$，则该电路对 $x(k\Delta\zeta) \cdot p_\Delta(t-k\Delta\zeta) \cdot \Delta\zeta$ 的零状态响应为 $x(k\Delta\zeta) h_\Delta(t-k\Delta\zeta) \Delta\zeta$，所以电路对 $x(t)$ 的零状态响应可近似表示为

图 5-29　任意激励的波形 $x(t)$

$$y(t) = \sum_{k=0}^{n-1} x(k\Delta\zeta) h_\Delta(t - k\Delta\zeta) \Delta\zeta \quad (5\text{-}14)$$

当 $\Delta\zeta \to 0$，$n \to \infty$ 时，每个矩形脉冲波 $x(k\Delta\zeta) \cdot p_\Delta(t-k\Delta\zeta) \cdot \Delta\zeta$ 都变成了冲激函数 $x(\zeta) \cdot \delta(t-\zeta)\mathrm{d}\zeta$，所以式 (5-13) 变为

$$x(t) = \int_0^t x(\zeta) \delta(t - \zeta) \mathrm{d}\zeta \quad (5\text{-}15)$$

式中，$\zeta = \lim_{\zeta \to 0} k\Delta\zeta$，$t = \lim_{\zeta \to 0} (n-1)\Delta\zeta$。

显然，当 $\Delta\zeta \to 0$，$n \to \infty$ 时 $h_\Delta(t-k\Delta\zeta)$ 趋向于冲激响应 $h(t-\zeta)$，所以由式 (5-14) 又可得到

$$y(t) = \int_0^t x(\zeta) \cdot h(t - \zeta) \mathrm{d}\zeta \quad (5\text{-}16)$$

式 (5-16) 表明电路的零状态响应 $y(t)$ 就是激励 $x(t)$ 和冲激响应 $h(t)$ 的卷积积分，简写为

$$y(t) = x(t) * h(t) \quad (5\text{-}17)$$

式 (5-17) 的推导还可以用图 5-30 来说明，其中，图 5-30a 表示线性非时变电路 N 的输入为单位冲激函数 $\delta(t)$ 时的响应为 $h(t)$，若 N 的输入为延时单位冲激函数 $\delta(t-\zeta)$ 时 (见图 5-30b)，电路的响应为 $h(t-\zeta)$，若 N 的输入是强度为 $x(\zeta)$ 的冲激函数 [即 $x(\zeta)\delta(t-\zeta)$，见图 5-30c]，由于网络是线性的，故其响应为 $x(\zeta) \cdot h(t-\zeta)$。当取 ζ 不同数值时，把对应于所有 ζ 值的上述激励之和作为电路 N 的输入，根据叠加定理，输出就对应为上述响应之和，也就是图 5-30d 所示结果，把上述激励积分 $\int_0^t x(\zeta) \cdot \delta(t-\zeta)\mathrm{d}\zeta$ 作为输入，则电路的输出就是对应上述响应的积分 $\int_0^t x(\zeta) \cdot h(t-\zeta)\mathrm{d}\zeta$，根据冲激函数的筛分性质，可知图 5-30d 中的输入就是我们一开始提出的 $x(t)$，即

$$\int_0^t x(\zeta) \delta(t - \zeta) \mathrm{d}\zeta = x(t)$$

于是图 5-30d 可以用图 5-30e 表示，电路 N 输入为 $x(t)$，则输出端的响应为

$$y(t) = \int_0^t x(\zeta) \cdot h(t - \zeta) \mathrm{d}\zeta$$

上式与式 (5-16) 完全相同。

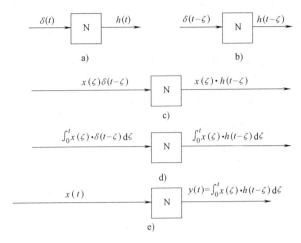

图 5-30 卷积积分推导

由卷积积分的概念可知,式(5-16)还可以改写为

$$y(t) = \int_0^t x(t-\zeta) \cdot h(\zeta) \,d\zeta \tag{5-18}$$

为了方便,把式(5-16)称为第一卷积积分形式,式(5-18)称为第二卷积积分形式。

例 5-9 已知 RC 电路电容电压的冲激响应为 $h(t) = e^{-t}\varepsilon(t)$,波形如图 5-31b 所示。试求该电路在单位阶跃电压 $\varepsilon(t)$ 作用下的响应 $u_C(t)$。

解: 按第一卷积积分形式计算得出电路的响应 $u_C(t)$ 为

$$\begin{aligned}
u_C(t) &= \int_0^t x(\zeta) \cdot h(t-\zeta) \,d\zeta = \int_0^t 1 \cdot e^{-(t-\zeta)} \,d\zeta \\
&= e^{-t} e^{\zeta} \Big|_0^t \\
&= e^{-t}(e^t - 1)\varepsilon(t) \\
&= (1 - e^{-t})\varepsilon(t)
\end{aligned}$$

卷积积分的过程也可采用图解方法完成,下面以例 5-9 为例给出说明。按第一卷积积分形式,$x(\zeta)$ 为固定函数,$h(t-\zeta)$ 为移动函数。本例中给定输入 $x(t)$ 为单位阶跃函数 $\varepsilon(t)$,如图 5-31a 所示;RC 电路单位冲激响应 $h(t)$ 如图 5-31b 所示,它是以变量 ζ 标出的,图 5-31c 为图 5-31b 图形对于坐标纵轴的镜像[即先得到 $h(-\zeta)$,再把 $h(-\zeta)$ 向右移动 t 时间,得出如图 5-31d 所示的 $h(t-\zeta)$ 的波形图]。

从几何意义上说,两函数的卷积积分,就是相对应的移动函数和固定函数的乘积函数的面积。如图 5-31e 为 $t=0$ 时刻的卷积积分图,这时 $x(\zeta) \cdot h(-\zeta)$ 所包含的面积为零,即响应 $u_C(0) = 0$。$t=1$s 时刻的卷积积分如图 5-31f 所示,这时 $x(\zeta) \cdot h(1-\zeta)$ 所包含的面积为画有阴影线的部分,其值为 0.632 [即响应 $u_C(1) = 0.632$V],$t=2$s 时刻的卷积积分如图 5-31g 所示,这时 $x(\zeta) \cdot h(2-\zeta)$ 所包含的面积为 0.865 [即响应 $u_C(2) = 0.865$V]。依此类推,用上述方式便可求出在不同 t 值时刻的卷积积分值。最后画出以 t 为时间坐标的响应 $u_C(t)$ 的波形,如图 5-31h 所示,即 RC 电路的单位阶跃响应。

例 5-10 如图 5-32 所示电路中,输入为 $2e^{-t}\varepsilon(t)$A 的电流。求 $i_L(t)$ 的零状态响应。

解: 先求电路的冲激响应,按式(5-15)可得电感电流的单位冲激响应为

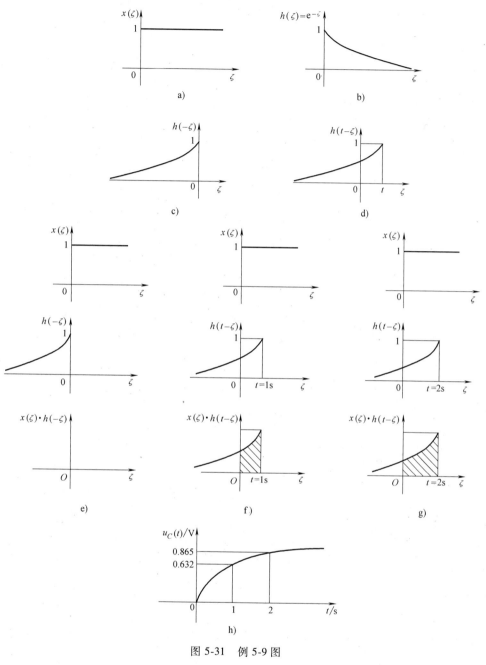

图 5-31 例 5-9 图

$$h_1(t) = \frac{R}{L}\mathrm{e}^{-(R/L)t}\varepsilon(t)$$

$$= \frac{6}{2}\mathrm{e}^{-(6/2)t}\varepsilon(t)\,\mathrm{A}$$

$$= 3\mathrm{e}^{-3t}\varepsilon(t)\,\mathrm{A}$$

按第二卷积积分形式计算电感电流的响应为

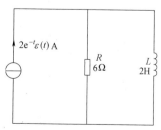

图 5-32 例 5-10 图

$$i_L(t) = \int_0^t x(t-\zeta)h(\zeta)\mathrm{d}\zeta = \int_0^t 2\mathrm{e}^{-(t-\zeta)}3\mathrm{e}^{-3\zeta}\mathrm{d}\zeta$$

$$= 6\mathrm{e}^{-t}\int_0^t \mathrm{e}^{-2\zeta}\mathrm{d}\zeta = 6\mathrm{e}^{-t}\left(-\frac{1}{2}\mathrm{e}^{-2\zeta}\right)\bigg|_0^t$$

$$= -3\mathrm{e}^{-t}(\mathrm{e}^{-2t}-1)\varepsilon(t)\mathrm{A} = 3(\mathrm{e}^{-t}-\mathrm{e}^{-3t})\varepsilon(t)\mathrm{A}$$

例 5-11 已知某线性电路的单位冲激响应 $h(t)$ 为 $\mathrm{e}^{-t}\varepsilon(t)$,激励为 $x(t) = \varepsilon(t) - \varepsilon(t-1)$,求响应 $y(t)$。

解: 按第一卷积积分形式分段积分:

在 $0 \leq t \leq 1$ 时间内,$x(t) = 1$,则响应为

$$y(t) = \int_0^t x(\zeta) \cdot h(t-\zeta)\mathrm{d}\zeta = \int_0^t 1 \cdot \mathrm{e}^{-(t-\zeta)}\mathrm{d}\zeta = 1 - \mathrm{e}^{-t}$$

在 $t > 1$ 时,因 $x(t) = 0$,故只要积分到 $t = 1$ 即可,于是响应为

$$y(t) = \int_0^t \mathrm{e}^{-(t-\zeta)}\mathrm{d}\zeta = \int_0^1 \mathrm{e}^{-(t-\zeta)}\mathrm{d}\zeta = (\mathrm{e}-1)\mathrm{e}^{-t}$$

因此,响应 $y(t)$ 为

$$y(t) = \begin{cases} 1-\mathrm{e}^{-t} & 0 \leq t \leq 1 \\ (\mathrm{e}-1)\mathrm{e}^{-t} & t > 1 \end{cases}$$

上述求解过程的图解如图 5-33 所示。

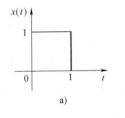
a)

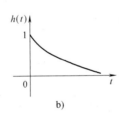
b)

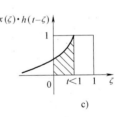
c)

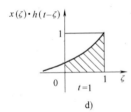
d)

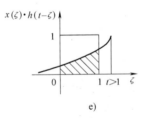
e)

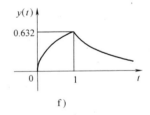
f)

图 5-33 例 5-11 图

本例的另一种解法是将 $x(t)$ 函数直接代入第一卷积积分形式中计算得出,即响应为

$$y(t) = \int_0^t (\varepsilon(\zeta) - \varepsilon(\zeta-1)) \cdot \mathrm{e}^{-(t-\zeta)}\mathrm{d}\zeta$$

$$= \int_0^t \varepsilon(\zeta)\mathrm{e}^{-(t-\zeta)}\mathrm{d}\zeta - \int_0^t \varepsilon(\zeta-1)\mathrm{e}^{-(t-\zeta)}\mathrm{d}\zeta$$

$$= \int_0^t \mathrm{e}^{-(t-\zeta)}\mathrm{d}\zeta - \int_1^t \mathrm{e}^{-(t-\zeta)}\mathrm{d}\zeta$$

$$= \mathrm{e}^{-(t-\zeta)}\big|_0^t - \mathrm{e}^{-(t-\zeta)}\big|_1^t$$

$$= (1-\mathrm{e}^{-t})\varepsilon(t) - [1-\mathrm{e}^{-(t-1)}]\varepsilon(t-1) \tag{5-19}$$

按卷积积分结果，式（5-19）在 $0 \leqslant t \leqslant 1$ 区间，则响应为
$$y(t) = 1-e^{-t}$$
在 $t>1$ 区间，响应为
$$\begin{aligned} y(t) &= (1-e^{-t})-(1-e^{-t} \cdot e) \\ &= ee^{-t}-e^{-t} \\ &= (e-1)e^{-t} \end{aligned}$$
即响应 $y(t)$ 为
$$y(t) = \begin{cases} 1-e^{-t} & 0 \leqslant t \leqslant 1 \\ (e-1)e^{-t} & t>1 \end{cases}$$
显然这一结果与分段卷积积分计算结果完全相同。

由以上例子可看出，卷积积分的计算要特别注意阶跃函数的作用。首先，阶跃函数决定了积分变量 ζ 的取值范围即积分的上下限。例如，在式（5-19）的第二道等号到第三道等号中，由于 $\varepsilon(\zeta-1)$ 的作用，使第二项的积分限由 $1 \rightarrow t$，因为 $\varepsilon(\zeta-1)$ 限定 $\zeta \geqslant 1$，否则积分式为零。另外，需用阶跃函数表示卷积积分结果中 t 的取值范围。例如在式（5-19）的第四道等号到第五道等号中，由于两项的积分限分别为 $\int_0^t$ 和 $\int_1^t$，只有在 $t \geqslant 0$ 和 $t \geqslant 1$ 时积分结果才可能非零。因此，应在积分结果中分别乘以 $\varepsilon(t)$ 和 $\varepsilon(t-1)$。

*5.7 二阶动态电路的响应

二阶电路中必须包含两个独立的储能元件，而电路中所含的独立电流源、受控源和电阻元件的数目则可不限。RLC 串联电路是最简单的二阶电路，这里只研究这种二阶电路，分析该电路的零输入响应以及在恒定输入时的零状态响应和全响应。

5.7.1 二阶电路的零输入响应

首先通过 RLC 串联电路（见图 5-34）的放电过程来研究二阶电路的零输入响应。假设电容原已充电，其电压为 U_0，电感中的初始电流为 I_0，在图中所规定的电压电流的参考方向下有
$$-u_C + u_R + u_L = 0$$
电流 $i = -C\dfrac{du_C}{dt}$

电压 $u_R = Ri = -RC\dfrac{du_C}{dt}$，$u_L = L\dfrac{di}{dt} = -LC\dfrac{d^2 u_C}{dt^2}$

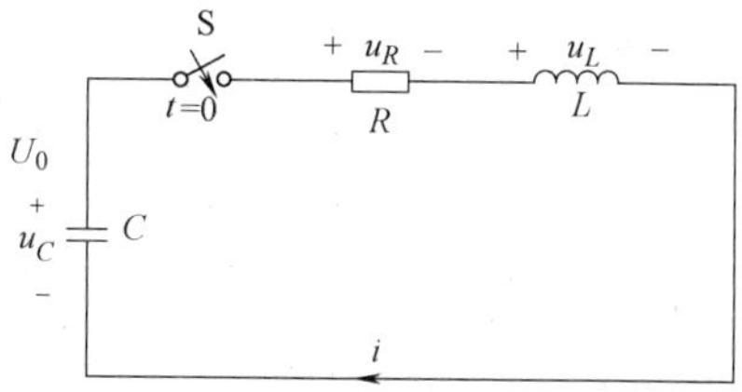

将 u_L、u_R 代入方程式可得
$$LC\frac{d^2 u_C}{dt^2} + RC\frac{du_C}{dt} + u_C = 0 \quad (5\text{-}20)$$

图 5-34 RLC 串联放电电路

式（5-20）是以 u_C 为未知量的 RLC 串联电路放电过程的微分方程。这是一个常系数二阶线性齐次微分方程。该方程的特征方程为
$$LCp^2 + RCp + 1 = 0$$
解出特征根为

$$p_{1,2} = -\frac{R}{2L} \pm \sqrt{\left(\frac{R}{2L}\right)^2 - \frac{1}{LC}}$$

则电压 u_C 可写成

$$u_C = A_1 e^{p_1 t} + A_2 e^{p_2 t} \tag{5-21}$$

其中

$$\begin{cases} p_1 = -\dfrac{R}{2L} + \sqrt{\left(\dfrac{R}{2L}\right)^2 - \dfrac{1}{LC}} \\ p_2 = -\dfrac{R}{2L} - \sqrt{\left(\dfrac{R}{2L}\right)^2 - \dfrac{1}{LC}} \end{cases}$$

p_1 和 p_2 是特征根，仅与电路参数和结构有关。而积分常数 A_1 和 A_2 决定于 u_C 的初始条件 $u_C(0_+)$ 和 $\left.\dfrac{du_C}{dt}\right|_{t=0+}$。前面给定的初始条件为 $u_C(0_+) = u_C(0_-) = U_0$ 和 $i(0_+) = i(0_-) = I_0$。由于 $i = -C\dfrac{du_C}{dt}$，因此有 $\left.\dfrac{du_C}{dt}\right|_{t=0+} = -I_0/C$，根据这两个初始条件和式（5-21）得

$$\begin{cases} A_1 + A_2 = U_0 \\ p_1 A_1 + p_2 A_2 = -\dfrac{I_0}{C} \end{cases} \tag{5-22}$$

联立求解式（5-22）就可以得常数 A_1 和 A_2。若 $U_0 \neq 0$ 而 $I_0 = 0$，可得

$$A_1 = \frac{p_2 U_0}{p_2 - p_1}$$

$$A_2 = \frac{p_1 U_0}{p_1 - p_2}$$

下面根据 p_1 和 p_2 的不同值，分四种情况加以讨论。

1. $R > 2\sqrt{\dfrac{L}{C}}$ 过阻尼情况（非振荡放电过程）

在这种情况下，特征根 p_1 和 p_2 是两个不等的负实数，电容电压为

$$u_C = \frac{U_0}{p_2 - p_1}(p_2 e^{p_1 t} - p_1 e^{p_2 t}) \tag{5-23}$$

电流为

$$i = -C\frac{du_C}{dt} = -\frac{CU_0 p_1 p_2}{p_2 - p_1}(e^{p_1 t} - e^{p_2 t}) = -\frac{U_0}{L(p_2 - p_1)}(e^{p_1 t} - e^{p_2 t}) \tag{5-24}$$

电感电压为

$$u_L = L\frac{di}{dt} = -\frac{U_0}{p_2 - p_1}(p_1 e^{p_1 t} - p_2 e^{p_2 t}) \tag{5-25}$$

注意，在式（5-24）和式（5-25）中利用了 $p_1 p_2 = \dfrac{1}{LC}$ 这个关系式。

电容电压 u_C 由两个单调下降的指数函数构成（见图 5-35），因而放电过程只能是非振荡的。

在放电过程中，电流 i 始终为正（因为 $p_1-p_2<0$），电压 u_C、u_L 和电流 i 随时间变化的曲线如图 5-36 所示。

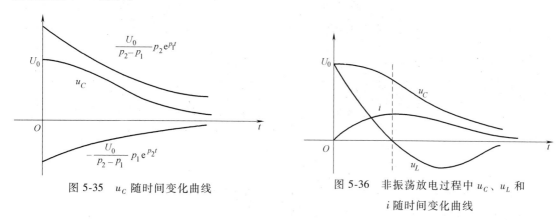

图 5-35 u_C 随时间变化曲线

图 5-36 非振荡放电过程中 u_C、u_L 和 i 随时间变化曲线

现在确定电流 i 的极大值点 t_m，显然 t_m 就是 $u_L=0$ 的时刻，有 $p_1e^{p_1t_m}-p_2e^{p_2t_m}=0$ 或 $e^{(p_1-p_2)t_m}=\dfrac{p_2}{p_1}$，等式两边取自然对数，得

$$t_m=\dfrac{\ln\left(\dfrac{p_2}{p_1}\right)}{p_1-p_2}$$

对 u_L 的公式求导一次，然后根据 $du_L/dt=0$ 的条件，就可以确定电感电压 u_L 极小值发生的时刻为

$$t_n=2\dfrac{\ln\left(\dfrac{p_2}{p_1}\right)}{p_1-p_2}=2t_m$$

下面讨论非振荡放电过程中的能量转换关系。由图 5-36 可知，当 $0\leqslant t<t_m$ 时，$u_C>0$，$i>0$，$u_L>0$，所以 $-u_Ci<0$，$u_Li>0$，按所标定的参考方向，显然电容不断释放出电场能量，而电感则不断增加其磁场能量，而电阻总是消耗能量。在这个阶段中，电容释放出的电场能量，一部分转变为磁场能量储存在电感中，一部分则消耗于电阻中。当 $t>t_m$ 仍保持 $-u_Ci<0$。但由于 $u_L<0$，使得 $u_Li<0$，因此电容继续释放出电场能量，而电感也变为释放磁场能量，这两部分能量全部被电阻消耗，并转换成热量。图 5-37 用箭头表示放电过程中能量转换的情况。

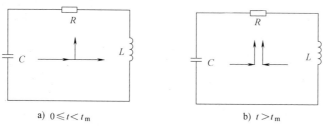

a) $0\leqslant t<t_m$ b) $t>t_m$

图 5-37 非振荡放电过程能量转换情况

例 5-12 在图 5-38 所示的电路中，已知 $U_S=10V$，$C=1\mu F$，$R=4000\Omega$，$L=1H$，开关 S 原来合在触点 "1" 处，在 $t=0$ 时，开关 S 由触点 1 合在触点 2 处。求：（1）u_C，u_R，i，

u_L;(2)i_{max}。

解:(1)已知 $R=4000\Omega$,则

$$2\sqrt{\frac{L}{C}}=2\sqrt{\frac{1}{10^{-6}}}\Omega=2000\Omega<R$$

放电过程是非振荡的。

特征根为

$$p_1=-\frac{R}{2L}+\sqrt{\left(\frac{R}{2L}\right)^2-\frac{1}{LC}}=-268$$

$$p_2=-\frac{R}{2L}-\sqrt{\left(\frac{R}{2L}\right)^2-\frac{1}{LC}}=-3732$$

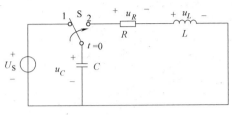

图 5-38 例 5-12 电路

可得 $u_C=10.77\mathrm{e}^{-268t}-0.774\mathrm{e}^{-3732t}\mathrm{V}$,$i=2.89(\mathrm{e}^{-268t}-\mathrm{e}^{-3732t})\mathrm{mA}$

电阻电压 $u_R=Ri=11.56(\mathrm{e}^{-268t}-\mathrm{e}^{-3732t})\mathrm{V}$

电感电压 $u_L=10.77\mathrm{e}^{-3732t}-0.774\mathrm{e}^{-268t}\mathrm{V}$

(2)电流最大值发生在 t_m 时刻,即

$$t_m=\frac{\ln\left(\dfrac{p_2}{p_1}\right)}{p_1-p_2}=7.60\times10^{-4}\mathrm{s}=760\mathrm{\mu s}$$

$$i=2.89(\mathrm{e}^{-268\times7.6\times10^{-4}}-\mathrm{e}^{-3732\times7.6\times10^{-4}})\mathrm{mA}=2.19\mathrm{mA}$$

2. $R<2\sqrt{\dfrac{L}{C}}$,欠阻尼情况(振荡放电过程)

在这种情况下,特征根 p_1 和 p_2 是一对共轭复数。若令

$$\delta=\frac{R}{2L},\quad \omega^2=\frac{1}{LC}-\left(\frac{R}{2L}\right)^2$$

则 $\sqrt{\left(\dfrac{R}{2L}\right)^2-\dfrac{1}{LC}}=\sqrt{-\omega^2}=\mathrm{j}\omega$

于是有 $p_1=-\delta+\mathrm{j}\omega$,$p_2=-\delta-\mathrm{j}\omega$

把 p_1,p_2 代入式(5-23)得电压 u_C 为

$$u_C=\frac{U_0}{p_2-p_1}(p_2\mathrm{e}^{p_1 t}-p_1\mathrm{e}^{p_2 t})$$

$$=\frac{U_0}{(-\delta-\mathrm{j}\omega)-(-\delta+\mathrm{j}\omega)}[(-\delta-\mathrm{j}\omega)\mathrm{e}^{(-\delta+\mathrm{j}\omega)t}-(-\delta+\mathrm{j}\omega)\mathrm{e}^{(-\delta-\mathrm{j}\omega)t}]$$

$$=-\frac{U_0}{\mathrm{j}2\omega}\mathrm{e}^{-\delta t}[-\delta(\mathrm{e}^{\mathrm{j}\omega t}-\mathrm{e}^{-\mathrm{j}\omega t})-\mathrm{j}\omega(\mathrm{e}^{\mathrm{j}\omega t}+\mathrm{e}^{-\mathrm{j}\omega t})]$$

$$=U_0\mathrm{e}^{-\delta t}\left[\frac{\delta}{\omega}\left(\frac{\mathrm{e}^{\mathrm{j}\omega t}-\mathrm{e}^{-\mathrm{j}\omega t}}{\mathrm{j}2}\right)+\left(\frac{\mathrm{e}^{\mathrm{j}\omega t}+\mathrm{e}^{-\mathrm{j}\omega t}}{2}\right)\right]$$

因为 $\sin\omega t=\dfrac{\mathrm{e}^{\mathrm{j}\omega t}-\mathrm{e}^{-\mathrm{j}\omega t}}{2\mathrm{j}}$,$\cos\omega t=\dfrac{\mathrm{e}^{\mathrm{j}\omega t}+\mathrm{e}^{-\mathrm{j}\omega t}}{2}$,所以 u_C 可以写成

$$u_C=U_0\mathrm{e}^{-\delta t}\left[\frac{\delta}{\omega}\sin\omega t+\cos\omega t\right]$$

$$= \frac{\omega_0}{\omega} U_0 e^{-\delta t} \left[\frac{\delta}{\omega_0} \sin\omega t + \frac{\omega}{\omega_0} \cos\omega t \right]$$

式中，$\omega_0 = \frac{1}{\sqrt{LC}}$，$\omega^2 = \frac{1}{LC} - \left(\frac{R}{2L}\right)^2 = \omega_0^2 - \delta^2$。

可见 $\delta < \omega_0$，$\omega < \omega_0$。参数 ω、ω_0、δ 的相互关系可以用一个直角三角形表示，如图 5-39 所示。由此可得 $\cos\beta = \delta/\omega_0$、$\sin\beta = \omega/\omega_0$ 以及 $\tan\beta = \omega/\delta$，则电压 u_C 还可以写成更简洁的形式，即

$$u_C = \frac{\omega_0}{\omega} U_0 e^{-\delta t} (\cos\beta\sin\omega t + \sin\beta\cos\omega t)$$

$$= \frac{\omega_0}{\omega} U_0 e^{-\delta t} \sin(\omega t + \beta) \quad (5-26)$$

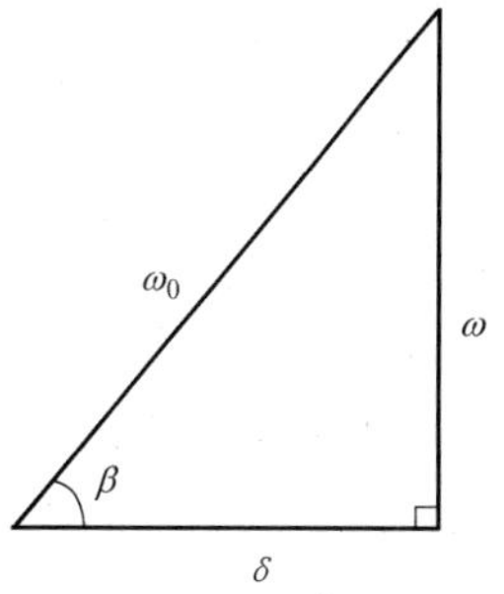

电流为

$$i = -C \frac{du_C}{dt} = \frac{U_0}{\omega L} e^{-\delta t} \sin\omega t \quad (5-27)$$

电感电压为

$$u_L = L \frac{di}{dt} = -U_0 \frac{\omega_0}{\omega} e^{-\delta t} \sin(\omega t - \beta) \quad (5-28)$$

图 5-39 ω、ω_0、δ 相互关系

式（5-26）说明，在 $R < 2\sqrt{\dfrac{L}{C}}$ 的情况下，电容电压 u_C 周期性地改变符号，所以放电过程是振荡的。u_C 是一个振幅逐渐衰减的正弦函数，它的角频率为 ω（又称为电路的固有振荡角频率），衰减的快慢取决于衰减系数 δ，显然 $\delta = R/(2L)$ 的数值越大，振幅衰减得就越快。

令 $\dfrac{du_C}{dt} = 0$（即 $i = 0$），可求得 u_C 的极大值和极小值发生在 $\omega t = 0$，π，2π，$\cdots$，$n\pi$ 时刻。从式（5-26）还可以看出，在 $\omega t = \pi - \beta$，$2\pi - \beta$，$\cdots$，$n\pi - \beta$ 时，u_C 为零。振荡放电情况下的 u_C 波形如图 5-40 所示。

式（5-27）说明，放电电流 i 也为减幅振荡，其波形如图 5-41 所示。从式（5-28）可知，电感电压 u_L 也是一个减幅正弦振荡波形，在 $\omega t = \beta$，$\pi + \beta$，$\cdots$，$n\pi + \beta$ 时，$u_L = 0$，而 $t = $

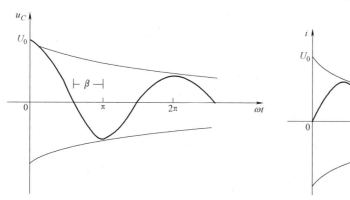

图 5-40 振荡放电过程的 u_C 波形

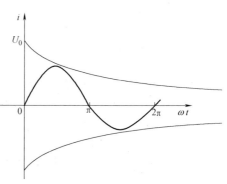

图 5-41 振荡放电过程的 i 波形

0 时 $u_L = U_0$ 正好就是电感电压的初始值。u_L 的波形如图 5-42 所示。图 5-43 给出了 u_C、u_L、i 诸量之间的相互关系。

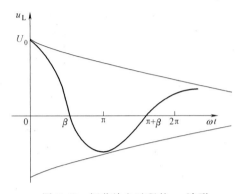

图 5-42 振荡放电过程的 u_L 波形

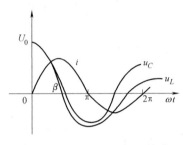

图 5-43 u_C、u_L、i 相互关系

现在讨论振荡放电过程中的能量转换关系。振荡放电过程的实质在于电容所储存的电场能量和电感所储存的磁场能量之间不断进行交换。先讨论第一个半周期的能量变化过程。第一段间隔内（$0<t<\beta/\omega$），$u_C>0$，$i>0$，按给定参考方向，电容的吸收功率 $p_C = -u_C i < 0$，电容中的电场能量将释放出来，一部分供给电阻消耗掉，另一部分在电感中转换成磁场能量储存起来（因为 $u_L>0$，$i>0$，电感的吸收功率 $p_L = u_L i > 0$，电感吸收能量）；第二阶段间隔内（$\beta/\omega<t<(\pi-\beta)/\omega$）仍保持 $p_C = -u_C i < 0$，但由于 $u_L<0$，所以 $p_L = u_L i < 0$，因而电容和电感都释放能量，供给电阻消耗；第三段间隔内（$(\pi-\beta)/\omega<t<\pi/\omega$），由于 $u_C<0$，使得 $p_C = -u_C i > 0$，电容要吸收能量。而 $p_L = u_L i < 0$，所以电感继续释放其磁场能量，电阻仍然消耗能量。可见这段时间内，从电感中释放出来的磁场能量的一部分被电阻消耗掉，另一部分则转为电场能量储存在电容中。在这半个周期内能量转换的情况示于图 5-44 中。显然，在第二个半周期内能量的转换情况和第一个半周期的情况相似，只不过电容是在相反的方向放电而已。如此周而复始地进行下去，形成衰减振荡的放电过程。

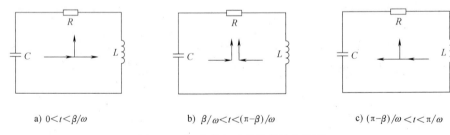

a) $0<t<\beta/\omega$ b) $\beta/\omega<t<(\pi-\beta)/\omega$ c) $(\pi-\beta)/\omega<t<\pi/\omega$

图 5-44 振荡放电过程能量转换情况

例 5-13 在图 5-45 所示的电路中，电容 C 已经充电至 $U_0 = 100\text{V}$，并已知 $C = 1\mu\text{F}$，$R = 1000\Omega$，$L = 1\text{H}$。求：（1）开关 S 闭合后 u_C、u_L、i；（2）i_{max}。

解：$2\sqrt{\dfrac{L}{C}} = 2\sqrt{\dfrac{1}{1\times 10^{-6}}}\Omega = 2000\Omega > R$

此时为振荡放电过程。

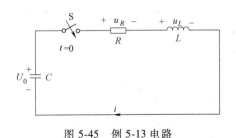

图 5-45 例 5-13 电路

$$\omega_0 = \frac{1}{\sqrt{LC}} = \frac{1}{\sqrt{1 \times 10^{-6}}} \text{rad/s} = 1000 \text{rad/s}$$

$$\delta = \frac{R}{2L} = \frac{1000}{2 \times 1} \text{Hz} = 500 \text{Hz}$$

$$\omega = \sqrt{\omega_0^2 - \delta^2} = \sqrt{10^6 - 2.5 \times 10^5} \text{rad/s} = 866 \text{rad/s}$$

$$\beta = \arctan\left(\frac{\omega}{\delta}\right) = \arctan\left(\frac{866}{500}\right) = \frac{\pi}{3} (\text{rad})$$

（1）将上述数值代入式（5-26）、式（5-27）和式（5-28）中，从而求出

$$u_C = 115 e^{-500t} \sin\left(866t + \frac{\pi}{3}\right) \text{V}$$

$$i = 115 e^{-500t} \sin(866t) \text{mA}$$

$$u_L = -115 e^{-500t} \sin\left(866t - \frac{\pi}{3}\right) \mu\text{V}$$

（2）根据前面的分析可知，当 $\omega t = \beta$ 时，$u_L = L \dfrac{\mathrm{d}i}{\mathrm{d}t} = 0$，所以，当 $t = \beta/\omega = 1.21 \times 10^{-3}$ s 时电流 i 具有极大值

$$i_{\max} = 0.115 e^{-500 \times 1.21 \times 10^{-3}} \sin(866 \times 1.21 \times 10^{-3}) \text{A} = 0.0544 \text{A}$$

例 5-14 在受控热核研究中，需要强大的脉冲磁场，它是靠强大的脉冲电流产生的。这种强大的脉冲电流可以由 RLC 串联放电电路来产生。若已知 $U_0 = 15 \text{kV}$，$C = 1700 \mu\text{F}$，$R = 6 \times 10^{-4} \Omega$，$L = 6 \times 10^{-9} \text{H}$。试问：（1）$i(t) = ?$（2）$i(t)$ 在何时达到极大值？并求出 $i_{\max}$。

解： 因为 $2\sqrt{\dfrac{L}{C}} = 2\sqrt{\dfrac{6 \times 10^{-9}}{1.7 \times 10^{-3}}} \Omega = 3.7 \times 10^{-3} \Omega > R$

则此时为振荡放电过程。

$$\omega_0 = \frac{1}{\sqrt{LC}} = 3.13 \times 10^5 \text{rad/s}$$

$$\delta = \frac{R}{2L} = 5 \times 10^4 \text{Hz}$$

$$\omega = \sqrt{\omega_0^2 - \delta^2} = 3.09 \times 10^5 \text{rad/s}$$

$$\beta = \arctan\left(\frac{\omega}{\delta}\right) = 1.41 \text{rad}$$

电流 $i(t)$ 为

$$i(t) = \frac{U_0}{\omega L} e^{-\delta t} \sin \omega t = 8.1 \times 10^6 e^{-5 \times 10^4 t} \sin(3.09 \times 10^5 t) \text{A}$$

当 $\omega t = \beta$，即当 $t = \beta/\omega = 1.41/(3.09 \times 10^5) = 4.56 \times 10^{-6}$(s) 时，$i(t)$ 到达极大值 $i_{\max}$。

$$i_{\max} = 8.1 \times 10^6 e^{-5 \times 10^4 \times 4.56 \times 10^{-6}} \sin(3.09 \times 10^5 \times 4.56 \times 10^{-6}) \text{A} = 6.36 \times 10^6 \text{A}$$

可见，本例中的最大放电电流可达 $6.36 \times 10^6 \text{A}$，这是一个比较可观的数值。利用 RLC 放电电路产生一亿安培以上的脉冲电流是能够做到的。

3. $R = 0$,无阻尼等幅振荡

当 $R = 0$ 时,$\delta = 0$,则 $\omega = \omega_0 = 1/\sqrt{LC}$,$\beta = \arctan(\omega/\delta) = \pi/2$,根据式(5-26)、式(5-27)、式(5-28)可知,这时 u_C、u_L、i 各量的表达式为

$$\begin{cases} u_C = U_0 \sin\left(\omega_0 t + \dfrac{\pi}{2}\right) = U_0 \cos\omega_0 t \\ i = \dfrac{U_0}{\omega_0 L}\sin\omega_0 t = \dfrac{U_0}{\sqrt{\dfrac{L}{C}}}\sin\omega_0 t \\ u_L = -U_0 \sin\left(\omega_0 t - \dfrac{\pi}{2}\right) = U_0 \cos\omega_0 t \end{cases} \quad (5\text{-}29)$$

式(5-29)的波形如图 5-46 所示。由图 5-46 可见,u_C、u_L、i 各量都是正弦函数,它们的振幅并不衰减,是一种等幅振荡的放电过程。

实际上,不管是什么样的电感线圈,其电阻不能真正等于零,所以振荡放电过程总是要衰减的,这样看来,单靠电感线圈和电容器构成的振荡电路的放电过程还不能产生持续的正弦振荡。要使振荡不衰减,必须不时地向振荡电路输入能量,以补偿电阻中的能量消耗。电子管 LC 振荡器或晶体管 LC 振荡器之所以能产生持续的正弦振荡,就是因为振荡器可以自动补偿消耗的能量。

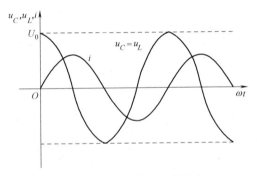

图 5-46 无阻尼等幅振荡放电过程的 u_C、u_L、i 波形

尽管实际的振荡电路都是有损耗的,但在许多情况下还是可以近似地按等幅振荡来处理。例如,当我们关心的是在很短的时间间隔内所发生的过程时,忽略振幅的衰减并不会带来显著的误差。

4. $R = 2\sqrt{\dfrac{L}{C}}$,临界阻尼情况(非振荡放电过程)

在 $R = 2\sqrt{\dfrac{L}{C}}$ 的条件下,$p_1 = p_2 = -\dfrac{R}{2L} = -\delta$,为了求得这种情况下的解,我们仍可利用非振荡放电过程的解

$$u_C = \dfrac{U_0}{p_2 - p_1}(p_2 \mathrm{e}^{p_1 t} - p_1 \mathrm{e}^{p_2 t})$$

然后令 $p_1 \to p_2 = -\delta$ 取极限而得出。根据洛必达法则,得

$$u_C = U_0 \lim_{p_2 \to p_1} \dfrac{\dfrac{\mathrm{d}}{\mathrm{d}p_2}(p_2 \mathrm{e}^{p_1 t} - p_1 \mathrm{e}^{p_2 t})}{\dfrac{\mathrm{d}}{\mathrm{d}p_2}(p_2 - p_1)}$$

$$= U_0(\mathrm{e}^{p_1 t} - p_1 t \mathrm{e}^{p_1 t}) = U_0 \mathrm{e}^{-\delta t}(1 + \delta t)$$

同时有

$$i = -C\frac{du_C}{dt} = \frac{U_0}{L}te^{-\delta t}$$

$$u_L = L\frac{di}{dt} = U_0 e^{-\delta t}(1-\delta t)$$

如按以上各式画出 u_C、u_L、i 的波形，可以看出放电过程仍属非振荡性质，其变化规律与图 5-36 所示相似。不过此时 $t_m = 1/\delta$。

从以上分析可以看出，当电阻值大于或等于 $2\sqrt{\dfrac{L}{C}}$ 时，电路中产生的过渡过程是非振荡性质的；当电阻小于此值时，过渡过程是振荡性质的。称 $R = 2\sqrt{\dfrac{L}{C}}$ 为临界电阻，此时为临界阻尼情况。

$\omega_0 = 1/\sqrt{LC}$ 是在 $R = 0$ 情况下的振荡角频率，习惯上称为无阻尼振荡电路的固有角频率。在 $R \neq 0$ 时，放电电路的固有振荡角频率 $\omega = \sqrt{\omega_0^2 - \delta^2}$ 将随着 $\delta = R/(2L)$ 的增加而减小，当电阻 $R = 2\sqrt{\dfrac{L}{C}}$ 时，$\delta = \omega_0$，$\omega = \sqrt{\omega_0^2 - \delta^2} = 0$，过程就变为非振荡性质的了。

需要指出的是，电路过渡过程随时间的衰减规律取决于 RLC 串联电路放电过程微分方程的特征根，但特征根仅仅取决于电路的结构与电路参数，而与初始条件和激励的大小没有关系。

5.7.2 二阶电路的零状态响应和全响应

如图 5-47 所示 RLC 串联电路，当 $t = 0$ 时刻合上开关 S，$t \geq 0$ 时电路的微分方程为

$$LC\frac{d^2 u_C}{dt^2} + RC\frac{du_C}{dt} + u_C = U_S \tag{5-30}$$

这是一个常系数线性二阶非齐次微分方程。若给定电路的初始状态 $u_C(0)$ 和 $i_L(0)$，则方程有确定解，若求出齐次方程的通解 $u_{Ch}(t)$ 和非齐次方程的特解 $u_{Cp}(t)$，则电路的响应

$$u_C(t) = u_{Ch}(t) + u_{Cp}(t)$$

若电路输入直流电源 U_S 而初始状态为零，即 $u_C(0) = 0$，$i_L(0) = 0$，这时电路的响应可由分别计算零输入响应和零状态响应之和来求得，也可以直接求解微分方程式（5-30）来求得。

齐次微分方程通解的一般形式为

$$u_{Ch}(t) = A_1 e^{p_1 t} + A_2 e^{p_2 t}$$

式中，p_1、p_2 为方程式（5-30）的齐次微分方程所对应的特征方程的根，解特征方程可得

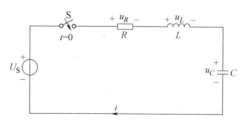

图 5-47 接通直流电源的 RLC 串联电路

$$p_{1,2} = -\frac{R}{2L} \pm \sqrt{\left(\frac{R}{2L}\right)^2 - \frac{1}{LC}}$$

根据电路参数 R、L、C 数值不同，$p_{1,2}$ 有四种不同的情况，即

(1) 过阻尼情况 特征根为两个不相等的负实根，响应为
$$u_{Ch}(t) = A_1 e^{p_1 t} + A_2 e^{p_2 t}$$
(2) 临界阻尼情况 特征根为两个相等的负实根，响应为
$$u_{Ch}(t) = A_1 e^{pt} + A_2 t e^{pt} = (A_1 + A_2 t) e^{pt}$$
(3) 负阻尼情况 特征根为一对具有负实部的共轭复根，响应为
$$u_{Ch}(t) = e^{-\delta t}(A_1 \cos\omega t + A_2 \sin\omega t) \text{ 或 } u_{Ch}(t) = A e^{-\delta t} \sin(\omega t + \beta)$$
(4) 无阻尼等幅振荡情况 特征根为一个共轭虚根，响应为
$$u_{Ch}(t) = A_1 \cos\omega_0 t + A_2 \sin\omega_0 t \text{ 或 } u_{Ch}(t) = A_1 \sin(\omega_0 + \beta)$$

在以上各式中，A、A_1、A_2 为积分常数；$\delta = R/(2L)$ 为衰减系数；$\omega = \sqrt{\dfrac{1}{LC} - \left(\dfrac{R}{2L}\right)^2}$ 为阻尼振荡角频率；$\omega_0 = \dfrac{1}{\sqrt{LC}}$ 为电路的谐振角频率；$A = \sqrt{A_1^2 + A_2^2}$，$\beta = \arctan\dfrac{A_1}{A_2}$。

微分方程式（5-30）的特解与激励形式相同，由于式（5-30）中左边 u_C 项次系数为 1，则特解为
$$u_{Cp}(t) = U_S$$
因为它满足微分方程式（5-30），则式（5-30）微分方程的全解为

$$u_C(t) = A_1 e^{p_1 t} + A_2 e^{p_2 t} + U_S \tag{5-31}$$

$$u_C(t) = A_1 e^{pt} + A_2 t e^{pt} + U_S \tag{5-32}$$

$$u_C(t) = e^{-\delta t}(A_1 \cos\omega t + A_2 \sin\omega t) + U_S = A e^{-\delta t} \sin(\omega t + \beta) + U_S \tag{5-33}$$

$$u_C(t) = A_1 \cos\omega_0 t + A_2 \sin\omega_0 t + U_S = A e^{-\delta t} \sin(\omega t + \beta) + U_S \tag{5-34}$$

最后根据初始条件 $u_C(0)$ 和 $u_C'(0)$ 便可以确定积分常数 A_1、A_2 或 A、β，从而求出电路的零状态响应或全响应。现以电路的固有频率是两个不相等负实根为例进行分析。这时方程的解的形式为式（5-31）。

根据初始状态 $u_C(0)$、$i_L(0)$，得出初始条件 $u_C(0)$ 和 $u_C'(0)$，于是解得

$$\begin{cases} A_1 = \dfrac{1}{p_2 - p_1}\left\{p_2[u_C(0) - U_S] + \dfrac{i_L(0)}{C}\right\} \\ A_2 = \dfrac{-1}{p_2 - p_1}\left\{p_1[u_C(0) - U_S] + \dfrac{i_L(0)}{C}\right\} \end{cases} \tag{5-35}$$

这个结果与零输入响应时的 A_1、A_2 相比较，其差别是用 $[u_C(0) - U_S]$ 代替 $u_C(0)$ 项。于是电路的全响应为

$$u_C(t) = \dfrac{1}{p_2 - p_1}[u_C(0) - U_S](p_2 e^{p_1 t} - p_1 e^{p_2 t}) + \dfrac{i_L(0)}{(p_2 - p_1)C}(e^{p_1 t} - e^{p_2 t}) + U_S$$

在式（5-34）过阻尼情况下，求电路的零状态响应为 A_1、A_2 值，则为

$$\begin{cases} A_1 = \dfrac{-p_2}{p_2 - p_1} U_S \\ A_2 = \dfrac{p_1}{p_2 - p_1} U_S \end{cases} \tag{5-36}$$

这时零状态响应为

$$u_C(t) = \frac{U_S}{p_2-p_1}(p_1 e^{p_2 t} - p_2 e^{p_1 t}) + U_S$$

例 5-15 如图 5-47 所示电路，已知 $C=1/9\text{F}$，$R=10\Omega$，$L=1\text{H}$，$U_S=16\text{V}$。求开关 S 闭合后电路的零状态响应 $u_C(t)$ 和 $i(t)$。

解：已知 $R=10\Omega$，而 $2\sqrt{\dfrac{L}{C}} = 2\sqrt{\dfrac{1}{1/9}}\Omega = 6\Omega < R$，电路为过阻尼情况。

特征根为

$$p_1 = -\frac{R}{2L} + \sqrt{\left(\frac{R}{2L}\right)^2 - \frac{1}{LC}} = -1$$

$$p_2 = -\frac{R}{2L} - \sqrt{\left(\frac{R}{2L}\right)^2 - \frac{1}{LC}} = -9$$

故齐次微分方程的通解为

$$u_{Ch}(t) = A_1 e^{-t} + A_2 e^{-9t}$$

非齐次微分方程的特解为

$$u_{Cp}(t) = 16\text{V}$$

故得

$$u_C(t) = A_1 e^{-t} + A_2 e^{-9t} + 16$$

根据初始条件确定常数 A_1、A_2：

$$u_C(0) = A_1 + A_2 + 16 = 0$$

$$u'_C(0) = -A_1 - 9A_2 = \frac{i_L(0)}{C} = 0$$

可得 $A_1 = -18$，$A_2 = 2$，则电路零状态响应为

$$u_C(t) = (-18e^{-t} + 2e^{-9t} + 16)\text{V}$$

$$i(t) = C\frac{du_C(t)}{dt} = \frac{1}{9}(18e^{-t} - 18e^{-9t})\text{A} = 2(e^{-t} - e^{-9t})\text{A}$$

例 5-16 如图 5-47 所示电路，已知 $C=1/5\text{F}$，$R=2\Omega$，$L=1\text{H}$，$U_S=6\text{V}$，$u_C(0_-)=4\text{V}$，$i(0_-)=0\text{A}$。求全响应 $u_C(t)$ 和 $i(t)$。

解法一：(1) 计算零输入响应。

电路的特征根为

$$p_{1,2} = -\frac{R}{2L} \pm \sqrt{\left(\frac{R}{2L}\right)^2 - \frac{1}{LC}} = -1 \pm 2\text{j}$$

故

$$u_C(t) = e^{-t}(A_1 \cos 2t + A_2 \sin 2t)\text{V}$$

因为

$$u_C(0_+) = u_C(0_-) = 4\text{V}$$

$$u_C(0_+) = A_1 = 4$$

所以

$$u'_C(0_+) = -A_1 + 2A_2 = \frac{i(0_-)}{C} = 0$$

$$A_2 = \frac{A_1}{2} = 2$$

故得出零输入响应为
$$u_{C0}(t) = e^{-t}(4\cos2t + 2\sin2t)\text{ V}$$
$$i_0(t) = C\frac{du_C}{dt} = -2e^{-t}\sin2t \text{ A}$$

(2) 计算零状态响应。
$$u_{C1}(t) = [e^{-t}(A_1\cos2t + A_2\sin2t) + 6]\text{ V}$$

确定常数 A_1、A_2：
因为
$$u_C(0_-) = A_1 + 6 = 0$$
所以
$$A_1 = -6$$
且
$$u'_C(0_+) = -A_1 + 2A_2 = \frac{i(0_-)}{C} = 0$$
所以
$$A_2 = \frac{A_1}{2} = -3$$

则零状态响应为
$$u_{C1}(t) = [-e^{-t}(6\cos2t + 3\sin2t) + 6]\text{ V}$$
$$i_1(t) = C\frac{du_{C1}(t)}{dt} = 3e^{-t}\sin2t \text{ A}$$

(3) 计算全响应
$$u_C(t) = u_{C0}(t) + u_{C1}(t) = [-e^{-t}(2\cos2t + \sin2t) + 6]\text{ V}$$
$$i(t) = i_0(t) + i_1(t) = e^{-t}\sin2t \text{ A}$$

解法二：计算齐次微分方程的通解为
$$u_{Ch}(t) = e^{-t}(A_1\cos2t + A_2\sin2t)\text{ V}$$
计算非齐次微分方程的特解为
$$u_{Cp}(t) = 6\text{ V}$$
全解为
$$u_C(t) = u_{Ch}(t) + u_{Cp}(t) = [e^{-t}(A_1\cos2t + A_2\sin2t) + 6]\text{ V}$$

确定常数 A_1、A_2：
因为
$$u_C(0_-) = A_1 + 6 = 4$$
所以
$$A_1 = -2$$
且
$$u'_C(0_+) = -A_1 + 2A_2 = \frac{i(0_-)}{C} = 0$$
所以
$$A_2 = \frac{A_1}{2} = -1$$

故接触电路的全响应电容电压为
$$u_C(t) = [-e^{-t}(2\cos2t + \sin2t) + 6]\text{ V}$$
电流为
$$i(t) = C\frac{du_C(t)}{dt} = e^{-t}\sin2t \text{ A}$$

【实例应用】

闪光灯两端电压达到 U_{max} 时导通，一直导通到电压降至 U_{min} 时不导通，相当于开路，在灯导通期间，灯可以抽象成一个电阻 R_L。当灯没有导通时，直流电压源通过电阻 R 给电容充电，一旦灯两端电压升高至 U_{max} 时，灯开始导通，同时电容开始向 R_L 放电。当电容电压降至 U_{min} 时，灯开路，此时，直流电压源又通过电阻 R 给电容充电，当灯电压再次达到 U_{max} 时，灯导通，电容放电，从而重复充电、放电过程。选择电容开始充电瞬间为计时起点 $t=0$，$0\sim t_C$ 为电容充电时间，$t_C \sim t_S$ 为电容放电时间。灯以 $0\sim t_S$ 为一个周期时间进行变化，波形如图5-48b所示。

便携式闪光灯的电源为4节1.5V的电池，电容大小为 $10\mu F$。灯的电压达到4V导通，当电压下降到1V以下停止导通。当灯导通时，灯的电阻是 $20k\Omega$，不导通时，电阻为无穷大，电路如图5-48a所示。请问灯开始导通前需要多少时间？

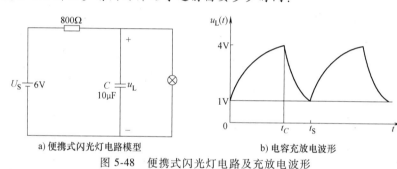

a) 便携式闪光灯电路模型　　　　b) 电容充放电波形

图5-48　便携式闪光灯电路及充放电波形

假设灯停止导通的瞬间 $t=0$，此时灯被模拟为开路，灯的压降为 $U_{min}=1V$。

$$u_L(0)=1V \quad u_L(\infty)=U_S=6V \quad \tau=RC=800\times10\times10^{-6}s=8ms$$

灯在未达到4V前是不导通的，当灯不导通时，$u_L=U_S+(U_{min}-U_S)e^{-\frac{t}{RC}}$

灯达到4V即可导通，$u_L=U_{max}=4V$，解得 $t_C=RC\ln\dfrac{U_{min}-U_S}{U_{max}-U_S}$，$t_C=7.33ms$。

本 章 小 结

知识点：
1. 一阶电路的响应：零输入响应、零状态响应和全响应；
2. 一阶电路三要素分析法：初始值、稳态值和时间常数；
3. 二阶电路的响应：零输入响应、零状态响应和全响应。

难点：
1. 一阶电路三要素法中三要素的求解；
2. 冲激响应的求解。

习 题 5

5-1　习题图5-1所示电路中开关在 $t=0$ 时闭合，闭合前电路已达稳态。试求各电路在 $t=0_+$ 时刻所标的电压和电流。

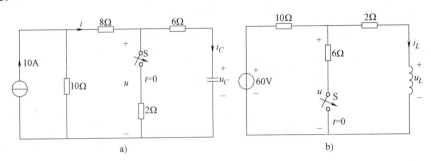

习题图 5-1

5-2 习题图 5-2 所示电路中，开关在 $t=0$ 时动作，闭合前电路已达稳态。试求各电路在 $t=0_+$ 时刻所标的电压和电流。

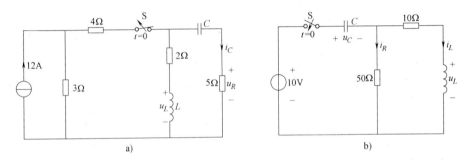

习题图 5-2

5-3 如习题图 5-3 所示电路，$t=0$ 时开关闭合，闭合前电路已达稳态。求 $t\geqslant 0$ 时的 $u_C(t)$ 和 $i_C(t)$。

5-4 习题图 5-4 所示电路中，已知 $t<0$ 时 S 在 "1" 位置，电路已达稳定状态，现于 $t=0$ 时刻将 S 闭合到 "2" 位置。

（1）试用三要素法求 $t\geqslant 0$ 时的响应 $u_C(t)$；

（2）求 $u_C(t)$ 经过零值的时刻 t_0。

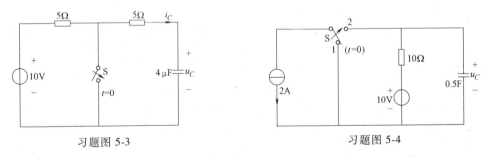

习题图 5-3　　　　　　　习题图 5-4

5-5 习题图 5-5 所示电路中，各电源均在 $t=0$ 时开始作用于电路，求 $i(t)$。已知电容电压初始值为零。

5-6 电路如习题图 5-6 所示，在开关 S 闭合前已处于稳态，求开关闭合后的电压 u_C。

5-7 电路如习题图 5-7 所示，已知 $u_C(0_-)=0$，求 $t\geqslant 0$ 时的 u_C。

5-8 电路如习题图 5-8 所示，在 $t<0$ 时开关 S 位于 "1"，电路已处于稳态。$t=0$ 时开关闭合到 "2"，求 i_L 和 u。

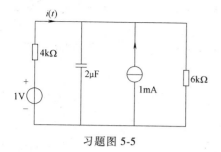

习题图 5-5

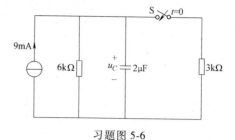

习题图 5-6

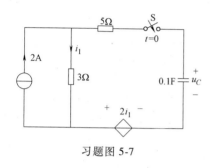

习题图 5-7

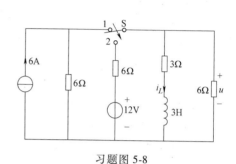

习题图 5-8

5-9　电路如习题图 5-9 所示，在 $t<0$ 时开关是闭合的，电路已处于稳态，当 $t=0$ 时开关 S 断开。求 $t\geqslant 0$ 时的 i_L 和 u_L。

5-10　电路如习题图 5-10 所示，$t=0$ 时开关合上，闭合前电路已稳定，且 $u_C(0_-)=0$，求 $t\geqslant 0$ 时的 u_C。

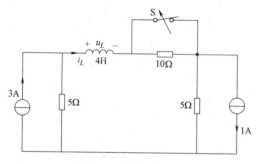

习题图 5-9

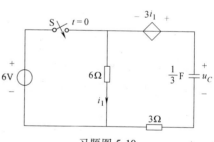

习题图 5-10

5-11　电路如习题图 5-11 所示，$t=0$ 时开关 S 打开。求零状态响应 u_C 和 u_0。

5-12　电路如习题图 5-12 所示，$t=0$ 时开关 S 闭合。求零状态响应 u_L 和 i_L。

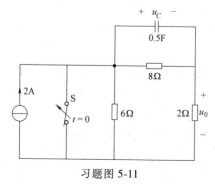

习题图 5-11

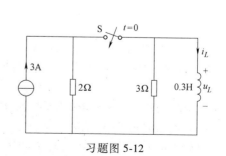

习题图 5-12

5-13 如习题图 5-13 所示电路，$u_C(0_-) = 3V$，$t=0$ 时刻开关 S 闭合。求 u_C 的零输入响应、零状态响应、全响应、暂态响应和稳态响应。

5-14 如习题图 5-14 所示电路，$t=0$ 时刻开关 S_1，S_2 同时动作。求 $t \geq 0$ 时 i_L 的零输入响应、零状态响应和全响应。

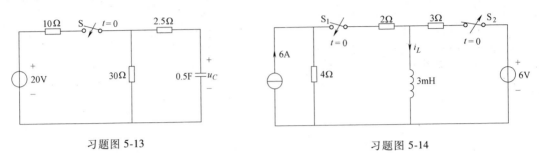

习题图 5-13　　　　　　　　习题图 5-14

5-15 如习题图 5-15 所示电路，电容的初始储能为零，当 $t=0$ 时开关 S 闭合，求 $t>0$ 时的 i_1。

5-16 电路如习题图 5-16 所示，$t<0$ 时开关 S 位于"1"，电路已处于稳态，$t=0$ 时开关由"1"闭合到"2"，求 $t \geq 0$ 时的 i_L 和 u。

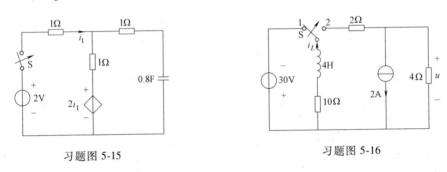

习题图 5-15　　　　　　　　习题图 5-16

5-17 如习题图 5-17 所示电路，求电容电压和电流的冲激响应。

5-18 如习题图 5-18 所示电路，求电感电流和电压的冲激响应。

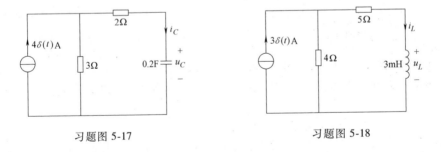

习题图 5-17　　　　　　　　习题图 5-18

5-19 用卷积积分法求习题图 5-19a 所示电路对于习题图 5-19b、c、d、e 所示几种脉冲 u_1 的响应 u_2。

5-20 电路如习题图 5-20 所示，$t=0$ 时刻开关 S 由 a 闭合到 b。换路前电路已经达到稳态。求 $t \geq 0$ 时的响应 $u_C(t)$ 和 $i(t)$。

5-21 如习题图 5-21 所示 RLC 串联电路。$C=0.1F$，$L=10H$，$u_C(0_-)=0V$，$i_L(0_-)=0A$。试求 R 为以下四种情况时，电路的零状态响应 $u_C(t)$。

（1）$R=100\Omega$；（2）$R=10\Omega$；（3）$R=20\Omega$；（4）$R=0\Omega$。

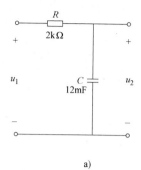 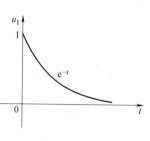 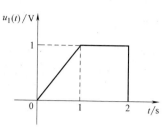

a)　　　　　　　　　　b)　　　　　　　　　　c)

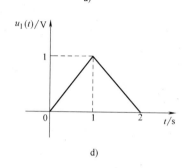 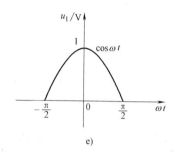

d)　　　　　　　　　　　　　　　　e)

习题图 5-19

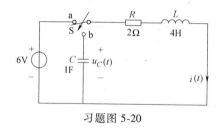 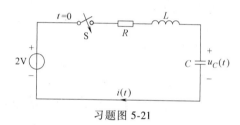

习题图 5-20　　　　　　　　　　　　习题图 5-21

第6章 正弦稳态交流电路分析基础

【章前导读】

在线性电路中，当激励是正弦量时，其响应也是同频率的正弦量，这种电路称为正弦交流电路。研究线性时不变电路在正弦激励下的稳态响应，称为正弦稳态分析。正弦交流电路具有许多优点，它在日常生活、工程技术和理论研究中都得到了广泛应用。例如，因三相交流发电机所产生的电压是正弦波形，电力系统中的大多数问题可以按正弦交流电路来分析处理。而通信、自控等系统中的非正弦周期信号，根据傅里叶理论，都可以分解为按正弦规律变化的分量，从而转化为正弦稳态分析。所以学习交流电路理论，掌握其分析方法具有重要应用价值和理论意义。本章介绍正弦稳态交流电路的基本概念，基尔霍夫定律的相量形式，电阻、电感和电容元件的相量特性，阻抗和导纳的概念，正弦稳态交流电路的相量分析法，正弦交流电路的功率及功率因数的提高方法，最大功率传输等内容。

【导读思考】

在我们的生活中，有时采用荧光灯照明，但传统荧光灯的功率利用率较低。为了提高照明电路的功率使用效率，可以采用具有无功功率补偿的荧光灯。这种荧光灯是在传统照明的荧光灯电路结构上多了一只电容 C_1，该电路主要由灯管、镇流器、辉光启动器、电容4部分组成，如图6-1所示。

灯管：荧光灯管主要由灯丝、灯头和玻璃管组成。灯管内壁涂有一层荧光粉（有毒的金属盐），灯管两端各有一个灯丝，灯丝由钨丝构成，用于发射电子。灯管在真空状态下充有一定量的氩气与少量汞。灯管可近似为一个电阻元件。

辉光启动器：辉光启动器主要由氖泡、电容器、电极及外壳组成。氖泡为充有氖气的玻璃泡，其内装有由 U 形双金属片及静触头组成的两个电极，其间留有很小的间隙。电容器的电容量 C 的值为 $0.006 \sim 0.007 \mu F$，用以消除 U 形双金属片脱离静触头时发生的火花，并避免荧光灯对收音机和电视机的干扰。

镇流器：镇流器主要由铁心和线圈组成。镇流器是一只绕在硅钢片铁心上的电感线圈。它有两个作用：在启动时，与辉光启动器配合，产生瞬间高电压，促使灯管放电；在工作时，其具有限制灯管中电流的作用。

电路工作过程：当接通电源后，220V 交流电压经过镇流器到荧光灯管右端灯丝，加到辉光启动器的 U 形双金属片和静触头之间，引起辉光放电。放电时，产生的热量使双金属片膨胀并向外伸张，与静触头接触，接通电路，使灯丝受热并发射出电子。与此同时，由于双金属片与静触头相接触而停止辉光放电，使双金属片逐渐冷却并向里弯曲，脱离静触头。在静触头断开的瞬间，在镇流器两端会产生一个比电源电压高得多的感应电动势。这个感应电动势加在灯管两端，使大量电子从灯管中流过。电子在运动中冲击管内壁的荧光粉后，发出了近似日光的可见光。

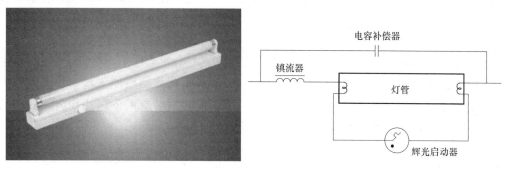

a) 常用荧光灯　　　　　　　　　　　　b) 无功补偿荧光灯电路

图 6-1　无功功率补偿的荧光灯电路

那么什么是无功功率和功率因数？为什么在传统照明荧光灯电路的基础上并联一只电容，该电路的功率因数就会提高呢？这种并联电容提高功率因数的方法为什么称为无功功率补偿呢？学习完本章后就会揭晓答案。

6.1　正弦量的基本概念

6.1.1　正弦量的三要素

按正弦（余弦）规律随时间做周期变化的电压、电流称为正弦电压、电流，统称为正弦量（或正弦交流电）。正弦量可用正弦函数表示，也可用余弦函数表示。本书约定采用余弦函数表示正弦量，对于不是余弦函数的量要先转换为余弦函数的形式，然后再进行分析。

正弦电压、电流的大小和方向是随时间变化的，其在任一时刻的值称为瞬时值，其时间函数表达式称为瞬时值表达式。例如在图 6-2 所示正弦稳态交流电路中，在图示参考方向下，正弦电流和电压在 t 时刻的瞬时值可表示为

$$i(t) = I_\text{m} \cos(\omega t + \psi_i) \tag{6-1}$$

$$u(t) = U_\text{m} \cos(\omega t + \psi_u) \tag{6-2}$$

正弦量也可用曲线表示，称为正弦量的波形图，上述正弦电流的波形如图 6-3 所示。式（6-1）和式（6-2）中，U_m（或 I_m）、ω、ψ_u（或 ψ_i）称为正弦量的三要素。

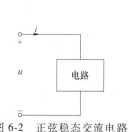

图 6-2　正弦稳态交流电路

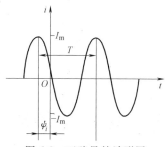

图 6-3　正弦量的波形图

1. 最大值

U_m（或 I_m）称为正弦量电压（或电流）的振幅，它是正弦电压（或电流）在整个变化过程中所能达到的最大值。以正弦电压为例，当 $\cos(\omega t+\psi_u)=1$ 时，此时有 $u_{max}=U_m$，表示正弦量电压达到最大值（极大值）。当 $\cos(\omega t+\psi_u)=-1$ 时，此时有 $u_{min}=-U_m$，表示正弦量电压达到最小值（极小值）。$u_{max}-u_{min}=2U_m$，称为正弦量电压的峰-峰值，用 U_{p-p} 表示。正弦量电流的峰-峰值用 I_{p-p} 表示。

2. 角频率和频率

式（6-1）和式（6-2）中，$\omega t+\psi_u$（或 $\omega t+\psi_i$）反映正弦量随时间变化的角度，称为相（位）角或相位，单位为弧度（rad）或度（°）。不同的时刻对应着不同的相位，不同的相位对应着不同的瞬时值。角频率 ω 是相位随时间变化的速率，即

$$\omega=\frac{d}{dt}(\omega t+\psi_u) \text{ 或 } \omega=\frac{d}{dt}(\omega t+\psi_i)$$

角频率 ω 的单位是弧度/秒（rad/s）。它与周期 T、频率 f 的关系为

$$\omega=\frac{2\pi}{T}=2\pi f, f=\frac{1}{T}$$

周期 T 的单位是秒（s），频率 f 的单位是 1/s，称为赫兹（Hz）。例如，我国工业和居民用电的频率 $f=50\text{Hz}$，周期 $T=0.02\text{s}$，角频率 $\omega\approx 314\text{rad/s}$。

3. 相位和初相角

ψ_u（或 ψ_i）是正弦电压（或电流）在 $t=0$ 时刻的相位，称为正弦量的初相位（初相角），简称初相。即

$$(\omega t+\psi_u)|_{t=0}=\psi_u, (\omega t+\psi_i)|_{t=0}=\psi_i$$

初相角的单位为弧度（rad）或度（°），通常在主值范围 $[-\pi,\pi]$ 内取值。初始值的大小与计时起点（零点）有关。对于任意正弦量，初相可以任意指定，但在同一个交流电路中，存在很多相关的正弦量时，应该相对于一个共同计时起点来确定各正弦量的初相。

如果正弦量正的最大值发生在计时起点（$t=0$）之前，如图 6-4a 所示，则 ψ_u（或 ψ_i）>0；若正的最大值出现在原点时，如图 6-4b 所示，则 ψ_u（或 ψ_i）=0；若正的最大值出现在计时点之后，如图 6-4c 所示，则 ψ_u（或 ψ_i）<0。

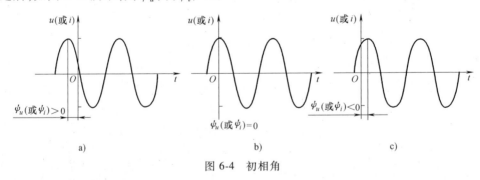

图 6-4 初相角

6.1.2 正弦量的相位差

任意两个同频率的正弦量的相位之差称为相位差，用 φ 表示。例如，设两个同频率的

电压和电流分别为

$$\begin{cases} u(t) = U_m\cos(\omega t + \psi_u) \\ i(t) = I_m\cos(\omega t + \psi_i) \end{cases}$$

则在 t 时刻两者的相位差 φ 为

$$\varphi = (\omega t + \psi_u) - (\omega t + \psi_i) = \psi_u - \psi_i \tag{6-3}$$

可见，对于两个同频率的正弦量来说，其相位差在任何时间都是常数，并等于初相之差，而与时间无关。相位差也在主值范围 $[-\pi, \pi]$ 取值，单位为弧度（rad）或度（°）。

如果 $\varphi > 0$，如图 6-5a 所示，称电压 u 超前电流 i，其相位差为 φ，或者说，电流 i 落后于电压 u 为 φ 度（或弧度）。如果 $\varphi < 0$，如图 6-5b 所示，称电流 i 超前电压 u 为 φ 度（或弧度），或者说，电压 u 落后于电流 i 为 φ 度（或弧度）。

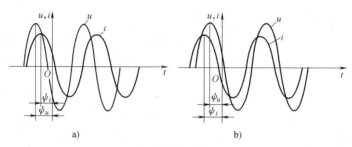

图 6-5 相位差

如果 $\varphi = \psi_u - \psi_i = 0$，即相位差为零，称电压 u 与电流 i 同相，如图 6-6a 所示；如果 $\varphi = \psi_u - \psi_i = \pm\dfrac{\pi}{2}$，称电压 u 与电流 i 正交，图 6-6b 所示为 $\varphi = \psi_u - \psi_i = -\dfrac{\pi}{2}$；如果 $\varphi = \psi_u - \psi_i = \pm\pi$，称电压 u 与电流 i 反相，如图 6-6c 所示。

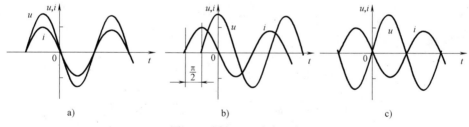

图 6-6 同相、正交与反相

由于不同频率的正弦量之间的相位之差是随时间变化的，不是常数，本书所用的相位差是指同频率正弦量之间的相位差。

例 6-1 某正弦电压波形如图 6-7 所示。求出该正弦电压的三要素，并写出其瞬时值表达式。

解：从波形图可知：
$U_m = 10\text{V}$
$T = 22.5\text{ms} - 2.5\text{ms} = 20\text{ms} = 0.02\text{s}$
$f = 1/T = 50\text{Hz}$

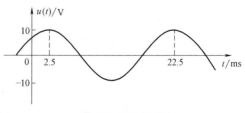

图 6-7 例 6-1 图

电路

$$\omega = 2\pi f = 100\pi \text{rad/s}$$

$$\omega t \big|_{t=2.5\text{ms}} + \psi_u = 0$$

$$\psi_u = -\omega t \big|_{t=2.5\text{ms}} = -\frac{\pi}{4}$$

$$u(t) = 10\cos\left(\omega t - \frac{\pi}{4}\right)$$

6.1.3 正弦量的有效值

周期电压、电流的瞬时值是随时间不断变化的,通常不需要知道它们每一个瞬间的大小。例如,考虑一个正弦电压 u 对于一个电热器件的绝缘危害时,只需考虑电压的最大值 U_m（小于击穿电压）即可。

有效值是基于周期电流（电压）的热效应与直流电流（电压）的热效应相比较而定义的。即让交流电 i 和直流电 I 分别通过两个阻值相同的电阻 R,如在相同的时间内（比如说 1 个周期 T）,电阻消耗的能量相等,那么称直流电 I 的值为交流电 i 的有效值。上述概念用数学式表示为

$$w_- = I^2 RT, \quad w_\sim = \int_0^T i^2 R \text{d}t$$

令 $w_- = w_\sim$,则 $I^2 RT = \int_0^T i^2 R \text{d}t$,于是有

$$I = \sqrt{\frac{1}{T} \int_0^T i^2 \text{d}t}$$

上式即周期电流 $i(t)$ 的有效值计算式。

同理,电压的有效值为

$$U = \sqrt{\frac{1}{T} \int_0^T u^2 \text{d}t}$$

令 $i(t) = I_m \cos(\omega t + \varphi_i)$,则

$$\begin{aligned} I &= \sqrt{\frac{1}{T} \int_0^T I_m^2 \cos^2(\omega t + \psi_i) \text{d}t} \\ &= \sqrt{\frac{1}{T} I_m^2 \int_0^T \frac{1 + \cos 2(\omega t + \psi_i)}{2} \text{d}t} = \sqrt{\frac{1}{T} I_m^2 \times \frac{T}{2}} = \frac{I_m}{\sqrt{2}} \approx 0.707 I_m \end{aligned} \quad (6\text{-}4)$$

同理可得

$$U = \frac{1}{\sqrt{2}} U_m \approx 0.707 U_m \quad (6\text{-}5)$$

可见,对于正弦量,其最大值 U_m 或 I_m 与有效值 U 或 I 之间有确定的关系。因此,有效值可以代替最大值作为正弦量的要素之一。引入有效值后,正弦电压、电流可写为

$$u(t) = \sqrt{2} U \cos(\omega t + \psi_u)$$

$$i(t) = \sqrt{2} I \cos(\omega t + \psi_i) \quad (6\text{-}6)$$

有效值的应用很广,通常所说的正弦交流电压、电流的大小,譬如民用交流电压 220V、工业用电电压 380V、交流测量仪表所指示的读数、电气设备的额定值等都是指有效值。但

是,各种器件和电气设备的耐压值一般是指最大值。

6.2 正弦量的相量表示

6.2.1 复数的表示形式及运算

设 A 是一个复数,它的实部和虚部分别为 a、b,即

$$A = a + \mathrm{j}b \tag{6-7}$$

式中,$\mathrm{j} = \sqrt{-1}$ 是虚数的单位(为避免和电流变量 i 混淆,电路中选用 j 表示虚数单位),常用 $\mathrm{Re}[A]$ 表示取复数 A 的实部,$\mathrm{Im}[A]$ 表示取复数 A 的虚部,即 $a = \mathrm{Re}[A]$,$b = \mathrm{Im}[A]$。

复数除了可用式(6-7)所示的直角坐标形式表示外,还可用三角形式、指数形式和极坐标形式表示,分别为

$$A = |A|\cos\theta + \mathrm{j}|A|\sin\theta, \quad A = |A|\mathrm{e}^{\mathrm{j}\theta}, \quad A = |A|\angle\theta$$

式中,$|A|$ 称为 A 的模,θ 称为 A 的辐角,$-\pi \leqslant \theta \leqslant \pi$。

于是,有欧拉公式

$$|A|\mathrm{e}^{\mathrm{j}\theta} = |A|\cos\theta + \mathrm{j}|A|\sin\theta \tag{6-8}$$

其中,模和辐角分别由下式确定

$$|A| = \sqrt{a^2 + b^2}, \theta = \arctan\frac{b}{a}$$

$$a = |A|\cos\theta, b = |A|\sin\theta \tag{6-9}$$

复数 A 可以用在复平面上的一段有向线段(矢量)表示,并常省去横、纵坐标,如图 6-8 所示。

设有两个复数

$$\begin{cases} A_1 = a_1 + \mathrm{j}b_1 = |A_1|\mathrm{e}^{\mathrm{j}\theta_a} = |A_1|\angle\theta_1 \\ A_2 = a_2 + \mathrm{j}b_2 = |A_2|\mathrm{e}^{\mathrm{j}\theta_b} = |A_2|\angle\theta_2 \end{cases}$$

(6-10)

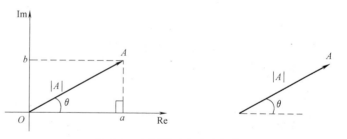

图 6-8 在复平面中表示复数

它们的运算规则如下:

1. 相等

两个复数相等,则它们的实部相等,虚部也相等,反之也成立,即

$$A_1 = A_2 \Leftrightarrow a_1 = a_2, b_1 = b_2 \tag{6-11}$$

2. 加(减)运算

两个复数相加(减),等于实部和虚部相加(减),即

$$A_1 \pm A_2 = (a_1 \pm a_2) + \mathrm{j}(b_1 \pm b_2) \tag{6-12}$$

可见,进行复数的加(减)运算时,宜采用代数式。复数的加减运算也可以在复平面上用作图法完成。只有两个复数相加时,在复平面上采用平行四边形法则,如图 6-9a 所示,当有多个复数相加时,采用多边形法则更为简便,即各矢量依次首尾相连,从第一个矢量的

起点到最后一个矢量的终点所得矢量就是这些矢量之和，如图 6-9b 所示。显然，复数的减法亦可转化为加法进行作图运算。

3. 共轭复数

两个实部相等、虚部互为相反数的复数称为共轭复数。A 的共轭复数表示为 A^*，即

$$A^* = a_1 - jb_1 \tag{6-13}$$

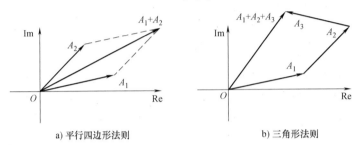

图 6-9 复数加法作图运算法

4. 乘（除）运算

进行复数的乘（除）运算时，宜采用指数或极坐标式。两个复数相乘（除），等于模相乘（除），辐角相加（减），即

$$A_1 A_2 = (|A_1| \angle \theta_1)(|A_2| \angle \theta_2) = |A_1||A_2| \angle (\theta_1 + \theta_2) \tag{6-14}$$

$$\frac{A_1}{A_2} = \frac{|A_1| \angle \theta_1}{|A_2| \angle \theta_2} = \frac{|A_1|}{|A_2|} \angle (\theta_1 - \theta_2) \tag{6-15}$$

从上述两式可知，复数 A_1 乘以 A_2，可以看作是先将 $|A_1|$ 放大为 $|A_2|$ 倍，然后再将辐角 θ_1 沿逆时针旋转角度 θ_2 后得到的新复数；同理，复数 A_1 除以 A_2，可以看作是将 $|A_1|$ 缩小为 $1/|A_2|$ 倍，然后再将辐角 θ_1 沿顺时针旋转角度 θ_2 后得到的新复数。

取实部算子 $\text{Re}[A]$ 的运算规则如下：

1. 乘以实常数

如有常数 a，则

$$\text{Re}[aA(t)] = a\text{Re}[A(t)] \tag{6-16}$$

2. 相等

若有 $\text{Re}[A_1 e^{j\omega t}] = \text{Re}[A_2 e^{j\omega t}]$ $\forall t$，则

$$A_1 = A_2 \tag{6-17}$$

式中，$\forall t$ 表示任意时刻。

其逆也成立，即若 $A_1 = A_2$ $\forall t$，则

$$\text{Re}[A_1 e^{j\omega t}] = \text{Re}[A_2 e^{j\omega t}] \quad \forall t \tag{6-18}$$

3. 相加（减）

对于式（6-10）的两个复数，有

$$\text{Re}[(A_1 \pm A_2) e^{j\omega t}] = \text{Re}[A_1 e^{j\omega t}] \pm \text{Re}[A_2 e^{j\omega t}] \quad \forall t \tag{6-19}$$

4. 微分

$$\frac{d}{dt}\text{Re}[A e^{j\omega t}] = \text{Re}\left[\frac{d}{dt} A e^{j\omega t}\right] \tag{6-20}$$

例 6-2 已知两个复数分别为 $A = 3 + j4$ 和 $B = 4 + j3$，求 $A+B$，$A-B$，AB 以及 $\dfrac{A}{B}$。

解：加减运算用直角坐标形式，即

$$A+B=(3+j4)+(4+j3)=7+j7$$
$$A-B=(3+j4)-(4+j3)=-1+j$$

乘除运算时，可以先将 A、B 化为极坐标形式，即

$$A=5\angle 53.1°, \quad B=5\angle 36.9°$$

则

$$AB=5\times 5\angle(53.1°+36.9°)=25\angle 90°=j25$$
$$\frac{A}{B}=\frac{5\angle 53.1°}{5\angle 36.9°}=1\angle 16.2°$$

6.2.2 正弦量和相量

欧拉公式

$$|A|e^{j\theta}=|A|\cos\theta+j|A|\sin\theta$$

表示实部为 $|A|\cos\theta$，虚部为 $|A|\sin\theta$ 的复数 A，也表示在复平面上长度为 $|A|$ 且与实轴夹角为 θ 的矢量。可以看出，欧拉公式把复数、矢量和正弦量联系在一起。

设有一个正弦电压

$$u(t)=U_m\cos(\omega t+\psi_u)$$

和一个复数函数

$$u_f(t)=U_m e^{j(\omega t+\psi_u)}$$
$$=U_m\cos(\omega t+\psi_u)+jU_m\sin(\omega t+\psi_u)$$

设正弦量 $u(t)$ 的振幅和复函数 $u_f(t)$ 的模相等，它们的初相也相等，根据欧拉公式有

$$u(t)=U_m\cos(\omega t+\psi_u)$$
$$=\mathrm{Re}[u_f(t)]$$
$$=\mathrm{Re}[U_m e^{j(\omega t+\psi_u)}] \tag{6-21}$$
$$=\mathrm{Re}[U_m e^{j\omega t}e^{j\psi_u}]$$
$$=\mathrm{Re}[\dot{U}_m e^{j\omega t}]$$

定义复数

$$\dot{U}_m=U_m e^{j\psi_u}=U_m\angle\psi_u \tag{6-22}$$

为 $u(t)$ 的振幅（最大值）相量。采用字母上加点的方式来表示正弦量的方法来表示正弦量的相量形式，既可以与表示大小的标量区分，又可与一般的复数区分。相量中，不包含正弦量的频率，是因为电路的响应具有与其激励相同的频率。

式（6-21）表示实数范围内的一个正弦量与复数范围内的复指数量之间具有一一对应关系，即

$$u(t)\leftrightarrow\dot{U}_m$$

上式中的"↔"表示一一对应关系。

这为用复数表示正弦量找到了一条途径。相量是复数，其在复平面上的表示图形称为相

量图，电压 u 的振幅相量 $\dot{U}_\mathrm{m}$ 的相量图如图 6-10 所示。

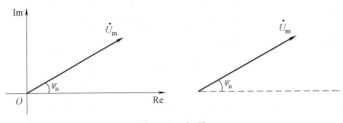

图 6-10 相量

式（6-21）中，$\mathrm{e}^{\mathrm{j}\omega t}$ 称为旋转因子，它是模等于 1，初相为零，并以角速度 ω 逆时针旋转的复值函数；$\dot{U}_\mathrm{m}\mathrm{e}^{\mathrm{j}\omega t}$ 称为 $\dot{U}_\mathrm{m}$ 对应的旋转相量。

引入旋转相量的概念后，可以说明式（6-21）对应关系的几何意义，即一个正弦量在任意时刻的瞬时值，等于对应的旋转相量同一时刻在实轴上的投影。图 6-11 画出了旋转相量 $\dot{U}_\mathrm{m}\mathrm{e}^{\mathrm{j}\omega t}$ 与正弦量 $U_\mathrm{m}\cos(\omega t+\psi_u)$ 的对应关系。当 $t=0$ 时，旋转相量等于 $\dot{U}_\mathrm{m}=U_\mathrm{m}\mathrm{e}^{\mathrm{j}\psi_u}$，它在实轴上的投影为 $U_\mathrm{m}\cos\psi_u$，对应于正弦量 u 在 $t=0$ 时的值；在 $t=t_1$ 时，旋转相量等于 $\dot{U}_\mathrm{m}\mathrm{e}^{\mathrm{j}\omega t_1}=U_\mathrm{m}\mathrm{e}^{\mathrm{j}(\omega t_1+\psi_u)}$。它在实轴上的投影为 $U_\mathrm{m}\cos(\omega t_1+\psi_u)$，对应于正弦量 u 在 $t=t_1$ 时的值，对任意时刻 t，旋转相量 $\dot{U}_\mathrm{m}\mathrm{e}^{\mathrm{j}\omega t}=U_\mathrm{m}\mathrm{e}^{\mathrm{j}(\omega t+\psi_u)}$，它在实轴上的投影对应于正弦电压 $u(t)=U_\mathrm{m}\cos(\omega t+\psi_u)$，旋转相量的角速度 ω 就是正弦量的角频率。

正弦电压多数情况下用有效值相量来表示：

$$u(t)=\sqrt{2}U\cos(\omega t+\psi_u)=\mathrm{Re}[\sqrt{2}\dot{U}\mathrm{e}^{\mathrm{j}\omega t}]$$

其中

$$\dot{U}=U\mathrm{e}^{\mathrm{j}\psi_u}=U\angle\psi_u \qquad (6\text{-}23)$$

称为电压有效值相量，今后若无特别说明，所述相量均指有效值相量。

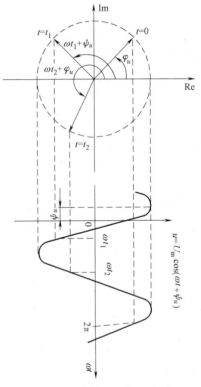

图 6-11 旋转相量与正弦量

显然

$$\dot{U}=\frac{1}{\sqrt{2}}\dot{U}_\mathrm{m} \qquad (6\text{-}24)$$

同样地，正弦电流可写为

$$i(t)=I_\mathrm{m}\cos(\omega t+\psi_i)=\mathrm{Re}[\dot{I}_\mathrm{m}\mathrm{e}^{\mathrm{j}\omega t}]$$

$$=\sqrt{2}I\cos(\omega t+\psi_i)=\mathrm{Re}[\sqrt{2}\dot{I}\mathrm{e}^{\mathrm{j}\omega t}]$$

其中

$$\dot{I}_m = I_m e^{j\psi_i} = I_m \angle \psi_i \quad (6\text{-}25)$$

$$\dot{I} = I e^{j\psi_i} = I \angle \psi_i \quad (6\text{-}26)$$

而且

$$\dot{I} = \frac{1}{\sqrt{2}} \dot{I}_m \quad (6\text{-}27)$$

6.2.3 同频率正弦量的运算

在电路分析中，常常要进行同频率正弦量的加、减、乘、除以及微分、积分运算，其结果仍然是同频率的正弦量。显然直接进行正弦量的运算是比较复杂的，根据正弦量与相量的一一对应关系，用其对应的相量进行复数运算比较简便。这里给出同频率正弦量的代数运算规则，正弦量的微积分运算规则将结合元件电压和电流的关系在下一节给出。

设两个正弦量分别为

$$i_1(t) = \sqrt{2} I_1 \cos(\omega t + \psi_1)$$
$$i_2(t) = \sqrt{2} I_2 \cos(\omega t + \psi_2)$$

则有

$$\begin{aligned} i(t) &= k_1 i_1(t) + k_2 i_2(t) \\ &= k_1 \sqrt{2} I_1 \cos(\omega t + \psi_1) + k_2 \sqrt{2} I_2 \cos(\omega t + \psi_2) \\ &= \operatorname{Re}[\sqrt{2} k_1 \dot{I}_1 e^{j\omega t}] + \operatorname{Re}[\sqrt{2} k_2 \dot{I}_2 e^{j\omega t}] \\ &= \operatorname{Re}[\sqrt{2} (k_1 \dot{I}_1 + k_2 \dot{I}_2) e^{j\omega t}] \end{aligned}$$

其中，k_1，k_2 为实常数。

而

$$i(t) = \operatorname{Re}[\sqrt{2} \dot{I} e^{j\omega t}]$$

因此有

$$\operatorname{Re}[\sqrt{2} \dot{I} e^{j\omega t}] = \operatorname{Re}[\sqrt{2} (k_1 \dot{I}_1 + k_2 \dot{I}_2) e^{j\omega t}]$$

上式对任意时刻 t 都成立，所以同频率正弦量的代数运算可转换为对应的相量运算，有

$$i(t) = k_1 i_1(t) + k_2 i_2(t) \leftrightarrow \dot{I} = k_1 \dot{I}_1 + k_2 \dot{I}_2$$

例 6-3 已知两个同频率正弦电压分别为：$u_1(t) = 22\sqrt{2} \cos\omega t \text{V}$，$u_2(t) = 22\sqrt{2} \cos(\omega t - 120°)\text{V}$，分别求 $u_1 + u_2$；$u_1 - u_2$。

解： $u_1(t) = \operatorname{Re}[\sqrt{2} \dot{U}_1 e^{j\omega t}]$，$u_2(t) = \operatorname{Re}[\sqrt{2} \dot{U}_2 e^{j\omega t}]$

则其所对应的相量分别为

$$\dot{U}_1 = 22 \angle 0° \text{V}, \dot{U}_2 = 22 \angle -120° \text{V}$$

$$u_1 \pm u_2 = \operatorname{Re}[\sqrt{2} \dot{U}_1 e^{j\omega t}] \pm \operatorname{Re}[\sqrt{2} \dot{U}_2 e^{j\omega t}] = \operatorname{Re}[\sqrt{2} (\dot{U}_1 \pm \dot{U}_2) e^{j\omega t}]$$

$$\dot{U}_1 + \dot{U}_2 = 22\angle 0°\text{V} + 22\angle -120°\text{V} = (22 + j0 - 11 - j11\sqrt{3})\text{V} = 22\angle -60°\text{V}$$

$$\dot{U}_1 - \dot{U}_2 = 22\angle 0°\text{V} - 22\angle -120°\text{V} = (22 + j0 + 11 + j11\sqrt{3})\text{V} = 38.1\angle 30°\text{V}$$

根据以上相量的形式，可以写出其对应的正弦量：

$$u_1+u_2 = 22\sqrt{2}\cos(\omega t - 60°) \text{ V}$$
$$u_1-u_2 = 38.1\sqrt{2}\cos(\omega t + 30°) \text{ V}$$

相量图如图 6-12 所示。

例 6-4 已知两个同频率的正弦电流分别为 $i_1(t) = 4\sqrt{2}\sin(314t+120°)$ A、$i_2(t) = -3\sqrt{2}\cos(314t+120°)$ A，试画出它们对应的电流相量的相量图，并求出它们之间的相位差。

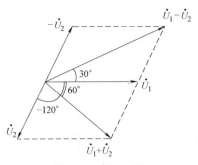

图 6-12 例 6-3 图

解：首先将非余弦函数表达式转化为余弦函数的形式，即

$$i_1(t) = 4\sqrt{2}\sin(314t+120°) \text{ A} = 4\sqrt{2}\cos(314t+30°) \text{ A}$$
$$i_2(t) = -3\sqrt{2}\cos(314t+120°) \text{ A} = 3\sqrt{2}\cos(314t-60°) \text{ A}$$

则 i_1 和 i_2 对应的相量为

$$\dot{I}_1 = 4\angle 30° \text{ A}$$
$$\dot{I}_2 = 3\angle -60° \text{ A}$$

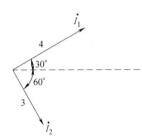

图 6-13 例 6-4 图

相位差为 $\varphi = \varphi_1 - \varphi_2 = 30° - (-60°) = 90°$，相量图如图 6-13 所示，显然，电流 i_1 超前 i_2 角度为 90°。

6.3 基尔霍夫定律和元件特性的相量形式

6.3.1 基尔霍夫定律的相量形式

线性电路中，同一正弦稳态电路中的各支路电流和各支路电压的频率都与电源的频率相同，可以采用相量的概念把 KCL 和 KVL 转化为相量形式。

基尔霍夫电流定律（KCL）的时域形式为

$$\sum i(t) = 0 \quad \forall t \tag{6-28}$$

根据同频率正弦量代数运算规则可证明相量形式的 KCL 为

$$\sum \dot{I} = 0 \tag{6-29}$$

同理，基尔霍夫电压定律（KVL）的相量形式为

$$\sum u(t) = 0 \quad \forall t \tag{6-30}$$

则可证明相量形式的 KVL 为

$$\sum \dot{U} = 0 \tag{6-31}$$

例 6-5 如图 6-14 所示，电路中某节点关联的三个电流分别为 $i_1(t) = 10\sqrt{2}\cos 314t$ A，$i_2(t) = 10\sqrt{2}\cos(314t-120°)$ A，$i_3(t) = 10\sqrt{2}\cos(314t+120°)$ A，分别写出其时域形式和相量形式的 KCL 方程，并计算 $i_1+i_2+i_3$ 的结果。

解：由已知条件，时域形式的 KCL 方程为

$$\sum_{k=1}^{3} i_k = i_1 + i_2 + i_3$$
$$= [10\sqrt{2}\cos 314t + 10\sqrt{2}\cos(314t-120°) + 10\sqrt{2}\cos(314t+120°)] \text{ A}$$
$$= 10\sqrt{2}[\cos(314t) + \cos(314t)\cos(120°) + \sin(314t)\sin(120°) +$$
$$\cos(314t)\cos(120°) - \sin(314t)\sin(120°)] \text{ A}$$
$$= 10\sqrt{2}\left(\cos 314t - \frac{1}{2}\cos 314t - \frac{1}{2}\cos 314t\right) \text{ A}$$
$$= 0$$

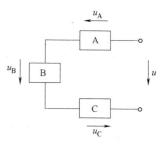

图 6-14 例 6-5 图

$$\sum_{k=1}^{3} \dot{I}_k = \dot{I}_1 + \dot{I}_2 + \dot{I}_3$$
$$= (10\angle 0° + 10\angle -120° + 10\angle 120°) \text{ A}$$
$$= (10 - 5 - j8.66 - 5 + j8.66) \text{ A}$$
$$= 0$$

可见，采用相量法计算比用时域法计算方便。

例 6-6 如图 6-15 所示，电路中 A、B、C 三个元件上的电压分别为 $u_A(t) = 80\sqrt{2}\cos 50t$ V，$u_B(t) = 120\sqrt{2}\cos(50t+90°)$ V，$u_C(t) = 60\sqrt{2}\cos(50t-90°)$ V，试计算端口电压 $u(t)$。

解： 直接利用相量求解。三个元件上的电压相量分别为 $\dot{U}_A = 80\angle 0°$ V，$\dot{U}_B = 120\angle 90°$ V，$\dot{U}_C = 60\angle -90°$ V。根据 KVL 方程得

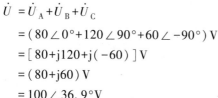

图 6-15 例 6-6 图

$$\dot{U} = \dot{U}_A + \dot{U}_B + \dot{U}_C$$
$$= (80\angle 0° + 120\angle 90° + 60\angle -90°) \text{ V}$$
$$= [80 + j120 + j(-60)] \text{ V}$$
$$= (80 + j60) \text{ V}$$
$$= 100\angle 36.9° \text{ V}$$

则时域表达式为

$$u(t) = 100\sqrt{2}\cos(50t+36.9°) \text{ V}$$

显然在相量计算中，尽管 $\dot{U} = \dot{U}_A + \dot{U}_B + \dot{U}_C$，但 $U \neq U_A + U_B + U_C$，即有效值不满足基尔霍夫定律。

6.3.2 元件特性方程的相量形式

1. 电阻元件

在图 6-16a 所示的参考方向下，电阻元件的伏安特性的时域形式，即欧姆定律为

$$u(t) = Ri(t)$$

在正弦电流 $i(t) = \sqrt{2}I\cos(\omega t + \psi_i)$ 的作用下，电阻两端的电压为

$$u = \sqrt{2}U\cos(\omega t + \psi_u) = R\sqrt{2}I\cos(\omega t + \psi_i)$$

上式可以表示为

$$u = \text{Re}[\sqrt{2}\dot{U}e^{j\omega t}] = \text{Re}[\sqrt{2}R\dot{I}e^{j\omega t}]$$

则电阻元件 VCR 的相量形式为

$$\dot{U} = R\dot{I} \tag{6-32}$$

该式即为欧姆定律的相量形式。

又

$$\dot{U} = Ue^{j\psi_u}, \dot{I} = Ie^{j\psi_i} \tag{6-33}$$

则有

$$U = RI, \quad \psi_u = \psi_i \tag{6-34}$$

这表明，电阻端电压有效值等于电流有效值与电阻的乘积，且电压与电流同相。图 6-16b 表示电阻元件的相量模型，电阻两端的电压相量与流过该电阻的电流相量同相位，相量图如图 6-16c 所示。

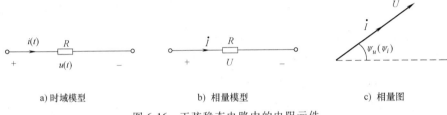

a) 时域模型　　　　　　　　b) 相量模型　　　　　　　　c) 相量图

图 6-16　正弦稳态电路中的电阻元件

2. 电感元件

关联参考方向下，电感元件的时域模型如图 6-17a 所示，其端口伏安特性的时域形式为

$$u(t) = L\frac{di(t)}{dt}$$

在正弦电流 $i(t) = \sqrt{2}I\cos(\omega t + \varphi_i)$ 的作用下，电感两端的电压 $u = \sqrt{2}U\cos(\omega t + \psi_u)$ 可表示为

$$\begin{aligned}
u(t) &= L\frac{di(t)}{dt} \\
&= L\frac{d}{dt}[\sqrt{2}I\cos(\omega t + \psi_i)] \\
&= -\sqrt{2}\omega LI\sin(\omega t + \psi_i) \\
&= \sqrt{2}\omega LI\cos\left(\omega t + \psi_i + \frac{\pi}{2}\right)
\end{aligned}$$

上式在任意时刻都成立，显然有

$$U = \omega LI \quad \psi_u = \psi_i + \frac{\pi}{2} \tag{6-35}$$

这表明，电感端电压有效值 U 等于 ωL 与电流有效值 I 的乘积，且电流落后电压 90°。ωL 具有电阻的量纲，称为感抗，单位为 Ω，用 X_L 表示，即 $X_L = \omega L$。感抗 X_L 与频率有关，频率越高，感抗越大；反之频率越低，感抗越小，而直流电路中，感抗为 0，即相当于短路，表明电感元件具有"隔交通直"的作用。

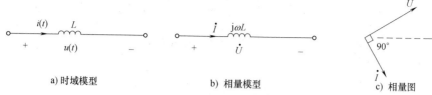

a) 时域模型 b) 相量模型 c) 相量图

图 6-17 正弦稳态电路中的电感元件

图 6-17b 表示电感元件的相量模型，电流相量 $\dot{I} = I \angle \psi_i$，电压相量 $\dot{U} = U \angle \psi_u$。由式 (6-35) 有

$$\begin{aligned}\dot{U} &= U \angle \psi_u \\ &= \omega L I \angle \left(\psi_i + \frac{\pi}{2}\right) \\ &= \omega L \angle \frac{\pi}{2} \times I \angle \psi_i \\ &= \mathrm{j}\omega L \dot{I}\end{aligned} \quad (6\text{-}36)$$

式 (6-36) 即电感元件相量伏安关系式。该关系式也可由式 (6-37) 得到

$$\begin{aligned}u &= \mathrm{Re}[\sqrt{2}\dot{U}\mathrm{e}^{\mathrm{j}\omega t}] \\ &= L\frac{\mathrm{d}}{\mathrm{d}t}\mathrm{Re}[\sqrt{2}\dot{I}\mathrm{e}^{\mathrm{j}\omega t}] \\ &= \mathrm{Re}\left[\frac{\mathrm{d}}{\mathrm{d}t}(\sqrt{2}L\dot{I}\mathrm{e}^{\mathrm{j}\omega t})\right] \\ &= \mathrm{Re}[\sqrt{2}\mathrm{j}\omega L\dot{I}\mathrm{e}^{\mathrm{j}\omega t}]\end{aligned} \quad (6\text{-}37)$$

则有

$$\dot{U} = \mathrm{j}\omega L \dot{I}$$

如图 6-17c 所示相量图中，可以看出电感元件电压相量超前电流相量 90°。

3. 电容元件

在图 6-18a 所示的参考方向下，电容元件的伏安特性的时域形式为

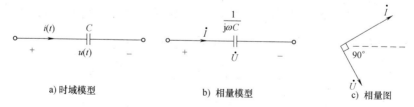

a) 时域模型 b) 相量模型 c) 相量图

图 6-18 正弦稳态电路中的电容元件

$$i(t) = C\frac{\mathrm{d}u(t)}{\mathrm{d}t}$$

在正弦电流 $u(t) = \sqrt{2}U\cos(\omega t + \psi_u)$ 的作用下，通过电容的电流 $i = \sqrt{2}I\cos(\omega t + \psi_i)$ 可表示为

$$i(t) = C\frac{\mathrm{d}u(t)}{\mathrm{d}t}$$

$$= C\frac{\mathrm{d}}{\mathrm{d}t}[\sqrt{2}U\cos(\omega t+\psi_u)]$$

$$= -\sqrt{2}\omega CU\sin(\omega t+\psi_u)$$

$$= \sqrt{2}\omega CU\cos\left(\omega t+\psi_u+\frac{\pi}{2}\right)$$

则有

$$U = \frac{1}{\omega C}I; \psi_u = \psi_i - \frac{\pi}{2} \tag{6-38}$$

这表明，电容端电压有效值等于 $\frac{1}{\omega C}$ 与电流有效值的乘积，而且电流超前电压90°。其中，$\frac{1}{\omega C}$ 称为容抗，用 X_C 表示，即 $X_C = \frac{1}{\omega C}$，单位为 Ω。电容的容抗 X_C 也与频率有关，频率越高，容抗越小；反之频率越低，容抗越大。直流电路中，容抗趋近 ∞，即相当于开路，表明电容元件具有"隔直通交"的作用。

图 6-18b 表示电容元件的相量模型。电流相量 $\dot{I} = I\angle\psi_i$，电压相量 $\dot{U} = U\angle\psi_u$。由式 (6-38) 有

$$\dot{U} = U\angle\psi_u$$

$$= \frac{1}{\omega C}I\angle\left(\psi_i - \frac{\pi}{2}\right) \tag{6-39}$$

$$= \frac{1}{\mathrm{j}\omega C}\dot{I}$$

电容元件的电压、电流相量图如图 6-18c 所示，电容中电流相量超前电压相量90°。

例 6-7 如图 6-19a 所示 *RLC* 并联电路，已知各支路电流有效值分别为 $I_1 = 2\mathrm{A}$，$I_2 = 1\mathrm{A}$，$I_3 = 3\mathrm{A}$，求端口电流有效值 I。

解：在分析正弦稳态交流电路时，要特别注意，各电压和电流均为相量，本题已知并联电路的各支路电流的有效值，而初相未知。

对于并联电路，各元件两端的电压相同，可假设端口电压相量 $\dot{U}$ 为参考相量，设其初相为零，即令 $\dot{U} = U\angle 0°\mathrm{V}$。根据电阻、电感和电容的伏安特性可知

$$\dot{I}_1 = \frac{\dot{U}}{R} = I_1\angle 0° = 2\angle 0°\mathrm{A}$$

$$\dot{I}_2 = \frac{\dot{U}}{\mathrm{j}\omega L} = I_2\angle -90° = 1\angle -90°\mathrm{A}$$

$$\dot{I}_3 = \mathrm{j}\omega C\dot{U} = I_3\angle 90° = 3\angle 90°\mathrm{A}$$

根据 KCL 的相量形式，得

$$\dot{I} = \dot{I}_1 + \dot{I}_2 + \dot{I}_3 = (2-\mathrm{j}1+\mathrm{j}3)\mathrm{A} = (2+\mathrm{j}2)\mathrm{A} = 2\sqrt{2}\angle 45°\mathrm{A}$$

可知，端口电流的有效值为 2.828A，图 6-19b 所示为电流的相量图。

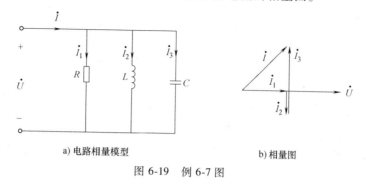

a) 电路相量模型 b) 相量图

图 6-19 例 6-7 图

6.4 阻抗与导纳

6.4.1 阻抗

设有一不含独立源的一端口电路 N，如图 6-20a 所示。在正弦交流稳态条件下，其端口电压和电流是同频率正弦量。在关联参考方向下，电压和电流相量分别为

$$\begin{cases} \dot{U} = Ue^{j\varphi_u} \\ \dot{I} = Ie^{j\varphi_i} \end{cases} \quad (6-40)$$

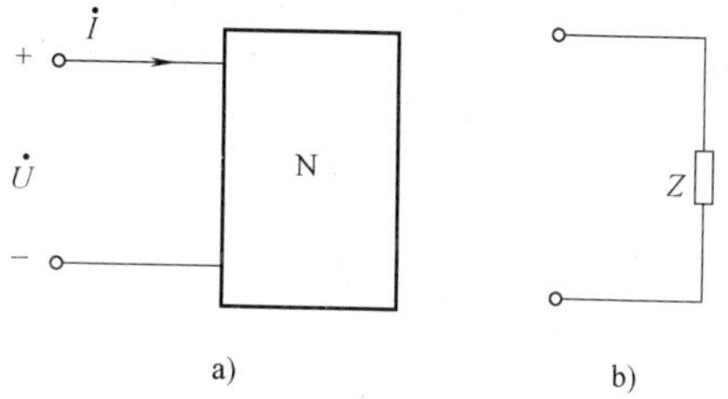

我们把相量 $\dot{U}$ 与 $\dot{I}$ 的比值定义为该电路的阻抗，用 Z 表示，即

$$Z = \frac{\dot{U}}{\dot{I}} \quad (6-41)$$

图 6-20 无源线性二端网络的阻抗

其模型如图 6-20b 所示。阻抗的单位为欧姆（Ω）。注意阻抗是复数，但不是相量，因为阻抗没有与之对应的正弦量。

阻抗可以表示为直角坐标或极坐标形式：

$$Z = R + jX = |Z|e^{j\varphi_Z} = |Z| \angle \varphi_Z \quad (6-42)$$

式中，R 是阻抗的实部，称为电阻；X 是阻抗的虚部，称为电抗；$|Z|$ 称为阻抗模；φ_Z 称为阻抗角，由式（6-41）可见，它也是电压和电流相量的相位差角。它们的关系可表示为

$$\begin{cases} R = |Z|\cos\varphi_Z \\ X = |Z|\sin\varphi_Z \end{cases} \quad (6-43)$$

$$\begin{cases} |Z| = \sqrt{R^2 + X^2} \\ \varphi_Z = \arctan\dfrac{X}{R} \end{cases} \quad (6-44)$$

以上关系可以表示为阻抗三角形，如图 6-21 所示。

单一元件（R、L、C）的阻抗为

$$\begin{cases} Z_R = \dfrac{\dot{U}}{\dot{I}} = R \\ Z_L = \dfrac{\dot{U}}{\dot{I}} = \mathrm{j}\omega L = \mathrm{j}X_L \\ Z_C = \dfrac{\dot{U}}{\dot{I}} = \dfrac{1}{\mathrm{j}\omega C} = -\mathrm{j}X_C \end{cases} \qquad (6\text{-}45)$$

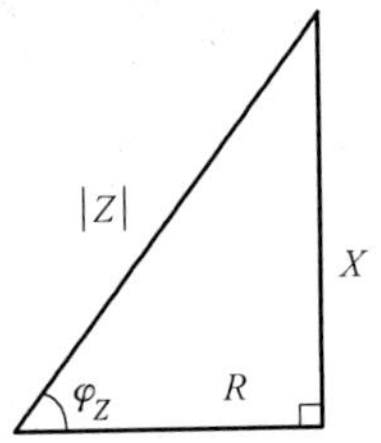

图 6-21 阻抗三角形

无论是电阻、电感还是电容，若都用阻抗表示的话，则它们的伏安关系都具有同一形式，即

$$\dot{U} = Z\dot{I} \qquad (6\text{-}46)$$

此式称为欧姆定律的相量形式，式中 $\dot{U}$ 和 $\dot{I}$ 应取关联参考方向。

引入阻抗的概念之后，多个阻抗串联的计算和电阻串联的形式相同。图 6-22a 表示 k 个阻抗的串联，其等效阻抗（见图 6-22b）为

$$Z_{\mathrm{eq}} = \sum_{m=1}^{k} Z_m \qquad (6\text{-}47)$$

各阻抗的电压可表示为

$$\dot{U}_m = \dfrac{Z_m}{Z_{\mathrm{eq}}} \dot{U} \qquad (6\text{-}48)$$

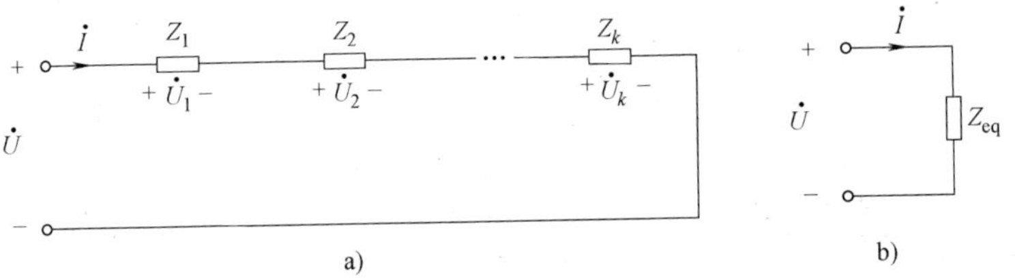

图 6-22 阻抗的串联

对于由线性 R、L、C 元件组成的电路，其阻抗角的取值范围为 $-\dfrac{\pi}{2} \leqslant \varphi_Z \leqslant \dfrac{\pi}{2}$。阻抗角 $-\dfrac{\pi}{2} \leqslant \varphi_Z < 0$ 时，电流 $\dot{I}$ 超前电压 $\dot{U}$，电路呈电容性；阻抗角 $\varphi_Z = 0$ 时，电流 $\dot{I}$ 与电压 $\dot{U}$ 同相位，电路呈电阻性；阻抗角在 $0 < \varphi_Z \leqslant \dfrac{\pi}{2}$ 时，电压 $\dot{U}$ 超前电流 $\dot{I}$，电路呈电感性。

6.4.2 导纳

设有一不含独立源一端口电路 N，如图 6-23a 所示。在正弦交流稳态条件下，其端口电压和电流是同频率正弦量。在关联参考方向下，电压和电流相量分别为

$$\begin{cases} \dot{U} = U\mathrm{e}^{\mathrm{j}\varphi_u} \\ \dot{I} = I\mathrm{e}^{\mathrm{j}\varphi_i} \end{cases} \qquad (6\text{-}49)$$

则我们把相量 $\dot{I}$ 与 $\dot{U}$ 的比值定义为该电路的导纳，用 Y 表示，即

$$Y = \frac{\dot{I}}{\dot{U}} \tag{6-50}$$

其模型如图 6-23b 所示。显然导纳与阻抗互为倒数。导纳的单位为西门子（S）。导纳是复数，但不是相量。

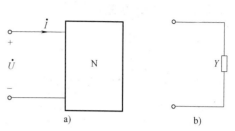

图 6-23 线性无源二端网络的导纳

导纳可以表示成直角坐标或极坐标形式

$$Y = G + jB = |Y| e^{j\varphi_Y} = |Y| \angle \varphi_Y \tag{6-51}$$

式中，G 是导纳的实部，称为电导；B 是导纳的虚部，称为电纳；$|Y|$ 称为导纳模；φ_Y 称为导纳角，由式（6-50）可见，它也是电流和电压相量的相位差角，$\varphi_Y = -\varphi_Z$。它们的关系可表示为

$$\begin{cases} G = |Y| \cos\varphi_Y \\ B = |Y| \sin\varphi_Y \end{cases} \tag{6-52}$$

$$\begin{cases} |Y| = \sqrt{G^2 + B^2} \\ \varphi_Y = \arctan \dfrac{B}{G} \end{cases} \tag{6-53}$$

以上关系可以由图 6-24 所示的导纳三角形得到。

单一元件（G、L、C）的导纳为

$$\begin{cases} Y_G = \dfrac{\dot{I}}{\dot{U}} = G \\ Y_C = \dfrac{\dot{I}}{\dot{U}} = j\omega C = jB_C \\ Y_L = \dfrac{\dot{I}}{\dot{U}} = \dfrac{1}{j\omega L} = jB_L \end{cases} \tag{6-54}$$

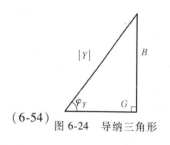

图 6-24 导纳三角形

无论是电阻、电感还是电容，若都用导纳表示的话，则它们的伏安关系都具有同一形式，即

$$\dot{I} = Y \dot{U} \tag{6-55}$$

引入导纳的概念之后，多个导纳并联的计算和电导并联的计算类似。图 6-25a 表示 k 个导纳的并联，其等效导纳（见图 6-25b）为

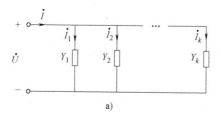 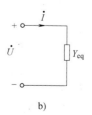

图 6-25 导纳的并联

$$Y_{eq} = \sum_{m=1}^{k} Y_m \tag{6-56}$$

各导纳的电流可表示为

$$\dot{I}_m = \frac{Y_m}{Y_{eq}}\dot{I} \tag{6-57}$$

对于仅含有线性 G、L、C 元件的电路，其导纳角的取值范围为 $-\frac{\pi}{2} \leq \varphi_Y \leq \frac{\pi}{2}$。其中，在 $0 \leq \varphi_Y \leq \frac{\pi}{2}$ 时，电流 $\dot{I}$ 超前电压 $\dot{U}$，电路呈电容性；在 $\varphi_Y = 0$ 时，电流 $\dot{I}$ 与电压 $\dot{U}$ 同相位，电路呈电阻性；在 $-\frac{\pi}{2} \leq \varphi_Y \leq 0$ 时，电压 $\dot{U}$ 超前电流 $\dot{I}$，电路呈电感性。

6.4.3 阻抗和导纳的关系

对于由 R、L、C 组成的无源电路，既可以用阻抗表示，也可以用导纳表示。一般来说，串联电路用阻抗分析比较方便，并联电路用导纳分析比较方便。对于如图 6-26a 所示的电路，可以得到等效为如图 6-26b、c 所示的等效电路。

对于图 6-26b 所示的等效电路有 $Z = R+\mathrm{j}X$，对于图 6-26c 所示的等效电路有

$$Y = G+\mathrm{j}B$$

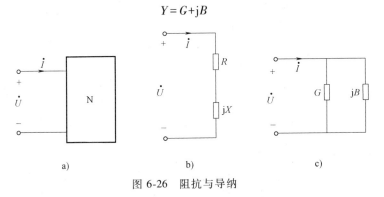

图 6-26 阻抗与导纳

因为 $Z = \frac{1}{Y}$，所以阻抗与导纳可以等效互换。同一电路的阻抗与导纳的关系为

$$\begin{aligned} Y &= \frac{1}{Z} = \frac{1}{R+\mathrm{j}X} = \frac{R-\mathrm{j}X}{R^2+X^2} = \frac{R}{R^2+X^2} - \mathrm{j}\frac{X}{R^2+X^2} \\ &= G+\mathrm{j}B \\ G &= \frac{R}{R^2+X^2}, B = -\frac{X}{R^2+X^2} \end{aligned} \tag{6-58}$$

可见，任意给定一个电路，其等效电路既可以表示为电阻与电抗的串联，又可以表示为电导与电纳的并联。

例 6-8 如图 6-27a 所示串联交流电路，已知电源的角频率 $\omega = 100\mathrm{rad/s}$，$R = 80\Omega$，$L = 0.4\mathrm{H}$，$C = 100\mu\mathrm{F}$，求等效阻抗 Z 与导纳 Y。

解： 电感的感抗和电容的容抗为

$$X_L = \omega L = 100 \times 0.4\Omega = 40\Omega$$

$$X_C = \frac{1}{\omega C} = \frac{1}{100 \times 100 \times 10^{-6}}\Omega = 100\Omega$$

根据图 6-27b 所示的相量电路模型，等效阻抗为

$$Z = R + jX_L - jX_C = (80 + j40 - j100)\Omega$$
$$= (80 - j60)\Omega = 100\angle -36.9°\Omega$$

导纳为

$$Y = \frac{1}{Z} = \frac{1}{100\angle -36.9°}S = 0.01\angle 36.9°S$$

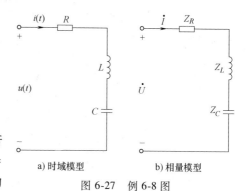

a) 时域模型　　　b) 相量模型

图 6-27　例 6-8 图

例 6-9　RL 串联交流电路如图 6-28a 所示，若电阻 $R = 50\Omega$，$L = 50\mu H$，电源的角频率 $\omega = 10^6$ rad/s，把它等效为 R'、L' 的并联，求 R'、L' 的大小。

解：首先计算图 6-28a 所示电路的阻抗和导纳。其感抗和阻抗为

$$X_L = \omega L = 10^6 \times 50 \times 10^{-6}\Omega = 50\Omega$$
$$Z = R + jX_L = (50 + j50)\Omega = 70.7\angle 45°\Omega$$

其导纳为

$$Y_a = \frac{1}{Z} = \frac{1}{70.7\angle 45°}S = (0.01 - j0.01)S$$

而图 6-28b 电路的导纳

$$Y_b = G' + jB' = \frac{1}{R'} - j\frac{1}{\omega L'}$$

因两者等效，则有

$$G' = \frac{1}{R'} = 0.01S, B' = -\frac{1}{\omega L'} = -0.01S$$

所以有

$$R' = 100\Omega, L' = 100\mu H$$

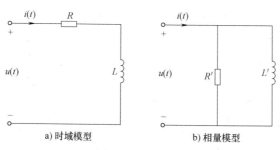

a) 时域模型　　　b) 相量模型

图 6-28　例 6-9 图

例 6-10　如图 6-29 所示电路，已知 $r = 10\Omega$，$L = 20mH$，$C = 10\mu F$，$R = 50\Omega$，电源的角频率 $\omega = 10^3$ rad/s，求电路的等效阻抗。

解：电感的感抗和电容的容抗为

$$X_L = \omega L = 10^3 \times 20 \times 10^{-3} \Omega = 20\Omega$$

$$X_C = \frac{1}{\omega C} = \frac{1}{10^3 \times 10 \times 10^{-6}}\Omega = 100\Omega$$

等效阻抗

$$\begin{aligned}
Z &= r + jX_L + \frac{R(-jX_C)}{R - jX_C} \\
&= \left[10 + j20 + \frac{50(-j100)}{50 - j100}\right]\Omega \\
&= (10 + j20 + 40 - j20)\Omega \\
&= 50\Omega
\end{aligned}$$

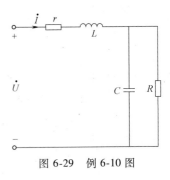

图 6-29　例 6-10 图

6.5　正弦交流电路的分析

引入了阻抗和导纳的概念之后，可以采用相量来分析正弦交流电路，这种方法称为相量法。由于基尔霍夫定律（KCL、KVL）和电路元件方程的相量形式与直流电阻电路中的形式相似，因此可以将直流电阻电路的电路定理及分析方法运用到正弦稳态电路的相量分析中。其方法是先将电路的时域模型转化为相量模型，再仿照线性电阻电路的分析来进行。相量法包括相量代数法和相量图解法。

相量代数分析法的步骤为：

1）将电路中所有的电压和电流都用其相量形式表示。

2）将电路中的所有元件（R、L、C、M）都用其阻抗形式表示。

3）根据电路的特点和所求的量，列写电路相量方程并求解。我们在分析直流电阻电路时所得到的所有定律、定理和分析方法都适用于正弦交流电路（如 KCL、KVL、叠加定理、替代定理、戴维南定理、回路电流法、节点电压法等）。

4）将求解结果电压和电流相量转换为对应的时域形式。

正弦交流电路的分析还可以用相量图法分析，分析的方法是利用相量之间的相位关系画出相量图，利用相量图上各变量之间的几何关系求解未知电流、电压相量，最后再将相量转变为相应的正弦量。

相量图法的步骤如下：

1）选择一个合适的参考相量。一般，对串联支路可选电流为参考相量，并联支路选电压为参考相量。

2）根据其他相量与参考相量之间的相位关系，逐个画出这些相量。可采用平行四边形法或多边形法画出，相量多于两个时，建议采用多边形法画相量图。

3）根据相量图中的几何关系求解。

例 6-11　如图 6-30a 所示的 RLC 串联交流电路，已知：$R = 15\Omega$，$L = 12\text{mH}$，$C = 5\mu\text{F}$，$u = 100\sqrt{2}\cos 5000t\text{V}$。

求：电流有效值 I 及各元件上电压 u_R，u_L，u_C。

解: 应用相量代数法求解,将电路转化为相量模型如图 6-30b 所示。

$$\dot{U} = 100\angle 0°\text{V}$$
$$Z_R = R = 15\Omega$$
$$Z_L = j\omega L = j\times 5000\times 12\times 10^{-3}\Omega = j60\Omega$$
$$Z_C = \frac{1}{j\omega C} = -j\frac{1}{5000\times 5\times 10^{-6}}\Omega = -j40\Omega$$
$$Z = Z_R + Z_L + Z_C = (15+j20)\Omega = 25\angle 53.1°\Omega$$

则

$$\dot{I} = \frac{\dot{U}}{Z} = \frac{100\angle 0°}{25\angle 53.1°}\text{A} = 4\angle -53.1°\text{A}$$
$$I = 4\text{A}$$

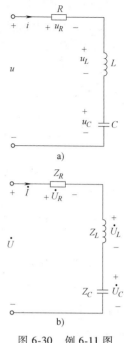

电阻、电容、电感上的电压相量分别为

$$\dot{U}_R = Z_R\dot{I} = 60\angle -53.1°\text{V}$$
$$\dot{U}_L = Z_L\dot{I} = 240\angle 36.9°\text{V}$$
$$\dot{U}_C = Z_C\dot{I} = 160\angle -143.1°\text{V}$$

对应的正弦量为

$$u_R = 60\sqrt{2}\cos(5000t-53.1°)\text{V}$$
$$u_L = 240\sqrt{2}\cos(5000t+36.9°)\text{V}$$
$$u_C = 160\sqrt{2}\cos(5000t-143.1°)\text{V}$$

图 6-30 例 6-11 图

例 6-12 如图 6-31 所示的正弦激励下 RC 移相电路,已知:$R = 3\text{k}\Omega$,$\omega = 1000\text{rad/s}$。欲使 u_2 落后 u_1 相位 30°,求 $C = ?$

解:

(1) 相量代数法

$$\dot{U}_2 = \frac{\dot{U}_1}{R+\frac{1}{j\omega C}}\cdot\frac{1}{j\omega C} = \frac{\dot{U}_1}{1+j\omega RC}$$

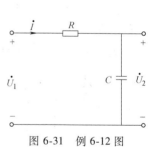

图 6-31 例 6-12 图

即

$$\frac{\dot{U}_2}{\dot{U}_1} = \frac{1}{\sqrt{1+(\omega RC)^2}\angle\arctan\omega RC} = \frac{1}{\sqrt{1+(\omega RC)^2}}\angle -\arctan\omega RC$$

若 $\dot{U}_2$ 落后 $\dot{U}_1$ 30°,则应有

$$\arctan\omega RC = 30°$$
$$\omega RC = \tan 30° = \frac{\sqrt{3}}{3}$$
$$\therefore C = \frac{1}{\omega R}\cdot\frac{\sqrt{3}}{3} = \frac{\sqrt{3}}{10^3\times 3\times 10^3\times 3}\text{F} = 0.19\mu\text{F}$$

（2）相量图法

电路各电压电流的相量关系如图 6-32 所示，则

$$\frac{U_R}{U_2} = \frac{RI}{\frac{1}{\omega C} \cdot I} = R\omega C = \tan 30°$$

$$C = \frac{1}{\omega R} \cdot \tan 30° = 0.19 \mu F$$

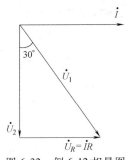

图 6-32　例 6-12 相量图

可见，用相量图法求解，更为直观简单。

例 6-13　如图 6-33 所示电路，已知：$I_R = I_C = 5A$，电压 $U = 70.7V$，且 $\dot{U}$ 与 $\dot{I}_L$ 同相，求：R，X_L，X_C。

解：

（1）相量代数法

令 $\dot{I}_R = 5 \angle 0° A$，则 $\dot{I}_C = 5 \angle 90° A$

由 KCL：$\dot{I}_L = \dot{I}_R + \dot{I}_C = (5+j5) A = 5\sqrt{2} \angle 45° A$

又已知 $\dot{U}$ 与 $\dot{I}_L$ 同相，则

$$\dot{U} = 70.7 \angle 45° V = (50+j50) V$$

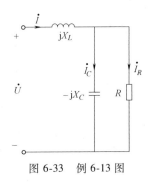

图 6-33　例 6-13 图

又由 KVL 可得

$$\begin{aligned}
\dot{U} &= jX_L \dot{I}_L + R \dot{I}_R \\
&= jX_L(5+5j) + 5R \\
&= 5(R-X_L) + j5X_L \\
&= (50+j50) V
\end{aligned}$$

由上述两式复数相等的条件可得

$$5(R-X_L) = 50$$
$$5X_L = 50$$

所以

$$X_L = 10\Omega, \quad R = 20\Omega$$

又电容 C 和电阻 R 并联，电压相等

$$R\dot{I}_R = -j\dot{I}_C X_C$$

则

$$5R = 5X_C$$
$$X_C = R = 20\Omega$$

（2）相量图法

设电阻 R 两端的电压 $\dot{U}_R$ 为参考相量，画出相量图如图 6-34 所示。根据已知 $I_R = I_C = 5A$，由相量图可知

$$I_L = \sqrt{I_R^2 + I_C^2} = 5\sqrt{2} A, \quad \theta = 45°$$

又

$$U = 70.7\text{V}, \quad U_L = U = 70.7\text{V}$$

所以

$$U_R = \sqrt{U^2 + U_L^2} = 100\text{V}$$

$$\therefore X_L = \frac{U_L}{I_L} = \frac{70.7}{5\sqrt{2}}\Omega = 10\Omega$$

$$X_C = \frac{U_C}{I_C} = \frac{100}{5}\Omega = 20\Omega$$

$$R = \frac{U_R}{I_R} = \frac{100}{5}\Omega = 20\Omega$$

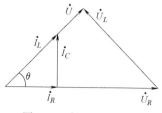

图 6-34 例 6-13 相量图

例 6-14 如图 6-35a 所示电路，已知：$R = 2\Omega$，$C = 100\mu\text{F}$，$L = 5\text{mH}$，$u_{S1} = 120\sqrt{2}\cos 1000t\text{V}$，$u_{S2} = 100\sqrt{2}\cos(1000t-30°)\text{V}$。求各支路电流。

解：选定各支路电流的参考方向如图 6-35a 所示。画出相量模型如图 6-35b 所示，其中

$$\dot{U}_{S1} = 120\angle 0°\text{V}, \quad \dot{U}_{S2} = 100\angle -30°\text{V}$$

（1）用网孔电流法求解

设网孔电流的参考方向如图 6-35b 所示，列出网孔电流方程为

$$\begin{cases} \left(R+\dfrac{1}{\text{j}\omega C}\right)\dot{I}_a + \dfrac{1}{\text{j}\omega C}\dot{I}_b = \dot{U}_{S1} \\ \dfrac{1}{\text{j}\omega C}\dot{I}_a + \left(\text{j}\omega L+\dfrac{1}{\text{j}\omega C}\right)\dot{I}_b = \dot{U}_{S2} \end{cases}$$

代入已知参数得

$$\begin{cases} (2-\text{j}10)\dot{I}_a - \text{j}10\dot{I}_b = 120 \\ -\text{j}10\dot{I}_a + \text{j}(5-10)\dot{I}_b = 100\angle -30° \end{cases}$$

解得

$$\dot{I}_a = 11.1\angle -63.4°\text{A}, \quad \dot{I}_b = 12.6\angle -35.2°\text{A}$$

所以 $\dot{I}_1 = \dot{I}_a = 11.1\angle -63.4°\text{A}$

$$\dot{I}_2 = -\dot{I}_b = -12.6\angle -35.2°\text{A}$$

$$\dot{I}_3 = \dot{I}_a + \dot{I}_b = (11.1\angle -63.4° - 12.6\angle -35.2°)\text{A} = 5.8\angle -24.6°\text{A}$$

（2）用节点法解

按照如图 6-35c 所示选定的参考点，列写节点方程为

$$\left(\frac{1}{R}+\text{j}\omega C+\frac{1}{\text{j}\omega L}\right)\dot{U}_1 = \frac{\dot{U}_{S1}}{R} + \frac{\dot{U}_{S2}}{\text{j}\omega L}$$

代入电路参数可得

$$\dot{U}_1 = \frac{\dfrac{\dot{U}_{S1}}{R}+\dfrac{\dot{U}_{S2}}{j\omega L}}{\dfrac{1}{R}+j\omega C+\dfrac{1}{j\omega L}} = 102.82-j14.08\text{V}$$

因此有

$$\dot{I}_1 = \frac{\dot{U}_{S1}-\dot{U}_1}{R} = 11.1\angle -63.4°\text{A}$$

$$\dot{I}_2 = \frac{\dot{U}_1-\dot{U}_{S2}}{j\omega L} = -12.6\angle -35.2°\text{A}$$

$$\dot{I}_3 = j\omega C\,\dot{U}_1 = 5.8\angle -24.6°\text{A}$$

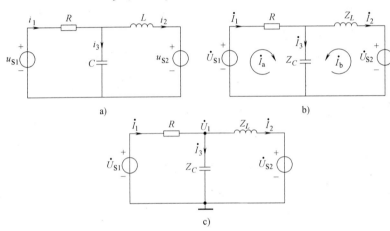

图 6-35 例 6-14 图

例 6-15 如图 6-36a 所示电路，$\dot{I}_S = 10\angle 0°\text{A}$，$Z_C = -j20\Omega$，$R = 10\Omega$，求电压相量 $\dot{U}$。

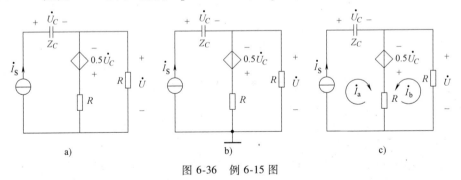

图 6-36 例 6-15 图

解：

（1）用节点法求解

选参考点如图 6-36b 所示，建立节点方程如下

$$\dot{U}\left(\frac{1}{10}+\frac{1}{10}\right) = 10\angle 0° + \frac{-0.5\dot{U}_C}{10}$$

注意到电容电压为

$$\dot{U}_C = -\mathrm{j}20 \times 10 \angle 0° \mathrm{V}$$

于是可解得

$$\dot{U} = (50+50\mathrm{j})\mathrm{V} = 50\sqrt{2} \angle 45° \mathrm{V}$$

(2) 用网孔法求解

选定网孔电流参考方向如图 6-36c 所示，建立网孔电流方程如下

$$\begin{cases} \dot{I}_\mathrm{a} = 10 \angle 0° \\ \dot{I}_\mathrm{b}(10+10) + \dot{I}_\mathrm{a} \times 10 = 0.5\dot{U}_C \end{cases}$$

注意到电容电压为

$$\dot{U}_C = -\mathrm{j}20 \times 10 \angle 0° \mathrm{V}$$

于是可解得

$$\dot{I}_\mathrm{a} = 10 \angle 0° \mathrm{A}$$

$$\dot{I}_\mathrm{b} = -5-5\mathrm{j} = 5\sqrt{2} \angle 225° \mathrm{A}$$

则 $\dot{U} = (50+50\mathrm{j})\mathrm{V} = 50\sqrt{2} \angle 45° \mathrm{V}$

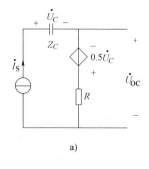
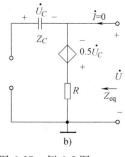
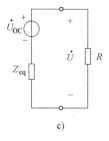

图 6-37 例 6-5 图

(3) 用戴维南定理求解

如图 6-37a 所示电路，其开路电压为

$$\begin{aligned} \dot{U}_\mathrm{OC} &= -0.5\dot{U}_C + 10 \times 10 \angle 0° \\ &= (-0.5 \times (-\mathrm{j}20) \times 10 \angle 0° + 100)\mathrm{V} \\ &= (100+\mathrm{j}100)\mathrm{V} \end{aligned}$$

显然当独立电流源置零，如图 6-37b 所示，因 $\dot{U}_C = 0$，此时

$$Z_\mathrm{eq} = R = 10\Omega$$

根据如图 6-37c 所示的戴维南等效电路，可以求得电压相量 $\dot{U}$ 为

$$\dot{U} = \frac{10}{10+10}\dot{U}_\mathrm{OC} = (50+\mathrm{j}50)\mathrm{V} = 50\sqrt{2} \angle 45° \mathrm{V}$$

6.6 正弦交流电路的功率及最大功率传输

6.6.1 正弦交流电路的功率

设有一无源正弦交流二端网络如图 6-38 所示。电路所吸收的功率为

$$p = ui$$

设电压、电流为

$$u = \sqrt{2}U\cos(\omega t)$$
$$i = \sqrt{2}I\cos(\omega t - \varphi)$$

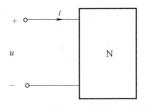

图 6-38 无源正弦交流二端网络

则有

$$\begin{aligned} p &= ui = \sqrt{2}U\cos\omega t \cdot \sqrt{2}I\cos(\omega t - \varphi) \\ &= 2UI\left[\frac{1}{2}\cos(2\omega t - \varphi) + \frac{1}{2}\cos\varphi\right] \\ &= UI\cos\varphi + UI\cos(2\omega t - \varphi) \end{aligned} \quad (6-59)$$

上述瞬时功率也可以改写为

$$p = ui = UI\cos\varphi[1 + \cos(2\omega t)] + UI\sin\varphi\sin(2\omega t) \quad (6-60)$$

由式（6-59）可知，电路的瞬时功率包括两部分，即恒定分量（$UI\cos\varphi$）和二倍于电源频率的正弦分量 [$UI\cos(2\omega t - \varphi)$]，其波形如图 6-39 所示。

由该图可见，瞬时功率 p 有时为正，有时为负。

当 u、i 同号时，p 为正，网络实际吸收功率；

当 u、i 异号时，p 为负，网络实际发出功率；

当 u、i 有一个为零时，$p = 0$。

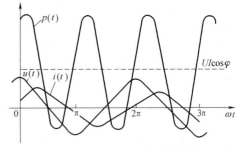

图 6-39 无源正弦交流二端网络的瞬时功率

瞬时功率的实用意义不大，它时大时小、正时负，不能很好地反映电路的功率情况。为了表示正弦稳态电路中能量消耗与交换的情况，引入以下几种功率：

（1）平均功率 P（有功功率） 平均功率也称有功功率，简称有功，指的是瞬时功率在一个周期内的平均值，用大写字母 P 表示，其单位为 W（瓦），即

$$\begin{aligned} P &= \frac{1}{T}\int_0^T p\mathrm{d}t = \frac{1}{T}\int_0^T ui\mathrm{d}t \\ &= \frac{1}{T}\int_0^T UI[\cos\varphi + \cos(2\omega t - \varphi)]\mathrm{d}t \\ &= \frac{1}{T}\int_0^T UI\cos\varphi\mathrm{d}t + \frac{1}{T}\int_0^T UI\cos(2\omega t - \varphi)\mathrm{d}t \end{aligned} \quad (6-61)$$

注意到正弦或余弦函数在一个周期内的积分一定为零，于是有

$$P = UI\cos\varphi \tag{6-62}$$

式中，$\cos\varphi$ 称为功率因数，用 λ 表示，即 $\lambda = \cos\varphi$。对照式（6-59）可见，电路所消耗的平均功率就是瞬时功率中的恒定分量。

有功功率可以用功率表来测量得到，功率表的内部含有一个电压线圈和一个电流线圈，它是通过测量电压和电流的有效值以及功率因数的值，得到三者的乘法结果，从而实现有功功率测量。测量的接线如图 6-40 所示。功率表中的"·"号表示两个线圈同名端的概念，关于同名端，在下一章会予以详细介绍。

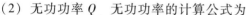

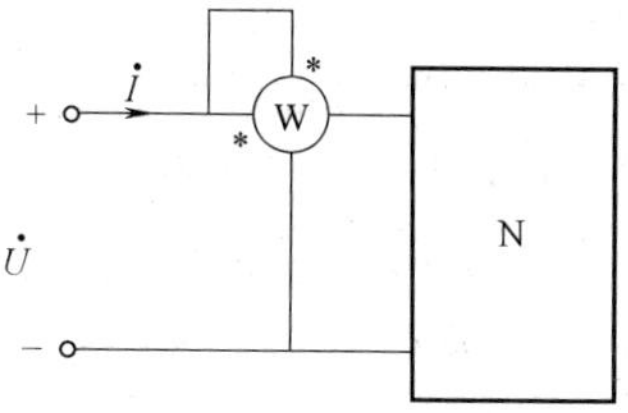

图 6-40 有功功率的测量

（2）无功功率 Q　无功功率的计算公式为

$$Q = UI\sin\varphi = \frac{1}{2}U_m I_m \sin\varphi \tag{6-63}$$

无功功率反映了一端口电路 N 内部与外部交换能量的最大规模。无功功率只是一个计算量，并不表示做功的情况，为了区别于有功功率，无功功率采用的单位为 var（乏）。

若一端口电路 N 中不含独立源，则 φ 就是阻抗角 φ_Z。此时

$$P = UI\cos\varphi_Z = \frac{1}{2}U_m I_m \cos\varphi_Z$$

$$Q = UI\sin\varphi_Z = \frac{1}{2}U_m I_m \sin\varphi_Z$$

下面讨论一端口电路 N 分别为以下几种情况时的有功功率和无功功率的值。

1）纯电阻。$\varphi_Z = 0$，$P = UI$，$Q = 0$。说明电阻吸收有功功率，无功功率为零。

2）纯电感。$\varphi_Z = \dfrac{\pi}{2}$，$P = 0$，$Q = UI = I^2 X_L = \dfrac{U^2}{X_L} > 0$。

3）纯电容。$\varphi_Z = -\dfrac{\pi}{2}$，$P = 0$，$Q = -UI = -I^2 X_C = -\dfrac{U^2}{X_C} < 0$。

以上表明电感、电容的平均功率为 0，它们不消耗能量，但与外界有能量交换，电感的无功功率为正值，电容的无功功率为负值。

（3）视在功率 S　像发电机、变压器等电气设备，其功率因数 $\cos\varphi$ 取决于负载情况，因此通常用视在功率 S 表示其容量。视在功率的计算式为

$$S = UI = \frac{1}{2}U_m I_m \tag{6-64}$$

视在功率的单位为 V·A（伏·安）。

（4）复功率 $\widetilde{S}$　复功率用 $\widetilde{S}$ 表示。$\widetilde{S}$ 的实部为有功功率 P，虚部为无功功率 Q，即

$$\widetilde{S} = P + jQ \tag{6-65}$$

复功率不是相量，是类似于阻抗导纳类型的复数。设 $\varphi = \varphi_u - \varphi_i$，有

$$\begin{aligned}\widetilde{S} &= P + jQ = UI\cos\varphi + jUI\sin\varphi = UIe^{j\varphi} \\ &= UIe^{j(\varphi_u - \varphi_i)} = Ue^{j\varphi_u} \cdot Ie^{-j\varphi_i} \\ &= \dot{U}\dot{I}^* = Se^{j\varphi}\end{aligned} \tag{6-66}$$

所以视在功率 S 是复功率 $\widetilde{S}$ 的模，复功率的辐角为 φ。

对于正弦稳态电路，可以证明

$$\sum \widetilde{S} = 0; \sum P = 0; \sum Q = 0 \tag{6-67}$$

即对于正弦稳态电路，电路中各元件的有功功率之和恒等于零（有功功率守恒）；电路各元件的无功功率之代数和也恒等于零（无功功率守恒）；电路各元件的复功率之和等于零（复功率守恒）。需要注意的是，一般情况下视在功率不守恒。

例 6-16 电路相量模型如图 6-41 所示，已知：$U_C = 10\text{V}$，$R = 3\Omega$，$X_C = X_L = 4\Omega$。求电路中的 P，Q，S，λ。

解：令 $\dot{U}_C = 10\angle 0°\text{V}$

则

$$\dot{I}_C = \frac{\dot{U}_C}{-jX_C} = \frac{10\angle 0°}{-j4}\text{A} = 2.5\angle 90°\text{A}$$

$$\dot{U} = (R - jX_C)\dot{I}_C = (3 - j4) \times 2.5\angle 90°\text{V} = 12.5\angle 36.9°\text{V}$$

$$Z = \frac{jX_L(R - jX_C)}{jX_L + (R - jX_C)} = \frac{j4(3 - j4)}{3}\Omega = \frac{20}{3}\angle 36.9°\Omega$$

$$\dot{I} = \frac{\dot{U}}{Z} = \frac{12.5\angle 36.9°}{\frac{20}{3}\angle 36.9°}\text{A} = \frac{15}{8}\text{A}$$

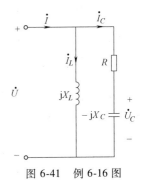

图 6-41 例 6-16 图

用公式可计算出

$$P = UI\cos\varphi = 12.5 \times \frac{15}{8}\cos 36.9°\text{W} = 18.75\text{W}$$

$$Q = UI\sin\varphi = 12.5 \times \frac{15}{8}\sin 36.9°\text{var} = 14.06\text{var}$$

$$S = UI = 12.5 \times \frac{15}{8}\text{V} \cdot \text{A} = 23.44\text{V} \cdot \text{A}$$

$$\lambda = \cos\varphi = \cos 36.9° = 0.8$$

本例也可先求出各元件的有功功率、无功功率，然后分别求和得到总的有功功率和无功功率。

下面以 RLC 串联电路为例讨论 P 和 Q 的具体含义。如图 6-42 所示电路，有

$$P = UI\cos\varphi = |Z|I^2\cos\varphi = I^2 \cdot |Z|\cos\varphi = RI^2 \tag{6-68}$$

$$Q = UI\sin\varphi = |Z|I^2\sin\varphi = XI^2 = (X_L - X_C)I^2 \tag{6-69}$$

可见，由于 L、C 不消耗有功功率，所以整个电路所消耗的有功功率实际上就是 R 所消耗的功率；因为 R 无功功率为零，所以整个电路的无功功率均为电抗 X 所致，它等于 L 消耗的无功功率与 C 产生的无功功率之差，即

$$Q = X_L I^2 - X_C I^2 = Q_L - Q_C \tag{6-70}$$

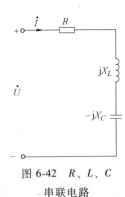

图 6-42 R、L、C 串联电路

交流电路有功功率 P、无功功率 Q 和视在功率 S 之间的关系为

$$P = UI\cos\varphi = S\cos\varphi$$
$$Q = UI\sin\varphi = S\sin\varphi$$
$$S = \sqrt{P^2 + Q^2} \qquad (6\text{-}71)$$
$$\tan\varphi = \frac{Q}{P}$$

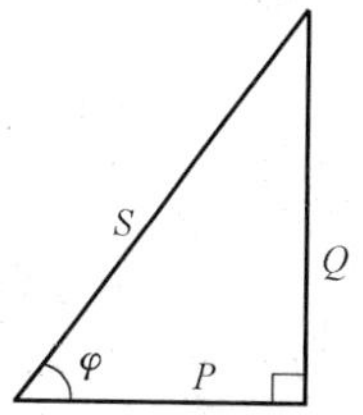

P、Q、S三者之间成直角三角形关系，称之为功率三角形。如图6-43所示。不难得知功率三角形与阻抗三角形是相似三角形。

图6-43 功率三角形

6.6.2 最大功率传输

图6-44a所示电路为功率传输电路的示意图，这里要分析一下负载如何获得最大功率的问题。先将有源网络N用戴维南电路等效，如图6-44b所示，其中U_{OC}和Z_o分别为电源的电压相量和内阻抗，Z_L为负载阻抗。由图可知，负载的吸收功率为

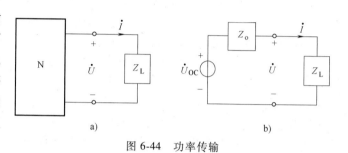

图6-44 功率传输

$$P = I^2 R_L = \frac{U_S^2 R_L}{(R_i + R_L)^2 + (X_i + X_L)^2} \qquad (6\text{-}72)$$

一般来说，负载Z_L是可变的。Z_L的变化有两种情况，即R_L、X_L均可独立变化或Z_L的辐角不变，模可变。当R_L、X_L均可独立变化时，负载获得最大功率必须满足

$$\frac{\partial P}{\partial X_L} = 0 \ \text{和} \ \frac{\partial P}{\partial R_L} = 0 \qquad (6\text{-}73)$$

可以求得

$$X_L = -X_i \qquad (6\text{-}74)$$
$$R_L = R_i$$

即

$$Z_L = R_i - jX_i = Z_i^* \qquad (6\text{-}75)$$

可见，当R_L、X_L均可独立变化时，负载获得最大功率的条件是负载阻抗和电源的内阻抗为共轭复数，这种状态称为共轭匹配。此时的最大功率为

$$P_{L\max} = \frac{U_S^2}{4R_i} \qquad (6\text{-}76)$$

对于R_L、X_L不能独立变化，Z_L的辐角不变，模可变的情况，可以证明负载获得最大功率的条件是负载阻抗的模等于电源内阻抗的模，即

$$|Z_L| = |Z_i| \qquad (6\text{-}77)$$

这种情况称为模匹配。负载所得的最大功率比共轭匹配所获得的要小。电力系统中，不允许在共轭匹配的状态下工作，一方面效率太低，另一方面，由于电源的内阻抗很小，匹配时电流很大，会损坏电源和负载。在通信系统和某些电子电路中才考虑共轭匹配问题。

例 6-17 如图 6-45a 所示电路，已知：$\dot{U}_S = 10\angle 0°\text{V}$，$Z_C = -\text{j}3\Omega$，$R = 4\Omega$。

求：（1）若 Z_L 可任意变化，则 Z_L 为何值时可获得最大功率，并求最大功率。

（2）若 Z_L 是电阻，则 Z_L 为何值时可获得最大功率，并求最大功率。

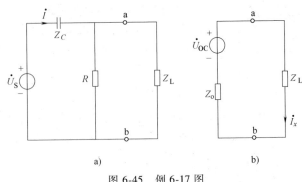

图 6-45 例 6-17 图

解：首先求 a、b 左端的戴维南等效电路，如图 6-45b 所示。

求得开路电压和等效阻抗为

$$\dot{U}_{OC} = \frac{4}{4-\text{j}3} \times 10\angle 0°\text{V} = 8\angle 36.9°\text{V}$$

$$Z_o = \frac{4(-\text{j}3)}{4-\text{j}3}\Omega = 2.4\angle -53.1°\Omega$$

（1）若 Z_L 可任意变化，Z_L 获得最大功率的条件为

$$Z_L = Z_o^* = 2.4\angle 53.1°\Omega = (1.44+\text{j}1.92)\Omega$$

$$P_{L\max} = \frac{U_{OC}^2}{4R_o} = \frac{8^2}{4\times 1.44}\text{W} = 11.1\text{W}$$

（2）若 Z_L 为纯电阻，Z_L 获得最大功率的条件为

$$Z_L = |Z_o| = 2.4\Omega$$

$$I_x = \frac{8}{\sqrt{(1.44+2.4)^2+1.92^2}}\text{A} = 1.863\text{A}$$

$$P_{L\max} = I_x^2 R = 1.863^2 \times 2.4\text{W} = 8.33\text{W}$$

显然共模匹配的功率小于共轭匹配的功率。

6.7 功率因数的提高

在电工技术中，用视在功率反映电动机、变压器等动力设备的额定容量，即可能提供的最大功率，并不能反映它们提供的实际功率。实际提供的功率与负载的性质有关，即与功率因数有关，上一节中已经给出功率因数 $\lambda = \cos\varphi$。对于无源线性一端口网络，功率因数角就是阻抗角 φ_Z。功率因数角可以为正，也可以为负，但对不含受控源的电路，功率因数总是为非负值。为了能通过 λ 来反映网络的性质，一般在给出功率因数的同时，习惯上还加上"超前"或"滞后"的字样。"超前"指的是电流超前电压，电路呈容性；"滞后"指的是电流落后电压，电路呈感性。顺便指出，对于含受控源的线性一端口网络，功率因数可以为正，也可以为负，$\lambda > 0$，表示电路实际吸收有功功率；$\lambda < 0$，表示电路实际发出有功功率。

功率因数的大小反映了电源设备容量被利用的程度。若交流电路电源提供的视在功率为 S，负载吸收的有功功率为 P，一般情况下 $P<S$。由 $P = UI\cos\varphi = S\cos\varphi$ 可知，λ 越大（越接

近1),电源设备向电路提供的平均功率就越大,设备的容量被利用的程度就越高。日常生产生活中,常用的负载一般都是感性负载(如电动机、荧光灯等),且功率因数一般较低,为提高电能的利用率,必须提高设备的功率因数,同时应保证负载的端电压为额定值。

当电路的平均功率 P 和电压 U 一定时,线路电流为

$$I = \frac{P}{U\cos\varphi} \tag{6-78}$$

可知,提高功率因数可以减小电流的有效值,从而可以减少线路和发电机绕组上的能量损耗,提高输电效率。此外,对于长距离输电线路来讲,减小电流的大小,降低了对输电电缆的要求,可节约电缆材料的成本。可见,提高功率因数 $\cos\varphi$,在工程上有重要的意义。

例 6-18 如图 6-46a 所示电路,感性负载 $Z_L = 4+j3\Omega$ 接在 220V/50Hz 的交流电源上。(1) 求电路的有功功率和功率因数;(2) 若在负载 Z_L 上串联一个 1.06mF 电容,求电路的有功功率和功率因数;(3) 若在负载 Z_L 上并联一个 4Ω 电阻,求电路的有功功率和功率因数。

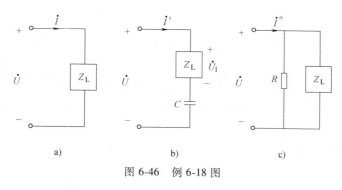

图 6-46 例 6-18 图

解:(1) 设电源电压为 $\dot{U} = 220\angle 0°\text{V}$

$$Z_L = (4+j3)\Omega = 5\angle 36.9°\Omega$$

端口电流:$\dot{I} = \dfrac{\dot{U}}{Z_L} = \dfrac{220\angle 0°}{5\angle 36.9°}\text{A} = 44\angle -36.9°\text{A}$

功率因数:$\lambda = \cos 36.9° = 0.8$

有功功率:$P = UI\cos\varphi = (220\times 44\times \cos 36.9°)\text{W} = 7744\text{W}$

(2) 串联电容的阻抗为

$$Z_C = \frac{1}{j\omega C} = -j\frac{1}{100\pi\times 1.06\times 10^{-3}}\Omega \approx -j3\Omega$$

$$\dot{U}_1 = \frac{Z_L \dot{U}}{Z_L + Z_C} = \frac{5\angle 36.9°\times 220\angle 0°}{4}\text{V} = 275\angle 36.9°\text{V}$$

端口电流:$\dot{I}' = \dfrac{\dot{U}}{Z_L + Z_C} = \dfrac{220\angle 0°}{4}\text{A} = 55\angle 0°\text{A}$

功率因数:$\lambda = \cos 0° = 1$

有功功率:$P = UI\cos\varphi = 220\times 55\text{W} = 12100\text{W}$

可见,串联电容后,尽管功率因数提高了,但是流过负载的电流以及负载两端的电压均

（3）并联电阻后的等效阻抗为

$$Z'_L = \frac{4\times(4+j3)}{4+4+j3}\Omega = 2.34\angle 16.3°\Omega$$

功率因数角 $\varphi'' = 16.3°$

端口电流：$\dot{I}'' = \dfrac{\dot{U}}{Z'_L} = \dfrac{220\angle 0°}{2.34\angle 16.3°}\text{A} = 94\angle -16.3°\text{A}$

功率因数：$\lambda = \cos 16.3° = 0.96$

有功功率：$P = UI''\cos\varphi'' = 220\times 94\times \cos 16.3°\text{W} = 19852.8\text{W}$

从例 6-18 可以看出，通过串联电容（感性负载串联电容元件）以及通过并联电阻等方式均可提高端口的功率因数，但是串联电容后，流过负载的电流以及负载两端的电压均发生了较大改变，负载处于工作不正常状态，不宜采用；并联电阻后，虽然电路的功率因数提高了，但是较大部分的功率消耗在并联电阻上，电能白白浪费了，也不宜采用这种方法。

可见，提高功率因数时一定要保证负载处于正常的工作状态，同时还要提高电能的使用效率。一般可采用无功功率补偿的方法，通过减小电路无功功率的方法，减小阻抗角，提高电路的功率因数。具体地说，可以通过在电路两端接入与负载性质相反的电抗元件来达到该目的。对于感性负载，一般采用在负载两端并联电容元件的方法提高功率因数。

例 6-19 如图 6-47a 所示电路，电源为 380V/50Hz，一感性负载吸收的有功功率为 20kW，$\cos\varphi = 0.6$。若要使 $\cos\varphi$ 提高到 0.9，求在负载两端并联的电容的值。

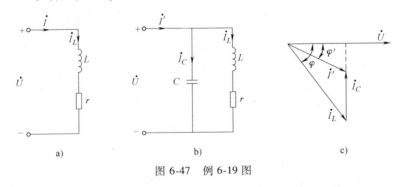

图 6-47 例 6-19 图

解：并联电容前后，负载两端的电压保持不变，并联电容不会改变负载的工作状态，也不会改变电路有功功率的大小。

设端口电压为参考相量，即 $\dot{U} = U\angle 0°\text{V}$，并联电容前电路的相量图如图 6-47c 所示，其中

$$I = I_L = \frac{P}{U\cos\varphi} = \frac{20\times 10^3}{380\times 0.6}\text{A} = 87.72\text{A}$$

$$\varphi = \arccos 0.6 = 53.13°$$

为了提高 $\cos\varphi$，即减小 φ，现在负载两端并联了一个电容 C，如图 6-47b 所示，设 C 中流过的电流为 $\dot{I}_C$，于是

$$\dot{I}' = \dot{I}_L + \dot{I}_C$$

由相量图可知，并联电容后，若要使功率因数提高到 0.9，电路的总电流 $\dot{I}'$ 应满足

$$I' = \frac{P}{U\cos\varphi'} = \frac{20\times 10^3}{380\times 0.9}\text{A} = 58.48\text{A}$$

由 $\cos\varphi' = 0.9$,有

$$\varphi' = \arccos 0.9 = 25.84°$$

则

$$\begin{aligned}I_C &= I\sin\varphi - I'\sin\varphi' \\ &= (87.72\sin 53.13° - 58.48\sin 25.84°)\text{A} \\ &= 44.7\text{A}\end{aligned}$$

因此 $\quad C = \dfrac{I_C}{\omega U} = \dfrac{44.7}{314\times 380}\text{F} = 375\mu\text{F}$

由上述分析可知,并联电容的大小可用下式表示:

$$C = \frac{I_C}{\omega U} = \frac{I\sin\varphi - I'\sin\varphi'}{\omega U} = \frac{\dfrac{P}{U\cos\varphi}\sin\varphi - \dfrac{P}{U\cos\varphi'}\sin\varphi'}{\omega U} = \frac{P(\tan\varphi - \tan\varphi')}{\omega U^2}$$

提高功率因数并不改变负载的有功功率,只不过是负载上无功功率的一部分由并联的与负载性质相反的电抗元件来补偿罢了。从理论上讲,将功率因数提高到1,电源设备的能量将全部被利用。但实际的电力系统中不能这么做,因为这一方面将增加电容设备的投资,且带来的经济效益并不显著;另一方面将使电路产生所谓的谐振,损坏电器设备。

【实例应用】

荧光灯进行无功功率补偿时,电容器 C 容量值的大小与荧光灯的功率有关,通常有如下要求:电容器的耐压值应大于或等于400V。功率40W的荧光灯未加无功补偿之前,功率因数为0.5,补偿至0.95,应该选择多大的电容器补偿合适?

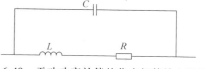

图6-48 无功功率补偿的荧光灯等效电路图

可以直接应用补偿电容公式求解:

$$\begin{aligned}C &= \frac{I_C}{\omega U} = \frac{I\sin\varphi - I'\sin\varphi'}{\omega U} = \frac{\dfrac{P}{U\cos\varphi}\sin\varphi - \dfrac{P}{U\cos\varphi'}\sin\varphi'}{\omega U} = \frac{P(\tan\varphi - \tan\varphi')}{\omega U^2} \\ &= \frac{40\times[\tan(\arccos 0.5) - \tan(\arccos 0.95)]}{2\times 3.14\times 50\times 220^2}\text{F} \approx 3.7\mu\text{F}\end{aligned}$$

本 章 小 结

知识点:

1. 正弦量的三要素;
2. 相量、阻抗与导纳;
3. 应用相量代数法、相量图解法求解正弦交流电路;
4. 应用电路系统分析方法及电路定理求解正弦交流电路;

5. 正弦交流电路的有功功率、无功功率、复功率、视在功率；
6. 最大功率传输。

难点：

1. 正弦量的相量表示；
2. 相量图电路分析法；
3. 功率因数提高的无功功率补偿法。

习 题 6

6-1 电压或电流的瞬时表达式为

（1） $u(t) = 30\cos(314t+60°)$ V；

（2） $i(t) = 10\cos(3140t-120°)$ A；

（3） $u(t) = 15\cos(628t+90°)$ V。

试分别画出其波形，指出其振幅、频率和初相角。

6-2 正弦电流的振幅 $I_m = 8$ mA，角频率 $\omega = 10^3$ rad/s，初相角 $\varphi = 45°$。写出其瞬时表达式，求电流的有效值。

6-3 试计算习题图 6-1 所示周期电压及电流的有效值。

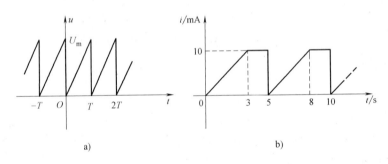

习题图 6-1

6-4 求下列正弦量的相量。

（1） $u(t) = 150\sqrt{2}\cos(314t-45°)$ V；

（2） $i(t) = 14.14\cos(1000t+60°)$ A；

（3） $i(t) = [5\sqrt{2}\cos(314t+36.9°) + 10\sqrt{2}\cos(314t-53.1°)]$ A；

（4） $u(t) = [300\sqrt{2}\cos(100t+45°) + 100\sqrt{2}\cos(100t-45°)]$ V。

6-5 已知电流相量 $\dot{I}_1 = 6+j8$ A，$\dot{I}_2 = -6+j8$A，$\dot{I}_3 = -6-j8$A，$\dot{I}_4 = 6-j8$A。试写出其极坐标形式和对应的瞬时值表达式（设角频率为 ω）。

6-6 电路如习题图 6-2 所示，已知 $R = 200\Omega$，$L = 0.1$mH，电阻上电压 $u_R = \sqrt{2}\cos 10^6 t$V，求电源电压 u_S，并画出其相量图。

6-7 电路如习题图 6-3 所示，已知 $R = 10$kΩ，$C = 0.2\mu$F，$i_C = \sqrt{2}\cos(10^6 t+30°)$mA，试求电流源电流 i_S，并画出其相量图。

6-8 习题图 6-4 所示电路中已知 $i_S = 10\sqrt{2}\cos(2t-36.9°)$A，$u = 50\sqrt{2}\cos 2t$V。试确定 R 和 L 的值。

6-9 已知习题图 6-5a、b 中电压表 V_1 的读数为 30V，V_2 的读数为

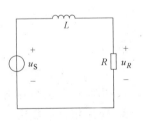

习题图 6-2

60V；习题图6-5c中电压表V_1、V_2和V_3的读数分别为15V、80V和100V。

（1）求三个电路端电压的有效值U各为多少（各表读数表示有效值）；

（2）若外施电压为直流电压（相当于$\omega=0$）且等于12V，再求各表读数。

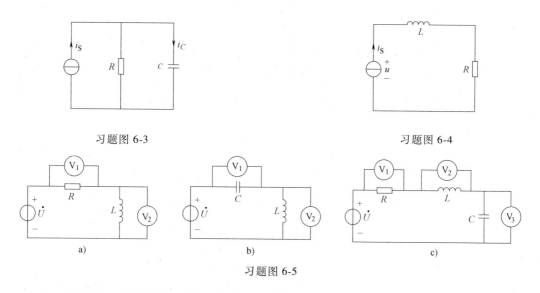

习题图6-3　　　　习题图6-4

习题图6-5

6-10　电路如习题图6-6所示，已知电流表A_1的读数为3A、A_2为4A，求A表的读数。若此时电压表读数为100V，求电阻和容抗。

6-11　电路如习题图6-7所示，已知$R=50\Omega$，$L=2.5\text{mH}$，$C=5\mu\text{F}$，电源电压$\dot{U}=10\angle 0°\text{V}$，角频率$\omega=10^4\text{rad/s}$，求电流$\dot{I}_R$，$\dot{I}_L$，$\dot{I}_C$和$\dot{I}$，并画出其相量图。

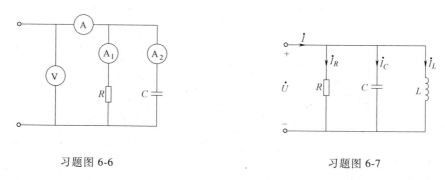

习题图6-6　　　　习题图6-7

6-12　电路如习题图6-8所示，其端口电压u和电流i分别有以下三种情况。N可能是何种元件？并求其参数？

（1）$u=10\sqrt{2}\sin 5t(\text{V})$，$i=\sqrt{2}\cos 5t(\text{A})$；

（2）$u=100\cos(10t+45°)(\text{V})$，$i=10\sin(10t+135°)(\text{A})$；

（3）$u=-10\cos 2t(\text{V})$，$i=-2\sin 2t(\text{A})$。

6-13　求习题图6-9所示各电路a、b间的等效阻抗。

6-14　电路如习题图6-10所示，已知$Y_1=(0.16+\text{j}0.12)\text{S}$，$Z_2=25\Omega$，$Z_3=(3+\text{j}4)\Omega$，电磁系电流表读数为1A，求电压$U$。

6-15　电路如习题图6-11所示，已知$\dot{I}_L=1\angle 0°\text{A}$，求$\dot{U}_S$。

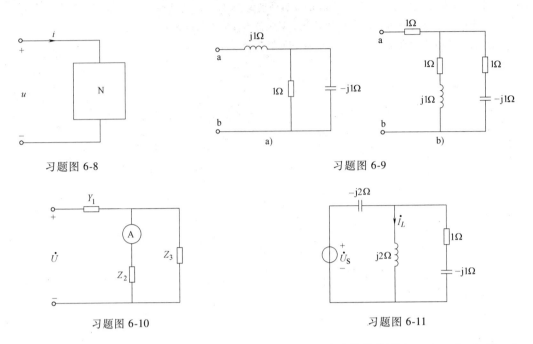

习题图 6-8　　　　　习题图 6-9　　　　　习题图 6-10　　　　　习题图 6-11

6-16　电路如习题图 6-12 所示，已知 $R = 10\Omega$，$f = 50\text{Hz}$，各电流有效值分别为 $I = 4\text{A}$，$I_1 = 3.5\text{A}$，$I_2 = 1\text{A}$，求线圈电阻 R_L 和电感 L。

6-17　电路如习题图 6-13 所示，已知 $U = 50\text{V}$，$I_C = I_R = 5\text{A}$，端口电压与电流同相，分别用相量法和作相量图的方法求 I，R，X_L 和 X_C。

习题图 6-12　　　　　习题图 6-13

6-18　如习题图 6-14 所示电路，已知 $U = 100\text{V}$，$I = 100\text{mA}$，电路吸收功率 $P = 6\text{W}$，$X_{L1} = 1.25\text{k}\Omega$，$X_C = 0.75\text{k}\Omega$。电路呈感性，求 r 和 X_L。

6-19　如习题图 6-15 所示电路，已知 $U = 10\text{V}$，$\omega = 10^4 \text{rad/s}$，$r = 3\text{k}\Omega$。调节电阻器 R，使电压表指示为最小值，这时 $r_1 = 900\Omega$，$r_2 = 1600\Omega$。求电压表的读数和电容 C 的值。

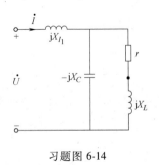　　　　　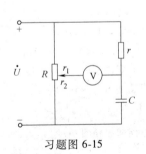

习题图 6-14　　　　　习题图 6-15

6-20 列出习题图 6-16 所示电路的回路电流方程。

6-21 列出习题图 6-17 所示电路的节点电压方程。已知 $u_S = 10\sqrt{2}\cos(t+30°)$ V，$i_S = \sqrt{2}\cos t$ V。

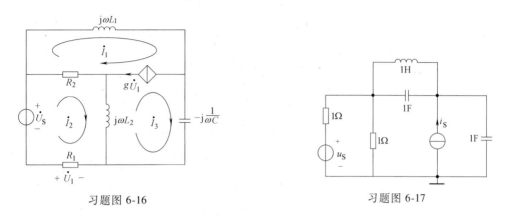

习题图 6-16　　　　习题图 6-17

6-22 求习题图 6-18 所示一端口的戴维南或诺顿等效电路。

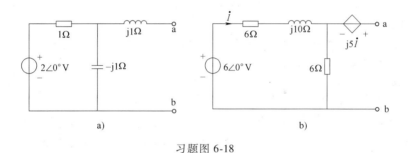

习题图 6-18

6-23 求习题图 6-19 所示一端口的平均功率、无功功率、视在功率和功率因数。已知 $u = 10\sqrt{2}\cos 314t$ V，$i = 2\sqrt{2}\cos(314t+53.1°)$ A。

6-24 求习题图 6-20 所示电路的平均功率、无功功率、视在功率和功率因数。已知 $\dot{U} = 10\angle 0°$ V。

6-25 电路如习题图 6-21 所示，已知 $P = 880$ W，$Q = 160$ var，$R_1 = 60\Omega$，$C = 1.25\mu F$，正弦电压 $u = 200\sqrt{2}\cos 1000t$ V，求 R_L 和 L。

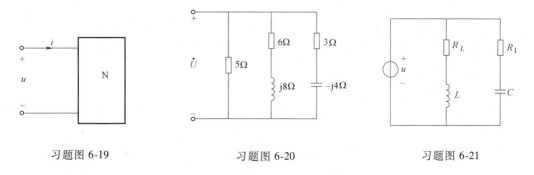

习题图 6-19　　　　习题图 6-20　　　　习题图 6-21

6-26 如习题图 6-22 所示电路，已知：$U = 20$V，电容支路消耗功率 $P_1 = 24$W，功率因数 $\cos\theta_{Z1} = 0.6$；电感支路消耗功率 $P_2 = 16$W，功率因数 $\cos\theta_{Z2} = 0.8$。求电流 I、电压 U_{ab} 和电路的复功率。

6-27 习题图 6-23 所示电路为常见的荧光灯电路，R、L 为荧光灯的电阻和电感。当接在电压为 220V、频率为 50Hz 的正弦交流电源时，测得荧光灯支路电流为 410mA，功率因数为 0.5。欲将其功率因数提高到 0.9，问应并联多大的电容？

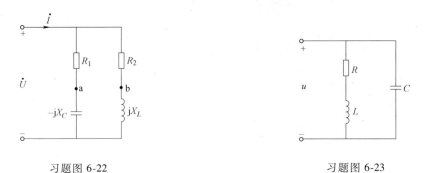

习题图 6-22　　　　　　　　　　　　　习题图 6-23

6-28　习题图 6-24 所示电路中，并联负载 Z_1，Z_2 的电流分别为 $I_1 = 10A$，$I_2 = 20A$，其功率因数分别为 $\lambda_1 = \cos\varphi_1 = 0.8 (\varphi_1 < 0)$，$\lambda_2 = \cos\varphi_2 = 0.6 (\varphi_2 > 0)$，端电压 $U = 100V$，$\omega = 1000 \text{rad/s}$。

（1）求电流表、功率表的读数和电路的功率因数 λ；

（2）若电源的额定电流为 30A，那么还能并联多大的电阻？并联该电阻后功率表的读数和电路的功率因数变为多少？

（3）如果使原电路的功率因数提高到 $\lambda = 0.9$，需并联多大的电容？

6-29　电路如习题图 6-25 所示。求：

（1）Z_L 获得最大功率时的值。

（2）最大功率值为多少？

（3）若 Z_L 为纯电阻，Z_L 获得的最大功率值又为多少？

6-30　如习题图 6-26 所示电路，已知 $\dot{I}_S = 2\angle 0°A$，负载 Z_L 为何值时获得最大功率？最大功率 P_{Lmax} 是多少？

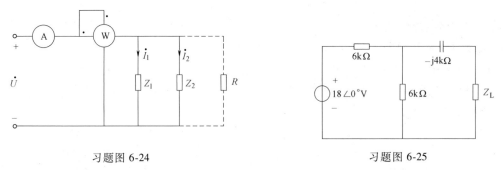

习题图 6-24　　　　　　　　　　　　　习题图 6-25

6-31　如习题图 6-27 所示电路，已知 $\dot{U}_S = 6\angle 0°V$，负载 Z_L 为何值时获得最大功率？最大功率 P_{Lmax} 是多少？

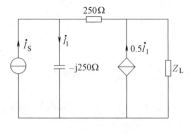　　　　　　　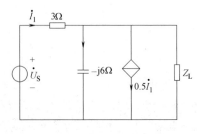

习题图 6-26　　　　　　　　　　　　　习题图 6-27

第7章　互感器和变压器

【章前导读】

互感器和变压器在日常生产、生活中获得广泛应用。互感电路均基于互感现象，本章先讨论耦合电感元件，然后介绍空心变压器、理想变压器、全耦合变压器，并详细说明含有互感器和变压器的电路的分析方法。

【导读思考】

通常使用电流表测量电路的电流时，需要停电后断开被测电路，将电流表串接到被测电路中才可以进行测量。而用钳形电流表测量电流时，则可以在不断开电路电源的情况下，直接测量电路中的电流。常用的钳形电流表按其结构的不同，分为互感器式钳形电流表和电磁式钳形电流表。因互感器式钳形电流表涉及本章相关的理论知识，我们主要看看其结构和工作原理。

互感器式钳形电流表如图7-1所示。它主要由"穿心式"电流互感器和带整流装置的磁电系电流表组成。

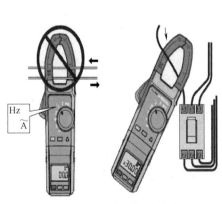
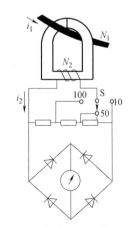

a) 互感器式钳形电流表　　　b) 钳形电流表测量电路结构图

图7-1　互感器式钳形电流表外形及电路结构图

互感器式钳形电流表，其电流互感器的铁心呈钳口形，当捏紧扳手时，铁心可以张开，这样，被测载流导线不必断开就可以穿过铁心张开的缺口放入钳形铁心中，然后松开扳手使铁心闭合。这样，通有被测电流的导线就成为电流互感器的一次侧，匝数为N_1，被测导线的电流在闭合铁心中产生磁通,使绕组在二次侧(匝数为 N_2)中产生感应电动势,测量电路中就有感应电流 i_2 通过,形成耦合电感。感应电流 i_2 经量程转换开关 S 按不同的分流比,经整流装置整流后变成直流通过表头,使电流表指针偏转。由于表头的标度尺是按一次电流 i_1 刻度的,所以,表针指示的读数就是被测导线中的交流电流值。

那么电流互感器的一次绕组和二次绕组之间的电流满足什么样的关系呢?钳形铁心是如何完成磁场能量传递的呢?学习了互感电路的相关知识,就可以回答上述问题了。

7.1 互感现象和耦合电感的伏安特性

7.1.1 互感现象和耦合系数

两个彼此靠近且存在磁耦合现象的线圈称为互感耦合线圈或互感线圈,为方便表示,这里分别称为线圈 1 和线圈 2,如图 7-2 所示。耦合电感元件是从互感线圈抽象出来的电路模型。

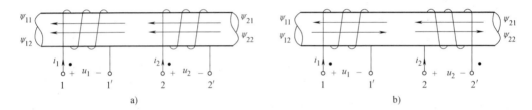

图 7-2 互感线圈

在图 7-2a 中,由线圈 1 中的电流 i_1 在自身线圈产生的磁通为 Φ_{11},其磁链为 $\psi_{11} = N_1\Phi_{11}$,N_1 为线圈 1 的匝数。该磁通有一部分会通过线圈 2,不妨设由电流 i_1 产生的且通过线圈 2 的磁通为 Φ_{21},该磁通在线圈 2 中的磁链为 $\psi_{21} = N_2\Phi_{21}$,N_2 为线圈 2 的匝数。电压电流取关联参考方向时,线圈 1 中的电流 i_1 在线圈 1 中会产生自感电压 u_{11}:

$$u_{11} = \frac{d\psi_{11}}{dt} = N_1\frac{d\Phi_{11}}{dt} \tag{7-1}$$

还会在线圈 2 中产生感应电压 u_{21}:

$$u_{21} = \frac{d\psi_{21}}{dt} = N_2\frac{d\Phi_{21}}{dt} \tag{7-2}$$

由于线圈 2 中的磁通 Φ_{21} 不是本身线圈电流 i_2 产生的,而是由线圈 1 耦合过来的,故称之为耦合磁通或互感磁通 Φ_{21},ψ_{21} 称为互感磁链,由此而产生的电压 u_{21} 称为互感电压。

同理,当线圈 2 中通以电流 i_2 时,i_2 产生的磁通为 Φ_{22},其磁链为 $\psi_{22} = N_2\Phi_{22}$,也必然要有一部分耦合到线圈 1 中,表示为 Φ_{12},该磁通通过线圈 1 的磁链为 $\psi_{12} = N_1\Phi_{12}$,N_1 为线圈 1 的匝数。线圈 2 中电流 i_2 在线圈 2 自身产生自感电压 u_{22},即

$$u_{22} = \frac{d\psi_{22}}{dt} = N_2\frac{d\Phi_{22}}{dt} \tag{7-3}$$

ψ_{12} 也要在线圈 1 中产生一个互感电压 u_{12},即

第 7 章 互感器和变压器

$$u_{12} = \frac{d\psi_{12}}{dt} = N_1 \frac{d\Phi_{12}}{dt} \tag{7-4}$$

在上面的讨论中使用了双下标，其含义为：第一个下标表示该量所在线圈的编号，第二个下标表示产生该量所在线圈的编号。例如，ψ_{12} 表示由第二个线圈中的电流 i_2 产生的、交链于第一个线圈的互感磁链。

当线圈 1 和线圈 2 都通有电流时，每个线圈中的磁链为

线圈 1：$\psi_1 = \psi_{11} + \psi_{12}$

线圈 2：$\psi_2 = \psi_{21} + \psi_{22}$

前面我们已经知道，对线性电感，其自感系数 $L_1 = \frac{\psi_{11}}{i_1}$、$L_2 = \frac{\psi_{22}}{i_2}$ 为常数。相应地，单位电流通过其他线圈产生的磁链就称为互感系数，用 M 表示。如果线圈周围没有铁磁性物质，磁链 ψ_{21} 与电流 i_1 以及磁链 ψ_{12} 与电流 i_2 都为线性关系，线圈 1 和线圈 2 之间的互感系数分别定义为

$$M_{21} = \left| \frac{\psi_{21}}{i_1} \right| \tag{7-5}$$

$$M_{12} = \left| \frac{\psi_{12}}{i_2} \right| \tag{7-6}$$

其中，M_{21} 称为线圈 1 对线圈 2 的互感，M_{12} 称为线圈 2 对线圈 1 的互感。

由电磁场理论可以证明

$$M_{12} = M_{21} = M$$

M 与 L 一样，与磁链的变化率有关，而与电流的大小无关，单位也是 H（亨）。根据式 (7-5) 和式 (7-6)，式 (7-2) 和式 (7-4) 所示的线圈 1 和线圈 2 两端的互感电压可分别表示为

$$\begin{aligned} u_{21} &= \frac{d\psi_{21}}{dt} = M\frac{di_1}{dt} \\ u_{12} &= \frac{d\psi_{12}}{dt} = M\frac{di_2}{dt} \end{aligned} \tag{7-7}$$

两互感线圈之间的耦合程度与线圈的结构、周围的介质、二者的相对位置等有关。为了定量描述两耦合线圈之间的耦合程度，把两个线圈的互感磁链和自感磁链比值的几何平均值定义为耦合系数，用 k 表示，即

$$k \stackrel{\text{def}}{=} \sqrt{\frac{\psi_{12}\psi_{21}}{\psi_{11}\psi_{22}}} = \sqrt{\frac{\Phi_{12}\Phi_{21}}{\Phi_{11}\Phi_{22}}} \tag{7-8}$$

考虑到 $\psi_{11} = L_1 i_1$，$\psi_{12} = M i_2$，$\psi_{21} = M i_1$，$\psi_{22} = L_2 i_2$，得到

$$k = \frac{M}{\sqrt{L_1 L_2}} \tag{7-9}$$

显然，线圈 1 产生的磁通不可能全部经过线圈 2，有漏磁通存在。同理，线圈 2 产生的磁通也只有部分经过线圈 1，故有 $0 \leqslant k \leqslant 1$。两线圈靠得越紧，耦合程度越高；两个线圈重叠时最高，垂直时最低。$k=1$ 时称为全耦合，$k=0$ 时，两线圈没有耦合关系。

在图 7-2a 所示线圈绕向方向和电流参考方向下，通过每个线圈的磁链为

$$\text{线圈 1：} \psi_1 = \psi_{11} + \psi_{12}$$
$$\text{线圈 2：} \psi_2 = \psi_{21} + \psi_{22}$$

所以每个线圈中的总电压为

$$u_1 = \frac{d\psi_1}{dt} = \frac{d(\psi_{11}+\psi_{12})}{dt} = L_1\frac{di_1}{dt} + M\frac{di_2}{dt} = u_{11} + u_{12}$$
$$u_2 = \frac{d\psi_2}{dt} = \frac{d(\psi_{21}+\psi_{22})}{dt} = M\frac{di_1}{dt} + L_2\frac{di_2}{dt} = u_{21} + u_{22}$$
(7-10)

这表明每一线圈的端电压由两部分构成，一部分是自感电压 u_{11} 或 u_{22}，另一部分是互感电压 u_{12} 或 u_{21}。上述等式是在如图 7-2a 所示线圈绕向和电流方向下推出的关系，此时，两线圈的磁通互相加强，称为磁通相助，故互感磁链和互感电压前面为正号。

在如图 7-2b 所示线圈绕向和电流方向下，两线圈的磁通相互抵消，称为磁通相消，故互感磁链和互感电压前面应取负号。

此时通过每个线圈中的磁链为

$$\text{线圈 1：} \psi_1 = \psi_{11} - \psi_{12}$$
$$\text{线圈 2：} \psi_2 = -\psi_{21} + \psi_{22}$$

所以每个线圈中的总电压为

$$u_1 = L_1\frac{di_1}{dt} - M\frac{di_2}{dt}$$
$$u_2 = -M\frac{di_1}{dt} + L_2\frac{di_2}{dt}$$
(7-11)

互感电压与电流的方向以及电流线圈的绕向有关，在通过电流在各自线圈上产生的磁通相助时取正号，磁通相消时取负号。

7.1.2 同名端与耦合电感的伏安特性

实际线圈的绕向一般不能从外部辨认出，也不便画在电路上。为此，人们规定了一种标志，即同名端标志。根据同名端和电流参考方向，就可以判定磁通是相助还是相消。

同名端：当电流从两线圈的某个端子同时流入（或同时流出）时，若两线圈产生的磁通相助，就称这两个端子互为同名端，并用"·"或"*"等标记。显然，没有标记的另外两端也互为同名端。

异名端：当电流从两线圈的某个端子同时流入（或同时流出）时，若两线圈产生的磁通相消，就称这两个端子互为异名端。在电路图中，有标记和没有标记的两个端子，互为异名端。

图 7-2a 中，"1"和"2"端钮流入电流时，磁通相助，则"1""2"互为同名端，同理"1'"和"2'"端钮流入电流时，磁通相助，"1'"和"2'"互为同名端。

引入同名端的概念以后，耦合电感元件模型可用图 7-3 所示模型表示。

设端口电压和电流为关联参考方向，若电流均从同名端流入，则互感电压与自感电压极性相同，伏安关系表达式为

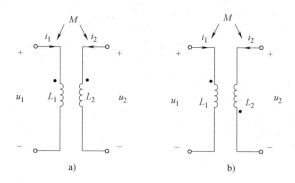

图 7-3 耦合电感元件的电路符号

$$u_1 = L_1 \frac{di_1}{dt} + M \frac{di_2}{dt}$$

$$u_2 = M \frac{di_1}{dt} + L_2 \frac{di_2}{dt}$$

若电流分别从异名端流入，如图 7-3b 所示，则互感电压与自感电压极性相反，有

$$u_1 = L_1 \frac{di_1}{dt} - M \frac{di_2}{dt}$$

$$u_2 = -M \frac{di_1}{dt} + L_2 \frac{di_2}{dt}$$

同名端的另外一个物理意义可以描述为：互感电压的正极性端与产生该互感电压的电流流入端互为同名端。

显然，互感耦合作用也可以用受电流控制的受控电压源来表示，图 7-3 所示电路可以用图 7-4 所示的电路来等效，可以看出，等效电路的伏安关系方程与原电路是相同的，等效电路中的 L_1、L_2 为相互独立的电感元件，无互感作用。

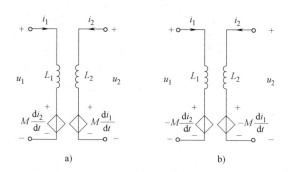

图 7-4 耦合电感的等效电路

7.1.3 正弦稳态条件下耦合电感元件的伏安特性

如果通过耦合电感线圈的电流 i_1 和 i_2 是同频率的正弦电流，其相量形式分别为 $\dot{I}_1$ 和 $\dot{I}_2$，端口的电压相量分别为 $\dot{U}_1$ 和 $\dot{U}_2$（各端口的电压和电流相量取关联参考方向），则耦合

电感元件的相量模型如图 7-5 所示，其端口的伏安关系为

$$\dot{U}_1 = j\omega L_1 \dot{I}_1 \pm j\omega M \dot{I}_2$$
$$\dot{U}_2 = j\omega L_2 \dot{I}_2 \pm j\omega M \dot{I}_1$$
(7-12)

若电流均从同名端流入，如图 7-5a 所示，互感电压取"+"号，若电流分别从异名端、同名端流入，如图 7-5b 所示，互感电压取"-"号。式（7-12）中，ωM 称为互感抗。

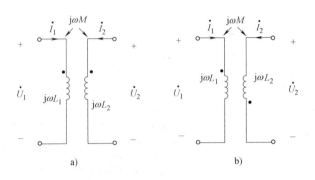

图 7-5 耦合电感元件符号

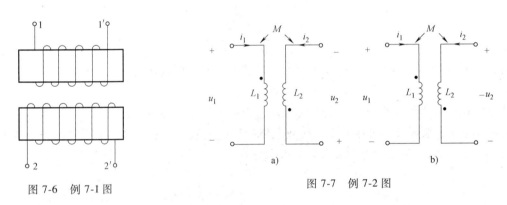

图 7-6 例 7-1 图 　　　　图 7-7 例 7-2 图

例 7-1 试确定图 7-6 所示耦合线圈的同名端。

根据同名端的定义，由两个线圈的绕行方向可知，当"1"和"2"端钮分别通入电流时，在各自的线圈中自感磁通和互感磁通是相助的，因此，端钮"1"和"2"为同名端，"2′"和"1′"也为同名端。

例 7-2 设耦合电感元件的端口电压和电流参考方向如图 7-7a 所示，写出其端口伏安关系。

解： 列写耦合电感元件端口伏安关系时，先要保证各自端口电压和电流处于关联参考方向，此时自感电压为正；互感电压正负号与电流流入的端钮有关，电流从同名端流入，互感电压取"+"，电流从异名端流入，互感电压前取"-"号。

对于本例，右侧端口电压和电流非关联，首先转化为关联方向，如图 7-7b 所示，显然，电流 i_1、i_2 由异名端流入，则

$$u_1 = L_1 \frac{di_1}{dt} - M \frac{di_2}{dt}$$

$$-u_2 = L_2 \frac{di_2}{dt} - M \frac{di_1}{dt}$$

或写为

$$u_1 = L_1 \frac{di_1}{dt} - M \frac{di_2}{dt}$$

$$u_2 = -L_2 \frac{di_2}{dt} + M \frac{di_1}{dt}$$

例 7-3 图 7-8 所示实验电路可以确定耦合电感线圈的同名端，试对该电路的实验原理予以分析。

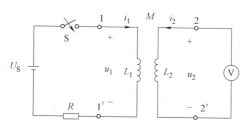

图 7-8 例 7-3 图

解： 图 7-8 中 U_S 表示直流电源，比如 1.5V 干电池。Ⓥ表示高内阻直流电压表，当开关闭合时，由于左侧回路中的阻抗较小，电流 i_1 由零急剧增加到某一量值，电流对时间的变化率大于零，即 $\frac{di_1}{dt} > 0$，如果发现电压表指针正向偏转，说明 $u_2 = M \frac{di_1}{dt} > 0$，则可断定 1 和 2 是同名端。

7.2 含耦合电感电路的分析

含耦合电感电路的分析与一般含电感电路的分析基本上是一样的，一般采用相量法分析。需要注意的是，在列写相量方程时，不但要考虑自感电压，还要考虑互感电压；自感电压是由流过线圈自身的电流产生的，互感电压是由其他线圈电流在本线圈产生的。可见，含有耦合电感电路的分析，关键在于要处理好互感耦合的问题。为此，我们先来研究一下简单的互感电路的分析方法。

7.2.1 耦合电感的串联

两个互感线圈串联，按连接位置的不同分为顺串和反串两种，如图 7-9 所示。

图 7-9a 所示电路中，串联连接位置互为异名端，称为耦合电感的顺串，顺串时，电流同时从同名端流入（流出）；图 7-9b 所示电路中，连接位置互为同名端，电流同时从异名端流入（流出），称为耦合电感的反串。

顺串时有

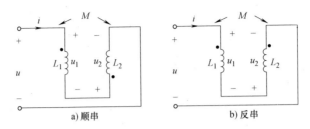

图 7-9 互感线圈的串联

$$u = L_1 \frac{di}{dt} + M \frac{di}{dt} + L_2 \frac{di}{dt} + M \frac{di}{dt}$$
$$= (L_1 + L_2 + 2M) \frac{di}{dt}$$
(7-13)

即顺串时，等效电感为

$$L_{eq} = L_1 + L_2 + 2M \tag{7-14}$$

反串时有

$$u = L_1 \frac{di}{dt} - M \frac{di}{dt} + L_2 \frac{di}{dt} - M \frac{di}{dt}$$
$$= (L_1 + L_2 - 2M) \frac{di}{dt}$$
(7-15)

等效电感为

$$L_{eq} = L_1 + L_2 - 2M \tag{7-16}$$

在分析复杂电路时，若遇到互感线圈的串联，就可以用其等效电感替代原互感，实现去耦等效，从而化简电路。

例 7-4 如图 7-10 所示电路，已知 $\dot{U}_{ab} = 220\angle 0° \text{V}$，$L_1 = 8\text{H}$，$L_2 = 10\text{H}$，$M = 2\text{H}$。求流过电路的电流 $\dot{I}$。

解：由电路图可以看出，互感线圈为顺串，则电路的电流为

$$\dot{I} = \frac{\dot{U}}{j\omega L_{eq}} = \frac{\dot{U}}{j\omega(L_1 + L_2 + 2M)}$$
$$= \frac{220}{j\omega \times 22}(\text{A}) = -j\frac{10}{\omega}(\text{A})$$

例 7-5 如图 7-11a 所示电路，已知 $\dot{I} = 10\angle 0°\text{A}$，$L_1 = 5\text{H}$，$L_2 = 7\text{H}$，$M = 2\text{H}$，$R = 10\Omega$，$C = 1\text{F}$，其中 $\omega = 1\text{rad/s}$。求 $\dot{U}$。

解：原电路可以等效为图 7-11b 所示电路，其中 $L_{eq} = L_1 + L_2 + 2M = (5+7+2\times 2)\text{H} = 16\text{H}$

$$\dot{U} = j\omega L_{eq} \dot{I} + R\dot{I} + \frac{1}{j\omega C}\dot{I}$$
$$= \left(j\omega L_{eq} + R - j\frac{1}{\omega C}\right)\dot{I}$$
$$= (10 + j15) \times 10 \text{V}$$
$$= 180\angle 56° \text{V}$$

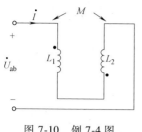

图 7-10 例 7-4 图

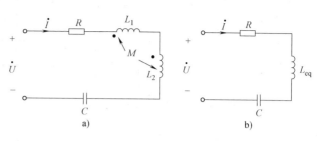

图 7-11 例 7-5 图

例 7-6 将两线圈串联起来，接到 220V/50Hz 的正弦电源上。顺接时测得 $I_顺 = 2.7$A，$P = 218.7$W；反接时 $I_反 = 7$A，求互感 M。

解：因为电感元件不消耗功率，消耗功率的只有线圈的自电阻 R，顺串与反串连接不改变线圈的自电阻，因此，可求得

$$R = \frac{P}{I_顺^2} = \frac{218.7}{2.7^2}\Omega = 30\Omega$$

顺串时

$$U_顺 = \sqrt{R^2 + \omega^2(L_1 + L_2 + 2M)^2} \cdot I_顺$$

反串时

$$U_反 = \sqrt{R^2 + \omega^2(L_1 + L_2 - 2M)^2} \cdot I_反$$

则

$$(L_1 + L_2 + 2M) = \frac{1}{\omega}\sqrt{\left(\frac{U_顺}{I_顺}\right)^2 - R^2}$$

$$(L_1 + L_2 - 2M) = \frac{1}{\omega}\sqrt{\left(\frac{U_反}{I_反}\right)^2 - R^2}$$

因此有

$$M = \frac{1}{4\omega}\left[\sqrt{\left(\frac{U_顺}{I_顺}\right)^2 - R^2} - \sqrt{\left(\frac{U_反}{I_反}\right)^2 - R^2}\right]$$

代入数值，本例中 $U_顺 = U_反 = 220$V，可求得互感为

$$M = 52.86\text{mH}$$

7.2.2 耦合电感的并联

互感线圈的并联也分为两种。并联的互感线圈，若同名端相连称为同侧并联，如图 7-12a 所示；若异名端相连称为异侧并联，如图 7-12b 所示。

同侧并联时，在图 7-12a 所示的网孔电流方向下，网孔电流方程为

$$L_1\frac{di_1}{dt} - L_1\frac{di_2}{dt} + M\frac{di_2}{dt} = u_1$$

$$-L_1\frac{di_1}{dt} + M\frac{di_1}{dt} + (L_1 + L_2 - 2M)\frac{di_2}{dt} = 0$$

(7-17)

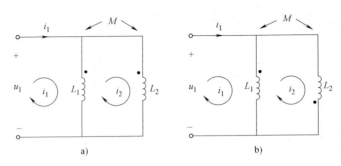

图 7-12 耦合电感的并联

解以上方程组得

$$u_1 = \left(\frac{L_1 L_2 - M^2}{L_1 + L_2 - 2M}\right)\frac{di_1}{dt} = L_{eq}\frac{di_1}{dt}$$

可见，同侧并联的互感线圈可以用一个电感等效，等效电感 L_{eq} 为

$$L_{eq} = \frac{L_1 L_2 - M^2}{L_1 + L_2 - 2M} \tag{7-18}$$

同理，可求出异侧并联时，等效电感 L_{eq} 为

$$L_{eq} = \frac{L_1 L_2 - M^2}{L_1 + L_2 + 2M} \tag{7-19}$$

显然，该等效电感比同侧并联的等效电感小。类似于互感线圈的串联问题，当电路中有互感线圈并联时，可以用其等效电感替代之。

7.2.3 耦合电感的 T 形等效

当耦合电感既不是串联又不是并联，但有一个公共端时，如图 7-13a 所示，可用 T 形连接的三个电感来等效，称为互感消去法或 T 形等效法，如图 7-13b 所示，图中公共端点为同名端相连。

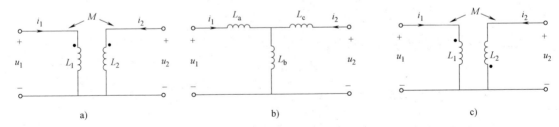

图 7-13 有公共端的耦合电感的等效电路

列出图 7-13a 电路的端口电压、电流关系方程为

$$\begin{aligned} u_1 &= L_1 \frac{di_1}{dt} + M \frac{di_2}{dt} \\ u_2 &= M \frac{di_1}{dt} + L_2 \frac{di_2}{dt} \end{aligned} \tag{7-20}$$

对式（7-20）适当变换，有

$$u_1 = (L_1 - M)\frac{di_1}{dt} + M\left(\frac{di_1}{dt} + \frac{di_2}{dt}\right)$$
$$u_2 = M\left(\frac{di_1}{dt} + \frac{di_2}{dt}\right) + (L_2 - M)\frac{di_2}{dt} \tag{7-21}$$

对于图 7-13b 所示电路可得

$$u_1 = L_a \frac{di_1}{dt} + L_b\left(\frac{di_1}{dt} + \frac{di_2}{dt}\right)$$
$$u_2 = L_b\left(\frac{di_1}{dt} + \frac{di_2}{dt}\right) + L_c \frac{di_2}{dt}$$

上述两式对照，可以看出，图 7-13b 中的各电感元件的值为

$$L_a = L_1 - M$$
$$L_b = M$$
$$L_c = L_2 - M \tag{7-22}$$

同理，对于图 7-13c 所示电路，可以求得当公共端为异名端相连时，有

$$L_a = L_1 + M$$
$$L_b = -M$$
$$L_c = L_2 + M \tag{7-23}$$

7.2.4 含耦合电感元件一般电路的分析

对于含有耦合电感元件的电路，如果是串联、并联或有公共端相连，一般是通过去耦等效的方法进行分析，也可采用含受控源的等效电路方法分析。对于一般互感电路，则可以采用一般的网络分析方法，如支路法、回路法、戴维南定理，但一般不直接使用节点分析法。

例 7-7　求图 7-14a 所示电路的输入阻抗 Z_i。

解： 电路中，耦合电感元件有公共端，可采用 T 形等效消去互感，可得图 7-14b 所示的等效电路，可求得

$$Z_i = -j\omega M + \frac{[R_1 + j\omega(L_1 + M)][R_2 + j\omega(L_2 + M)]}{R_1 + j\omega(L_1 + M) + R_2 + j\omega(L_2 + M)}$$

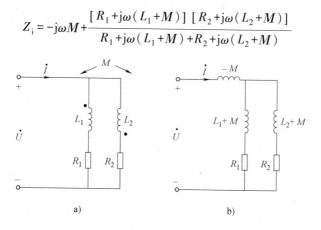

图 7-14　例 7-7 图

例 7-8 如图 7-15 所示电路，写出电路的回路法方程。

解：（1）直接列写法，设回路电流的参考方向如图 7-15 所示，可写出

$$(R_1+j\omega L_1)\dot{I}_1-(j\omega M+R_1)\dot{I}_2=\dot{U}_{S1}$$

$$-(R_1+j\omega M)\dot{I}_1+(R_1+j\omega L_2)\dot{I}_2=-\dot{U}_{S2}$$

（2）互感消去法，如图 7-15b，再列方程

$$(R_1+j\omega L_1)\dot{I}_1-(R_1+j\omega M)\dot{I}_2=\dot{U}_{S1}$$

$$-(R_1+j\omega M)\dot{I}_1+(R_1+j\omega L_2)\dot{I}_2=-\dot{U}_{S2}$$

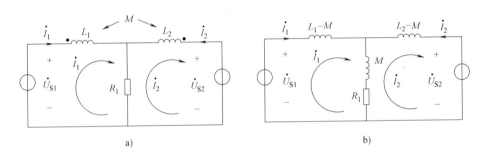

图 7-15 例 7-8 图

7.3 空心变压器和理想变压器

变压器，顾名思义，它的最基本的功能就是可以改变电压（升压或降压）。除此之外，还可以起到功率匹配和变换阻抗的作用。无论什么变压器，它的基本结构都是一样的——由两个具有互感的线圈组成。

接输入电源的一个线圈，称为变压器的一次绕组；另一个接负载的绕组称为变压器的二次绕组。相应地，一次绕组所在电路称为一次回路；二次绕组所在电路称为二次回路。

一、二次侧之间只有磁耦合，没有直接电的联系。输入电源是通过磁耦合把能量从一次侧耦合到二次侧的。变压器的变压是通过一次、二次绕组匝数的不同而实现的。显然变压器对直流不起作用。

7.3.1 空心变压器

不含铁心（或磁心）的耦合绕组称为空心变压器，它在电子与通信工程和测量仪器中得到广泛应用。耦合电感元件前接信号源，后接负载构成的电路称为空心变压器电路，空心变压器的电路模型如图 7-16a 所示。

空心变压器是一种特定形式的具有耦合电感的电路，下面讨论它的分析计算方法。

可以写出图 7-16a 所示电路的回路方程为

第 7 章 互感器和变压器

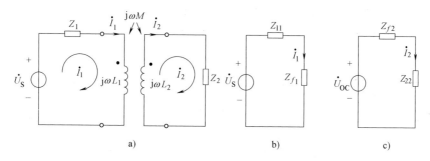

图 7-16 空心变压器电路及其等效电路

$$\begin{cases} Z_{11}\dot{I}_1 - Z_M\dot{I}_2 = \dot{U}_S \\ -Z_M\dot{I}_1 + Z_{22}\dot{I}_2 = 0 \end{cases} \quad (7\text{-}24)$$

式中，$Z_{11} = Z_1 + j\omega L_1$ 为一次回路的自阻抗；$Z_{22} = Z_2 + j\omega L_2$ 为二次回路的自阻抗；$Z_M = j\omega M$ 为互阻抗。

解以上方程得

$$\dot{I}_1 = \frac{\dot{U}_S}{Z_{11} - \dfrac{Z_M^2}{Z_{22}}} = \frac{\dot{U}_S}{Z_{11} + \dfrac{\omega^2 M^2}{Z_{22}}} = \frac{\dot{U}_S}{Z_{11} + Z_{f1}} \quad (7\text{-}25)$$

根据式（7-25）的形式，可以画出其等效电路如图 7-16b 所示，该电路称为空心变压器电路的一次等效电路。

式（7-25）中

$$Z_{f1} = \frac{\omega^2 M^2}{Z_{22}} \quad (7\text{-}26)$$

称为二次侧对一次侧的反应阻抗。

由方程式（7-24）还可求解出二次电流为

$$\dot{I}_2 = \frac{Z_M}{Z_{22}}\dot{I}_1 \quad (7\text{-}27)$$

将式（7-25）代入式（7-27）可以得到

$$\dot{I}_2 = \frac{Z_M\dot{U}_S}{Z_{11}Z_{22} - Z_M^2} = \frac{\dfrac{Z_M}{Z_{11}}\dot{U}_S}{Z_{22} + \dfrac{\omega^2 M^2}{Z_{11}}} = \frac{\dfrac{Z_M}{Z_{11}}\dot{U}_S}{Z_{22} + Z_{f2}} \quad (7\text{-}28)$$

式中，$Z_{f2} = \dfrac{\omega^2 M^2}{Z_{11}}$ 称为一次侧对二次侧的反应阻抗。

根据式（7-28）可以画出其等效电路如图 7-16c 所示，该电路称为空心变压器电路的二次等效电路。图 7-16c 中

$$\dot{U}_{OC} = \frac{Z_M}{Z_{11}}\dot{U}_S \quad (7\text{-}29)$$

容易验证，$\dot{U}_{OC}$就是二次侧开路时的开路电压，因此，二次侧等效电路实际上是从二次侧看进去的戴维南等效电路。

例 7-9 如图 7-17a 所示电路。已知 $u_S(t) = 10\sqrt{2}\cos 10t\,\text{V}$。

试求：（1） $i_1(t), i_2(t)$；

（2） 1.6Ω 负载电阻吸收的功率。

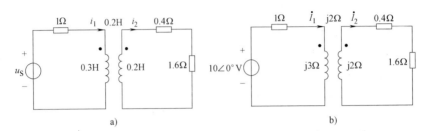

图 7-17 例 7-9 图

解：将电路转化为相量模型，如图 7-17b 所示。

（1）画出电路的一次等效电路如图 7-18a 所示。其中

$$Z_{11} = (1+j3)\,\Omega$$

$$Z_{22} = (2+j2)\,\Omega$$

$$Z_{f1} = \frac{(\omega M)^2}{Z_{22}} = \frac{4}{2+j2}\,\Omega = (1-j1)\,\Omega$$

一次电流和二次电流为

$$\dot{I}_1 = \frac{\dot{U}_1}{Z_{11}+Z_{f1}} = \frac{10\angle 0°}{1+j3+1-j1}\,\text{A} = 2.5\sqrt{2}\angle -45°\,\text{A}$$

$$\dot{I}_2 = \frac{Z_M}{Z_{22}}\dot{I}_1 = \frac{j2}{2+j2}\times 2.5\sqrt{2}\angle -45°\,\text{A} = 2.5\angle 0°\,\text{A}$$

则 $i_1 = 5\cos(10t-45°)\,\text{A}$，$i_2 = 2.5\sqrt{2}\cos 10t\,\text{A}$

此题中 $\dot{I}_1$、$\dot{I}_2$ 也可用二次等效电路求解，二次等效电路如图 7-18b 所示。其中

$$\dot{U}_{OC} = \frac{Z_M}{Z_{11}}\dot{U}_S = \frac{j20}{1+j3}\,\text{V}$$

$$Z_{22} = 2+j2\,\Omega$$

$$Z_{f2} = \frac{(\omega M)^2}{Z_{11}} = \frac{4}{1+j3}\,\Omega$$

则二次电流为

$$\dot{I}_2 = \frac{\dot{U}_{OC}}{Z_{f2}+Z_{22}} = 2.5\angle 0°\,\text{A}$$

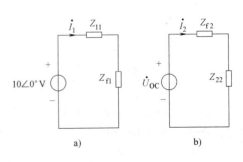

图 7-18 例 7-9 电路图

$$\dot{I}_1 = \frac{Z_{22}}{Z_M}\dot{I}_2 = 2.5\sqrt{2}\angle -45°\text{A}$$

（2）1.6Ω负载电阻吸收的平均功率为

$$P = R_L I_2^2 = 1.6 \times 2.5^2 \text{W} = 10\text{W}$$

例 7-10 电路如图 7-19a 所示，求负载阻抗 Z_L 为何值时，它获得的功率最大？此时最大功率为多少？

解： 求解最大功率传输的问题一般采用戴维南等效电路，本题的二次等效电路如图 7-19b 所示。注意到同名端的位置与图 7-16c 不同，因此有

$$Z_2 = 2+\text{j}9+\frac{5^2}{3+\text{j}4} = (2+\text{j}9+3-\text{j}4)\Omega = (5+\text{j}5)\Omega$$

$$\dot{U}_{OC} = -\frac{Z_M}{Z_{11}}\dot{U}_S = -\frac{\text{j}5}{3+\text{j}4} \times 10\angle 0°\text{V}$$

$$= \frac{50\angle -90°}{5\angle 53.1°}\text{V} = 10\angle -143.1°\text{V}$$

可见，当 $Z_L = 5-\text{j}5\Omega$ 时，它获得的功率最大，且最大功率为

$$P_{L\max} = \frac{10^2}{4\times 5}\text{W} = 5\text{W}$$

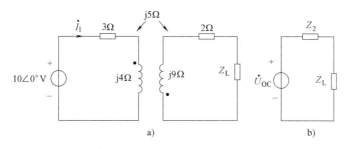

图 7-19 例 7-10 图

7.3.2 全耦合变压器

如果把两个绕组绕制在高磁导率铁磁材料制成的磁心上，则可使两个绕组紧密耦合。在理想情况下，一次绕组产生的磁通 Φ_{11} 将全部与二次绕组交链，即有 $\Phi_{11} = \Phi_{21}$，二次绕组产生的磁通 Φ_{22} 也将全部与一次绕组交链，即有 $\Phi_{22} = \Phi_{12}$，这时有

$$k = \sqrt{\frac{\Phi_{21}\Phi_{12}}{\Phi_{11}\Phi_{22}}} = 1$$

这种情况称为全耦合。在全耦合的条件下，考虑到 $N_1\Phi_{11} = L_1 i_1$，$N_1\Phi_{12} = Mi_2$，$N_2\Phi_{21} = Mi_1$，$N_2\Phi_{22} = L_2 i_2$，因此

$$\frac{N_1}{N_2} = \frac{L_1}{M} = \frac{M}{L_2} \tag{7-30}$$

故在全耦合条件下，有

$$L_1 L_2 = M^2 \tag{7-31}$$

和
$$\frac{L_1}{L_2} = \left(\frac{N_1}{N_2}\right)^2 \tag{7-32}$$

图 7-20a 是 $k=1$ 的耦合电感，称为全耦合变压器，设 N_1 和 N_2 为一次和二次绕组的匝数，其伏安关系为

$$u_1 = L_1\frac{\mathrm{d}i_1}{\mathrm{d}t} + M\frac{\mathrm{d}i_2}{\mathrm{d}t} = \sqrt{L_1}\left(\sqrt{L_1}\frac{\mathrm{d}i_1}{\mathrm{d}t} + \sqrt{L_2}\frac{\mathrm{d}i_2}{\mathrm{d}t}\right) \tag{7-33}$$

$$u_2 = M\frac{\mathrm{d}i_1}{\mathrm{d}t} + L_2\frac{\mathrm{d}i_2}{\mathrm{d}t} = \sqrt{L_2}\left(\sqrt{L_1}\frac{\mathrm{d}i_1}{\mathrm{d}t} + \sqrt{L_2}\frac{\mathrm{d}i_2}{\mathrm{d}t}\right) \tag{7-34}$$

以上两式相除并考虑到式（7-32）可得

$$\frac{u_1}{u_2} = \sqrt{\frac{L_1}{L_2}} = \frac{N_1}{N_2} \tag{7-35}$$

式（7-33）可改写为

$$L_1\frac{\mathrm{d}i_1}{\mathrm{d}t} = u_1 - M\frac{\mathrm{d}i_2}{\mathrm{d}t}$$

上式等号两端同时除以 L_1，并考虑到式（7-30），上式可写为

$$\frac{\mathrm{d}i_1}{\mathrm{d}t} = \frac{u_1}{L_1} - \frac{M}{L_1}\frac{\mathrm{d}i_2}{\mathrm{d}t} = \frac{u_1}{L_1} - \frac{N_2}{N_1}\frac{\mathrm{d}i_2}{\mathrm{d}t}$$

即

$$\mathrm{d}i_1(t) = \frac{u_1(t)}{L_1}\mathrm{d}t - \frac{N_2}{N_1}\mathrm{d}i_2(t)$$

将上式从 $t=-\infty$ 到 t 积分，并设 $i_1(-\infty)=0$，$i_2(-\infty)=0$，得

$$i_1(t) = \frac{1}{L_1}\int_{-\infty}^{t} u_1(\xi)\mathrm{d}\xi - \frac{N_2}{N_1}i_2(t) = i_\Phi(t) + i_1'(t) \quad \forall\, t \tag{7-36}$$

式中

$$i_\Phi(t) = \frac{1}{L_1}\int_{-\infty}^{t} u_1(\xi)\mathrm{d}\xi \tag{7-37}$$

$$i_1'(t) = -\frac{N_2}{N_1}i_2(t) \tag{7-38}$$

式（7-36）表明，全耦合变压器的输入电流 $i_1(t)$ 由两部分组成：其中 $i_\Phi(t)$ 是由于存在一次自感 L_1 而出现的分量，称为励磁电流，它与二次侧的状况无关；另一分量 $i_1'(t)$ 是二次电流在一次侧的反应，它表明一次侧与二次侧的相互关系。

根据式（7-35）和式（7-36）可画出全耦合变压器的等效电路模型，如图 7-20b 所示，图中的点画线框内的伏安关系可以表示为式（7-35）和式（7-38），即

$$u_1(t) = \frac{N_1}{N_2}u_2(t)$$

$$i_1'(t) = -\frac{N_2}{N_1}i_2(t)$$

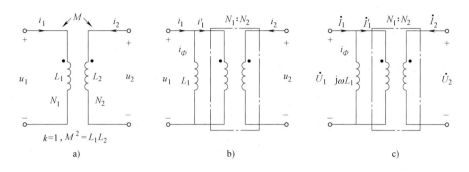

图 7-20 全耦合变压器

在正弦稳态条件下，其相应的相量模型见图 7-20c 所示，其点画线框内的伏安关系可以表示为

$$\dot{U}_1 = \frac{N_1}{N_2}\dot{U}_2$$
$$\dot{I}'_1 = -\frac{N_2}{N_1}\dot{I}_2 \qquad (7\text{-}39)$$
$$\dot{I}_\Phi = \frac{\dot{U}_1}{j\omega L_1}$$

7.3.3 理想变压器

理想变压器是一种特殊的无损耗全耦合变压器。它是从实际变压器抽象出来的一种理想模型。理想变压器应当满足下列三个条件：

1）变压器本身无损耗（即线圈无消耗电阻）。
2）耦合系数 $k=1$（一次绕组中的磁通全部经过二次绕组）。
3）L_1，L_2，M 均为无穷大，且 $\sqrt{\dfrac{L_1}{L_2}} = \dfrac{N_1}{N_2} = n$，其中 N_1 和 N_2 为一次和二次绕组的匝数，n 为一次、二次绕组的匝数比。

两种不同位置同名端的理想变压器元件的电路符号如图 7-21 所示。

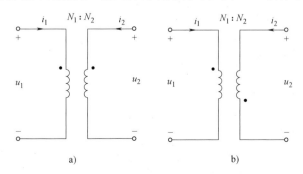

图 7-21 理想变压器

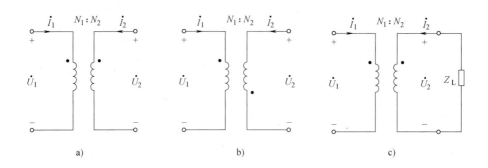

图 7-22 理想变压器的相量模型

理想变压器时域形式和相量形式的伏安关系分别可以写为

$$\begin{cases} \dfrac{u_1}{u_2} = \pm \dfrac{N_1}{N_2} = \pm n \\ \dfrac{i_1}{i_2} = \mp \dfrac{N_2}{N_1} = \mp \dfrac{1}{n} \end{cases} \quad (7\text{-}40)$$

$$\begin{cases} \dfrac{\dot{U}_1}{\dot{U}_2} = \pm \dfrac{N_1}{N_2} = \pm n \\ \dfrac{\dot{I}_1}{\dot{I}_2} = \mp \dfrac{N_2}{N_1} = \mp \dfrac{1}{n} \end{cases} \quad (7\text{-}41)$$

理想变压器伏安关系中电压比的符号与同名端有关，当一次和二次电压 u_1、u_2 的正极端与同名端一致时取正号，反之取负号。理想变压器伏安关系中电流比的符号与同名端也有关，不同的是，当电流 i_1、i_2 均流入同名端时取负号，反之取正号。

理想变压器有以下特点：

（1）理想变压器不消耗功率，只传输功率；因为 R_1、$R_2 = 0$，所以不消耗功率。其功率为

$$p = u_1 i_1 + u_2 i_2 = u_1 i_1 + \dfrac{u_1}{n}(-n i_1) = 0 \quad (7\text{-}42)$$

（2）理想变压器可以变换电压和电流，也可以变换阻抗。如图 7-22c 所示，理想变压器的二次侧接负载 Z_L 后，其一次端口的输入阻抗（折算阻抗）为

$$Z_i = \dfrac{\dot{U}_1}{\dot{I}_1} = \dfrac{n \dot{U}_2}{-\dfrac{1}{n} \dot{I}_2} = n^2 Z_L \quad (7\text{-}43)$$

可见，改变电压比 n 可以改变输入阻抗，即理想变压器有阻抗匹配的作用。对含理想变压器的电路进行分析时，可采用一次等效电路的方法，也可以采用二次等效电路的方法。

例 7-11 理想变压器电路如图 7-23 所示。试求当开关 S 打开或闭合时一次输入电阻。

解：

（1）S打开时 $i_3=0$，$i=i_1$，由理想变压器的伏安关系有

$$i_1 = \frac{1}{2}i_2 = \frac{1}{2} \times \frac{u_2}{6} = \frac{u_2}{12}$$

$$u_1 = 2u_2$$

故此时一次电阻为

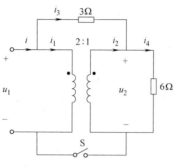

图 7-23　例 7-11 图

$$R_i = \frac{u_1}{i} = 24\Omega$$

（2）S闭合时：

$$i = i_1 + i_3 = \frac{1}{2}i_2 + i_3 = \frac{1}{2}(i_4 - i_3) + i_3 = \frac{1}{2}(i_3 + i_4)$$

$$i_3 = \frac{u_1 - u_2}{3} = \frac{u_1 - \frac{1}{2}u_1}{3} = \frac{1}{6}u_1$$

$$i_4 = \frac{u_2}{6} = \frac{1}{2} \times \frac{1}{6}u_1 = \frac{1}{12}u_1$$

$$i = \frac{1}{2}\left(\frac{1}{6}u_1 + \frac{1}{12}u_1\right) = \frac{1}{2} \times \frac{1}{4}u_1 = \frac{1}{8}u_1$$

$$R_i = \frac{u_1}{i} = 8\Omega$$

例 7-12　电路如图 7-24a 所示，求 4Ω 负载电阻上的电流的大小。

解：注意到本例中

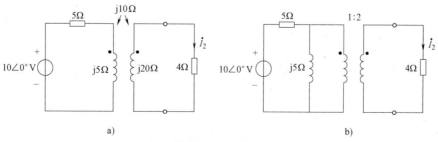

图 7-24　例 7-12 图

$$k = \frac{M}{\sqrt{L_1 L_2}} = \frac{\omega M}{\sqrt{\omega L_1 \omega L_2}} = \frac{10}{\sqrt{5 \times 20}} = 1$$

即电路中含有全耦合变压器,由 7.3.2 节内容可知全耦合变压器可以等效为一次电感和理想变压器的并联,其等效电路如图 7-24b 所示,其中匝数比

$$\frac{N_1}{N_2} = \sqrt{\frac{L_1}{L_2}} = \sqrt{\frac{\omega L_1}{\omega L_2}} = \sqrt{\frac{5}{20}} = \frac{1}{2}$$

下面利用戴维南等效的方法求解二次电流的大小。

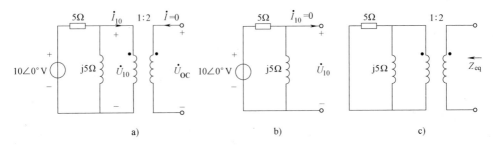

图 7-25 例 7-12 电路

首先求开路电压,电路如图 7-25a 所示,端口开路时,相当于在端口接入阻抗为无穷大的负载,由式(7-43)可知,此时理想变压器一次侧的输入阻抗也为无穷大,即二次侧开路相当于一次侧开路,因此可先求出一次侧开路的端口电压,电路如图 7-25b 所示。

$$\dot{U}_{10} = \frac{j5}{5+j5} \times 10 \angle 0° \text{V}$$

$$= 5\sqrt{2} \angle 45° \text{V}$$

则

$$\frac{\dot{U}_{10}}{\dot{U}_{OC}} = \frac{1}{2}$$

$$\dot{U}_{OC} = 2\dot{U}_{10} = 10\sqrt{2} \angle 45° \text{V}$$

然后求戴维南等效阻抗,这里有两种方法,一种是独立源置零法,一种是开路短路法。

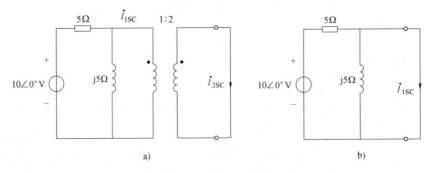

图 7-26 例 7-12 电路

(1) 独立源置零法 等效电路如图 7-25c 所示，此时从理想变压器的二次侧看进去的等效阻抗为

$$Z_{eq} = \left(\frac{2}{1}\right)^2 \times \frac{5 \times j5}{5 + j5}\Omega = 10\sqrt{2} \angle 45°\Omega$$

(2) 开路短路法 即开路电压相量与短路电流相量的比值，下面求解短路电流，电路如图 7-26a 所示，端口短路时，相当于在端口接入阻抗为 0 的负载，由式（7-43）可知，此时理想变压器一次侧的输入阻抗也为 0，即二次侧短路相当于一次侧短路，因此可先求出一次短路电流，电路如图 7-26b 所示。此时

$$\dot{I}_{1SC} = \frac{10\angle 0°}{5}A = 2\angle 0°A$$

则

$$\frac{\dot{I}_{1SC}}{\dot{I}_{2SC}} = \frac{2}{1}$$

$$\dot{I}_{2SC} = \frac{\dot{I}_{1SC}}{2} = 1\angle 0°A$$

戴维南等效阻抗为

$$Z_{eq} = \frac{\dot{U}_{OC}}{\dot{I}_{2SC}} = \frac{10\sqrt{2}\angle 45°}{1}\Omega = 10\sqrt{2}\angle 45°\Omega$$

因此可得戴维南等效电路如图 7-25c 所示，易求负载电阻电流为

$$\dot{I}_2 = \frac{\dot{U}_{OC}}{Z_{eq} + 4\Omega} = \frac{10\sqrt{2}\angle 45°}{10\sqrt{2}\angle 45° + 4\Omega}A = 0.82\angle 9.46°A$$

本例中含有耦合电感元件，也可采用一次或二次等效电路的方法分析，读者可自行完成分析过程。

【实例应用】

晶体管收音机是一种小型的基于晶体管的无线电接收机，是现存的众多通信设备中最简单的。图 7-27 所示电路为晶体管收音机末级功率放大器的等效电路。

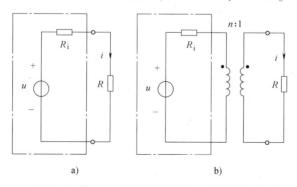

图 7-27 晶体管收音机末级功率放大器的等效电路

晶体管收音机末级功率放大器的等效电路电压源电压为 $u=6\text{V}$，内阻 $R_i=200\Omega$。求：（1）如果直接接入 $R=8\Omega$ 的扬声器作为负载，如图 7-27a 所示，此时扬声器所获得的功率是多少？（2）为使负载最大功率匹配，可接入变压器，如图 7-27b 所示，求变压器的电压比及此时扬声器所获得的功率。

解：（1）直接接入扬声器时

$$i=\frac{u}{R+R_i}=\frac{6}{8+200}\text{A}=28.8\text{mA}$$

$$P=i^2R=(28.8\times10^{-3})^2\times8\text{W}=6.6\text{mW}$$

（2）接入变压器后，欲使负载匹配，须满足 $R_i=n^2R$，由此可以求出变压器的匝数比为

$$n=\sqrt{\frac{R_i}{R}}=\sqrt{\frac{200}{8}}=5$$

此时扬声器的最大功率为

$$p_{\max}=\frac{u^2}{4R_i}=\frac{36}{4\times200}\text{W}=45\text{mW}$$

可见，接入变压器之后，扬声器上所获得的功率远比直接接在放大器上要大得多。

本 章 小 结

知识点：
1. 互感现象、耦合电感元件的伏安关系、同名端；
2. 耦合电感元件的去耦等效方法；
3. 空心变压器、全耦合变压器、理想变压器。

难点：
1. 耦合电感元件的 T 形等效；
2. 空心变压器电路的一、二次侧等效；
3. 理想变压器电路的戴维南等效方法。

习 题 7

7-1 写出习题图 7-1 所示耦合电感的伏安关系。

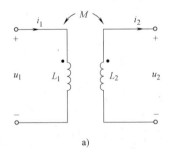
a)
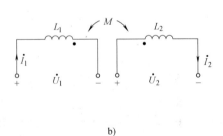
b)

习题图 7-1

7-2 求习题图 7-2 所示电路的等效电感。

7-3 求图习题 7-3 所示电路中的 u_{ab}、u_{bc} 和 u_{ca}。

7-4 习题图 7-4 所示电路中 L_1 接通频率为 500Hz 的正弦电源 u_1 时，电流表读数为 1A，电压表读数为 31.4V，求互感 M。

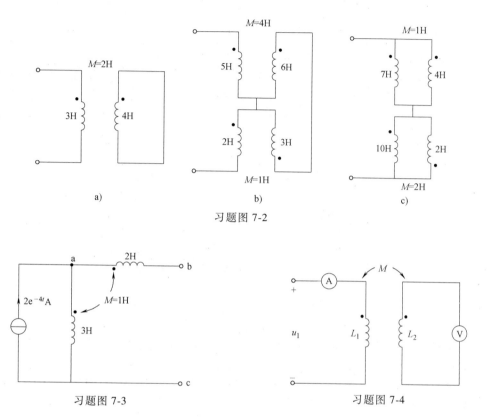

习题图 7-2

习题图 7-3 习题图 7-4

7-5 电路如习题图 7-5 所示，已知 $u = 200\sqrt{2}\cos 10^4 t\,V$，$R_1 = R_2 = 20\Omega$，$L_1 = 2mH$，$L_2 = 3mH$，$M = 1mH$，试求 u_1、u_2。

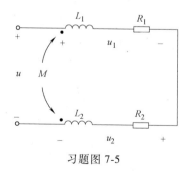

习题图 7-5

7-6 测量两线圈互感时，把它们串联接至 220V/50Hz 的正弦电源上，顺串时测得电流 $I = 2.5A$，功率 $P = 62.5W$；反串时测得功率为 250W，求互感 M。

7-7 求习题图 7-6 中各电路的输入阻抗。

7-8 耦合电感如习题图 7-7a 所示，已知 $L_1 = 4H$，$L_2 = 2H$，$M = 1H$，若电流 i_1 和 i_2 的波形如习题图 7-7b 所示，试绘出 u_1 及 u_2 的波形。

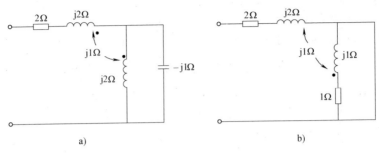

习题图 7-6

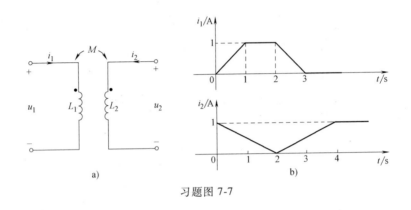

习题图 7-7

7-9　求习题图 7-8 中负载电阻 10Ω 两端电压 $\dot{U}$。若将电流源改为 $\dot{U}_S = 2\angle 0°\text{V}$ 的电压源，负载电阻两端的电压为多少？

7-10　电路如习题图 7-9 所示，已知 $u_S = 150\sqrt{2}\cos 100t\text{V}$，$R_1 = 5\Omega$，$R_2 = 15\Omega$，$R_L = 5\Omega$，$L_1 = 0.1\text{H}$，$L_2 = 0.2\text{H}$，$M = 0.1\text{H}$，求 i_1、i_2。

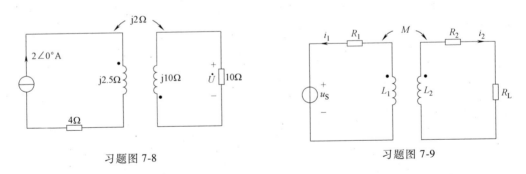

习题图 7-8　　　　　　　　　　　习题图 7-9

7-11　习题图 7-10 所示电路中，已知 $i_S = 5\sqrt{2}\cos 2t$ A，试求开路电压 u_{OC}。

7-12　习题图 7-11 所示电路中，耦合系数 $k = 0.5$，求输出电压 $\dot{U}_2$ 的大小和相位。

7-13　求习题图 7-12 所示电路的输入阻抗。

7-14　全耦合变压器如习题图 7-13 所示，求：

(1) a、b 端的戴维南等效电路；

(2) 若 a、b 端短路，求 $\dot{I}_1$。

7-15　电路如习题图 7-14 所示，求开关 S 断开和闭合时的输入电阻 R_{ab}。

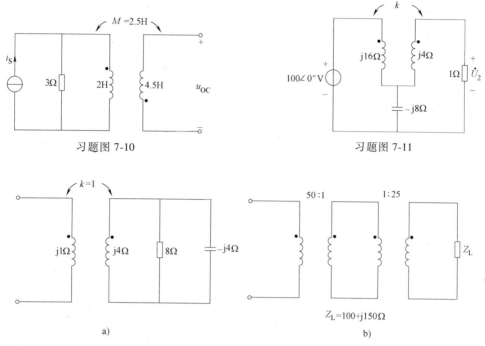

习题图 7-10

习题图 7-11

习题图 7-12

习题图 7-13

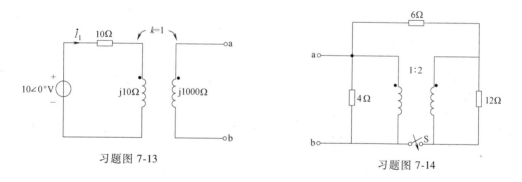

习题图 7-14

7-16 电路如习题图 7-15 所示，求 $\dot{I}$。

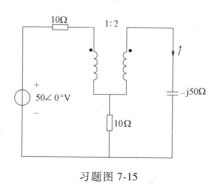

习题图 7-15

7-17 电路如习题图 7-16 所示，求 5Ω 电阻的功率及电源发出的功率。

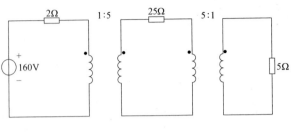

习题图 7-16

7-18 电路如习题图 7-17 所示，为使负载获得最大功率，试求负载阻抗 Z_X（用戴维南定理求解）。

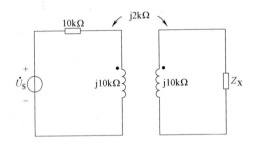

习题图 7-17

7-19 电路如习题图 7-18 所示，求：
（1）负载获得最大功率时的匝数比；
（2）求 R 获得的最大功率 P_{max}。

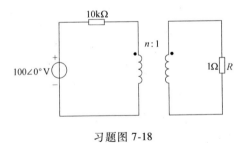

习题图 7-18

7-20 求习题图 7-19 所示电路 a、b 端口的戴维南等效电路。

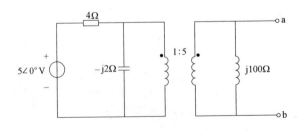

习题图 7-19

7-21 求习题图 7-20 所示电路的 $\dot{U}_1$ 和 $\dot{U}_2$。

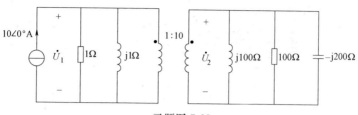

习题图 7-20

第8章 谐振电路

【章前导读】

谐振是交流电路的一种特殊的工作状态,本章介绍了串联谐振电路的工作特点和频率特性,同时讨论了并联谐振电路在不同条件下的并联等效电路,并对其谐振特点及分析方法进行了讨论。

【导读思考】

人们在听收音机时,通过转动选台旋钮可以随意选择所要收听的广播节目,这是因为各地的广播电台都根据预先安排好的时间和节目,按照自己的频率向空中发送无线电波。如果把这许多电波全都接收下来,音频信号就会像处于闹市之中一样,许多声音混杂在一起,结果什么也听不清了。

为了设法选择所需要的节目,在接收天线后,有一个选择性电路,它的作用是把所需的信号(电台)挑选出来,并把不要的信号"滤掉",以免产生干扰,这就是我们收听广播时,所使用的"选台"按钮。人们转动选台旋钮时,与共振线圈相连的可变电容器也跟着转动。电容器转到某一个位置,共振线圈就只能选择某个频率的电波所产生的微小电流,而其他频率的微小电流则得不到放大。这就选出了我们需要的频道。收音机的接收电路及等效图如图8-1所示。那么,不同频率的信号是如何被收音机接收电路"挑选"出来的呢?这就需要用到本章所学的谐振电路的相关知识。

 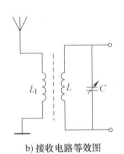

a) 简易收音机　　　　　　b) 接收电路等效图

图8-1　收音机的接收电路及等效图

8.1 串联谐振电路

正弦稳态条件下,含有电感和电容元件的单口网络中,当端口电压和电流同相位,即电路呈纯阻性或纯导性时,称电路发生了谐振,工作在谐振状态或谐振状态附近的电路称为谐振电路。谐振现象是正弦稳态电路的一种特殊的工作状态。谐振电路由于其良好的选频特性,在通信与电子技术中得到广泛的应用。通常的谐振电路由电感、电容和电阻组成。按照电路的连接形式可分为串联谐振电路、并联谐振电路等。本节和下节分别讨论串联谐振电路、并联谐振电路的谐振条件、谐振特点及频率特性。

8.1.1 *RLC* 串联谐振电路

图 8-2 是由 R、L、C 组成的串联电路,这种电路发生的谐振称为串联谐振。图 8-2 所示电路的电源是角频率为 ω 的正弦电压源,设电源电压相量为 $\dot{U}_S = U_S \angle 0°\text{V}$。

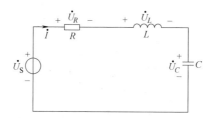

图 8-2 *RLC* 串联电路

1. 谐振条件

根据谐振定义,欲使 $\dot{I}$、$\dot{U}_S$ 同相,必须使回路阻抗的电抗为零,即 $X = \omega_0 L - \dfrac{1}{\omega_0 C} = 0$

由此得谐振角频率 ω_0 及谐振频率 f_0 分别为

$$\omega_0 = \frac{1}{\sqrt{LC}}, f_0 = \frac{1}{2\pi\sqrt{LC}} \tag{8-1}$$

由式(8-1)可知,电路的谐振频率仅由参数 L、C 决定,而与激励电源无关,谐振反映了电路的固有性质。除改变激励频率使电路发生谐振外,实际工程中,通常通过改变电容或电感参数使电路对某个频率发生谐振,这种操作称为调谐。

2. 特性阻抗

谐振时,电路的电抗为零,但此时的感抗和容抗均不等于零,它们的值为

$$\omega_0 L = \frac{1}{\omega_0 C} = \sqrt{\frac{L}{C}}$$

可见,谐振时感抗和容抗与频率无关,它是谐振电路的一个重要参数,称为特性阻抗,用 ρ 来表示,即

$$\rho = \omega_0 L = \frac{1}{\omega_0 C} = \sqrt{\frac{L}{C}} \tag{8-2}$$

3. 品质因数

电子技术中，通常以特性阻抗与回路损耗电阻比值的大小来讨论谐振电路的性能，该比值称为品质因数，用 Q 来表示，即

$$Q = \frac{\rho}{R} = \frac{\omega_0 L}{R} = \frac{1}{\omega_0 CR} = \frac{1}{R}\sqrt{\frac{L}{C}} \tag{8-3}$$

品质因数简称 Q 值，它是一个无量纲的量，用于讨论电路的选择性。用于无线电技术领域中的 Q 值一般为 $50 \sim 200$。

4. 谐振特点

因谐振时电路中的电抗为零，故阻抗最小，电路呈纯阻性，此时的阻抗称为谐振阻抗 Z_0，即

$$Z_0 = R \tag{8-4}$$

因而谐振时电路中的电流最大，为

$$\dot{I}_0 = \frac{\dot{U}}{Z_0} = \frac{\dot{U}}{R} \tag{8-5}$$

此时的电阻电压就等于端口电压

$$\dot{U}_R = R\dot{I}_0 = \dot{U} \tag{8-6}$$

电容电压和电感电压分别为

$$\begin{aligned}\dot{U}_L &= j\omega_0 L \dot{I}_0 = jQ\dot{U} \\ \dot{U}_C &= \frac{1}{j\omega_0 C}\dot{I}_0 = -jQ\dot{U}\end{aligned} \tag{8-7}$$

可见，在谐振时，L、C 元件相当于短路，电压全都加在电阻上。由于品质因数一般取几十以上，因此，电容和电感上的电压可达电源电压的几十倍以上，故串联谐振又称为电压谐振。需要注意的是，在无线电技术中，由于信号微弱，常利用串联谐振来获得较高的电压，而在电力系统中，过高的电压会使电气设备的绝缘被击穿，应该避免电路谐振或工作在谐振频率附近。

5. 功率和能量

串联电路谐振时，电路的吸收的有功功率为

$$P = UI\cos\varphi = UI = I^2 R$$

电路的无功功率为

$$Q = UI\sin\varphi = 0$$

即

$$Q = Q_L + Q_C = 0$$

可见，谐振时电容和电感之间进行能量交换而不与电源之间交换能量。电容和电感所储存的电场能量与磁场能量之和为

$$W = W_L + W_C = \frac{1}{2}LI_m^2 \sin^2\omega_0 t + \frac{1}{2}CU_{Cm}^2 \cos^2\omega_0 t \tag{8-8}$$

谐振时有

$$U_{Cm} = \frac{1}{\omega_0 C} I_m = \sqrt{\frac{L}{C}} I_m$$

则

$$CU_{Cm}^2 = LI_m^2$$

又有

$$U_{Cm} = QU_m$$

于是有

$$W = \frac{1}{2} CQ^2 U_m^2 \tag{8-9}$$

可见，谐振时在电感和电容元件中储存的电磁能量的总和是不随时间变化的常量，且与回路的 Q 值的二次方成正比。

例 8-1 已知 RLC 串联电路中，$R = 100\Omega$，$L = 20\text{mH}$，$C = 200\text{pF}$，$U = 10\text{V}$，求谐振时的 f_0、Q、U_C、U_L。

解：串联电路的谐振频率、品质因数以及电容电压分别为

$$f_0 = \frac{1}{2\pi\sqrt{LC}} = \frac{1}{2\pi\sqrt{2\times 10^{-10} \times 2 \times 10^{-2}}} \text{Hz} = 79.6\text{kHz}$$

$$Q = \frac{\rho}{R} = \frac{1}{R}\sqrt{\frac{L}{C}} = \frac{1}{100}\sqrt{\frac{2\times 10^{-2}}{2\times 10^{-10}}} = 100$$

$$U_C = U_L = QU = 100 \times 10\text{V} = 1000\text{V}$$

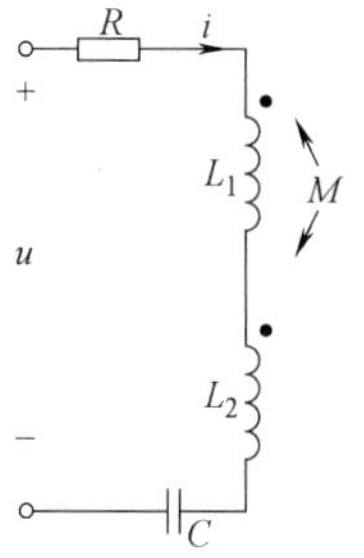

例 8-2 如图 8-3 所示电路。已知 $L_1 = 100\text{mH}$，$L_2 = 400\text{mH}$，$R = 10\Omega$，$u = 20\sqrt{2}\cos(1000t + 60°)\text{V}$，当 $C = 1.25\mu\text{F}$ 时，电流 i 达最大值 2A。求互感 M 和 Q 值。

图 8-3 例 8-2 图

解：电路中含有顺串连接的互感耦合元件，可将其等效为单个电感元件。电路在电源激励作用下 i 达最大值，表示此时电路处于谐振，谐振频率为 $\omega_0 = 1000\text{rad/s}$，于是有

$$\omega_0(L_1 + L_2 + 2M) - \frac{1}{\omega_0 C} = 0$$

则

$$M = \frac{1}{2}\left(\frac{1}{\omega_0^2 C} - L_1 - L_2\right) = 0.15\text{H}$$

$$Q = \frac{\rho}{R} = \frac{1}{R}\sqrt{\frac{L}{C}} = \frac{1}{10}\times\sqrt{\frac{(100+400+300)\times 10^{-3}}{1.25\times 10^{-6}}} = 80$$

8.1.2 频率响应

前面讨论了串联谐振电路的谐振特点，这里进一步研究串联谐振电路的频率特性。电路响应随激励频率变化而变化的特性，称为频率响应，也称为频率特性，频率特性包括幅频特性和相频特性，幅频特性指振幅随频率变化的关系，相频特性指相位随频率变化的关系。在电路分析中，电路的频率特性通常用正弦稳态电路的网络函数来分析。正弦稳态条件下电路响应相量与激励相量之比称为网络函数，即

$$H(j\omega) = \frac{\dot{Y}_m}{\dot{F}_m} = \frac{\dot{Y}}{\dot{F}}$$

根据响应和激励是否在同一端口，网络函数可以分为策动点函数和转移函数（或传输函数）两类。当响应和激励在同一端口时，称为策动点函数，否则称为转移函数。根据响应和激励是电压还是电流，策动点函数又分为策动点阻抗和策动点导纳；转移函数又分为转移电压比、转移电流比、转移阻抗和转移导纳。

下面讨论如图 8-2 所示串联谐振电路中电流的频率特性。串联谐振电路中的电流为

$$\dot{I} = \frac{\dot{U}_S}{R+j\left(\omega L - \frac{1}{\omega C}\right)} = \frac{\frac{1}{R}\dot{U}_S}{1+j\frac{\omega_0 L}{R}\left(\frac{\omega}{\omega_0} - \frac{1}{\omega \omega_0 LC}\right)}$$

$$= \frac{H_0 \dot{U}_S}{1+jQ\left(\frac{\omega}{\omega_0} - \frac{\omega_0}{\omega}\right)} = H_0 \frac{\frac{\omega_0}{Q}(j\omega)\dot{U}_S}{(j\omega)^2 + \frac{\omega_0}{Q}(j\omega) + (\omega_0)^2} \quad (8\text{-}10)$$

其中

$$H_0 = \frac{1}{R}$$

串联谐振电路电流的频率响应为

$$H(j\omega) = \frac{\dot{I}}{\dot{U}_S} = H_0 \frac{\frac{\omega_0}{Q}(j\omega)}{(j\omega)^2 + \frac{\omega_0}{Q}(j\omega) + \omega_0^2} \quad (8\text{-}11)$$

串联谐振电路幅频响应为

$$|H(j\omega)| = \frac{H_0}{\sqrt{1+Q^2\left(\frac{\omega}{\omega_0} - \frac{\omega_0}{\omega}\right)^2}} = \frac{H_0}{\sqrt{1+Q^2\left(\eta - \frac{1}{\eta}\right)^2}} \quad (8\text{-}12)$$

式中，$\eta = \frac{\omega}{\omega_0}$ 称为相对失谐量，表明电源频率 ω 相对电路谐振频率 ω_0 失谐的程度。我们把归一化幅频响应

$$\frac{|H(j\omega)|}{H_0} = \frac{1}{\sqrt{1+Q^2\left(\eta - \frac{1}{\eta}\right)^2}}$$

称为相对抑制比。

串联谐振电路相频特性为

$$\varphi(\omega) = -\arctan Q\left(\frac{\omega}{\omega_0} - \frac{\omega_0}{\omega}\right) = -\arctan Q\left(\eta - \frac{1}{\eta}\right) \quad (8\text{-}13)$$

电子技术中，常用谐振电路从许多不同频率信号中选择出所需要的信号，谐振电路的这

种性质称为选择性。偏离谐振点称为失谐。谐振时串联电路中的电流达到最大值,失谐越大,电流越小。串联谐振电路的归一化幅频特性曲线和相频特性曲线如图 8-4 所示,由图可知,Q 值越高,曲线越尖锐,电路选择性越好。此外,由式(8-12)可以看出,只要 Q 相同,谐振曲线是相同的,图 8-4 所示的频率响应曲线对于任意谐振频率的 RLC 串联电路均通用。

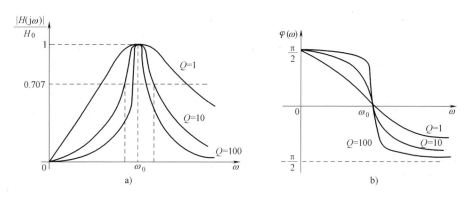

图 8-4 频率响应曲线

8.1.3 通频带

为了衡量电路传输一定频宽的实际信号的能力,习惯上定义 $\dfrac{|H(j\omega)|}{H_0}=\dfrac{1}{\sqrt{2}}$ 所对应的频率范围为电路的通频带,同 B 表示,即

$$B=\omega_2-\omega_1 \text{ 或 } B=f_2-f_1 \tag{8-14}$$

式中,ω_2、ω_1 称为上、下截止角频率;f_2、f_1 称为上、下截止频率。它们可由下式求得

$$\frac{|H(j\omega)|}{H_0}=\frac{1}{\sqrt{1+Q^2\left(\dfrac{f}{f_0}-\dfrac{f_0}{f}\right)^2}}=\frac{1}{\sqrt{2}}$$

根据上式,可得电路的通频带与谐振频率、品质因数之间的重要关系式为

$$B=\frac{\omega_0}{Q} \text{ 或 } B=\frac{f_0}{Q} \tag{8-15}$$

这表明,通频带 B 与 ω_0 或 f_0 成正比,与 Q 成反比。

8.2 并联谐振电路

串联谐振电路仅适用于信号源内阻较小的情况,如果信号源内阻较大,将使电路 Q 值过低,以至电路的选择性变差。这时,为了获得较好的选频特性,常采用并联谐振电路。

8.2.1 GCL 并联谐振电路

图 8-5 所示是 GCL 并联电路,该电路的总导纳为

$$Y = G + jB = G + j\left(\omega C - \frac{1}{\omega L}\right)$$

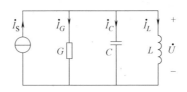

图 8-5 并联谐振电路

显然，当电纳 $B=0$ 时，电路的端电压 $\dot{U}$ 和电流 $\dot{I}$ 同相位，电路谐振，此时的频率称为并联谐振频率，用 f_0 表示，角频率用 ω_0 表示。并联谐振的谐振条件为 $B=0$，即

$$\omega C - \frac{1}{\omega L} = 0 \tag{8-16}$$

1. 谐振频率和谐振阻抗

由式（8-16）可得谐振角频率 ω_0 和频率 f_0 分别为

$$\begin{aligned}\omega_0 &= \frac{1}{\sqrt{LC}} \\ f_0 &= \frac{1}{2\pi\sqrt{LC}}\end{aligned} \tag{8-17}$$

可见，一般情况下，串联谐振频率与并联谐振频率具有相同的表达式。

并联谐振时，导纳的虚部为零，导纳为

$$Y_0 = G = \frac{1}{R} \tag{8-18}$$

此时导纳最小，电路呈电阻性，于是谐振阻抗达到最大值为

$$Z_0 = \frac{1}{Y_0} = R \tag{8-19}$$

谐振时，电路的电纳为零，但此时的感纳和容纳均不等于零，它们的值为

$$\omega_0 C = \frac{1}{\omega_0 L} = \sqrt{\frac{C}{L}} \tag{8-20}$$

可见，谐振时感纳和容纳与频率无关，它是谐振电路的一个重要参数，称为特性导纳，用 $\frac{1}{\rho}$ 来表示，即

$$\rho = \omega_0 L = \frac{1}{\omega_0 C} = \sqrt{\frac{L}{C}} \tag{8-21}$$

2. 品质因数

并联谐振电路的品质因数为

$$Q = \frac{R}{\omega_0 L} = \frac{\omega_0 C}{G} = R\sqrt{\frac{C}{L}} \tag{8-22}$$

3. 谐振电流

谐振时,各支路电流分别为

$$\left.\begin{array}{c}\dot{I}_{C0} = G\dot{U} = G\dfrac{1}{G}\dot{I}_S = \dot{I}_S \\ \dot{I}_{C0} = j\omega C\dot{U} = j\dfrac{\omega_0 C}{G}\dot{I}_S = jQ\dot{I}_S \\ \dot{I}_{L0} = -j\dfrac{1}{\omega L}\dot{U} = -j\dfrac{1}{\omega_0 LG}\dot{I}_S = -jQ\dot{I}_S\end{array}\right\} \quad (8-23)$$

可见,并联谐振时,电容电流和电感电流的模相等,但相位相反,故相互抵消。并联谐振时,端口电流全部通过电阻元件,其电流达到最大值,电容和电感元件的并联部分相当于断开,谐振时电感和电容的电流可能远大于总电流,因此把并联谐振称为电流谐振。

4. 频率响应

对于并联谐振电路,常研究以端电压为输出的频率响应,对图 8-5 所示电路,其端电压为

$$\dot{U} = \dfrac{\dot{I}_S}{Y} = \dfrac{\dot{I}_S}{G+j\left(\omega C-\dfrac{1}{\omega L}\right)} = \dfrac{R\dot{I}_S}{1+jQ\left(\dfrac{\omega}{\omega_0}-\dfrac{\omega_0}{\omega}\right)} = H_0\dfrac{\dfrac{\omega_0}{Q}(j\omega)\dot{I}_S}{(j\omega)^2+\dfrac{\omega_0}{Q}(j\omega)+\omega_0^2} \quad (8-24)$$

式中 $H_0 = R = \dfrac{1}{G}$,电压的频率响应为

$$H(j\omega) = \dfrac{\dot{U}}{\dot{I}_S} = H_0\dfrac{\dfrac{\omega_0}{Q}(j\omega)}{(j\omega)^2+\dfrac{\omega_0}{Q}(j\omega)+\omega_0^2} \quad (8-25)$$

其幅频和相频特性曲线与图 8-4 类似,可以证明并联谐振电路的通频带为

$$B = \dfrac{\omega_0}{Q} = \dfrac{G}{C} = \dfrac{1}{RC} \quad (8-26)$$

例 8-3 某放大器的简化电路如图 8-6 所示。已知电源电压 $\dot{U}_S = 12\angle 0°\text{V}$,内阻 $R_i = 200\text{k}\Omega$,并联谐振电路中 $L = 360\mu\text{H}$,$C = 90\text{pF}$,$Q = 100$。若已知电路发生谐振,试求谐振频率、R 两端的电压及整个电路的品质因数。

解:电路谐振时,谐振频率为

$$\omega_0 = \dfrac{1}{\sqrt{LC}} = \dfrac{1}{\sqrt{360\times 10^{-6}\times 90\times 10^{-12}}}\text{rad/s} = 5.56\times 10^6\text{rad/s}$$

谐振阻抗为

$$Z_0 = R = Q\sqrt{\dfrac{L}{C}} = 100\sqrt{\dfrac{360\times 10^{-6}}{90\times 10^{-12}}}\Omega = 200\times 10^3\Omega$$

电阻 R 两端的电压为

$$U = U_S\dfrac{R}{R+R_i} = 6\text{V}$$

电路的品质因数为

$$Q = R'\sqrt{\frac{C}{L}} = \frac{R_i}{R_i+R}R\sqrt{\frac{C}{L}} = 50$$

可见，考虑到电源内阻以后，电路的品质因数下降了。

8.2.2 实用的并联谐振电路

在电子技术中，实际应用的并联谐振电路如图 8-7 所示，其中 r 是电感线圈的损耗内电阻，一般电容的损耗很小，可以忽略。通常，电路工作在谐振频率附近，且 Q 值较高。

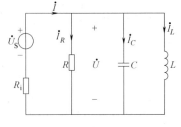

图 8-6　例 8-3 图

图 8-7 所示电路总的导纳为

$$Y = j\omega C + \frac{1}{r+j\omega L} = \frac{r}{r^2+(\omega L)^2} + j\left[\omega C - \frac{\omega L}{r^2+(\omega L)^2}\right] \quad (8\text{-}27)$$

当回路的 Q 值较高时，有 $r^2 \ll (\omega L)^2$，则式（8-27）中的 r 可以略去，于是得到电路的导纳为

$$Y \approx \frac{r}{(\omega L)^2} + j\left[\omega C - \frac{1}{\omega L}\right] \quad (8\text{-}28)$$

这表明在谐振频率附近时，图 8-8a 中的谐振回路可以等效为图 8-8b 的形式。谐振阻抗为

$$Z_0 = \frac{1}{Y_0} = \frac{r}{(\omega_0 L)^2} = \frac{L}{rC} = R \quad (8\text{-}29)$$

图 8-8a 和图 8-8b 的品质因数计算公式分别为

$$\begin{aligned}Q_a &= \frac{\rho_a}{r} = \frac{1}{r}\sqrt{\frac{L}{C}} \\ Q_b &= \frac{R}{\rho_b} = R\sqrt{\frac{C}{L}} = \frac{L}{rC}\sqrt{\frac{C}{L}} = \frac{1}{r}\sqrt{\frac{L}{C}} = Q_a = Q\end{aligned} \quad (8\text{-}30)$$

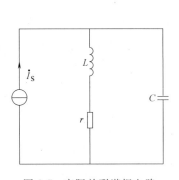

图 8-7　实际并联谐振电路

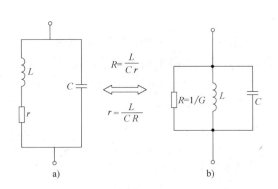

图 8-8　高 Q 等效电路

可以看出，并联回路的电阻 R 越大，相当于串联回路的 r 越小，从而 Q 值越高；反之，并联回路的电阻 R 越小，相当于串联回路的 r 越大，从而 Q 值越低。

例 8-4　图 8-9 是某放大器的简化电路，其中电源电压 $U_S = 12\text{V}$，内阻 $R_S = 60\text{k}\Omega$；并联

谐振电路的 $L = 54\mu H$，$C = 90pF$，$r = 9\Omega$，电路的负载是阻容并联电路，其中 $R_L = 60k\Omega$，$C_L = 10pF$。如整个电路已对电源频率谐振，求谐振频率 f_0、R_L 两端的电压和整个电路的有载品质因数 Q_L、通频带 B。

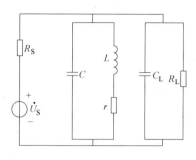

图 8-9 例 8-4 图

解：将电压源模型等效为电流源模型，将实际并联谐振电路等效为 RLC 并联形式，等效电路如图 8-10a 所示。其中

$$\dot{I}_S = \frac{12\angle 0°}{60\times 10^3}A = 200\angle 0°\mu A$$

$$C' = C + C_L = 90pF + 10pF = 100pF$$

$$R_0 = \frac{L}{rC'} = \frac{54\times 10^{-6}}{9\times 100\times 10^{-12}}\Omega = 60k\Omega$$

再将电路进一步等效化简，得到图 8-10b 所示谐振电路，其中

$$\frac{1}{R'} = \frac{1}{60\times 10^3} + \frac{1}{60\times 10^3} + \frac{1}{60\times 10^3}$$

$$R' = 20k\Omega$$

于是求得谐振频率为

$$f_0 = \frac{1}{2\pi\sqrt{LC'}} = \frac{1}{2\pi\sqrt{54\times 10^{-6}\times 100\times 10^{-12}}}Hz = 2.17\times 10^6 Hz$$

整个电路的品质因数为

$$Q_L = R'\sqrt{\frac{C'}{L}} = 20\times 10^3 \times \sqrt{\frac{100\times 10^{-12}}{54\times 10^{-6}}} = 27.2$$

R_L 两端的电压为

$$U_L = R' I_S = 20\times 10^3 \times 200\times 10^{-6}V = 4V$$

通频带为

$$B = \frac{2\pi f_0}{Q_L} = \frac{2\pi\times 2.17\times 10^6}{27.2}rad/s = 5\times 10^5 rad/s$$

以上讨论了串联、并联谐振电路，作为推广，对于任意含有 L、C 两种元件的单口电路，在一定的条件下，若其端口电压与电流同相（这时电路呈电阻性，阻抗的虚部为零或导纳的虚部为零），则称此单口电路发生谐振，此时相应的激励频率称为谐振频率。

电路

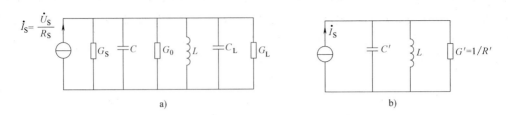

图 8-10 实际并联谐振电路

【实例应用】

收音机天线会把空中许多电波全都接收下来，通过互感线圈，收音机的二次绕组会产生许多个感应电动势（e_1、e_2、e_3），这里建立电路模型可以等效成不同频率的电压源。由于二次绕组的电阻不能忽略，可以等效成 RL 的串联电路，等效电路如图 8-11 所示。当人们转动收音机选台旋钮时，与二次绕组相连的可变电容器也跟着转动。电容器转到某一个位置，二次绕组就只能选择某个频率的电波所产生的微小电流，而其他频率的微小电流则得不到放大。

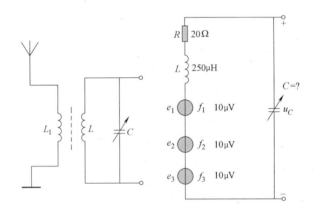

图 8-11 收音机接收电路等效图

这里给出了三个电台的频率（见图 8-12），假设二次绕组 $L=250$mH，$R=20\ \Omega$，$U_1=U_2=U_3=10$mV，可变电容 C 调到多少时，可接收到电台一？

$C=150$pF，电路固有频率 = 电台发射频率，电路发生谐振。下面从电压和电流的角度来对比谐振与非谐振的信号。

$C=150$pF 时，电路的品质因数 $Q=\rho/R=64.5$，电容电压把端口 820kHz 信号的电压放大为 64.5 倍，为 645mV，其他非谐振信号的输出电压为 24.8mV，17.6mV。谐振时，电流最大为 0.5A，非谐振信号在回路中的电流为 0.017μA、0.015μA，偏离通频道，这些信号经过 RLC 电路不会被选择出来。

比较一下选取电台一时的计算结果：

物理量 \ 电台	电台一	电台二	电台三
f/kHz	820	640	1026
U/mV	U_{C0} = 645	U_{C1} = 24.8	U_{C2} = 17.6
I/μA	I_0 = 0.5A	I_1 = 0.015	I_2 = 0.017

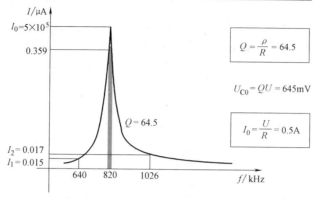

图 8-12　选取电台一时的计算结果

本 章 小 结

知识点：

1. RLC 串、并联谐振电路的谐振条件、参数与特征；
2. 谐振电路的频率响应，通频带；
3. 串、并联谐振电路的分析。

难点：

1. 品质因数 Q 值的概念及对电路的影响作用；
2. 带负载谐振电路的分析；
3. 实用并联谐振电路的等效分析。

习 题 8

8-1　在 RLC 串联谐振电路中，已知 $R=10\Omega$，$L=100\mu H$，$C=100pF$，求电路的谐振频率 f_0、品质因数 Q、特性阻抗 ρ 和谐振阻抗 Z_0。

8-2　串联谐振电路实验中，电源电压 $U_S=1V$ 保持不变。当调节电源频率达到谐振时，$f_0=100kHz$，回路电流 $I_0=100mA$；当电源频率变到 $f_1=99kHz$ 时，回路电流 $I_1=70.7mA$。试求：

(1) 电源频率为 f_1 时，回路对电流呈感性还是容性？
(2) R、L 和 C 之值；
(3) 回路的品质因数 Q。

8-3　RLC 串联电路的端电压 $u=10\sqrt{2}\cos(2500t+15°)V$，当电容 $C=8\mu F$ 时，电路中吸收的功率为最大，且为 100W。

(1) 求电感 L 和电路的 Q 值；

（2）绘制电路的相量图。

8-4 串联谐振电路实验所得电流谐振曲线如习题图 8-1 所示，其中 $f_0 = 475\text{kHz}$，$f_1 = 472\text{kHz}$，$f_2 = 478\text{kHz}$。已知回路中电感 $L = 500\mu\text{H}$，试求回路的品质因数 Q 及回路中的电容量 C。

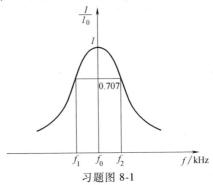

习题图 8-1

8-5 求习题图 8-2 所示各电路的谐振频率。

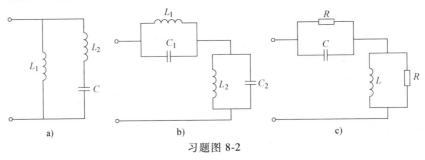

习题图 8-2

8-6 将一电阻 $R = 10\Omega$，电感为 L 的线圈和电容 C 串联接在角频率 $\omega = 1000\text{rad/s}$、电压有效值 $U = 10\text{V}$ 的正弦交流电源上，测得电流为 1A，电容上电压 $U_C = 1000\text{V}$，若把 R、L 和 C 改成并联接到同一电源上，测得总电流为 $100\mu\text{A}$，试求 L、C 及并联各支路电流大小。

8-7 电路如习题图 8-3 所示，已知 $L = 100\mu\text{H}$，$C = 100\text{pF}$，$R = 25\Omega$，$I_S = 1\text{mA}$，$R_i = 40\text{k}\Omega$，角频率 $\omega = 10^7 \text{rad/s}$，试求电路的谐振角频率 ω_0，品质因数 Q，谐振阻抗 Z_0，电流 I_0、I_C，端电压 U_0 及电路的通频带 B。

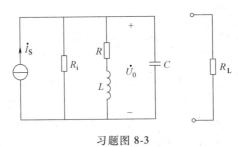

习题图 8-3

8-8 在习题题 8-3 所示电路中，保持电路参数和电源不变，若接上负载 $R_L = 100\text{k}\Omega$ 时，求 Q、U_0 及 B。

8-9 电路如习题图 8-4 所示，已知 $L = L_1 + L_2 = 100\mu\text{H}$，$C = 100\text{pF}$，$R_1 + R_2 = 10\Omega$，求谐振频率 f_0。若要求谐振阻抗为 $10\text{k}\Omega$，求分配系数 ρ 及 L_1、L_2 的值。

8-10 电路如习题图 8-5 所示，已知 $L = 100\mu\text{H}$，$C_1 = C_2 = 200\text{pF}$，谐振回路本身的品质因数 $Q = 40$，$I_S = $

20mA,$R_S = 10\text{k}\Omega$,试求谐振时的电流 I、I_1、I_2 和回路吸收的功率。

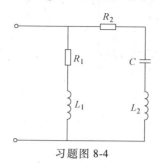

习题图 8-4

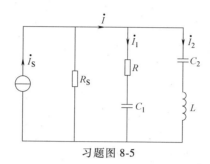

习题图 8-5

8-11 某收音机中频放大器线路如习题图 8-6 所示。已知谐振频率 $f_0 = 465\text{kHz}$,线圈 L(绕在同一磁芯上,可以视为全耦合)的品质因数 $Q_L = 100$,$N = 160$ 匝,其中 $N_1 = 40$ 匝,$N_2 = 10$ 匝,$C = 200\text{pF}$,$R_S = 16\text{k}\Omega$,$R_L = 1\text{k}\Omega$。试求 L、回路的有载 Q 值和通频带 B。

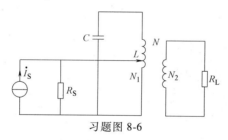

习题图 8-6

第9章 三相电路

【章前导读】

三相电路是由三相电源向三相负载供电的电路。三相供电系统简称三相制。三相制应用广泛，工农业生产和生活用电均取自三相供电系统。本章重点讨论负载在三相电路中的连接使用问题及三相功率问题。

【导读思考】

实际生活中，家庭民用场合往往没有三相动力电源，为了方便随时获取三相电，人们多利用可方便携带的单相变三相电源，如图9-1a所示。工作原理主要是利用小功率星形对称电阻性负载从单相电源获得三相对称电压的原理。图9-1a是自制的单相变三相电源，其电路原理如图9-1b所示。

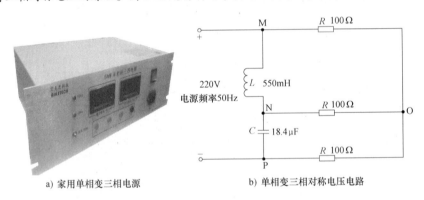

a) 家用单相变三相电源　　　　b) 单相变三相对称电压电路

图 9-1　从单相电源获得三相对称电压的电路原理图

该三相电源输出的三相电压具有怎样的特点？电压的幅值、相位具有怎样的关系？学习完三相电路以后，我们可以通过对该电路计算分析得出结论。

9.1 对称三相电路

三相电源是三个频率相同、幅值相等、初相角相差同样角度的正弦电压源按一定的方式连接而成的。

9.1.1 对称三相电源

三相电路的电源一般由三相发电机产生，由它可以获得三个频率相同、幅值相等、初相角互差120°的电动势,称为对称三相电源。图9-2所示是三相同步发电机的原理图。三相发电机的转子上的励磁线圈通有直流电流,使转子成为一个电磁铁。在定子内侧面,空间相隔120°的槽内装有三个完全相同的线圈 A-X、B-Y、C-Z。当转子以角速度 ω 转动时,三个线圈就会感应出三个频率相同、幅值相等、初相角相差120°的正弦电动势。

通常,三相发电机的三个线圈的首端分别用 A、B、C 表示,尾端用 X、Y、Z 表示,三相电压的参考方向均设为由首端指向尾端,如图9-3所示。

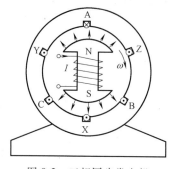

图9-2 三相同步发电机

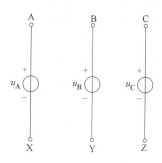

图9-3 三相电源

对称三相电压的瞬时表达式为

$$u_A(t) = \sqrt{2}\,U\cos\omega t$$
$$u_B(t) = \sqrt{2}\,U\cos(\omega t - 120°)$$
$$u_C(t) = \sqrt{2}\,U\cos(\omega t - 240°)$$
$$\quad\quad = \sqrt{2}\,U\cos(\omega t + 120°)$$

(9-1)

对称三相电压的相量为

$$\dot{U}_A = U\angle 0°$$
$$\dot{U}_B = U\angle -120°$$
$$\dot{U}_C = U\angle -240° = U\angle 120°$$

(9-2)

图9-4a、b 分别表示对称三相电压的波形图和相量图。

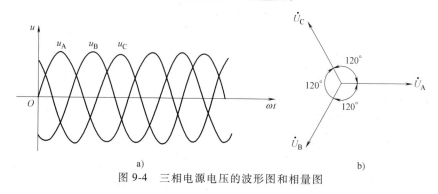

图9-4 三相电源电压的波形图和相量图

可以证明,对称三相电压的三个电压瞬时值之和在任意时刻均为零,三个电压相量之和也为零,即

$$u_A + u_B + u_C = 0$$
$$\dot{U}_A + \dot{U}_B + \dot{U}_C = 0 \tag{9-3}$$

这是对称三相电路的一个重要特点。

对称三相电路的每相电压经过一个固定值（如第一个正的最大值）时的先后顺序称为相序，图 9-4 所示的三相电压的相序为 ABC，称为顺序或正序。如果 u_A 滞后 u_B，u_B 滞后 u_C，这种相序称为逆序或负序，记为 CBA，今后默认相序为正序。

1. 三相电源的星形联结

将三相电源的尾端 X、Y、Z 连在一起，如图 9-5 所示，就形成了对称三相电源的星形联结，连接在一起的公共点称为中性点，用 N 表示。三个电源的首端引出导线称为端线或相线。由中性点引出的导线称为中性线或零线。

每相电源的电压称为相电压，用 u_{AN}、u_{BN}、u_{CN} 表示，两条端线之间的电压称为线电压，用 u_{AB}、u_{BC}、u_{CA} 表示。下面分析星形联结的对称三相电源的线电压和相电压的关系。

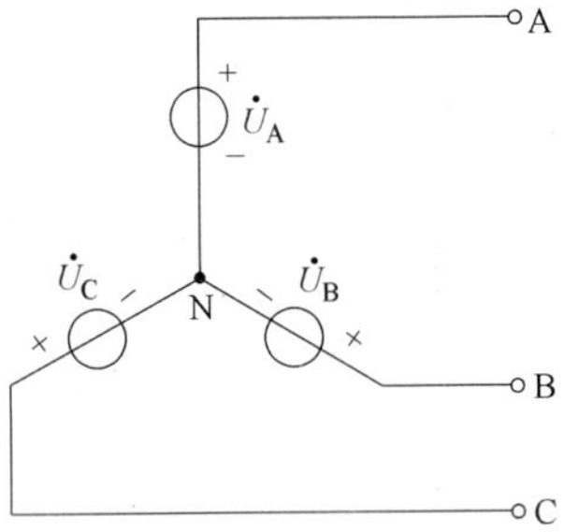

由图 9-5 可见，三相电源的线电压和相电压有如下关系：

$$\begin{cases} u_{AB} = u_A - u_B \\ u_{BC} = u_B - u_C \\ u_{CA} = u_C - u_A \end{cases} \tag{9-4}$$

图 9-5 对称三相电源的星形联结

用相量表示，对称三相电源的相电压为

$$\begin{cases} \dot{U}_A = U \angle 0° \\ \dot{U}_B = U \angle -120° \\ \dot{U}_C = U \angle 120° \end{cases} \tag{9-5}$$

从而得到线电压为

$$\begin{cases} \dot{U}_{AB} = \dot{U}_A - \dot{U}_B = \sqrt{3}\,\dot{U}_A \angle 30° \\ \dot{U}_{BC} = \dot{U}_B - \dot{U}_C = \sqrt{3}\,\dot{U}_B \angle 30° \\ \dot{U}_{CA} = \dot{U}_C - \dot{U}_A = \sqrt{3}\,\dot{U}_C \angle 30° \end{cases} \tag{9-6}$$

可见，对称三相电源星形联结时，线电压也是对称的。线电压的有效值（用 U_l 表示）是相电压有效值（用 U_p 表示）的 $\sqrt{3}$ 倍，即 $U_l = \sqrt{3}\,U_p$，且线电压的相位超前对应相电压 30°。对称三相电源星形联结线电压、相电压相量关系如图 9-6 所示。

2. 三相电源的三角形联结

将三相电源的首尾相连，如图 9-7 所示，就形成对称三相电源的三角形联结，对称三相电源三角形联结时，只有三条端线而无中性线。

每相电源的电压称为相电压，用 u_A、u_B、u_C 表示，两条端线之间的电压称为线电压，用 u_{AB}、u_{BC}、u_{CA} 表示。

显然有

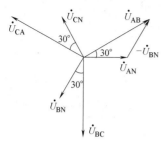

图 9-6 对称三相电源星形联结线电压、相电压相量关系

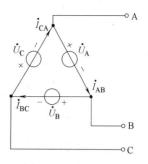

图 9-7 三相电源的三角形联结

$$\begin{cases} u_{AB} = u_A \\ u_{BC} = u_B \\ u_{CA} = u_C \end{cases} \quad 或 \quad \begin{cases} \dot{U}_{AB} = \dot{U}_A \\ \dot{U}_{BC} = \dot{U}_B \\ \dot{U}_{CA} = \dot{U}_C \end{cases} \tag{9-7}$$

式（9-7）说明对三角形联结的对称三相电源，相电压等于线电压。

三角形联结的三相电源形成一个回路。由于三相电压的和为零，所以不会产生回路电流。但是若某一相反接，造成三相电压之和不为零，将会在回路中产生巨大的短路电流，烧毁电源，所以将对称三相电源接成三角形时需特别注意，千万不要接错极性。在实际工程中，在闭合回路之前，可以先用一个电压表串入回路测量回路电压是否为 0，若为 0，说明联结正确。

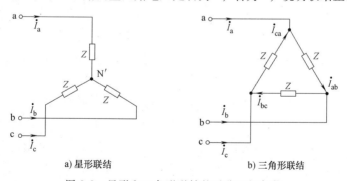

图 9-8 星形和三角形联结的对称三相负载

9.1.2 对称三相负载

对称三相负载是指三个完全相同的阻抗按一定方式联结而形成的负载，联结方式与三相电源的联结相同，也分为星形和三角形联结两种方式，如图 9-8 所示。

对称三相负载每相负载的电压称为负载的相电压，用 $\dot{U}_{AN'}$、$\dot{U}_{BN'}$、$\dot{U}_{CN'}$ 表示，负载的端线间的电压称为线电压，用 $\dot{U}_{AB}$、$\dot{U}_{BC}$、$\dot{U}_{CA}$ 表示，流过每一负载的电流称为相电流，端线上的电流称为线电流，用 $\dot{I}_A$、$\dot{I}_B$、$\dot{I}_C$ 表示。显然，对称星形联结的三相负载中，相电流和线电流是相同的。

对于三角形联结的对称三相负载，如图 9-8b 所示，可以证明线电流为

$$\dot{I}_A = \dot{I}_{ab} - \dot{I}_{ca} = \sqrt{3}\,\dot{I}_{ab}\angle-30°$$

$$\dot{I}_B = \dot{I}_{bc} - \dot{I}_{ab} = \sqrt{3}\,\dot{I}_{bc}\angle-30°$$

$$\dot{I}_C = \dot{I}_{ca} - \dot{I}_{bc} = \sqrt{3}\,\dot{I}_{ca}\angle-30° \tag{9-8}$$

可见，三角形联结的对称三相负载线电流的有效值（用 I_l 表示）是相电流有效值（用 I_p 表示）的 $\sqrt{3}$ 倍，即 $I_l=\sqrt{3}I_p$，且线电流的相位滞后对应相电流30°。它们的相量关系如图9-9所示。

9.1.3 对称三相电路的计算

三相电路实际上就是一种复杂的正弦交流电路。所以，在第6章中讨论的有关正弦稳态交流电路的分析方法都可用于三相电路的分析计算。对于对称三相电路，根据电路的对称性所产生的一些特殊规律，可以简化分析计算。如图9-10所示电路中对称三相电源采用星形联结，对称三相负载也采用星形联结，电源与负载的中性点通过导线联结，这种供电方法（Y—Y联结）称为三相四线制。

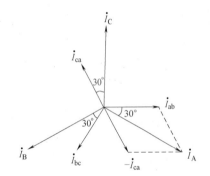

图9-9 对称三角形联结负载的电流相量图

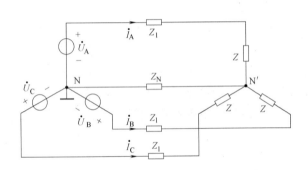

图9-10 三相四线制电路

应用节点电压法，以N为参考点，列写节点电压 $\dot{U}_{N'N}$ 方程为

$$\dot{U}_{N'N}\left(\frac{1}{Z+Z_1}+\frac{1}{Z+Z_1}+\frac{1}{Z+Z_1}+\frac{1}{Z_N}\right)=\frac{\dot{U}_A}{Z+Z_1}+\frac{\dot{U}_B}{Z+Z_1}+\frac{\dot{U}_C}{Z+Z_1}=\frac{\dot{U}_A+\dot{U}_B+\dot{U}_C}{Z+Z_1}=0$$

则

$$\dot{U}_{N'N}=0$$

可见，对称三相四线制两个对称中性点N'N之间的电压为零，也就是说，节点N'和N等电位，中性线相当于一根短路线，这样，各相电流、电压就可以分别计算。由于对称三相电路的电源和负载都是对称的，因而三相电流也是对称的，只需要分析计算其中任意一相，其余两相的电压和电流可以根据对称关系直接写出，这种方法称为"归结为一相的计算方法"。

在Y—Y联结的对称三相电路中，中性线上的电流也为零，可将中性线断开，此时就成为三相三线制。对称三相三线制的分析方法与对称三相四线制相同。对于其电源或负载为三角形联结的对称三相电路，可先采用△-Y变换的方法，把三角形联结的电源或负载转化为星形联结，然后进行分析。

例9-1 如图9-11a所示电路，已知对称三相电源的线电压为380V，对称三相负载 $Z=100\angle30°\Omega$，求线电流 $\dot{I}_A$，$\dot{I}_B$，$\dot{I}_C$。

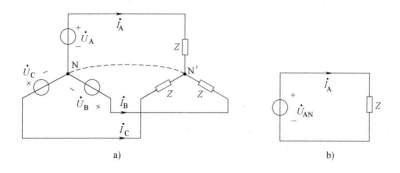

图 9-11 例 9-1 图

解：本例电路为Y-Y联结的对称三相电路，可用一根导线（图 9-11a 中的虚线）将两个中性点相连，取 A 相计算，如图 9-11b 所示。

设 $\dot{U}_{AB}=380\angle 30°\mathrm{V}$，则 $\dot{U}_{AN}=220\angle 0°\mathrm{V}$，可以求得

$$\dot{I}_A = \frac{\dot{U}_{AN}}{Z} = \frac{220\angle 0°}{100\angle 30°}\mathrm{A} = 2.2\angle -30°\mathrm{A}$$

这样另外两个线电流可以根据对称性直接写出，即

$$\dot{I}_B = 2.2\angle -150°\mathrm{A}$$

$$\dot{I}_C = 2.2\angle 90°\mathrm{A}$$

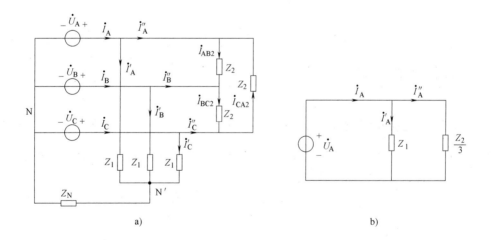

图 9-12 例 9-2 图

例 9-2 如图 9-12a 所示对称三相电路，电源线电压为 $U_1=380\mathrm{V}$，$Z_1=(6+\mathrm{j}8)\Omega$，$Z_2=-\mathrm{j}50\Omega$，中性线阻抗 $Z_N=(1+\mathrm{j}2)\Omega$。求各线电流、相电流。

解：设 $\dot{U}_{AN}=220\angle 0°\mathrm{V}$，$\dot{U}_{AB}=380\angle 30°\mathrm{V}$，负载 Z_2 为三角形联结，其星形等效电路的各阻抗为 $\dfrac{Z_2}{3}$。由前面分析可知，Y-Y联结的对称三相电路中两个对称中性点 N′N 之间的电

压为零，可将各中性点短路，并取 A 相电路进行分析，如图 9-12b 所示，有

$$\dot{I}'_A = \frac{\dot{U}_{AN}}{Z_1} = \frac{220\angle 0°}{10\angle 53.13°}A = 22\angle -53.13°A = (13.2-j17.6)A$$

$$\dot{I}''_A = \frac{\dot{U}_{AN}}{Z'_2} = \frac{220\angle 0°}{-j50/3}A = j13.2A$$

则

$$\dot{I}_A = \dot{I}'_A + \dot{I}''_A = (13.2-j4.4)A = 13.9\angle -18.4°A$$

根据对称性，得 B、C 相的线电流为

$$\dot{I}_B = 13.9\angle -138.4°A$$

$$\dot{I}_C = 13.9\angle 101.6°A$$

星形负载相电流为

$$\dot{I}'_A = 22\angle -53.1°A$$

$$\dot{I}'_B = 22\angle -173.1°A$$

$$\dot{I}'_C = 22\angle 66.9°A$$

三角形负载相电流为

$$\dot{I}_{AB2} = \frac{1}{\sqrt{3}}\dot{I}''_A\angle 30° = 7.62\angle 120°A$$

$$\dot{I}_{BC2} = 7.62\angle 0°A$$

$$\dot{I}_{CA2} = 7.62\angle -120°A$$

9.2 不对称三相电路

9.2.1 不对称三相电路概述

在三相电路中，只要电源或负载有一部分不对称就称为不对称三相电路。对于不对称的三相电路一般不能用上节所讲过的归结为一相的计算方法。

一般来讲，电源总是对称的，不对称都是由负载不对称而造成的，所以本节只讨论负载不对称的情况。

1. 三相四线制电路

图 9-13 所示电路为三相四线制，有中性线，即中性线阻抗为零，强制使得每相负载上的电压等于该相电源的电压。三相负载相电压对称，但负载不对称，Z_a、Z_b、Z_c 不相等，因此相电流不对称。有 $\dot{I}_A = \frac{\dot{U}_{AN}}{Z_a}$，$\dot{I}_B = \frac{\dot{U}_{BN}}{Z_b}$，$\dot{I}_C = \frac{\dot{U}_{CN}}{Z_c}$，此时中性线电流为

$$\dot{I}_{N'N} = \dot{I}_A + \dot{I}_B + \dot{I}_C = \frac{\dot{U}_{AN}}{Z_a} + \frac{\dot{U}_{BN}}{Z_b} + \frac{\dot{U}_{CN}}{Z_c} \neq 0$$

若中性线有阻抗 Z_o，应用节点电压法容易分析，此时中性点间电压 $\dot{U}_{N'N}$ 为

$$\dot{U}_{N'N}\left(\frac{1}{Z_a}+\frac{1}{Z_b}+\frac{1}{Z_c}+\frac{1}{Z_o}\right)=\frac{\dot{U}_A}{Z_a}+\frac{\dot{U}_B}{Z_b}+\frac{\dot{U}_C}{Z_c}$$

即

$$\dot{U}_{N'N}=\frac{1}{\left(\dfrac{1}{Z_a}+\dfrac{1}{Z_b}+\dfrac{1}{Z_c}+\dfrac{1}{Z_o}\right)}\left(\frac{\dot{U}_A}{Z_a}+\frac{\dot{U}_B}{Z_b}+\frac{\dot{U}_C}{Z_c}\right) \tag{9-9}$$

中性线的电流为

$$\dot{I}_{N'N}=\frac{\dot{U}_{N'N}}{Z_o} \tag{9-10}$$

2. 三相三线制电路

如图 9-14 所示电路为三相三线制电路，无中性线存在，此时中性点间的电压为

$$\dot{U}_{N'N}=\frac{\dot{U}_{AN}/Z_a+\dot{U}_{BN}/Z_b+\dot{U}_{CN}/Z_c}{1/Z_a+1/Z_b+1/Z_c}\neq 0$$

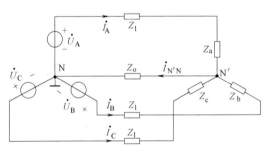

图 9-13 三相负载不对称

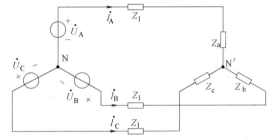

图 9-14 三相负载不对称，无中性线图

各相电压为

$$\dot{U}_{AN'}=\dot{U}_{AN}-\dot{U}_{N'N}$$

$$\dot{U}_{BN'}=\dot{U}_{BN}-\dot{U}_{N'N}$$

$$\dot{U}_{CN'}=\dot{U}_{CN}-\dot{U}_{N'N}$$

可画出中性点位移相量图如图 9-15 所示，可见，由于负载不对称，从而造成负载中性点与电源中性点不是等位点，此现象我们称之为中性点位移。

由于中性点位移造成负载电压不对称，有的相负载电压高、有的相负载电压低，严重时会导致负载烧毁。在工程上要尽量避免这种现象出现。常见的做法是：用一根机

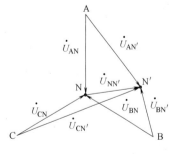

图 9-15 中性点偏移

械强度较高的导线将两个中性点连在一起，导线上不装熔丝和开关，从而强迫两个中性点等电位。这样尽管负载不对称，仍可保持负载电压对称。由于此时相电流不对称，所以中性线电流一般不为零。

9.2.2 不对称三相电路的一般计算方法

分析Y-Y联结的不对称三相电路时,如果有中性线,且中性线阻抗为零,其分析方法与一般对称三相电路一样;若不含中性线,或有中性线,但中性线阻抗不为零,则中性点电压不为零,一般采用节点法进行分析。对于非Y-Y联结的不对称三相电路,可采用三角形与星形电路的等效变换,然后按Y-Y联结的不对称三相电路分析方法处理。

例 9-3 如图 9-16 所示三角形联结的负载电路,将其端口接入对称三相电源。当开关 S 闭合时,电流表的读数均为 5A。求开关 S 打开后各电流表的读数。

解: 由于电源保持不变,开关 S 打开后,电流表 A_2 中的电流不变,与开关 S 闭合时的电流相同。而 A_1、A_3 中的电流等于负载对称时的相电流。

电流表 A_2 的读数为 5A,电流表 A_1、A_3 的读数为 $5/\sqrt{3}\,A = 2.89A$。

例 9-4 如图 9-17 所示电路中,已知 $R = X_C$,电源电压对称,设电源相电压的有效值为 U_p,求负载相电压 $\dot{U}_{BN'}$、$\dot{U}_{CN'}$。

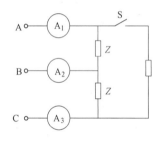

图 9-16 例 9-3 图

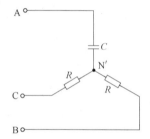

图 9-17 例 9-4 图

解: 令

$$\dot{U}_{AN} = U_p \angle 0°$$

$$\dot{U}_{BN} = U_p \angle -120°$$

$$\dot{U}_{CN} = U_p \angle 120°$$

则

$$\dot{U}_{N'N} = \dfrac{\dfrac{\dot{U}_A}{Z_A} + \dfrac{\dot{U}_A}{Z_B} + \dfrac{\dot{U}_A}{Z_C}}{\dfrac{1}{Z_A} + \dfrac{1}{Z_B} + \dfrac{1}{Z_C}}$$

$$= \dfrac{\dfrac{U_p \angle 0°}{Z_A} + \dfrac{U_p \angle -120°}{Z_B} + \dfrac{U_p \angle 120°}{Z_C}}{\dfrac{1}{-jR} + \dfrac{1}{R} + \dfrac{1}{R}}$$

$$= U_p(-0.2 + j0.6)$$

$$= 0.63 U_p \angle 108.43°$$

于是有

$$\dot{U}_{BN'} = \dot{U}_{BN} - \dot{U}_{N'N} = 1.49 U_p \angle -101.6°$$

$$\dot{U}_{CN'} = \dot{U}_{CN} - \dot{U}_{N'N} = 0.4 U_p \angle 138.4°$$

可见 $\dot{U}_{BN'} > \dot{U}_{CN'}$，图 9-18 是该电路的相量图，$X_C$ 变化时，N′位置发生变化，变到 A 点时，对应 A 相短路的情况，变到 D 点时，对应 A 相开路的情况。

应用上述原理，可制成检测三相电源相序的相序指示器。图 9-19 所示是一种常用的相序指示器，广泛用于舰船岸电用的"岸电箱"上。当所接岸电对本船的用电设备是正序时 B 灯更亮一些，逆序时 C 灯更亮一些。

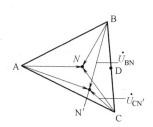

图 9-18　例 9-4 相量图

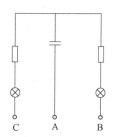

图 9-19　相序指示器电路

9.3　三相电路的功率及测量方法

9.3.1　三相电路的功率

在三相电路中，三相负载总的有功功率 P 和无功功率 Q 分别等于各相负载吸收的有功功率、无功功率的和，即

$$P = P_A + P_B + P_C$$

$$Q = Q_A + Q_B + Q_C$$

若负载是对称的三相负载，各相负载的吸收功率相同，三相负载的吸收总功率为

$$P = 3P_A = 3U_p I_p \cos\varphi$$
$$Q = 3Q_A = 3U_p I_p \sin\varphi \tag{9-11}$$

式中，U_p，I_p 分别为每相负载上的相电压有效值和相电流的有效值；φ 为每相负载的阻抗角。

当对称三相负载是星形联结时，有

$$U_1 = \sqrt{3} U_p, I_1 = I_p \tag{9-12}$$

当对称三相负载是三角形联结时，有

$$U_1 = U_p, I_1 = \sqrt{3} I_p \tag{9-13}$$

因此，不论是星形联结还是三角形联结的对称三相负载，三相总有功功率、无功功率可以写成

$$P = \sqrt{3}\,U_l I_l \cos\varphi$$
$$Q = \sqrt{3}\,U_l I_l \sin\varphi \tag{9-14}$$

式中，U_l，I_l 分别为线电压有效值和线电流的有效值。

对称三相电路的视在功率和功率因数可表示为

$$S = \sqrt{P^2 + Q^2}$$
$$\cos\varphi = \frac{P}{S} \tag{9-15}$$

对称三相负载各相的瞬时功率为

$$\begin{aligned}
p_A &= u_A i_A = 2U_p I_p \cos\omega t \times \cos(\omega t - \varphi) \\
&= U_p I_p [\cos\varphi + \cos(2\omega t - \varphi)] \\
p_B &= u_B i_B = 2U_p I_p \cos(\omega t - 120°) \times \cos(\omega t - \varphi - 120°) \\
&= U_p I_p [\cos\varphi + \cos(2\omega t - \varphi + 120°)] \\
p_C &= u_C i_C = 2U_p I_p \cos(\omega t + 120°) \times \cos(\omega t - \varphi + 120°) \\
&= U_p I_p [\cos\varphi + \cos(2\omega t - \varphi - 120°)]
\end{aligned} \tag{9-16}$$

三相负载的总瞬时功率为

$$p = p_A + p_B + p_C = 3U_p I_p \cos\varphi \tag{9-17}$$

可见，在对称三相电路中，电路的总的瞬时功率等于总的平均功率，在任一时刻均为恒定值，这是三相供电制的一个重要优点，有利于三相电动机这样的对称三相负载的平稳工作。

9.3.2　三相电路功率的测量方法

在三相四线制中，一般是用三个单相功率表进行有功功率测量，称为三表法。其接法如图 9-20 所示。其中每个功率表的读数就是所在相的有功功率。则三相负载的总有功功率为

$$P = P_1 + P_2 + P_3$$

即三相负载的总有功功率为三个表的读数之和。若负载对称，则只需一块单相功率表，其读数乘以 3 即为三相负载的总有功功率。

在三相三线制中，无论负载对称与否，也无论负载是 Y 联结还是 △ 联结，都可以用两个功率表来测量三相总有功功率，具体接法如图 9-21 所示，这时，两个功率表读数的代数和

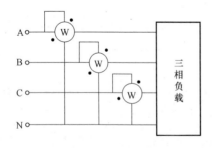

图 9-20　三表法测量功率用图

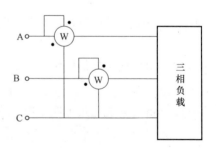

图 9-21　二表法测量功率用图

就是要测的电路的三相总功率。这种方法习惯上称为二表法。

下面证明这种方法的有效性。

不管负载如何联结，计算时总可以等效为Y负载，如图 9-22 所示，三相负载的瞬时功率为

$p = u_{AN} i_A + u_{BN} i_B + u_{CN} i_C$

由 $i_A + i_B + i_C = 0$（KCL）

可得 $i_C = -(i_A + i_B)$

因此 $p = (u_{AN} - u_{CN})i_A + (u_{BN} - u_{CN})i_B$

$= u_{AC} i_A + u_{BC} i_B$

$P = U_{AC} I_A \cos\varphi_1 + U_{BC} I_B \cos\varphi_2 = P_1 + P_2$

式中，φ_1 为 u_{AC} 与 i_A 的相位差；φ_2 为 u_{BC} 与 i_B 的相位差。

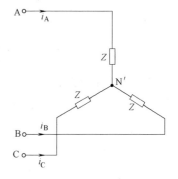

图 9-22 星形联结的电路

注意只有在 $i_A + i_B + i_C = 0$ 这个条件下，即只有三相三线制系统才能用二表法测量功率，二表法不能用于三相四线制系统。在二表法中，两块表读数的代数和为三相总功率，每块表的单独读数无意义。二表法测三相功率的接线方式共有三种，应注意功率表的同名端的位置。

例 9-5 电路如图 9-23a 所示，$U_1 = 380\text{V}$，$Z_1 = (30+j40)\Omega$，电动机的额定功率为 $P_D = 1700\text{W}$，功率因数 $\cos\varphi = 0.8$（滞后）。

求：(1) 线电流和电源发出总功率；

(2) 用二表法测电动机负载的功率，画接线图，求两表读数。

解：令电源相电压为 $\dot{U}_{AN} = 220\angle 0°\text{V}$。

(1) 电动机等效电路见图 9-23b，A 相的等效电路如图 9-23c 所示，有

$$\dot{I}_{A1} = \frac{\dot{U}_{AN}}{Z_1} = \frac{220\angle 0°}{30+j40}\text{A} = 4.41\angle -53.1°\text{A}$$

已知电动机负载有功功率为

$$P_D = \sqrt{3} U_1 I_{A2} \cos\varphi = 1700\text{W}$$

$$I_{A2} = \frac{P_D}{\sqrt{3} U_1 \cos\varphi} = \frac{1700}{\sqrt{3}\times 380\times 0.8}\text{A} = 3.23\text{A}$$

由电动机的功率因数 $\cos\varphi = 0.8$（滞后），可知 $\varphi = 36.9°$，那么 $\dot{I}_{A2} = 3.23\angle -36.9°\text{A}$。

可得线电流 $\dot{I}_A$ 为

$$\dot{I}_A = \dot{I}_{A1} + \dot{I}_{A2} = 4.41\angle -53.1°\text{A} + 3.23\angle -36.9°\text{A} = 7.56\angle -46.2°\text{A}$$

由三相电路功率的公式可得电源发出总功率 $P_总$ 为

$$P_总 = \sqrt{3}\times 380\times 7.56\times \cos 46.2°\text{W} = 3.44\text{kW}$$

或者先求出 Z_1 的吸收功率，然后再求总功率，有

$$P_{Z1} = 3\times I_{A1}^2 \times R_1 = 3\times 4.41^2\times 30\text{W} = 1.74\text{kW}$$

$$P_总 = P_{Z1} + P_D = 1.74\text{kW} + 1.7\text{kW} = 3.44\text{kW}$$

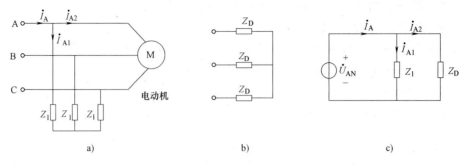

图 9-23 例 9-5 图

（2）二表法测量电路接线方法如图 9-24 所示。

电动机端的线电流为

$$\dot{I}_{A2} = 3.23\angle-36.9°\text{A}$$

$$\dot{I}_{B2} = 3.23\angle-156.9°\text{A}$$

各线电压为

$$\dot{U}_{AB} = 380\angle 30°\text{V}$$

$$\dot{U}_{AC} = -\dot{U}_{CA} = -380\angle 150°\text{V}$$

$$= 380\angle -30°\text{V}$$

$$\dot{U}_{BC} = 380\angle -90°\text{V}$$

功率表的读数为

$$P_1 = U_{AC}I_{A2}\cos\varphi_1 = 380\times 3.23\times\cos(-30°+36.9°)\text{W}$$

$$= 380\times 3.23\cos(6.9°)\text{W}$$

$$= 1219\text{W}$$

$$P_2 = U_{BC}I_{B2}\cos\varphi_2$$

$$= 380\times 3.23\times\cos(-90°+156.9°)\text{W}$$

$$= 380\times 3.23\times\cos(66.9°)\text{W}$$

$$= 481.6\text{W}$$

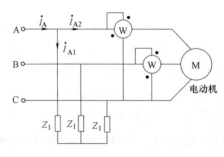

图 9-24 例 9-5 电路两表法接线图

【实例应用】

小功率星形对称电阻性负载从单相电源获得三相对称电压的电路如图 9-25 所示。已知每相负载 $R = 10\Omega$，电源 $f = 50\text{Hz}$，求 L 和 C。

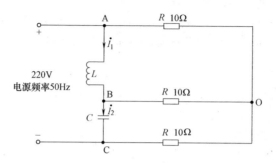

图 9-25　单相电源获三相对称电压电路

获得的是三相对称电压，设 $\dot{U}_{AO} = U_{AO} \angle 0°$，$\dot{U}_{BO} = U_{AO} \angle -120°$，$\dot{U}_{CO} = U_{AO} \angle 120°$。

$$\dot{U}_{AB} = \dot{U}_{AO} - \dot{U}_{BO} = U_{AO} \angle 0° - U_{AO} \angle -120° = \sqrt{3} U_{AO} \angle 30°$$

$$\dot{U}_{BC} = \dot{U}_{BO} - \dot{U}_{CO} = U_{AO} \angle -120° - U_{AO} \angle 120° = \sqrt{3} U_{AO} \angle -90°$$

根据基尔霍夫电流定律，有 $\dot{I}_1 - \dot{I}_2 - \dot{I}_3 = 0$，则

$$\frac{\dot{U}_{AB}}{jX_L} - \frac{\dot{U}_{BC}}{-jX_C} - \frac{\dot{U}_{BO}}{R} = 0$$

$$\frac{\sqrt{3} U_{AO} \angle 30°}{jX_L} - \frac{\sqrt{3} U_{AO} \angle -90°}{-jX_C} - \frac{U_{AO} \angle -120°}{R} = 0$$

$$\frac{\sqrt{3} \angle 30°}{2\pi fL \angle 90°} - \frac{\sqrt{3} \angle -90°}{\dfrac{1}{2\pi fC} \angle -90°} - \frac{1 \angle -120°}{R} = 0$$

由上述关系式可知，$\omega C = \dfrac{1}{\sqrt{3} R}$，$\omega L = \sqrt{3} R$，得到 $L = 55\text{mH}$，$C = 184\mu\text{F}$。

按照该计算思路和方法，读者可以计算导读思考中的三相电压。

本 章 小 结

知识点：

1. 对称三相电源：对称三相电源的星形联结、三相电源的三角形联结；
2. 对称三相负载：对称三相负载的星形联结、对称三相负载的三角形联结；
3. 对称三相电路的计算。

重点：

理解三相四线制中性线的存在意义。

习 题 9

9-1 已知对称三相电路的星形负载 $Z=(12+\mathrm{j}16)\,\Omega$,端线和中性线阻抗都是 $(0.8+\mathrm{j}0.6)\,\Omega$,电源线电压 $U_l=380\mathrm{V}$。求负载的电流和线电压,并画出电路的相量图。

9-2 已知对称三相电路的线电压 $U_l=380\mathrm{V}$(电源端),对称三角形负载 $Z=(18+\mathrm{j}31.2)\,\Omega$,端线阻抗 $Z_L=(1.3+\mathrm{j}0.7)\,\Omega$。求线电流和负载的相电流以及负载的相电压,并画出相量图。

9-3 已知对称三相电源的线电压 $U_l=380\mathrm{V}$。

(1) 若负载为星形联结,负载 $Z=(10+\mathrm{j}15)\,\Omega$,求相电压和负载吸收的功率;

(2) 若负载三角形联结,负载 $Z=(15+\mathrm{j}20)\,\Omega$,求线电流和负载吸收的功率。

9-4 已知对称三相负载,其功率为 12.2kW,线电压为 220V,功率因数为 0.8(感性),求线电流。如果负载联结成星形,求负载阻抗 Z。

9-5 三相电压的线电压 $U_l=380\mathrm{V}$,线路阻抗 $Z=(1+\mathrm{j}2)\,\Omega$,三相对称负载联结成三角形,$Z_L=(12+\mathrm{j}9)\,\Omega$。求线电流 $\dot{I}_A$,相电流 $\dot{I}_{A'B'}$ 及负载消耗的功率 P、Q(设 $\dot{U}_{AB}=380\angle 0°\mathrm{V}$)。

9-6 习题图 9-1 所示三相对称电路,电源频率为 50Hz,$Z=6+\mathrm{j}8\,\Omega$。在负载端接入三相电容器组后,使功率因数提高到 0.9,试求每相电容器的电容值。

9-7 三相对称感性负载接到三相对称电源上,在两线间接一功率表,如习题图 9-2 所示。若线电压 $U_l=380\mathrm{V}$,负载功率因数 $\cos\varphi=0.6$,功率表读数 $P=275.3\mathrm{W}$。求线电流 I_A。

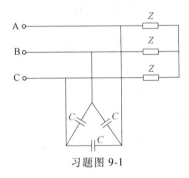

习题图 9-1

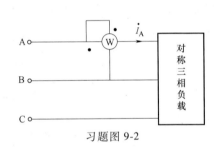

习题图 9-2

第10章 非正弦周期电流电路

【章前导读】

由傅里叶级数的三角形式可知，非正弦周期函数可以分解为一系列不同频率正弦量的叠加，因此对于线性电路，可以应用叠加原理来分析线性电路在非正弦周期信号作用下的响应。本章首先介绍非正弦周期信号的分解，将非正弦周期函数用傅里叶级数分解，从而可以了解信号中各频率分量的比例。利用对称性可以预先了解周期信号中所含有的频率成分，并使分解的计算得以简化。之后介绍了非正弦周期函数有效值、平均功率的定义和计算，并着重讨论了非正弦周期线性电路的稳态分析方法，这是正弦稳态电路分析的推广。最后介绍傅里叶级数的复数形式。

【导读思考】

在电工技术应用中产生了非正弦的交流电可能存在以下几种原因：

1) 正弦电源（或电动势）经过非线性元件，例如整流元件、带铁心的线圈等，产生的电流不再是正弦波。

2) 三相发电机内部结构产生的电压或多或少与正弦波形有些差别，包含了一定的谐波分量。

3) 电路中有几个不同频率的正弦电源同时作用，叠加之后的输出不再是正弦波。

在三相电压相序中，我们经常听到的正序、负序和零序组是什么？有什么特点？这些相序分类是如何产生的？这就需要用到傅里叶级数，对三相非正弦周期电压信号进行分解。学习完本章知识，在本章实例应用中会给出答案。

10.1 非正弦周期信号的傅里叶分解

前面我们已经讨论了直流电源和正弦交流电源作用的电路。在工程上常见到非正弦周期电源或信号作用的电路。例如，实验室中信号发生器输出的三角波和方波信号，电子电路中的半波整流电路的"半波正弦"信号等。几种典型的非正弦周期信号如三角波、方波、半波正弦如图10-1所示。在实际应用中，由于电路中非线性元件的存在以及信号干扰的影响，也会出现非正弦信号的情况。即使发电厂发出的交流电压也并非是完全理想的正弦函数。非正弦信号包括周期的非周期的。本章主要讨论非正弦周期信号电路的基本分析方法，也称为谐波分析法。

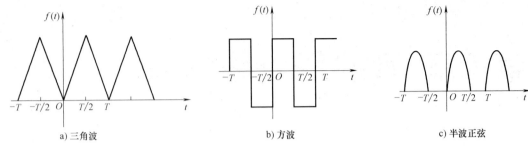

a) 三角波　　　　　　　　b) 方波　　　　　　　　c) 半波正弦

图 10-1　几种典型的非正弦周期信号

10.1.1　傅里叶级数的三角形式

设 $f(t)$ 为非正弦周期函数，其周期为 T，可用下面的函数关系表示其周期性

$$f(t) = f(t+nT) \quad (n \text{ 为正整数})$$

由数学可知，若 $f(t)$ 满足狄里赫利条件，则可展开成下列傅里叶级数的三角形式

$$f(t) = a_0 + \sum_{n=1}^{\infty}\left[a_n\cos(n\omega_1 t) + b_n\sin(n\omega_1 t)\right] \tag{10-1}$$

或

$$f(t) = A_0 + \sum_{n=1}^{\infty} A_n\cos(n\omega_1 t + \varphi_n) \tag{10-2}$$

式中，$\omega_1 = 2\pi/T$，称为基波角频率。这表明非正弦周期函数可以分解成直流分量及无穷多个不同频率的正弦分量和余弦分量之和。这些正弦和余弦项中各分量的频率是基波频率的整数倍。$n=1$ 对应的分量称为基波分量，其周期与原函数相同；$n=2,3,\cdots$，分别称为二次谐波分量、三次谐波分量……或统称为高次谐波分量。以上两式中的系数之间有如下关系：

$$A_0 = a_0, A_n = \sqrt{a_n^2 + b_n^2}, a_n = A_n\cos\varphi_n, b_n = -A_n\sin\varphi_n, \varphi_n = \arctan\left(\frac{-b_n}{a_n}\right) \tag{10-3}$$

非正弦周期函数的分解主要是计算各项分量的系数，下面将逐一加以讨论。

将式（10-1）的两边在一个周期内取积分，得

$$\int_0^T f(t)\,\mathrm{d}t = \int_0^T a_0\,\mathrm{d}t + \int_0^T \sum_{n=1}^{\infty} a_n\cos(n\omega_1 t)\,\mathrm{d}t + \int_0^T \sum_{n=1}^{\infty} b_n\sin(n\omega_1 t)\,\mathrm{d}t$$

上式等号右边，除第一项外，其余各项的积分为零，所以

$$a_0 = \frac{1}{T}\int_0^T f(t)\,\mathrm{d}t \tag{10-4}$$

系数 a_0 为 $f(t)$ 在一个周期内的平均值，称为直流分量。

将式（10-1）的两边乘以 $\cos(k\omega_1 t)$，然后分别将两边在一个周期内积分，有

$$\int_0^T f(t)\cos(k\omega_1 t)\,\mathrm{d}t = \int_0^T a_0\cos(k\omega_1 t)\,\mathrm{d}t + \int_0^T \sum_{n=1}^{\infty} a_n\cos(n\omega_1 t)\cos(k\omega_1 t)\,\mathrm{d}t +$$
$$\int_0^T \sum_{n=1}^{\infty} b_n\sin(n\omega_1 t)\cos(k\omega_1 t)\,\mathrm{d}t \tag{10-5}$$

由三角函数的正交性可知，式（10-5）等号右边各项积分，除 $k=n$ 时的 a_n 项积分不为零

外,其他各项均为零。当 $k=n$ 时,有

$$\int_0^T a_n \cos^2(n\omega_1 t) \mathrm{d}t = a_n \frac{T}{2} \tag{10-6}$$

将式(10-6)代入式(10-5)得

$$a_n = \frac{2}{T}\int_0^T f(t)\cos(n\omega_1 t)\mathrm{d}t \tag{10-7}$$

类似的方法,将式(10-1)的两边同乘以 $\sin(n\omega_1 t)$,同一个周期内取积分,并利用三角函数正交性可得正弦项系数的计算公式为

$$b_n = \frac{2}{T}\int_0^T f(t)\sin(n\omega_1 t)\mathrm{d}t \tag{10-8}$$

求出 a_0,a_n 和 b_n 后,便可由式(10-3)求得 A_0,A_n 及 φ_n。以上积分区间也可取 $[-T/2, T/2]$。

例 10-1 求图 10-2 所示非正弦周期信号 $f(t)$ 的傅里叶级数展开式。

解: 由图可知 $f(t)$ 在一个周期内的表达式为

$$f(t) = \begin{cases} A + \dfrac{2A}{T}t, & -\dfrac{T}{2} \leqslant t \leqslant 0 \\ A - \dfrac{2A}{T}t, & 0 \leqslant t \leqslant \dfrac{T}{2} \end{cases}$$

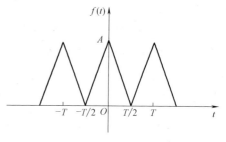

图 10-2 例 10-1 图

直流分量

$$a_0 = \frac{1}{T}\int_{-T/2}^{T/2} f(t)\mathrm{d}t = \frac{2}{T}\int_0^{T/2}\left(A - \frac{2A}{T}t\right)\mathrm{d}t = \frac{A}{2}$$

余弦项系数

$$\begin{aligned}
a_n &= \frac{2}{T}\int_{-T/2}^{T/2} f(t)\cos(n\omega_1 t)\mathrm{d}t \\
&= \frac{4}{T}\int_0^{T/2}\left(A - \frac{2A}{T}t\right)\cos(n\omega_1 t)\mathrm{d}t \\
&= \frac{4A}{n^2\pi^2}\sin^2\left(\frac{n\pi}{2}\right) = \begin{cases} \dfrac{4A}{n^2\pi^2}, & n = 1, 3, 5, \cdots \\ 0, & n = 2, 4, 6, \cdots \end{cases}
\end{aligned}$$

正弦项系数

$$b_n = \frac{2}{T}\int_{-T/2}^{T/2} f(t)\sin(n\omega_1 t)\mathrm{d}t = 0$$

并有

$$A_0 = a_0,\ A_n = \sqrt{a_n^2 + b_n^2} = a_n,\ \varphi_n = \arctan\left(\frac{-b_n}{a_n}\right) = 0$$

于是可得展开式

$$\begin{aligned}
f(t) &= \frac{A}{2} + \frac{4A}{\pi^2}\left(\cos\omega_1 t + \frac{1}{3^2}\cos 3\omega_1 t + \frac{1}{5^2}\cos 5\omega_1 t + \cdots\right) \\
&= \frac{A}{2} + \frac{4A}{\pi^2}\sum_{n=1}^{\infty}\frac{1}{n^2}\cos(n\omega_1 t) \quad (n = 1, 3, 5, \cdots)
\end{aligned}$$

此例的傅里叶级数展开式中只包含直流分量和奇次谐波（n 取奇数）的余弦分量，随着 n 值的增大，高次谐波分量的幅度将以 $1/n^2$ 的规律衰减。

由例 10-1 可知，各谐波分量的系数取决于原函数的波形。在进行各项系数计算前，可以通过观察原函数 $f(t)$ 波形的对称性特点来判断哪些系数为零，从而省略这些系数的计算。

下面介绍应用对称性来简化非正弦周期函数的分解计算。

10.1.2 对称性的应用

1. 偶对称和奇对称函数

具有偶对称性的函数满足

$$f(t) = f(-t)$$

这种对称性的函数在图形上表现为关于纵轴镜像对称，如图 10-3a 和图 10-3b 所示。其中，图 10-3a 波形在一个周期内的平均值为零，图 10-3b 波形则不为零。

具有奇对称性的函数满足

$$f(t) = -f(-t)$$

其图形上的特点是关于原点对称，如图 10-3c 所示。这种对称性的波形在一个周期内的平均值一定为零。

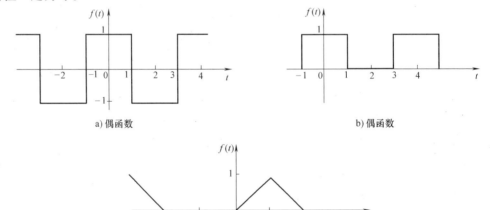

a) 偶函数　　　　　　　　　　b) 偶函数

c) 奇函数

图 10-3　偶函数与奇函数波形

此外，根据偶对称函数和奇对称函数波形的特点，不难理解以下运算规则：

偶函数×偶函数 = 偶函数

奇函数×奇函数 = 偶函数

偶函数×奇函数 = 奇函数

2. 半波对称函数

半波对称函数的定义为

$$f(t) = -f(t - T/2) \text{ 或 } f(t) = -f(t + T/2)$$

这种对称性波形的特点是，将波形沿时间轴右移或左移半个周期后的波形与原函数的波形成时间轴镜像对称。图 10-3a 和图 10-3c 所示波形都具有半波对称性，图 10-4 所示波形为非奇非偶函数，但具有半波对称性。

3. 对称性与傅里叶级数系数的关系

应用上述对称性来考察傅里叶级数展开式中各项系数的关系，可知：

1) 若 $f(t)$ 为偶对称函数且满足半波对称，或者 $f(t)$ 为奇对称函数，则由式 (10-4) 可知，$a_0=0$（一个周期的平均为零）。

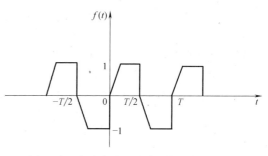

图 10-4 半波对称的非奇非偶函数的波形

2) 若 $f(t)$ 为偶对称函数，因 $f(t)\sin(n\omega_1 t)$ 为奇函数，由式 (10-8) 可知，$b_n=0$。此时，$f(t)$ 的展开式中不含正弦项。

3) 若 $f(t)$ 为奇对称函数，因 $f(t)\cos(n\omega_1 t)$ 为奇函数，由式 (10-7) 可知，$a_n=0$，则 $f(t)$ 的展开式中不含余弦项。

4) 任何具有半波对称的函数 $f(t)$，其展开式中仅含奇次谐波。

例如，设 $f(t)$ 为奇函数且半波对称，由奇对称函数性质可知 $a_0=0$ 且 $a_n=0$；又由半波对称性质可知，它不包含偶次谐波。所以，$f(t)$ 的傅里叶级数展开式中仅含奇次谐波的正弦项。此时，只需计算 b_n 即可。

10.1.3 频谱图

为了直观地表示各项频谱分量的相对大小，采用式 (10-2) 的形式，即将傅里叶级数的每一项用具有初相角的余弦函数的形式来表示。以 $\omega=n\omega_1$ 为横坐标，A_n 为纵坐标，绘出 A_n 与 ω 的关系线图，称为幅度谱。同理，绘出各分量的相位对频率的关系图，称为相位频谱，简称相位谱。周期函数的频谱都出现在基频 ω_1 的整数倍数的离散频率点上，因而称为离散谱。

例 10-2 绘制图 10-2 所示波形的幅度频谱图。

解：由例 10-1 的结果

$$f(t)=\frac{A}{2}+\frac{4A}{\pi^2}\left(\cos\omega_1 t+\frac{1}{3^2}\cos 3\omega_1 t+\frac{1}{5^2}\cos 5\omega_1 t+\cdots\right)$$

$$=\frac{A}{2}+\frac{4A}{\pi^2}\sum_{n=1}^{\infty}\frac{1}{n^2}\cos(n\omega_1 t) \quad (n=1,3,5,\cdots)$$

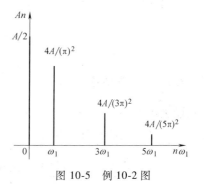

图 10-5 例 10-2 图

可绘制幅度谱如图 10-5 所示。从图中可清晰地看出各次谐波分量的幅度所占比例的大小。

理论上讲，非正弦周期信号的傅里叶级数展开式是无穷项。但在实际应用中，根据具体问题的精度和误差等要求仅取有限项。

10.2 非正弦周期信号的有效值、平均值和功率

10.2.1 有效值

为了度量周期函数的大小，第 6 章曾从热效应的角度引出了周期函数有效值的定义，即

$$I = \sqrt{\frac{1}{T}\int_0^T i^2(t)\,\mathrm{d}t} \tag{10-9}$$

式（10-9）对非正弦周期函数也是适用的。与正弦周期函数不同的是，非正弦周期函数为各次谐波分量的组合，因而，其有效值与各次谐波分量的有效值应存在一定关系。

设非正弦周期电流 $i(t)$ 的傅里叶级数展开式为

$$i(t) = I_0 + \sum_{n=1}^{\infty} I_{mn}\cos(n\omega_1 t + \varphi_n)$$

由式（10-9）可得 $i(t)$ 的有效值为

$$I = \sqrt{\frac{1}{T}\int_0^T \left[I_0 + \sum_{n=1}^{\infty} I_{mn}\cos(n\omega_1 t + \varphi_n)\right]^2 \mathrm{d}t} \tag{10-10}$$

式中，根号下积分运算包括

$$\frac{1}{T}\int_0^T I_0^2\,\mathrm{d}t = I_0^2$$

$$\frac{1}{T}\int_0^T \sum_{n=1}^{\infty} I_{mn}^2 \cos^2(n\omega_1 t + \varphi_n)\,\mathrm{d}t = \sum_{n=1}^{\infty} \frac{I_{mn}^2}{2} = \sum_{n=1}^{\infty} I_n^2$$

$$\frac{1}{T}\int_0^T 2I_0 \sum_{n=1}^{\infty} I_{mn}\cos(n\omega_1 t + \varphi_n)\,\mathrm{d}t = 0$$

$$\frac{1}{T}\int_0^T \sum_{n=1}^{\infty}\sum_{j=1}^{\infty} 2I_{mn}\cos(n\omega_1 t + \varphi_n) I_{mj}\cos(j\omega_1 t + \varphi_j)\,\mathrm{d}t = 0, n \neq j$$

其中后两式利用了三角函数的正交性质。最后得到非正弦周期电流的有效值为

$$I = \sqrt{I_0^2 + \sum_{n=1}^{\infty}\left(\frac{I_{mn}}{\sqrt{2}}\right)^2} = \sqrt{I_0^2 + \sum_{n=1}^{\infty} I_n^2}$$

上式表明非正弦周期电流的有效值为各次谐波有效值的二次方和的二次方根。

同理可推知，非正弦周期电压的有效值为

$$U = \sqrt{U_0^2 + \sum_{n=1}^{\infty} U_n^2}$$

10.2.2 平均功率

设无源电路 N 端口的电压和电流为关联参考方向，如图 10-6 所示。其电压、电流分别为

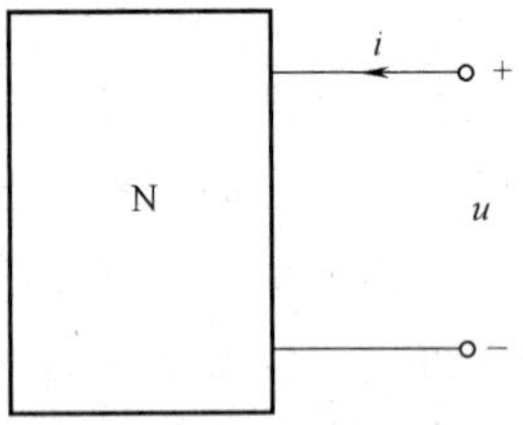

图 10-6 无源电路

$$u(t) = U_0 + \sum_{n=1}^{\infty} \sqrt{2}U_n\cos(n\omega_1 t + \varphi_{nu})$$

$$i(t) = I_0 + \sum_{n=1}^{\infty} \sqrt{2}I_n\cos(n\omega_1 t + \varphi_{ni})$$

非正弦周期电路瞬时功率为

$$\begin{aligned} p &= ui \\ &= \left[U_0 + \sum_{n=1}^{\infty}\sqrt{2}U_n\cos(n\omega_1 t + \varphi_{nu})\right]\left[I_0 + \sum_{n=1}^{\infty}\sqrt{2}I_n\cos(n\omega_1 t + \varphi_{ni})\right] \end{aligned} \tag{10-11}$$

平均功率定义为

$$P = \frac{1}{T}\int_0^T p\,dt \qquad (10\text{-}12)$$

将式（10-11）代入式（10-12），并利用三角函数正交性，可得平均功率为

$$P = U_0 I_0 + \sum_{n=1}^{\infty} U_n I_n \cos(\varphi_{nu} - \varphi_{ni})$$

$$= U_0 I_0 + \sum_{n=1}^{\infty} U_n I_n \cos\varphi_n \qquad (10\text{-}13)$$

式中，φ_n 为第 n 次谐波的电压与电流之间的相位差。非正弦周期电路的平均功率为直流分量的功率与各次谐波平均功率的和。

值得注意的是，由三角函数正交性可知，不同频率的电压与电流乘积的积分为零，并不产生平均功率。

例 10-3 已知图 10-7 所示电阻中的电流 $i(t) = (5 + 10\sqrt{2}\cos t + 5\sqrt{2}\cos 2t)$ A，求电流和电压的有效值及电阻上消耗的平均功率。

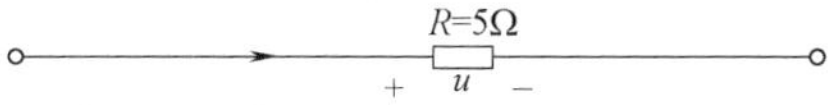

图 10-7 例 10-3 图

解：电流的有效值

$$I = \sqrt{5^2 + 10^2 + 5^2}\,\text{A} = \sqrt{150}\,\text{A} = 5\sqrt{6}\,\text{A}$$

因为

$$u = Ri = (25 + 50\sqrt{2}\cos t + 25\sqrt{2}\cos 2t)\,\text{V}$$

则电压的有效值

$$U = \sqrt{25^2 + 50^2 + 25^2}\,\text{V} = 25\sqrt{6}\,\text{V}$$

或

$$U = RI = 25\sqrt{6}\,\text{V}$$

电阻所消耗的平均功率为

$$P = U_0 I_0 + U_1 I_1 \cos\varphi_1 + U_2 I_2 \cos\varphi_2 = 25\times5\,\text{W} + 50\times10\cos0°\,\text{W} + 25\times5\cos0°\,\text{W} = 750\,\text{W}$$

或

$$P = RI^2 = R(I_0^2 + I_1^2 + I_2^2) = 750\,\text{W}$$

例 10-4 设图 10-6 所示无源电路的端口电压和电流分别为

$$u(t) = (100 + 100\cos t + 50\cos 2t + 30\cos 3t)\,\text{V}$$

$$i(t) = [10\cos(t - 60°) + 2\cos(3t - 135°)]\,\text{A}$$

求该电路所吸收的平均功率。

解：因为 $U_0 = 100\,\text{V}$，$I_0 = 0\,\text{A}$，所以直流分量的功率 $P_0 = 0\,\text{W}$。

因为

$$U_1 = \frac{100}{\sqrt{2}}\,\text{V},\ I_1 = \frac{10}{\sqrt{2}}\,\text{A},\ \varphi_1 = 0 - (-60°) = 60°$$

所以基波分量的功率

$$P_1 = U_1 I_1 \cos\varphi_1 = 250\,\text{W}$$

因为

$$U_2 = \frac{50}{\sqrt{2}}\text{V}, I_2 = 0\text{A}$$

所以二次谐波分量的功率 $P_2 = 0\text{W}$。

因为

$$U_3 = \frac{30}{\sqrt{2}}\text{V}, I_3 = \frac{2}{\sqrt{2}}\text{A}, \varphi_3 = 0 - (-135°) = 135°$$

所以三次谐波分量的功率

$$P_3 = U_3 I_3 \cos\varphi_3 = -21.2\text{W}$$

电路吸收的总平均功率

$$P = P_0 + P_1 + P_2 + P_3 = 250\text{W} - 21.2\text{W} = 228.8\text{W}$$

10.3 非正弦周期电流电路的分析

非正弦周期电路稳态分析的步骤，包括对非正弦周期信号的分解，把它展开成各次谐波分量的相加（实际计算取有限项分量，所取的项数与精度的要求相关），然后应用相量法分别计算各次谐波分量单独作用下的稳态解，再将这些稳态解的瞬时值（不能相量相加）叠加得最终解。这种方法称为谐波分析法。在计算过程中要注意：在直流激励下电感相当于短路，电容相当于开路。

例 10-5 在图 10-8a 所示电路中，已知 $u = [10 + 100\sqrt{2}\cos\omega t + 50\sqrt{2}\cos(3\omega t + 30°)]\text{V}$，$R_1 = 5\Omega$，$R_2 = 10\Omega$，$X_L = \omega L = 2\Omega$，$X_C = -1/\omega C = -15\Omega$。试求电流 i_1、i_2、i 以及 R_1 支路吸收

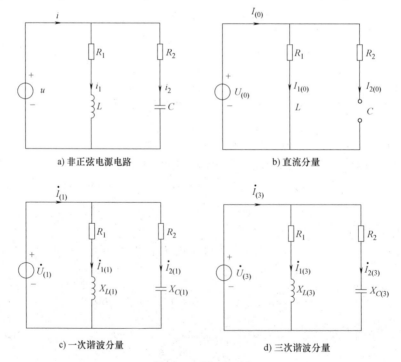

图 10-8 例 10-5 图

a) 非正弦电源电路   b) 直流分量   c) 一次谐波分量   d) 三次谐波分量

的平均功率 P。

解：电压源是非正弦电源，其中含有直流分量、一次和三次谐波分量，分别计算如下。

（1）直流分量单独作用

其电路如图 10-8b 所示，$U_{(0)} = 10\text{V}$，此时电感相当于短路，电容相当于开路，可得

$$I_{1(0)} = \frac{U_{(0)}}{R_1} = \frac{10}{5}\text{A} = 2\text{A}, I_{2(0)} = 0\text{A}, I_{(0)} = I_{1(0)} = 2\text{A}$$

（2）基波分量单独作用

$u_{(1)} = 100\sqrt{2}\cos\omega t$，其电路如图 10-8c 所示。应用相量法，有

$$\dot{U}_{(1)} = 100\angle 0°\text{V}$$

$$\dot{I}_{1(1)} = \frac{\dot{U}_{(1)}}{R_1 + jX_{L(1)}} = \frac{100\angle 0°}{5+j2}\text{A} = 18.57\angle -21.8°\text{A}$$

$$\dot{I}_{2(1)} = \frac{\dot{U}_{(1)}}{R_2 + jX_{C(1)}} = \frac{100\angle 0°}{10-j15}\text{A} = 5.55\angle 56.3°\text{A}$$

$$\dot{I}_{(1)} = \dot{I}_{1(1)} + \dot{I}_{2(1)} = 20.44\angle -6.4°\text{A}$$

各电流对应的时域表达式为

$$i_1(t) = 18.57\sqrt{2}\cos(\omega t - 21.8°)\text{A}$$

$$i_2(t) = 5.55\sqrt{2}\cos(\omega t + 56.3°)\text{A}$$

$$i(t) = 20.44\sqrt{2}\cos(\omega t - 6.4°)\text{A}$$

（3）三次谐波分量单独作用

$u_{(3)} = 50\sqrt{2}\cos(3\omega t + 30°)$，其电路如图 10-8d 所示。类似上述分析，由图 10-8d 可得

$$\dot{U}_{(3)} = 50\angle 30°\text{V}$$

$$\dot{I}_{1(3)} = \frac{\dot{U}_{(3)}}{R_1 + jX_{L(3)}} = \frac{50\angle 30°}{5+j6}\text{A} = 6.4\angle -20.2°\text{A}$$

$$\dot{I}_{2(3)} = \frac{\dot{U}_{(3)}}{R_2 + jX_{C(3)}} = \frac{50\angle 30°}{10-j5}\text{A} = 4.5\angle 56.6°\text{A}$$

$$\dot{I}_{(3)} = \dot{I}_{1(3)} + \dot{I}_{2(3)} = 8.6\angle 10.3°\text{A}$$

注意到，以上计算中 $X_{L(3)} = 3X_{L(1)}$，$X_{C(3)} = \frac{1}{3}X_{C(1)}$。在时域中完成各量相加，得最后的解为

$$i_1 = [2 + 18.57\sqrt{2}\cos(\omega t - 21.8°) + 6.4\sqrt{2}\cos(3\omega t - 20.2°)]\text{A}$$

$$i_2 = [5.55\sqrt{2}\cos(\omega t + 56.3°) + 4.5\sqrt{2}\cos(3\omega t + 56.6°)]\text{A}$$

$$i = [2 + 20.44\sqrt{2}\cos(\omega t - 6.4°) + 8.6\sqrt{2}\cos(3\omega t + 10.3°)]\text{A}$$

因此不难得到 R_1 支路的平均功率为

$$P = U_{1(0)}I_{1(0)} + U_{1(1)}I_{1(1)}\cos\varphi_1 + U_{1(3)}I_{1(3)}\cos\varphi_3$$

$$= (10 \times 2 + 100 \times 18.57\cos 21.8° + 50 \times 6.4\cos 50.2°)\text{W}$$

$$= 1949\text{W}$$

或

$$P = R_1 I_{1(0)}^2 + R_1 I_{1(1)}^2 + R_1 I_{1(3)}^2 = R_1 I_1^2 = 1949\text{W}$$

式中，$I_1 = \sqrt{I_{1(0)}^2 + I_{1(1)}^2 + I_{1(3)}^2}$ 为电流 i_1 的有效值。

例 10-6 图 10-9a 所示 RL 串联电路中，已知 $R = 2\Omega$，$L = 1\text{H}$，电压源的输出为如图 10-9b 所示的方波信号。试求电路中的电流 $i(t)$。

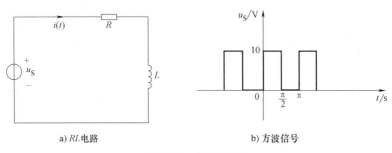

a) RL 电路　　b) 方波信号

图 10-9　例 10-6 图

解： 由图可知方波信号的周期 $T = \pi$，$\omega = 2\pi/T = 2$，求得傅里叶类似展开式为

$$U_S = 5 + \frac{20}{\pi}\sum_{n=1}^{\infty}\frac{\sin(2nt)}{n}, \quad n\text{ 为奇数}$$

电路阻抗为

$$Z_n = R + j\omega nL = 2 + j2n = 2\sqrt{1+n^2}\angle\arctan n$$

直流分量的解为

$$I_{(0)} = 5/2\text{A} = 2.5\text{A}$$

第 n 次谐波分量

$$U_{Sn} = \frac{20\sin(2nt)}{\pi n}, \quad n\text{ 为奇数}$$

得相量形式

$$\dot{U}_{Sn} = \frac{20}{\pi n\sqrt{2}}\angle -90°$$

第 n 次谐波电流的相量解为

$$\dot{I}_{(n)} = \dot{U}_{Sn}/Z_n = \frac{10}{\pi n\sqrt{2(1+n^2)}}\angle -90° - \arctan n$$

时域解为

$$i_{(n)} = \frac{10}{\pi n\sqrt{1+n^2}}\cos(2nt - 90° - \arctan n)$$

最后，电路的总电流稳态解为

$$i(t) = I_{(0)} + \sum_{n=1}^{\infty} i_{(n)}$$

$$= \left[2.5 + \frac{10}{\pi}\sum_{n=1}^{\infty}\frac{1}{n\sqrt{1+n^2}}\cos(2nt - 90° - \arctan n)\right]\text{A}, n\text{ 为奇数}$$

【实例应用】

发电机发出的非正弦电压为奇谐波函数,相电压不含有偶次谐波。如果把三相电压 u_A、u_B 和 u_C 展开为傅里叶级数(注意 $k\omega T = 2k\pi$),则有

$$u_A = \sqrt{2}\,U_1\cos(\omega t+\psi_1) + \sqrt{2}\,U_3\cos(\omega t+\psi_3) +$$
$$\sqrt{2}\,U_5\cos(\omega t+\psi_5) + \sqrt{2}\,U_7\cos(\omega t+\psi_7) + \cdots$$

$$u_B = \sqrt{2}\,U_1\cos\left(\omega t - \frac{2}{3}\pi + \psi_1\right) + \sqrt{2}\,U_3\cos(3\omega t+\psi_3) +$$
$$\sqrt{2}\,U_5\cos\left(5\omega t - \frac{4}{3}\pi + \psi_5\right) + \sqrt{2}\,U_7\cos\left(7\omega t - \frac{2}{3}\pi + \psi_7\right) + \cdots$$

$$u_C = \sqrt{2}\,U_1\cos\left(\omega t - \frac{4}{3}\pi + \psi_1\right) + \sqrt{2}\,U_3\cos(3\omega t+\psi_3) +$$
$$\sqrt{2}\,U_5\cos\left(5\omega t - \frac{2}{3}\pi + \psi_5\right) + \sqrt{2}\,U_7\cos\left(7\omega t - \frac{4}{3}\pi + \psi_7\right) + \cdots$$

由上述各式可知,基波、7 次谐波(13 次、19 次等)分别都是对称的三相电压,其相序是正序的,所以构成了正序对称组,5 次(11 次、17 次等)谐波则构成负序对称组,而 3 次(9 次、15 次等)谐波却彼此同相,构成所谓零序对称组(三相相量,其有效值相等,并且初相也一样,就构成了零序对称组)。故三相对称非正弦周期量可分解成三类对称组,即正序、负序和零序组。

当对称三相非正弦电源联结成三角形时,电源相电压中的零序谐波(例如 3 次谐波),沿电源回路之和将不等于零(因为它们是同相),而等于每相电压中该谐波分量的三倍。所以若将回路断开,同时串接入一只测量有效值的电压表,其读数将为

$$U = 3\sqrt{U_{ph3}^2 + U_{ph9}^2 + \cdots}$$

在不接负载的情况下,零序组电压将在电源回路中产生环形电流。以 3 次谐波为例,设每绕组对 3 次谐波的阻抗值为 Z_3,则 3 次谐波的环形电流的有效值为 $I = 3U_{ph3}/3Z_3 = U_{ph3}/Z_3$,此电流分量在电源每相内阻抗上的电压降恰好等于每相电压的三次谐波分量。所以线电压中就不含有三次谐波。其他零序谐波也一样。在这种情况下,相电压等于线电压,而

$$U_{ph} = \sqrt{U_{ph1}^2 + U_{ph5}^2 + U_{ph7}^2 + \cdots}$$

因此,如果把联结成三角形的发电机接到三相电压中去,则外部电流就不含有 3 的倍数次谐波。

本 章 小 结

知识点:

1. 非正弦周期信号的傅里叶级数分解;
2. 求解非正弦周期信号的有效值、平均值和功率;
3. 非正弦周期电路的谐波分析法。

难点：

谐波分析法的应用求解。

习 题 10

10-1 求习题图 10-1 所示各波形的直流分量和基波的频率。

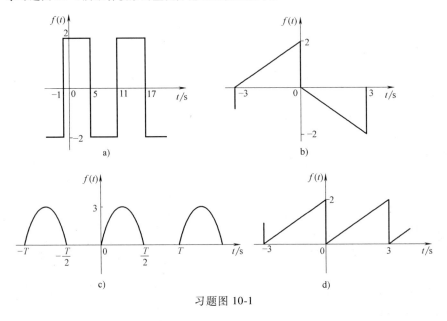

习题图 10-1

10-2 求习题图 10-2 所示波形的傅里叶级数的系数。

10-3 波形如习题图 10-3 所示，试选择坐标原点，使之便于求出傅里叶级数；试求出前 4 项，并绘制频谱图。已知波形的周期 $T=0.3\text{s}$。

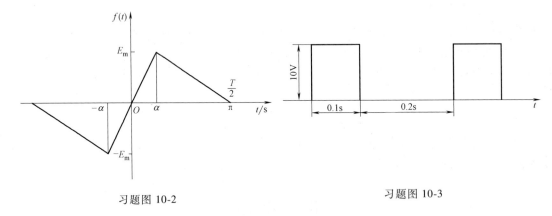

习题图 10-2   习题图 10-3

10-4 求习题图 10-4 所示波形的傅里叶指数形式的系数。

10-5 求习题图 10-5 所示电路中电压 u 的有效值。已知 $u_1=4\text{V}$，$u_2=6\sin\omega t\text{V}$。

10-6 一个 RLC 串联电路，其中 $R=11\Omega$，$L=0.015\text{H}$，$C=70\mu\text{F}$。如外加电压

$$u(t)=(11+141.4\cos1000t-35.4\sin2000t)\text{ V}$$

试求电路中的电流 $i(t)$ 和电路消耗的功率。

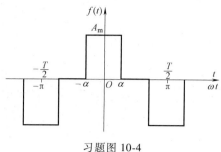
习题图 10-4

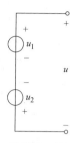
习题图 10-5

10-7 电路如习题图 10-6 所示,已知 $R=3\Omega$, $C=\dfrac{1}{8}\text{F}$, $u_S=(12+10\cos 2t)\text{V}$。试求:

(1) 电流 i、电压 u_R 和 u_C 的稳态解及各有效值;

(2) 电压源提供的平均功率。

10-8 电路如习题图 10-7 所示,已知 $R=6\Omega$, $L=0.1\text{H}$,
$$u(t)=[63.6+100\cos\omega t-42.4\cos(2\omega t+90°)]\text{V}, \omega=377\text{rad/s}。$$
试求电路中的电流 $i(t)$ 和电路的平均功率。

10-9 习题图 10-8 所示电路中,设
$$u_S=[90+20\cos 20t+30\cos 20t+20\cos 40t+13.24\cos(60t+71°)]\text{V}$$
$$i=[\cos(20t-60°)+\sqrt{2}\cos(40t-45°)]\text{A}$$

求平均功率 P。

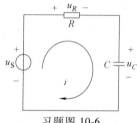
习题图 10-6

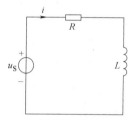
习题图 10-7

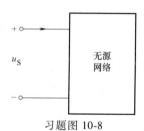
习题图 10-8

10-10 已知作用于 RLC 串联电路的电压 $u_S(t)=[50\cos\omega t+25\cos(3\omega t+60°)]\text{V}$,且已知基波频率的输入阻抗 $Z(\text{j}\omega)=R+\text{j}\left(\omega L-\dfrac{1}{\omega C}\right)=[8+\text{j}(2-8)]\Omega$。求电流 $i(t)$。

第11章 二端口网络

【章前导读】

二端口网络也称双口网络,顾名思义,网络有两个端口,可联结激励源与负载,完成对信号的放大、变换与匹配等功能,是非常重要的电路形式之一,在实际应用中具有重要的作用。二端口网络可联结激励源与负载,完成对信号的放大、变换与匹配等功能,是非常重要的电路形式之一,在实际应用中具有重要的作用。二端口网络对外部电路的特性表现在端口的电压、电流关系上。本章讨论表征二端口网络端口电压、电流关系的网络参数,端口接信号源和负载时电路的分析以及二端口网络的联结等。

【导读思考】

高质量的电感元件一般需要用线圈和磁心绕制成,其占用体积较大,很难在晶片上制作,而电容元件在晶片上易于制作。工业上通常利用回转器在小型电子电路或集成电路中模拟电感元件,将一个电容负载转换为一个电感负载。由回转器构成的模拟电感与普通电感元件比较而言,除了节约电路占用体积,易于集成之外,其他优点也很明显。例如,在电感量的大小方面,由回转器模拟的电感其电感量与电阻值都可以达到的范围比普通电感元件大得多。回转器模拟出的电感量可以从毫亨级到兆亨级,而普通电感元件只能在数十亨范围内,电阻值方面,普通电感元件的电阻值大约为几百毫欧至几欧,而回转器模拟的电感阻值可以达到几十欧到几百千欧。在电感性能方面,回转器模拟出的电感相比普通电感更接近理想元件,这样就拥有了更高的精度,实现相关的电路功能会更加有效。如图11-1a是各种类型的电感元件,图11-1b是运算放大器芯片,可以构成回转器。

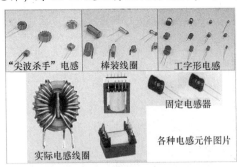

a) 实际电感元件

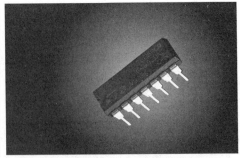

b) 实现回转器模拟电感的部分芯片

图11-1 实际电感元件及实现回转器模拟电感的部分芯片

那么回转器到底是一种怎样的器件呢？它由什么构成呢？它如何实现将电容转换成电感的功能呢？我们通过学习二端口网络的相关知识，就可以知道这些答案。

11.1 二端口网络的方程与参数

如图 11-2a 所示二端口网络，它有两个端口，端口电流满足端口条件

$$i_1 = i'_1, \quad i_2 = i'_2 \tag{11-1}$$

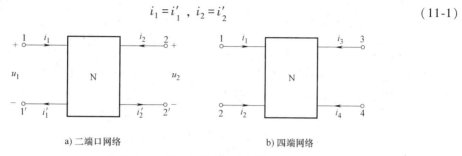

a) 二端口网络　　　　b) 四端网络

图 11-2　二端口网络与四端网络

二端口网络不同于一般的四端网络。如图 11-2b 所示的四端网络中，其 4 个端电流满足

$$i_1 + i_2 + i_3 + i_4 = 0$$

它不一定满足式（11-1）。即二端口网络一定是四端网络，但四端网络不一定是二端口网络。把满足式（11-1）的四端网络称为二端口网络，又称为双口网络。

二端口网络可由 4 个电路变量描述端口特性，它们分别是 1-1′端口的电压 u_1 和电流 i_1，2-2′端口的电压 u_2 和 i_2。在描述二端口网络端口特性时，可任意选择其中 2 个作为自变量，另外 2 个作为因变量，故二端口网络可有 6 种不同的基本描述方式，相对应地有 6 组基本方程及 6 种基本参数。

本节研究由线性电阻、电容、电感、互感及受控源组成的且不含独立源及非零初始条件的线性时不变二端口网络及其 4 种网络参数方程。

11.1.1 二端口网络参数与方程

不失一般性，采用正弦稳态电路的相量法分析二端口网络。

1. Z 参数

如图 11-3 所示的二端口网络中，给网络的 2 个端口分别施加电流源 $\dot{I}_1$、$\dot{I}_2$，则应用叠加定理可得到网络两个端口用电流表示电压的方程为

$$\begin{cases} \dot{U}_1 = z_{11}\dot{I}_1 + z_{12}\dot{I}_2 \\ \dot{U}_2 = z_{21}\dot{I}_1 + z_{22}\dot{I}_2 \end{cases} \tag{11-2}$$

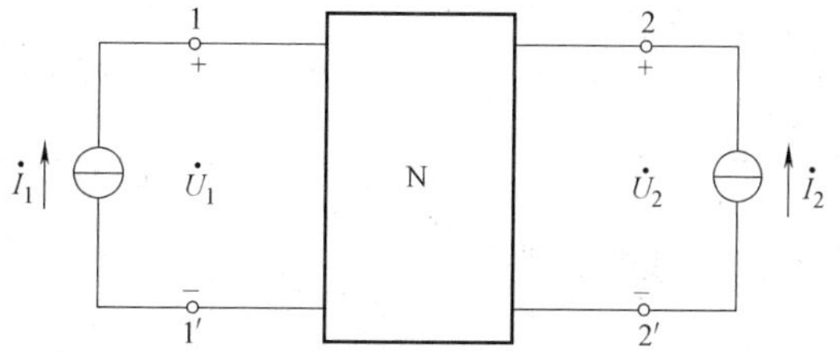

式中，

$$z_{11} = \left.\frac{\dot{U}_1}{\dot{I}_1}\right|_{\dot{I}_2=0}$$

，称为 2-2′端开路时 1-1′端的策动点阻抗；

图 11-3　二端口网络的 Z 参数

$$z_{12} = \left.\frac{\dot{U}_1}{\dot{I}_2}\right|_{\dot{I}_1=0}，称为 1-1′开路时的反向转移阻抗；$$

$$z_{21} = \left.\frac{\dot{U}_2}{\dot{I}_1}\right|_{\dot{I}_2=0}，称为 2-2′开路时的正向转移阻抗；$$

$$z_{22} = \left.\frac{\dot{U}_2}{\dot{I}_2}\right|_{\dot{I}_1=0}，称为 1-1′端开路时 2-2′端的策动点阻抗。$$

式（11-2）称为二端口网络的 **Z** 参数方程；z_{11}、z_{12}、z_{21} 和 z_{22} 称为二端口网络的 **Z** 参数。由于 **Z** 参数具有阻抗的量纲，且是在网络的一个端口开路的情况下得到的，故又称为开路阻抗参数。式（11-2）可写成矩阵形式：

$$\begin{pmatrix}\dot{U}_1\\\dot{U}_2\end{pmatrix} = \begin{pmatrix}z_{11} & z_{12}\\z_{21} & z_{22}\end{pmatrix}\begin{pmatrix}\dot{I}_1\\\dot{I}_2\end{pmatrix} = \mathbf{Z}\begin{pmatrix}\dot{I}_1\\\dot{I}_2\end{pmatrix}$$

式中，

$$\mathbf{Z} = \begin{pmatrix}z_{11} & z_{12}\\z_{21} & z_{22}\end{pmatrix}$$

称为二端口网络的 **Z** 参数矩阵，或开路阻抗矩阵。

例 11-1 图 11-4 所示的二端口网络又称为 T 形电路，求其 **Z** 参数。

解：按定义可求得该网络的 **Z** 参数为

$$z_{11} = \left.\frac{\dot{U}_1}{\dot{I}_1}\right|_{\dot{I}_2=0} = R + \frac{1}{\mathrm{j}\omega C}, \quad z_{12} = \left.\frac{\dot{U}_1}{\dot{I}_2}\right|_{\dot{I}_1=0} = \frac{1}{\mathrm{j}\omega C}$$

$$z_{21} = \left.\frac{\dot{U}_2}{\dot{I}_1}\right|_{\dot{I}_2=0} = \frac{1}{\mathrm{j}\omega C}, \quad z_{22} = \left.\frac{\dot{U}_2}{\dot{I}_2}\right|_{\dot{I}_1=0} = \mathrm{j}\omega L + \frac{1}{\mathrm{j}\omega C}$$

可见，该二端口网络有 $z_{12} = z_{21}$。

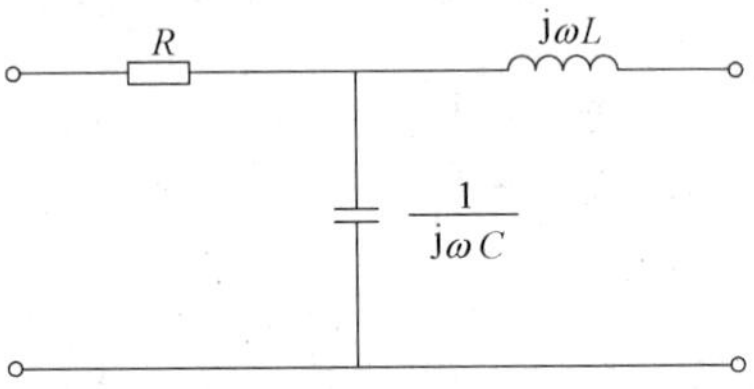

例 11-2 求如图 11-5 所示二端口网络的 **Z** 参数。

解：列写二端口网络端口的伏安关系为

$$\begin{cases}\dot{U}_1 = \dot{I}_1 - 2\dot{I}\\\dot{U}_2 = 2\dot{I}_2 + \dot{I}\end{cases} \tag{11-3}$$

图 11-4 例 11-1 图

又由图中节点①可得

$$2\dot{I} + \dot{I}_2 = \dot{I}$$

即

$$\dot{I} = -\dot{I}_2$$

代入式（11-3）可得

$$\begin{cases}\dot{U}_1 = \dot{I}_1 + 2\dot{I}_2\\\dot{U}_2 = \dot{I}_2\end{cases} \tag{11-4}$$

将式（11-4）与式（11-2）比较，得 Z 参数矩阵为

$$Z = \begin{pmatrix} 1 & 2 \\ 0 & 1 \end{pmatrix}$$

可见，该例中 $z_{12} \neq z_{21}$。一般当电路中含有受控源时，$z_{12} \neq z_{21}$。

2. Y 参数

如图 11-6 所示二端口网络中，若给网络的 2 个端口施加电压源 $\dot{U}_1$、$\dot{U}_2$，则由叠加定理可得到网络端口电流

$$\begin{cases} \dot{I}_1 = y_{11}\dot{U}_1 + y_{12}\dot{U}_2 \\ \dot{I}_2 = y_{21}\dot{U}_1 + y_{22}\dot{U}_2 \end{cases} \quad (11\text{-}5)$$

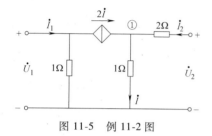
图 11-5 例 11-2 图

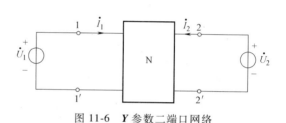
图 11-6 Y 参数二端口网络

式中，

$y_{11} = \dfrac{\dot{I}_1}{\dot{U}_1}\bigg|_{\dot{U}_2=0}$，称为 2-2′端短路时 1-1′端的策动点导纳；

$y_{12} = \dfrac{\dot{I}_1}{\dot{U}_2}\bigg|_{\dot{U}_1=0}$，称为 1-1′短路时的反向转移导纳；

$y_{21} = \dfrac{\dot{I}_2}{\dot{U}_1}\bigg|_{\dot{U}_2=0}$，称为 2-2′短路时的正向转移导纳；

$y_{22} = \dfrac{\dot{I}_2}{\dot{U}_2}\bigg|_{\dot{U}_1=0}$，称为 1-1′端短路时 2-2′端的策动点导纳。

式（11-5）称为二端口网络的 Y 参数方程，y_{11}、y_{12}、y_{21} 和 y_{22} 称为二端口网络的 Y 参数。由于 Y 参数具有导纳的量纲，且是在网络有一个端口短路的情况下得到的，故又称为短路导纳参数。式（11-5）可写成矩阵形式：

$$\begin{pmatrix} \dot{I}_1 \\ \dot{I}_2 \end{pmatrix} = \begin{pmatrix} y_{11} & y_{12} \\ y_{21} & y_{22} \end{pmatrix} \begin{pmatrix} \dot{U}_1 \\ \dot{U}_2 \end{pmatrix} = Y \begin{pmatrix} \dot{U}_1 \\ \dot{U}_2 \end{pmatrix} \quad (11\text{-}6)$$

式中

$$Y = \begin{pmatrix} y_{11} & y_{12} \\ y_{21} & y_{22} \end{pmatrix}$$

称为二端口网络的 Y 参数矩阵或短路导纳矩阵。

例 11-3 如图 11-7 所示的二端口网络又称为 ∏ 形电路，求其 Y 参数。

解：按定义可求得该网络的 Y 参数

$$y_{11} = \left.\frac{\dot{I}_1}{\dot{U}_1}\right|_{\dot{U}_2=0} = \frac{1}{R} + j\omega C, \quad y_{12} = \left.\frac{\dot{I}_1}{\dot{U}_2}\right|_{\dot{U}_1=0} = -j\omega C$$

$$y_{21} = \left.\frac{\dot{I}_2}{\dot{U}_1}\right|_{\dot{U}_2=0} = -j\omega C, \quad y_{22} = \left.\frac{\dot{I}_2}{\dot{U}_2}\right|_{\dot{U}_1=0} = j\omega C + \frac{1}{j\omega L}$$

可见，该无源二端口网络有 $y_{12} = y_{21}$。

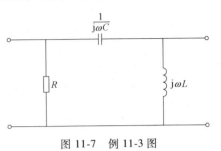

图 11-7 例 11-3 图

例 11-4 求如图 11-8 所示耦合电感的 Z 参数矩阵、Y 参数矩阵。

解：由耦合电感的伏安关系

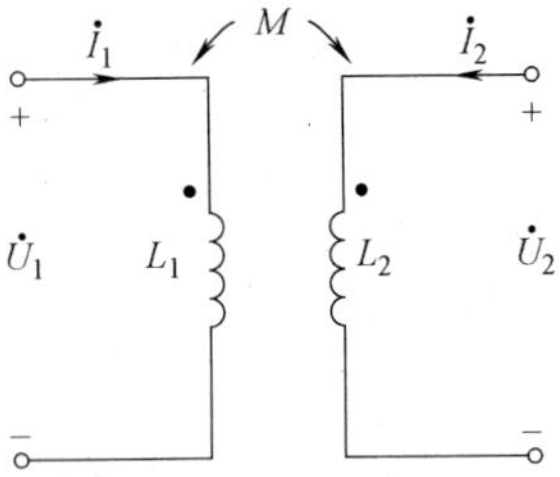

$$\begin{cases} \dot{U}_1 = j\omega L_1 \dot{I}_1 + j\omega M \dot{I}_2 \\ \dot{U}_2 = j\omega M \dot{I}_1 + j\omega L_2 \dot{I}_2 \end{cases}$$

可得 Z 参数矩阵为

$$\mathbf{Z} = \begin{pmatrix} j\omega L_1 & j\omega M \\ j\omega M & j\omega L_2 \end{pmatrix}$$

以 $\dot{U}_1$、$\dot{U}_2$ 为自变量，由 Z 参数方程解得

$$\begin{cases} \dot{I}_1 = \dfrac{jL_2}{\omega(M^2 - L_1 L_2)} \dot{U}_1 - \dfrac{jM}{\omega(M^2 - L_1 L_2)} \dot{U}_2 \\ \dot{I}_2 = -\dfrac{jM}{\omega(M^2 - L_1 L_2)} \dot{U}_1 + \dfrac{jL_1}{\omega(M^2 - L_1 L_2)} \dot{U}_2 \end{cases}$$

则其 Y 参数矩阵为

$$\mathbf{Y} = \begin{pmatrix} \dfrac{jL_2}{\omega(M^2 - L_1 L_2)} & -\dfrac{jM}{\omega(M^2 - L_1 L_2)} \\ -\dfrac{jM}{\omega(M^2 - L_1 L_2)} & \dfrac{jL_1}{\omega(M^2 - L_1 L_2)} \end{pmatrix}$$

图 11-8 例 11-4 图

3. H 参数

如图 11-9 所示二端口网络，若给网络的 1-1' 端口施加电流源 $\dot{I}_1$，给 2-2' 端口施加电压源 $\dot{U}_2$，则由叠加定理可得到网络 1-1' 端口的电压 $\dot{U}_1$ 和 2-2' 端口的电流 $\dot{I}_2$，即

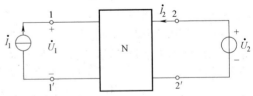

图 11-9 二端口网络的 H 参数

$$\begin{cases} \dot{U}_1 = h_{11} \dot{I}_1 + h_{12} \dot{U}_2 \\ \dot{I}_2 = h_{21} \dot{I}_1 + h_{22} \dot{U}_2 \end{cases} \tag{11-7}$$

式中，

$$h_{11} = \left.\frac{\dot{U}_1}{\dot{I}_1}\right|_{\dot{U}_2=0}, \text{称为 2-2′端短路时 1-1′端的策动点阻抗；}$$

$$h_{12} = \left.\frac{\dot{U}_1}{\dot{U}_2}\right|_{\dot{I}_1=0}, \text{称为 1-1′开路时的反向电压传输函数；}$$

$$h_{21} = \left.\frac{\dot{I}_2}{\dot{I}_1}\right|_{\dot{U}_2=0}, \text{称为 2-2′短路时的正向电压传输函数；}$$

$$h_{22} = \left.\frac{\dot{I}_2}{\dot{U}_2}\right|_{\dot{I}_1=0}, \text{称为 1-1′端开路时 2-2′端的策动点导纳。}$$

式（11-7）称为二端口网络的 H 传输方程；h_{11}、h_{12}、h_{21} 和 h_{22} 称为二端口网络的 H 参数。由于 H 参数中既有阻抗、导纳，又有电流比、电压比，故又称为混合参数。

式（11-7）可写成矩阵形式

$$\begin{pmatrix}\dot{U}_1\\ \dot{I}_2\end{pmatrix} = \begin{pmatrix}h_{11} & h_{12}\\ h_{21} & h_{22}\end{pmatrix}\begin{pmatrix}\dot{I}_1\\ \dot{U}_2\end{pmatrix} = \boldsymbol{H}\begin{pmatrix}\dot{I}_1\\ \dot{U}_2\end{pmatrix}$$

式中，

$$\boldsymbol{H} = \begin{pmatrix}h_{11} & h_{12}\\ h_{21} & h_{22}\end{pmatrix}$$

称为二端口网络的 H 参数矩阵，或混合参数矩阵。

若将式（11-7）的自变量与因变量互换，可得到以 $\dot{U}_1$、$\dot{I}_2$ 为自变量，$\dot{I}_1$、$\dot{U}_2$ 为因变量的另一种形式的 $\boldsymbol{H}'$ 混合参数方程，读者可自行推导。

4. T 参数

以上所描述的二端口网络参数中，其自变量分别取自不同的端口，因变量也对应地分别在不同的端口上。当两个自变量同时取自二端口网络的 2-2′端口，因变量则同时在网络的 1-1′端口时，可得到二端口网络的传输参数方程为

$$\begin{cases}\dot{U}_1 = A\dot{U}_2 + B(-\dot{I}_2)\\ \dot{I}_1 = C\dot{U}_2 + D(-\dot{I}_2)\end{cases} \tag{11-8}$$

式中，

$$A = \left.\frac{\dot{U}_1}{\dot{U}_2}\right|_{\dot{I}_2=0}, \text{称为 2-2′端开路时 1-1′端的反向电压传输函数；}$$

$$B = \left.\frac{\dot{U}_1}{-\dot{I}_2}\right|_{\dot{U}_2=0}, \text{称为 2-2′端短路时的转移阻抗；}$$

电路

$$C = \left.\frac{\dot{I}_1}{\dot{U}_2}\right|_{\dot{I}_2=0}$$，称为 2-2′ 端开路时的转移导纳；

$$D = \left.\frac{\dot{I}_1}{-\dot{I}_2}\right|_{\dot{U}_2=0}$$，称为 2-2′ 端短路时的正向电流传输函数。

式（11-8）又称为二端口网络的 **T** 参数方程；**T** 参数的元素记为 A、B、C、D。**T** 参数方程主要用于研究信号的传输，故又称为传输参数方程，**T** 参数又称为传输参数。由于信号通常由 2-2′ 端输出，常取电流 $\dot{I}_2$ 流出 2-2′ 端口方向为参考方向来列传输方程。本书为统一起见，$\dot{I}_2$ 仍为流入 2-2′ 端口电流，$-\dot{I}_2$ 为流出 2-2′ 端口电流。则 **T** 传输方程的矩阵形式为

$$\begin{pmatrix}\dot{U}_1\\ \dot{I}_1\end{pmatrix} = \begin{pmatrix}A & B\\ C & D\end{pmatrix}\begin{pmatrix}\dot{U}_2\\ -\dot{I}_2\end{pmatrix} = \boldsymbol{T}\begin{pmatrix}\dot{U}_2\\ -\dot{I}_2\end{pmatrix}$$

式中，

$$\boldsymbol{T} = \begin{pmatrix}A & B\\ C & D\end{pmatrix}$$

称为二端口网络的 **T** 参数矩阵，或传输参数矩阵。

若将式（11-8）的自变量与因变量互换，则可得到反向传输参数 **T**′，读者可自行推导。

例 11-5 求如图 11-10 所示理想变压器的 **H** 参数矩阵、**T** 参数矩阵。

解：由理想变压器的伏安关系

$$\begin{cases}\dot{U}_1 = n\dot{U}_2\\ \dot{I}_2 = -n\dot{I}_1\end{cases}$$

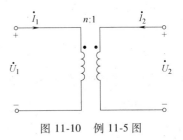

图 11-10 例 11-5 图

可直接得其 **H** 参数矩阵为

$$\boldsymbol{H} = \begin{pmatrix}0 & n\\ -n & 0\end{pmatrix}$$

又因为

$$\begin{cases}\dot{U}_1 = n\dot{U}_2\\ \dot{I}_1 = -\dfrac{1}{n}\dot{I}_2\end{cases}$$

所以 **T** 参数矩阵为

$$\boldsymbol{T} = \begin{pmatrix}n & 0\\ 0 & \dfrac{1}{n}\end{pmatrix}$$

由理想变压器的伏安关系还可见，其 Z 参数矩阵、Y 参数矩阵不存在。

并非任何二端口网络都具有前述的 4 种参数，有的只有其中的几种参数。

11.1.2 各组参数间的互换

对于一个给定的二端口网络，一般来说，除了可能不存在的参数外，可以用上述任意一组参数来描述其端口伏安特性。也就是说，一个给定的二端口网络可用多种不同的网络参数来表征。从理论上讲，只要参数存在，采用哪一种参数表征二端口网络都可以，通常依据应用方便与否选择所采用的网络参数。Z 参数和 Y 参数常用于理论推导与分析，是最基本的参数；H 参数常用于低频半导体电路的分析，晶体管采用 H 测试模型具有清晰的物理意义且实际中容易测量；T 参数则多用于研究信号的传输问题。

不同的二端口网络参数既然是同一个网络的不同表达方式，它们之间必然可以相互转换。下面用 Z 参数来表示 T 参数，以说明各参数间的互换。

设 Z 参数方程为

$$\begin{cases} \dot{U}_1 = z_{11} \dot{I}_1 + z_{12} \dot{I}_2 \\ \dot{U}_2 = z_{21} \dot{I}_1 + z_{22} \dot{I}_2 \end{cases}$$

由上式中第二方程可得

$$\dot{I}_1 = \frac{1}{z_{21}} \dot{U}_2 - \frac{z_{22}}{z_{21}} \dot{I}_2$$

代入上式中第一方程可得

$$\dot{U}_1 = z_{11} \left(\frac{1}{z_{21}} \dot{U}_2 - \frac{z_{22}}{z_{21}} \dot{I}_2 \right) + z_{12} \dot{I}_2 = \frac{z_{11}}{z_{21}} \dot{U}_2 - \frac{z_{11} z_{22} - z_{12} z_{21}}{z_{21}} \dot{I}_2$$

$$= \frac{z_{11}}{z_{21}} \dot{U}_2 - \frac{\Delta_Z}{z_{21}} \dot{I}_2$$

式中，$\Delta_Z = z_{11} z_{22} - z_{12} z_{21} = \det \mathbf{Z}$，为 Z 矩阵的行列式。

所以，T 参数方程为

$$\begin{cases} \dot{U}_1 = \frac{z_{11}}{z_{21}} \dot{U}_2 + \frac{\Delta_Z}{z_{21}} (-\dot{I}_2) \\ \dot{I}_1 = \frac{1}{z_{21}} \dot{U}_2 + \frac{z_{22}}{z_{21}} (-\dot{I}_2) \end{cases}$$

则 T 参数矩阵为

$$\mathbf{T} = \begin{pmatrix} \dfrac{z_{11}}{z_{21}} & \dfrac{\Delta_Z}{z_{21}} \\ \dfrac{1}{z_{21}} & \dfrac{z_{22}}{z_{21}} \end{pmatrix}$$

类似地，可得二端口网络各组参数间的互换见表 11-1。

表 11-1 二端口网络各组参数间的互换

	Z 参数		Y 参数		H 参数		T 参数	
Z 参数	z_{11} z_{21}	z_{12} z_{22}	$\dfrac{y_{22}}{\Delta_Y}$ $-\dfrac{y_{21}}{\Delta_Y}$	$-\dfrac{y_{12}}{\Delta_Y}$ $\dfrac{y_{11}}{\Delta_Y}$	$\dfrac{\Delta_H}{h_{22}}$ $-\dfrac{h_{21}}{h_{22}}$	$\dfrac{h_{12}}{h_{22}}$ $\dfrac{1}{h_{22}}$	$\dfrac{A}{C}$ $\dfrac{1}{C}$	$\dfrac{\Delta_T}{C}$ $\dfrac{D}{C}$
Y 参数	$\dfrac{z_{22}}{\Delta_Z}$ $-\dfrac{z_{21}}{\Delta_Z}$	$-\dfrac{z_{12}}{\Delta_Z}$ $\dfrac{z_{11}}{\Delta_Z}$	y_{11} y_{21}	y_{12} y_{22}	$\dfrac{1}{h_{11}}$ $\dfrac{h_{21}}{h_{11}}$	$-\dfrac{h_{12}}{h_{11}}$ $\dfrac{\Delta_H}{h_{11}}$	$\dfrac{D}{B}$ $-\dfrac{1}{B}$	$-\dfrac{\Delta_T}{B}$ $\dfrac{A}{B}$
H 参数	$\dfrac{\Delta_Z}{z_{22}}$ $-\dfrac{z_{21}}{z_{22}}$	$\dfrac{z_{12}}{z_{22}}$ $\dfrac{1}{z_{22}}$	$\dfrac{1}{y_{11}}$ $\dfrac{y_{21}}{y_{11}}$	$-\dfrac{y_{12}}{y_{11}}$ $\dfrac{\Delta_Y}{y_{11}}$	h_{11} h_{21}	h_{12} h_{22}	$\dfrac{B}{D}$ $-\dfrac{1}{D}$	$\dfrac{\Delta_T}{D}$ $\dfrac{C}{D}$
T 参数	$\dfrac{z_{11}}{z_{21}}$ $\dfrac{1}{z_{21}}$	$\dfrac{\Delta_Z}{z_{21}}$ $\dfrac{z_{22}}{z_{21}}$	$-\dfrac{y_{22}}{y_{21}}$ $-\dfrac{\Delta_Y}{y_{21}}$	$-\dfrac{1}{y_{21}}$ $-\dfrac{y_{11}}{y_{21}}$	$-\dfrac{\Delta_H}{h_{21}}$ $-\dfrac{h_{22}}{h_{21}}$	$-\dfrac{h_{11}}{h_{21}}$ $-\dfrac{1}{h_{21}}$	A C	B D

注：$\Delta_Z = \det \boldsymbol{Z}$；$\Delta_Y = \det \boldsymbol{Y}$；$\Delta_H = \det \boldsymbol{H}$；$\Delta_T = \det \boldsymbol{T}$。

11.2 二端口网络的等效与组合

11.2.1 二端口网络的等效电路

与一端口网络等效相似，当两个二端口网络具有相同的端口伏安特性时，这两个二端口网络等效。通常，只要知道二端口网络的端口伏安特性，就可以给出该二端口网络的等效电路。

由式（11-2）的二端口网络的 **Z** 参数方程，可得到如图 11-11a 所示的 **Z** 参数双受控源等效电路。

将式（11-2）改写为

$$\begin{cases} \dot{U}_1 = z_{11}\dot{I}_1 + z_{12}\dot{I}_2 = (z_{11}-z_{12})\dot{I}_1 + z_{12}(\dot{I}_1+\dot{I}_2) \\ \dot{U}_2 = z_{21}\dot{I}_1 + z_{22}\dot{I}_2 = (z_{21}-z_{12})\dot{I}_1 + z_{12}(\dot{I}_1+\dot{I}_2) + (z_{22}-z_{12})\dot{I}_2 \end{cases}$$

由此可得到如图 11-11b 所示的 **Z** 参数单受控源等效电路。

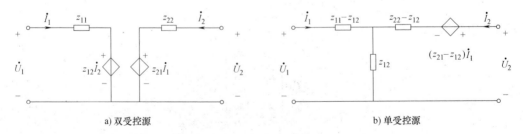

a) 双受控源　　　　　　　　　　　　　　　b) 单受控源

图 11-11 二端口 **Z** 参数等效电路

同理,由式(11-5)所示的 **Y** 参数方程,可得到二端口网络的 **Y** 参数等效电路,如图 11-12a 所示。由式(11-7)所示的 **H** 参数方程,则可得到二端口网络的 **H** 参数等效电路,如图 11-12b 所示。

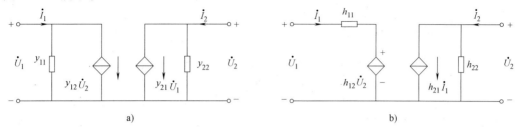

图 11-12 二端口等效电路

11.2.2 二端口网络的联结方式

二端口网络的联结形式主要有串联、并联和级联。

1. 串联

若两个二端口的输入端和输出端口分别串联,且端口电流条件不因联结而破坏,则称为二端口串联,如图 11-13a 所示。有

$$\begin{pmatrix} \dot{I}_1 \\ \dot{I}_2 \end{pmatrix} = \begin{pmatrix} \dot{I}_{1a} \\ \dot{I}_{2a} \end{pmatrix} = \begin{pmatrix} \dot{I}_{1b} \\ \dot{I}_{2b} \end{pmatrix}, \begin{pmatrix} \dot{U}_1 \\ \dot{U}_2 \end{pmatrix} = \begin{pmatrix} \dot{U}_{1a} \\ \dot{U}_{2a} \end{pmatrix} + \begin{pmatrix} \dot{U}_{1b} \\ \dot{U}_{2b} \end{pmatrix}$$

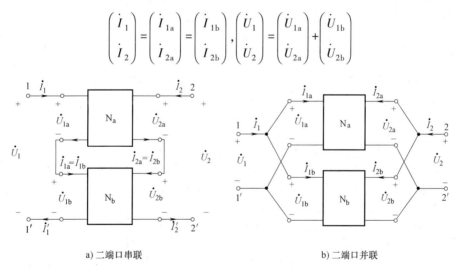

a) 二端口串联　　　　　　b) 二端口并联

图 11-13 二端口的串联、并联

设两个二端口的 **Z** 参数矩阵分别为 $\mathbf{Z}_a$、$\mathbf{Z}_b$,可得串联二端口的 **Z** 参数方程为

$$\begin{pmatrix} \dot{U}_1 \\ \dot{U}_2 \end{pmatrix} = \mathbf{Z}_a \begin{pmatrix} \dot{I}_{1a} \\ \dot{I}_{2a} \end{pmatrix} + \mathbf{Z}_b \begin{pmatrix} \dot{I}_{1b} \\ \dot{I}_{2b} \end{pmatrix} = \mathbf{Z}_a \begin{pmatrix} \dot{I}_1 \\ \dot{I}_2 \end{pmatrix} + \mathbf{Z}_b \begin{pmatrix} \dot{I}_1 \\ \dot{I}_2 \end{pmatrix}$$

$$= (\mathbf{Z}_a + \mathbf{Z}_b) \begin{pmatrix} \dot{I}_1 \\ \dot{I}_2 \end{pmatrix} = \mathbf{Z} \begin{pmatrix} \dot{I}_1 \\ \dot{I}_2 \end{pmatrix}$$

即二端口串联时,复合二端口的 **Z** 参数矩阵 **Z** 等于相串联的两个二端口的 **Z** 参数矩阵

Z_a 与 Z_b 之和，即

$$Z = Z_a + Z_b$$

2. 并联

若两个二端口的输入端口和输出端口分别并联，且端口电流条件不因联结而破坏，则称为二端口并联，如图 11-13b 所示。有

$$\begin{pmatrix} \dot{U}_1 \\ \dot{U}_2 \end{pmatrix} = \begin{pmatrix} \dot{U}_{1a} \\ \dot{U}_{2a} \end{pmatrix} = \begin{pmatrix} \dot{U}_{1b} \\ \dot{U}_{2b} \end{pmatrix}, \begin{pmatrix} \dot{I}_1 \\ \dot{I}_2 \end{pmatrix} = \begin{pmatrix} \dot{I}_{1a} \\ \dot{I}_{2a} \end{pmatrix} + \begin{pmatrix} \dot{I}_{1b} \\ \dot{I}_{2b} \end{pmatrix}$$

设两个二端口的 Y 参数矩阵分别为 Y_a、Y_b，可得并联二端口的 Y 参数方程

$$\begin{pmatrix} \dot{I}_1 \\ \dot{I}_2 \end{pmatrix} = Y_a \begin{pmatrix} \dot{U}_{1a} \\ \dot{U}_{2a} \end{pmatrix} + Y_b \begin{pmatrix} \dot{U}_{1b} \\ \dot{U}_{2b} \end{pmatrix} = Y_a \begin{pmatrix} \dot{U}_1 \\ \dot{U}_2 \end{pmatrix} + Y_b \begin{pmatrix} \dot{U}_1 \\ \dot{U}_2 \end{pmatrix}$$

$$= (Y_a + Y_b) \begin{pmatrix} \dot{U}_1 \\ \dot{U}_2 \end{pmatrix} = Y \begin{pmatrix} \dot{U}_1 \\ \dot{U}_2 \end{pmatrix}$$

即二端口并联时，复合二端口的 Y 参数矩阵 Y 等于相并联的子二端口的 Y 参数矩阵 Y_a 与 Y_b 之和

$$Y = Y_a + Y_b$$

3. 级联

如图 11-14 所示为两个二端口网络的级联。它是信号传输系统中最常用的联结方式之一。级联是将前一级二端口的输出与后一级二端口的输入相连，可见这种联结方式不会破坏端口电流条件，级联时宜采用 T 参数进行分析。级联时有

$$\begin{pmatrix} \dot{U}_1 \\ \dot{I}_1 \end{pmatrix} = \begin{pmatrix} \dot{U}_{1a} \\ \dot{I}_{1a} \end{pmatrix}, \begin{pmatrix} \dot{U}_{2a} \\ -\dot{I}_{2a} \end{pmatrix} = \begin{pmatrix} \dot{U}_{1b} \\ \dot{I}_{1b} \end{pmatrix}, \begin{pmatrix} \dot{U}_{2b} \\ -\dot{I}_{2b} \end{pmatrix} = \begin{pmatrix} \dot{U}_2 \\ -\dot{I}_2 \end{pmatrix}$$

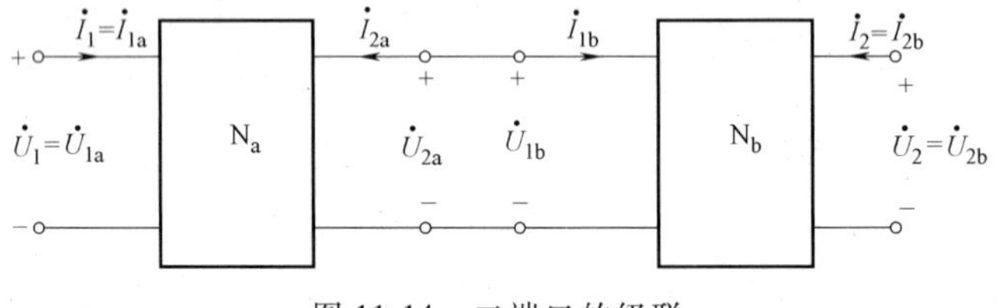

图 11-14 二端口的级联

设两个二端口的 T 参数矩阵分别为 T_a、T_b，可得复合二端口的 T 参数方程为

$$\begin{pmatrix} \dot{U}_1 \\ \dot{I}_1 \end{pmatrix} = \begin{pmatrix} \dot{U}_{1a} \\ \dot{I}_{1a} \end{pmatrix} = T_a \begin{pmatrix} \dot{U}_{2a} \\ -\dot{I}_{2a} \end{pmatrix} = T_a \begin{pmatrix} \dot{U}_{1b} \\ \dot{I}_{1b} \end{pmatrix}$$

$$= T_a T_b \begin{pmatrix} \dot{U}_{2b} \\ -\dot{I}_{2b} \end{pmatrix} = T_a T_b \begin{pmatrix} \dot{U}_2 \\ -\dot{I}_2 \end{pmatrix} = T \begin{pmatrix} \dot{U}_2 \\ -\dot{I}_2 \end{pmatrix}$$

即二端口级联时,复合二端口的 T 参数矩阵等于相级联的子二端口的 T 参数矩阵 T_a 与 T_b 之积,即

$$T = T_a T_b$$

计算复合二端口网络参数时,针对不同的联结方式应采用相应的网络参数,以方便计算。

11.3 接负载的二端口网络

二端口网络常联结在信号源与负载之间,用于完成特定功能。不失一般性,在二端口网络的 1-1′端口接有源一端口网络,在二端口网络的 2-2′端口接无源二端口网络,如图 11-15 所示,也称为端接二端口网络。利用戴维南定理或诺顿定理可将有源一端口网络等效化简为电压源串电阻或电流源并电阻支路,通常把这个等效后的含源支路称为信号源,而把二端口网络的 1-1′端口称为二端口的输入端口。同理,可将无源一端口网络等效化简为一个阻抗支路,通常把这

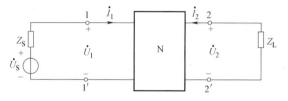

图 11-15 端接二端口网络

一阻抗支路称为负载,而把二端口网络的 2-2′端口称为二端口网络的输出端口。

在信号源和负载已知的情况下,利用二端口网络参数就可直接进行端口分析,而无须详细了解二端口网络的内部电路,这给实际工程分析计算带来很大便利。工程上经常提及的端接二端口网络参数有:二端口输出端接负载时输入端开路的等效阻抗,称为输入阻抗;二端口输入端接信号源时输出端开路的戴维南等效电路,其中戴维南等效阻抗又称为输出阻抗;端接二端口输入端的电压传输函数 A_u 或电流传输函数 A_i;信号电压源 $\dot{U}_S$ 到输出端的电压增益 A_{uS} 等。

如图 11-16a 所示,二端口网络以 Z 参数方程形式表示,提供对两个端口的两个约束,即

$$\dot{U}_1 = z_{11}\dot{I}_1 + z_{12}\dot{I}_2 \tag{11-9}$$

$$\dot{U}_2 = z_{21}\dot{I}_1 + z_{22}\dot{I}_2 \tag{11-10}$$

对信号源支路的约束为

$$\dot{U}_1 = \dot{U}_S - Z_S \dot{I}_1 \tag{11-11}$$

对负载阻抗的约束为

$$\dot{U}_2 = -Z_L \dot{I}_2 \tag{11-12}$$

联立求解上述四个方程,即可求得所需的各种网络参数。

11.3.1 策动点阻抗

端接二端口网络的策动点阻抗指二端口输出端接负载 Z_L 时网络的输入阻抗 Z_i 和输出阻抗 Z_o。

如图 11-16a 所示，输入阻抗 Z_i 为二端口输出端接负载 Z_L 时输入端开路等效阻抗，由式（11-9）可得

$$Z_i = \frac{\dot{U}_1}{\dot{I}_1} = z_{11} + z_{12}\frac{\dot{I}_2}{\dot{I}_1} \tag{11-13}$$

将式（11-12）代入式（11-10）得

$$\dot{I}_2 = -\frac{z_{21}}{z_{22}+Z_L}\dot{I}_1 \tag{11-14}$$

将式（11-14）代入式（11-13）得

$$Z_i = \frac{\dot{U}_1}{\dot{I}_1} = z_{11} - \frac{z_{12}z_{21}}{z_{22}+Z_L} = \frac{z_{11}Z_L + \Delta_Z}{z_{22}+Z_L} \tag{11-15}$$

可见，输入阻抗不仅与二端口网络有关，同时也与负载有关。

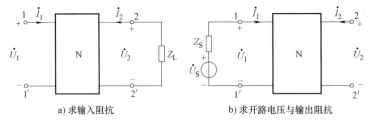

a) 求输入阻抗　　　　　　b) 求开路电压与输出阻抗

图 11-16　端接二端口网络的函数

如图 11-16b 所示，2-2'端口可等效为一端口网络。求其戴维南等效电路，可得输出端开路电压 $\dot{U}_{OC}$ 和输出阻抗 Z_o。将式（11-11）代入式（11-9）得

$$\dot{I}_1 = \frac{\dot{U}_S - z_{12}\dot{I}_2}{z_{11}+Z_S} \tag{11-16}$$

将式（11-16）代入式（11-10）得

$$\dot{U}_2 = \frac{z_{21}}{z_{11}+Z_S}\dot{U}_S + \left(z_{22} - \frac{z_{12}z_{21}}{z_{11}+Z_S}\right)\dot{I}_2$$

输出端开路电压为

$$\dot{U}_{OC} = \frac{z_{21}}{z_{11}+Z_S}\dot{U}_S \tag{11-17}$$

对于一个含源一端口网络而言，端口伏安特性满足 $\dot{U} = \dot{U}_{OC} + Z_o\dot{I}$，所以输出阻抗为

$$z_o = z_{22} - \frac{z_{12}z_{21}}{z_{11}+Z_S} \tag{11-18}$$

11.3.2　转移函数

由式（11-14）可得转移电流传输函数为

$$A_i = \frac{-\dot{I}_2}{\dot{I}_1} = \frac{z_{21}}{z_{22}+Z_L} \tag{11-19}$$

将负载阻抗的伏安关系式（11-12）分别代入 Z 参数方程式（11-9）、式（11-10）可得

$$\begin{cases} \dot{U}_1 = z_{11}\dot{I}_1 + z_{12}\left(\dfrac{-\dot{U}_2}{Z_L}\right) \\ \dot{U}_2 = z_{21}\dot{I}_1 + z_{22}\left(\dfrac{-\dot{U}_2}{Z_L}\right) \end{cases} \quad (11\text{-}20)$$

联立求解式（11-20），消去 $\dot{I}_1$，就可求得输入端到输出端的电压传输函数为

$$A_u = \frac{\dot{U}_2}{\dot{U}_1} = \frac{z_{21}Z_L}{z_{11}z_{22} - z_{12}z_{21} + z_{11}Z_L} = \frac{z_{21}Z_L}{\Delta_Z + z_{11}Z_L} \quad (11\text{-}21)$$

信号电压源 $\dot{U}_S$ 到输出端的电压增益为

$$A_{uS} = \frac{\dot{U}_2}{\dot{U}_S} = \frac{\dot{U}_2 \dot{U}_1}{\dot{U}_1 \dot{U}_S} = A_u \frac{Z_i}{Z_i + Z_S} \quad (11\text{-}22)$$

由上述分析可见，端接二端口网络函数的分析，除了要考虑二端口的特性外，还需考虑端接情况。

二端口网络提供的两个约束可由任意一组参数方程给出，采用不同的二端口网络参数方程，所得结果不同，但计算的繁简相差很大。例如，采用 Y 参数求电压传输函数 A_u 要比采用 Z 传输简便得多。将负载阻抗的伏安关系式（11-12）代入 Y 参数方程

$$\dot{I}_2 = y_{21}\dot{U}_1 + y_{22}\dot{U}_2$$

可得

$$A_u = \frac{\dot{U}_2}{\dot{U}_1} = -\frac{y_{21}}{y_{22} + \dfrac{1}{Z_L}}$$

例 11-6 端接二端口网络如图 11-15 所示，已知 $Z_S = 2\Omega$，$\dot{U}_S = 3\angle 0°\text{V}$ 二端口的 Z 参数：$z_{11} = 6\Omega$，$z_{12} = -\text{j}5\Omega$，$z_{21} = 16\Omega$，$z_{22} = 5\Omega$。负载阻抗等于多少时将获得最大功率？并求此最大功率。

解： 由已知条件可得二端口的 Z 参数方程为

$$\begin{cases} \dot{U}_1 = 6\dot{I}_1 - \text{j}5\dot{I}_2 \\ \dot{U}_2 = 16\dot{I}_1 + 5\dot{I}_2 \end{cases}$$

代入信号源支路伏安关系

$$\dot{U}_1 = 3 - 2\dot{I}_1$$

消去 $\dot{U}_1$、$\dot{I}_1$ 得

$$\dot{U}_2 = (5 + \text{j}10)\dot{I}_2 + 6$$

比较含源一端口网络的端口伏安特性：$\dot{U} = \dot{U}_{OC} + Z_o\dot{I}$，可得输出端口开路电压和输出阻抗分别为

$$\dot{U}_{OC} = 6\text{V}, \quad Z_o = (5 + \text{j}10)\Omega$$

也可直接由式（11-17）、式（11-18）得到相同的结果。

由最大功率传输定理，当 $Z_L = Z_o^*$ 时负载可获得最大功率，因此 $Z_L = Z_o^* = (5-j10)\Omega$，则最大功率

$$P_{Lmax} = \frac{U_{OC}^2}{4R_o} = \frac{6^2}{4\times 5}W = 1.8W$$

11.4 回转器和负阻抗变换器

本节讨论两种有用的二端口元件——回转器和负阻抗变换器。

11.4.1 回转器

回转器的电路符号如图 11-17a 所示，等效电路如图 11-17b、c 所示。

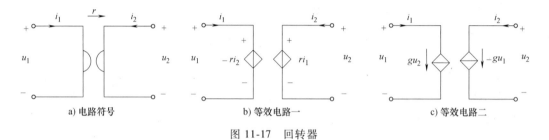

图 11-17 回转器

其端口伏安关系定义为

$$u_1 = -ri_2, u_2 = ri_1 \tag{11-23}$$

或

$$i_1 = gu_2, i_2 = -gu_1$$

式中，r 为回转电阻；$g = 1/r$ 为回转电导。

从式（11-23）可见，回转器具有转换端口电压、电流的性质，即可将一端口的电压转换为另一端口的电流或将一端口的电流转换为另一端口的电压。

利用回转器的这一性质，可以把电容转换为电感。当在回转器的一端口接一电容时，则另一端口就可等效为一电感，如图 11-18 所示。

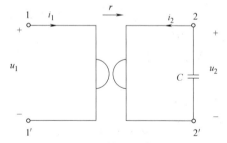

图 11-18 回转器电感的实现

2-2′端口接电容 C，有

$$i_2 = -C\frac{du_2}{dt}$$

将上式代入式（11-23）得

$$u_1 = r^2 C \frac{di_1}{dt}$$

可见，1-1′端口上的伏安关系等同于电感元件的伏安关系，此等效电感为

$$L = r^2 C$$

回转器吸收的功率为

$$p = u_1 i_1 + u_2 i_2 = -r i_2 i_1 + r i_1 i_2 = 0$$

表明回转器不消耗功率也不发出功率，为线性无源元件。

由式（11-23）还可知，回转器是非互易元件。

11.4.2 负阻抗变换器

负阻抗变换器（NIC）可以使接在端口一侧的阻抗变换为另一侧的负阻抗，可以作为负阻元件，如图 11-19 所示。其中图 11-19a 所示为电压反向型负阻抗变换器（VNIC），图 11-19b 所示为电流反向型负阻抗变换器（INIC）。

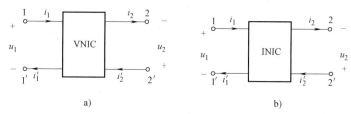

图 11-19 负阻抗变换器

VNIC 端口伏安关系定义为

$$u_1 = -k u_2, \quad i_1 = -i_2$$

由上式可知，经 VNIC 传输后，电压改变了方向，而电流却未改变方向。

INIC 端口伏安关系为

$$u_1 = u_2, \quad i_1 = k i_2$$

由上式可知，经 INIC 传输后，电流的方向被反向，而输出电压却等于输入电压。

例 11-7 如图 11-20 所示电路，在 INIC 的 2-2′端口接阻抗 Z_L，求此时 1-1′端口的输入阻抗。

解：由图可知，2-2′端口满足

$$\dot{U}_2 = -Z_L \dot{I}_2$$

INIC 端口伏安关系满足

$$\dot{U}_1 = \dot{U}_2, \quad \dot{I}_1 = k \dot{I}_2$$

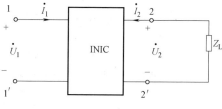

图 11-20 例 11-7 图

联立求解得

$$Z_i = \frac{\dot{U}_1}{\dot{I}_1} = \frac{\dot{U}_2}{k \dot{I}_2} = \frac{-Z_L \dot{I}_2}{k \dot{I}_2} = -\frac{1}{k} Z_L$$

可见，1-1′端的输入阻抗是 2-2′端所接阻抗的负值，即实现了负阻抗变换。

【实例实用】

回转器是一个典型的二端口网络，可以由晶体管或运算放大器等元器件构成。当回转器的输出端接一可变电容 $0.1 \sim 10 \mu F$，$r = 2 k\Omega$ 且输入为正弦电压，输入阻抗为多少？

根据公式 $L=r^2C$，模拟电感范围为 400mH~40H。

当回转器输出端接入一个电容元件时，从输入端看入时可等效为一个电感元件，这就是回转器的模拟电感。若是电路中直接采用毫亨级至亨级的线圈电感元件，那占有电路体积就很可观了。因此，回转器可用于模拟集成电路中实现不易集成的电感元件。

本 章 小 结

知识点：
1. Z、Y、T、H 参数与方程的定义及各组参数间的互换；
2. 二端口网络的等效；
3. 回转器与负阻抗变换器的特性。

难点：
1. 传输参数与混合参数的求取；
2. 连接二端口网络参数求解；
3. 输入阻抗求解。

习 题 11

11-1 求习题图 11-1 所示电路的 Z 参数。

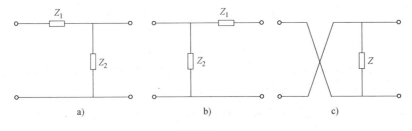

习题图 11-1

11-2 求习题图 11-2 所示电路的 Z 参数。($\omega = 1000\text{rad/s}$)

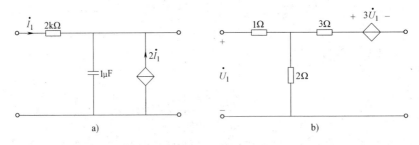

习题图 11-2

11-3 求习题图 11-3 所示电路的 Y 参数。
11-4 求习题图 11-4 所示电路的 Y 参数。
11-5 求习题图 11-5 所示电路的 T 参数。

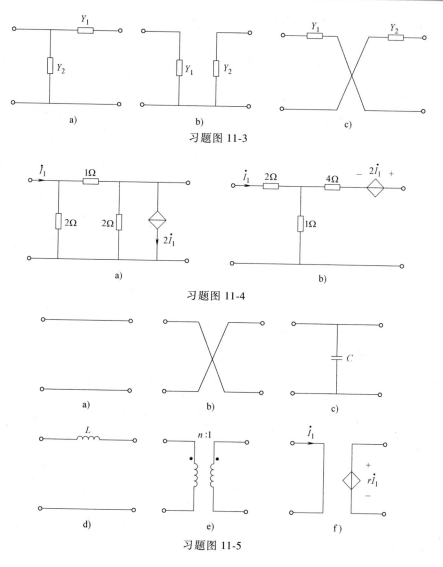

11-6 求习题图 11-6 所示电路的 T 参数。

11-7 求习题图 11-7 所示电路的 H 参数。

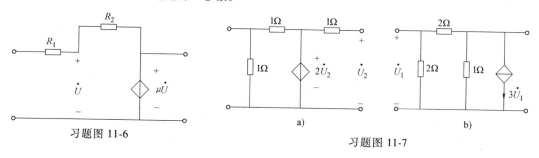

11-8 已知习题图 11-8 所示二端网络的 Z 参数矩阵为 $Z = \begin{pmatrix} 10 & 8 \\ 5 & 10 \end{pmatrix} \Omega$,求 R_1、R_2、R_3 和 r。

11-9 某双口网络的 H 参数为 $H_{11} = 1\text{k}\Omega$,$H_{12} = -2$,$H_{21} = 3$,$H_{22} = 2\text{mS}$,输出端接 $1\text{k}\Omega$ 电阻,求输入阻抗。

11-10 习题图11-9所示双口网络可以看作两个双口网络的并联。试求该双口网络的 **Z** 参数（$\omega = 1000\text{rad/s}$）。

11-11 求习题图11-10所示双口网络的传输参数，该双口网络可分成两个简单的双口网络的级联。

11-12 电路如习题图11-11所示，求下列两种情况下网络的输入阻抗 Z_i，并画出其等效电路模型。

（1）$Z_1 = 1\Omega$；

（2）$Z_1 = 2\Omega$。

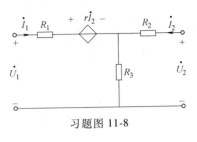

习题图 11-8

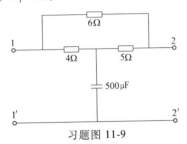

习题图 11-9

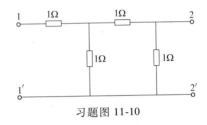

习题图 11-10

11-13 求习题图11-12所示双口网络的输入阻抗 Z_i。设 $C_1 = C_2 = 1\text{F}$，$G_1 = G_2 = 1\text{S}$，$g = 2\text{S}$。

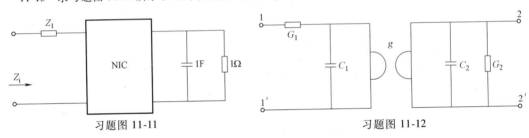

习题图 11-11　　　　　　　习题图 11-12

第12章 动态电路的复频域分析

对动态电路的各种响应的讨论,不管是零输入响应、零状态响应还是全响应的分析,都是在时域内通过求解微分方程的方法进行的,属于经典的时域分析法。时域分析法的优点是物理概念明确,但缺点是建立和求解微分方程较复杂,高阶动态电路的时域分析方法主要是状态变量法。为了简化计算,本章介绍采用复频域分析法(或称运算法)来分析动态电路,其基本思路是将时域分析转化为频域分析,即先把电路变换到频域里,用较为简单的代数运算求出频域响应,再变换回时域得到所需的响应,这样就可以避免建立和求解时域微分方程,从而简化了高阶动态电路的分析。

将时域分析转化为频域分析的手段是采用拉普拉斯变换,它是研究线性时不变系统的基本工具,在众多的科学技术领域里得到广泛的应用。在电路理论中,拉普拉斯变换在线性时不变网络的分析研究中占有非常重要的地位。从数学角度来看,拉普拉斯变换是求解常系数线性微分方程的重要方法。它能将时域中的微分运算及积分运算分别变换为复频域(s域)中的乘法及除法代数运算,从而将时域的积分微分方程变换为复频域中的代数方程,并可以将时域的复杂的卷积运算转化为频域的简单的代数相乘运算,使分析计算变得简单和有效。

本章前三节介绍拉普拉斯变换的基础知识,包括拉普拉斯变换的定义、拉普拉斯变换的基本性质和拉普拉斯反变换。第12.4节介绍用拉普拉斯变换来分析线性时不变动态电路,其中将介绍在复频域中如何应用各种网络定理,如戴维南和诺顿定理、叠加定理、互易定理等。

【导读思考】

在正弦稳态电路中,当遭遇雷击和在接通、断开电感负载或大型负载时常常会产生很高的过电压(或过电流),这种瞬时过电压(或过电流)称为浪涌电压(或浪涌电流),是一种瞬变干扰。例如直流6V继电器线圈断开时会产生300~600V的浪涌电压;接通白炽灯时会出现8~10倍额定电流的浪涌电流;切断空载变压器时也会出现高达额定电压8~10倍的操作过电压。多数情况下,浪涌电压(或浪涌电流)会损坏电路及部件,危及自动化设备的安全工作,工程中通常需要对浪涌电压(或浪涌电流)进行抑制处理。图12-1所示为浪涌电压(或浪涌电流)的产生及其危害。

为什么在接通、断开电感负载或大型负载时会产生浪涌电压或浪涌电流呢?学习完动态电路的复频域分析之后，会在本章的实例应用中用拉普拉斯变换法分析电路给出解释。

图 12-1　浪涌电压（或浪涌电流）的产生及其危害

12.1　拉普拉斯变换

12.1.1　傅里叶变换在应用上的局限性

在高等数学里学过，一个时间函数 $f(t)$ 满足狄里赫利条件并且绝对可积时，就存在一对傅里叶变换，即傅里叶正变换和傅里叶反变换。傅里叶正变换为

$$F(\mathrm{j}\omega) = \int_{-\infty}^{\infty} f(t)\mathrm{e}^{-\mathrm{j}\omega t}\mathrm{d}t \tag{12-1}$$

傅里叶反变换为

$$f(t) = \frac{1}{2\pi}\int_{-\infty}^{\infty} F(\mathrm{j}\omega)\mathrm{e}^{\mathrm{j}\omega t}\mathrm{d}\omega \tag{12-2}$$

傅里叶变换在应用上存在一些局限性：

1) 工程实际中一些常见信号并不满足绝对可积的条件，例如单位阶跃信号 $\varepsilon(t)$、斜坡信号 $t\varepsilon(t)$、单边正弦信号 $\sin\omega t\varepsilon(t)$ 等，从而对这些信号就难以从傅里叶变换式求得它们的傅里叶变换。有些信号如单边增长的指数信号 $\mathrm{e}^{at}\varepsilon(t)\,(a>0)$ 则根本就不存在傅里叶变换。

2) 在求傅里叶反变换时，需要求 ω 从 $-\infty$ 到 ∞ 区间的积分，求这个积分往往是十分困难的，有时则需要引入一些特殊函数。

3) 利用傅里叶变换法只能求系统的零状态响应，不能求出系统的零输入响应。若求零输入响应，还得利用别的方法，如时域经典法。

由于上述几个原因，从而使傅里叶变换在工程应用上受到了一定的限制，通常在研究线性系统问题时，更多采用的是拉普拉斯变换。

实际上，信号 $f(t)$ 总是在某一确定的时刻接入系统的。若把信号 $f(t)$ 接入系统的时刻记作 $t=0$（称为起始时刻），那么，在 $t<0$ 时即有 $f(t)=0$。我们把具有起始时刻的信号称为因果信号。这样，式（12-1）可改写为

$$F(j\omega) = \int_{0_-}^{\infty} f(t) e^{-j\omega t} dt \tag{12-3}$$

式（12-3）中的积分下限取为 0_-，是考虑到在 $t=0$ 的时刻 $f(t)$ 中有可能包含有冲激函数 $\delta(t)$。但要注意，因积分变量是 ω，式（12-2）中积分的上下限仍然不变，但此时要在公式后面标以 $t>0$，即只有在 $t>0$ 时 $f(t)$ 才有定义，式（12-2）可改写为

$$f(t) = \frac{1}{2\pi} \int_{-\infty}^{\infty} F(j\omega) e^{j\omega t} d\omega, t>0 \tag{12-4}$$

或用单位阶跃函数 $\varepsilon(t)$ 加以限制，写成

$$f(t) = \left[\frac{1}{2\pi} \int_{-\infty}^{\infty} F(j\omega) e^{j\omega t} d\omega \right] \varepsilon(t) \tag{12-5}$$

12.1.2 从傅里叶变换到拉普拉斯变换

当函数 $f(t)$ 不满足绝对可积条件时，可采取将 $f(t)$ 乘以因子 $e^{-\sigma t}$（σ 为任意实常数）的办法，这样就得到一个新的时间函数 $f(t)e^{-\sigma t}$。若能根据函数 $f(t)$ 的具体性质，适当地选取 σ 的值，从而当 $t \to \infty$ 时，使函数 $f(t)e^{-\sigma t} \to 0$，即满足条件

$$\lim_{t \to \infty} f(t) e^{-\sigma t} = 0$$

则函数 $f(t)e^{-\sigma t}$ 便满足绝对可积条件了，因而它的傅里叶变换一定存在。可见，因子 $e^{-\sigma t}$ 起着使函数 $f(t)$ 收敛的作用，故称 $e^{-\sigma t}$ 为收敛因子。

设适当地选取 σ 值的函数 $f(t)e^{-\sigma t}$ 满足狄里赫利条件且绝对可积，则根据式（12-3）有

$$F(j\omega) = \int_{0_-}^{\infty} f(t) e^{-\sigma t} e^{-j\omega t} dt = \int_{0_-}^{\infty} f(t) e^{-(\sigma+j\omega)t} dt$$

在上式中，令 $s = \sigma + j\omega$，s 为复数变量，称为复频率。σ 的单位为 $1/s$，ω 的单位为 rad/s。这样，上式即变为

$$F(j\omega) = \int_{0_-}^{\infty} f(t) e^{-st} dt$$

由于上式中的积分变量为 t，故积分结果必为复变量 s 的函数，故应将 $F(j\omega)$ 改写为 $F(s)$，即

$$F(s) = \int_{0_-}^{\infty} f(t) e^{-st} dt \tag{12-6}$$

复变量函数 $F(s)$ 称为时间函数 $f(t)$ 的单边拉普拉斯变换。$F(s)$ 也称为 $f(t)$ 的象函数，$f(t)$ 称为 $F(s)$ 的原函数。一般记为

$$F(s) = L[f(t)]$$

式中算子符号 $L[\cdot]$ 表示对括号内的时间函数 $f(t)$ 进行拉普拉斯变换。

利用式（12-5）可推导出求 $F(s)$ 反变换的公式，即

$$f(t) e^{-\sigma t} = \frac{1}{2\pi} \int_{-\infty}^{\infty} F(s) e^{j\omega t} d\omega$$

对上式等号两边同乘以 $e^{\sigma t}$，并考虑到 $e^{\sigma t}$ 不是 ω 的函数而可置于积分号内。于是得

$$f(t) = \frac{1}{2\pi} \int_{-\infty}^{\infty} F(s) e^{\sigma t} e^{j\omega t} d\omega = \frac{1}{2\pi} \int_{-\infty}^{\infty} F(s) e^{(\sigma+j\omega)t} d\omega = \frac{1}{2\pi} \int_{-\infty}^{\infty} F(s) e^{st} d\omega \tag{12-7}$$

由于式（12-7）中被积函数是 $F(s)$，而积分变量却是实变量 ω，所以要进行积分，必

须进行变量代换。

因 $s=\sigma+j\omega$，故 $ds=d(\sigma+j\omega)=jd\omega$（因 σ 为任意实常数），则

$$d\omega=\frac{1}{j}ds$$

且当 $\omega=-\infty$ 时，$s=\sigma-j\infty$；当 $\omega=\infty$ 时，$s=\sigma+j\infty$。将以上这些关系代入式（12-7）即得

$$f(t)=\frac{1}{2\pi j}\int_{\sigma-j\infty}^{\sigma+j\infty}F(s)e^{st}ds \quad t>0 \tag{12-8}$$

或写成

$$f(t)=\left[\frac{1}{2\pi j}\int_{\sigma-j\infty}^{\sigma+j\infty}F(s)e^{st}ds\right]\varepsilon(t) \tag{12-9}$$

式（12-9）称为拉普拉斯反变换，可从已知的象函数 $F(s)$ 求与之对应的原函数 $f(t)$。一般记为 $f(t)=L^{-1}[F(s)]$。算子符号 $L^{-1}[\cdot]$ 表示对括号内的象函数 $F(s)$ 进行拉普拉斯反变换。

式（12-6）与式（12-8）构成了拉普拉斯变换对，一般记为

$$f(t)\leftrightarrow F(s) \text{ 或 } F(s)\leftrightarrow f(t)$$

若 $f(t)$ 不是因果信号，则拉普拉斯变换式（12-6）的积分下限应改写为 $-\infty$，即

$$F(s)=\int_{-\infty}^{\infty}f(t)e^{st}dt \tag{12-10}$$

式（12-10）称为双边拉普拉斯变换。由于一般常用信号均为因果信号，故本书主要讨论和应用单边拉普拉斯变换。以后提到拉普拉斯变换，均指单边拉普拉斯变换。

由以上所述可见，傅里叶变换是建立了信号的时域与频域之间的关系，即 $f(t)\leftrightarrow F(j\omega)$，而拉普拉斯变换则建立了信号的时域与复频域之间的关系，即 $f(t)\leftrightarrow F(s)$。

以复频率 $s=\sigma+j\omega$ 的实部 σ 和虚部 $j\omega$ 为相互垂直的坐标轴而构成的平面，称为复频率平面，简称 s 平面，如图 12-2 所示。为便于后面的讨论，将 s 平面划分为三个区域：①$j\omega$ 轴以左的区域为左半开平面；②$j\omega$ 轴以右的区域为右半开平面；③$j\omega$ 轴本身也作为一个区域，它是左半开平面与右半开平面的分界轴。

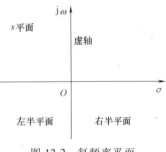

图 12-2 复频率平面

12.1.3 拉普拉斯变换存在的条件与收敛域

前面已经指出，当函数 $f(t)$ 乘以收敛因子 $e^{-\sigma t}$ 后，所得新的时间函数 $f(t)e^{-\sigma t}$ 便有可能满足绝对可积条件。但是否一定满足，则还要视 $f(t)$ 的性质与 σ 值的相对关系而定。下面将讨论这个问题。

根据拉普拉斯变换

$$F(s)=\int_{0_-}^{\infty}f(t)e^{-st}dt=\int_{0_-}^{\infty}f(t)e^{-\sigma t}e^{-j\omega t}dt \tag{12-11}$$

的定义式可见，欲使 $F(s)$ 存在，则必须使 $f(t)e^{-\sigma t}$ 满足条件 $\lim_{t\to\infty}f(t)e^{-\sigma t}=0$，$\sigma>\sigma_0$，式中 σ_0 的值指定了函数 $f(t)e^{-\sigma t}$ 的收敛条件。σ_0 的值由函数 $f(t)$ 的性质确定。根据 σ_0 的值，

可将 s 平面（复频率平面）分为两个区域，如图 12-3 所示。通过 σ_0 点的垂直于 σ 轴的直线是两个区域的分界线，称为收敛轴，σ_0 称为收敛坐标。收敛轴以右的区域（不包括收敛轴在内）即为收敛域，收敛轴以左的区域（包括收敛轴在内）则为非收敛域。可见 $f(t)$ 或 $F(s)$ 的收敛域就是在 s 平面上能满足式（12-11）的 σ 的取值范围，即 σ 只有在收敛域内取值，$f(t)$ 的拉普拉斯变换 $F(s)$ 才能存在，且一定存在。

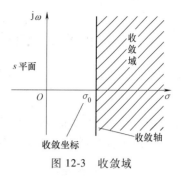

图 12-3 收敛域

例 12-1 求下列各函数单边拉普拉斯变换的收敛域（即求收敛坐标 σ_0）。
（1）$f(t)=\delta(t)$；（2）$f(t)=\varepsilon(t)$；（3）$f(t)=\mathrm{e}^{-2t}\varepsilon(t)$；（4）$f(t)=\mathrm{e}^{2t}\varepsilon(t)$；（5）$f(t)=\cos\omega_0 t\varepsilon(t)$。

解：（1）$\lim\limits_{t\to\infty}\delta(t)\mathrm{e}^{-\sigma t}=0$

可见，欲使上式成立，则必须有 $\sigma>-\infty$，故其收敛域为全 s 平面。此处 $\sigma_0>-\infty$。

（2）$\lim\limits_{t\to\infty}\varepsilon(t)\mathrm{e}^{-\sigma t}=0$

可见，欲使上式成立，则必须有 $\sigma>0$。故其收敛域为 s 平面的右半开平面，如图 12-4a 所示。此处 $\sigma_0=0$。

（3）$\lim\limits_{t\to\infty}\mathrm{e}^{-2t}\mathrm{e}^{-\sigma t}=\lim\limits_{t\to\infty}\mathrm{e}^{-(2+\sigma)t}=0$

可见，欲使上式成立，则必须有 $\sigma+2>0$，即 $\sigma>-2$。故其收敛域如图 12-4b 所示。此处 $\sigma_0=-2$。

（4）$\lim\limits_{t\to\infty}\mathrm{e}^{2t}\mathrm{e}^{-\sigma t}=\lim\limits_{t\to\infty}\mathrm{e}^{-(\sigma-2)t}=0$

可见，欲使上式成立，则必须有 $\sigma-2>0$，即 $\sigma>2$。故其收敛域如图 12-4c 所示。此处 $\sigma_0=2$。

（5）$\lim\limits_{t\to\infty}\cos\omega_0 t\mathrm{e}^{-\sigma t}=0$

可见，欲使上式成立，则必须有 $\sigma>0$。故其收敛域为 s 平面的右半开平面，也如图 12-4a 所示。此处 $\sigma_0=0$。

对于工程实际中的信号，只要适当地选取 σ 的值，式（12-11）总是可以满足的，所以它们的拉普拉斯变换都是存在的。由于本书仅讨论和应用单边拉普拉斯变换，其收敛域必定存在，故在后面的讨论中，一般将不再说明函数是否收敛，也不再注明其收敛域。

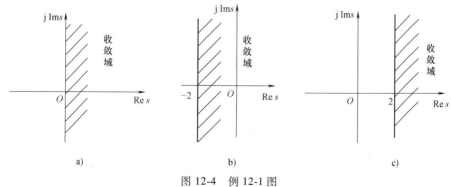

图 12-4 例 12-1 图

12.2 拉普拉斯变换的基本性质

由于拉普拉斯变换是傅里叶变换在复频域（即 s 域）中的推广，因而也具有与傅里叶变换的性质相类似的一些性质。这些性质揭示了信号的时域特性与复频域特性之间的关系，利用这些性质可方便地求得拉普拉斯正、反变换，对于分析线性时不变网络是非常必要的。本节将介绍拉普拉斯变换的这些基本性质。

12.2.1 线性性质

若 $f_1(t) \leftrightarrow F_1(s), f_2(t) \leftrightarrow F_2(s)$，则

$$a_1 f_1(t) + a_2 f_2(t) \leftrightarrow a_1 F_1(s) + a_2 F_2(s)$$

其中 a_1、a_2 为常数（齐次性和可加性）。

例 12-2 求 $\sin\omega t \varepsilon(t)$ 的拉普拉斯变换。

解：因为 $\sin\omega t = \dfrac{1}{2j}(e^{j\omega t} - e^{-j\omega t})$，而

$$e^{j\omega t}\varepsilon(t) \leftrightarrow \frac{1}{s - j\omega}$$

$$e^{-j\omega t}\varepsilon(t) \leftrightarrow \frac{1}{s + j\omega}$$

所以

$$L[\sin\omega t\varepsilon(t)] = L\left[\frac{1}{2j}(e^{j\omega t} - e^{-j\omega t})\varepsilon(t)\right]$$

$$= \frac{1}{2j}\left(\frac{1}{s-j\omega} - \frac{1}{s+j\omega}\right) = \frac{1}{2j} \cdot \frac{s+j\omega-s+j\omega}{s^2+\omega^2}$$

$$= \frac{\omega}{s^2+\omega^2}$$

即

$$\sin\omega t\varepsilon(t) \leftrightarrow \frac{\omega}{s^2+\omega^2}$$

12.2.2 延时性质

若 $f(t)\varepsilon(t) \leftrightarrow F(s)$，则 $f(t-t_0)\varepsilon(t-t_0) \leftrightarrow F(s)e^{-st_0}$。

例 12-3 求脉宽为 τ 的单位矩形脉冲 $f(t)$ 的拉普拉斯变换。

解：因为 $f(t) = \varepsilon(t) - \varepsilon(t-\tau)$，所以

$$L[f(t)] = \frac{1}{s} - \frac{1}{s} \cdot e^{-s\tau} = \frac{1-e^{-s\tau}}{s}$$

例 12-4 求在 $t=0$ 时刻接入的周期性冲激序列 $\delta_T(t)$ 的拉普拉斯变换。

解：$\delta_T(t) = \delta(t) + \delta(t-T) + \cdots + \delta(t-kT) + \cdots$

$$L[\delta_T(t)\varepsilon(t)] = 1 + e^{-sT} + \cdots + e^{-ksT} + \cdots$$

这是一个无穷等比级数，公比为 e^{-sT}，当 $\sigma>0$ 时，有 $|e^{-sT}|<1$，所以

$$L[\delta_T(t)\varepsilon(t)] = \frac{1}{1-e^{-sT}} \quad \sigma>0$$

12.2.3 时域微分性质

若 $f(t)\varepsilon(t) \leftrightarrow F(s)$，则

$f'(t)\varepsilon(t) \leftrightarrow sF(s) - f(0_-)$

$f''(t)\varepsilon(t) \leftrightarrow s^2F(s) - sf(0_-) - f'(0_-)$

$\vdots$

$f^{(n)}(t)\varepsilon(t) \leftrightarrow s^nF(s) - s^{n-1}f(0_-) - \cdots - f^{(n-1)}(0_-)$

若 $f(t)$ 为因果函数，$f(0_-) = f'(0_-) = \cdots f^{(n)}(0_-) = 0$，所以 $f^{(n)}(t)\varepsilon(t) \leftrightarrow s^nF(s)$。

例 12-5 已知 $\varepsilon(t) \leftrightarrow \frac{1}{s}$，求 $\delta(t)$ 的拉普拉斯变换。

解：利用时域微分性质来求 $\delta(t)$ 的拉普拉斯变换

因为 $\delta(t) = \varepsilon'(t)$

所以 $\delta(t) \leftrightarrow \frac{1}{s} \cdot s = 1$

例 12-6 求 $\cos\omega t \varepsilon(t)$ 的拉普拉斯变换。

解：因为 $\cos\omega t \varepsilon(t) = \frac{1}{\omega} \cdot [\sin\omega t \varepsilon(t)]'$

而 $\sin\omega t \varepsilon(t) \leftrightarrow \frac{\omega}{s^2+\omega^2}$

所以 $\cos\omega t \varepsilon(t) \leftrightarrow s \cdot \frac{1}{\omega} \cdot \frac{\omega}{s^2+\omega^2} = \frac{s}{s^2+\omega^2}$

12.2.4 时域积分性质

若 $f(t)\varepsilon(t) \leftrightarrow F(s)$，则 $\int_0^t f(x)\,\mathrm{d}x \leftrightarrow \frac{1}{s}F(s)$，同理有

$\left(\int_0^t\right)^n f(x)\,\mathrm{d}x \leftrightarrow \frac{1}{s^n}F(s)$

例 12-7 求函数 $f(t) = t\varepsilon(t)$ 的拉普拉斯变换。

解：因为 $f(t) = t\varepsilon(t) = \int_0^t \varepsilon(x)\,\mathrm{d}x$

$\varepsilon(t) \leftrightarrow \frac{1}{s}$

所以 $t\varepsilon(t) \leftrightarrow \frac{1}{s} \cdot \frac{1}{s} = \frac{1}{s^2}$

例 12-8 求函数 $f(t) = t^n\varepsilon(t)$ 的拉普拉斯变换。

解：因为 $\int_0^t \varepsilon(x)\mathrm{d}x = t\varepsilon(t)$

$$\int_0^t\int_0^t \varepsilon(x)\mathrm{d}x = \int_0^t t\varepsilon(t)\mathrm{d}t = \frac{1}{2}t^2\varepsilon(t)$$

$$\left(\int_0^t\right)^n \varepsilon(x)\mathrm{d}x = \frac{1}{n!}t^n\varepsilon(t)$$

故 $t^n\varepsilon(t) = n!\left(\int_0^t\right)^n \varepsilon(x)\mathrm{d}x$

所以 $t^n\varepsilon(t) \leftrightarrow n!\cdot\dfrac{1}{s}\cdot\dfrac{1}{s^n} = \dfrac{n!}{s^{n+1}}$

12.2.5 时域卷积定理

若 $f_1(t) \leftrightarrow F_1(s)$，$f_2(t) \leftrightarrow F_2(s)$，则 $f_1(t) * f_2(t) \leftrightarrow F_1(s)F_2(s)$

证明：$L[f_1(t) * f_2(t)] = \int_{0_-}^{\infty}\left[\int_{0_-}^{\infty} f_1(\tau)f_2(t-\tau)\mathrm{d}t\right]\mathrm{e}^{-st}\mathrm{d}\tau$

$= \int_{0_-}^{\infty} f_1(\tau)\left[\int_{0_-}^{\infty} f_2(t-\tau)\mathrm{e}^{-st}\mathrm{d}t\right]\mathrm{d}\tau = \int_{0_-}^{\infty} f_1(\tau)F_2(s)\mathrm{e}^{-s\tau}\mathrm{d}\tau$

$= F_2(s)\int_{0_-}^{\infty} f_1(\tau)\mathrm{e}^{-s\tau}\mathrm{d}\tau = F_2(s)F_1(s)$

$= F_1(s)F_2(s)$

12.2.6 尺度变换（时频展缩）性质

若 $f(t) \leftrightarrow F(s)$，则 $f(at) \leftrightarrow \dfrac{1}{|a|}F\left(\dfrac{s}{a}\right)$。

证明：$L[f(at)] = \int_{0_-}^{\infty} f(at)\mathrm{e}^{-st}\mathrm{d}t$

令 $at = x$，$\mathrm{d}t = \dfrac{1}{a}\mathrm{d}x$，$t = \dfrac{1}{a}x$，当 $a>0$ 时，有

$L[f(at)] = \int_{0_-}^{\infty} f(x)\mathrm{e}^{-\frac{s}{a}x}\mathrm{d}x\cdot\dfrac{1}{a} = \dfrac{1}{a}F\left(\dfrac{s}{a}\right)$

同理可证，当 $a<0$ 时，有

$f(at) \leftrightarrow \dfrac{1}{-a}F\left(\dfrac{s}{a}\right)$

所以 $f(at) \leftrightarrow \dfrac{1}{|a|}F\left(\dfrac{s}{a}\right)$

12.2.7 复频移性质

若 $f(t)\varepsilon(t) \leftrightarrow F(s)$，则 $\mathrm{e}^{s_0 t}f(t) \leftrightarrow F(s-s_0)$。

例 12-9 已知：$\sin\omega t\varepsilon(t) \leftrightarrow \dfrac{\omega}{s^2+\omega^2}$，求衰减正弦 $\mathrm{e}^{-\delta t}\sin\omega t\varepsilon(t)$ 的拉普拉斯变换。

解：利用复频移性质有

$$L[\mathrm{e}^{-\delta t}\sin\omega t\varepsilon(t)] = \frac{\omega}{(s+\delta)^2+\omega^2}$$

可见，掌握以上一些性质之后，灵活加以运用，即可方便地进行拉普拉斯变换了。

关于拉普拉斯变换的全部性质在表 12-1 中列出，不再一一进行介绍，需要了解的读者可参考有关的工程数学教材。

表 12-1 拉普拉斯变换的性质

序号	性质名称	$f(t)\varepsilon(t)$	$F(s)$
1	唯一性	$f(t)$	$F(s)$
2	齐次性	$Af(t)$	$AF(s)$
3	叠加性	$f_1(t)+f_2(t)$	$F_1(s)+F_2(s)$
4	线性	$A_1f_1(t)+A_2f_2(t)$	$A_1F_1(s)+A_2F_2(s)$
5	尺度性	$f(at), a>0$	$\frac{1}{a}F\left(\frac{s}{a}\right)$
6	时移性	$f(t-t_0)\varepsilon(t-t_0), t_0>0$	$F(s)\mathrm{e}^{-t_0 s}$
7	复频移性	$f(t)\mathrm{e}^{-at}$	$F(s+a)$
8	时域微分	$f'(t)$	$sF(s)-f(0_-)$
		$f''(t)$	$s^2F(s)-sf(0_-)-f'(0_-)$
		$f^{(n)}(t)$	$s^nF(s)-s^{n-1}f(0_-)-\cdots-f^{(n-1)}(0_-)$
9	复频域微分	$tf(t)$	$(-1)^1\frac{\mathrm{d}F(s)}{\mathrm{d}s}$
		$tf^{(n)}(t)$	$(-1)^n\frac{\mathrm{d}^n F(s)}{\mathrm{d}s^n}$
10	时域积分	$\int_{0_-}^{t}f(\tau)\mathrm{d}\tau$	$\frac{F(s)}{s}$
11	复频域积分	$\frac{f(t)}{t}$	$\int_s^{\infty}F(s)$
12	时域卷积	$f_1(t)*f_2(t)$	$F_1(s)F_2(s)$
13	复频域卷积	$f_1(t)f_2(t)$	$\frac{1}{2\pi}F_1(s)*F_2(s)$
14	调制定理	$f(t)\cos\omega_0 t$	$\frac{1}{2}[F(s+\mathrm{j}\omega_0)-F(s-\mathrm{j}\omega_0)]$
		$f(t)\sin\omega_0 t$	$\frac{1}{2}[F(s-\mathrm{j}\omega_0)-F(s+\mathrm{j}\omega_0)]$
15	初值定理	$f(0_+)=\lim\limits_{t\to 0_+}f(t)=\lim\limits_{s\to\infty}sF(s)$	
16	终值定理	$f(\infty)=\lim\limits_{t\to\infty}f(t)=\lim\limits_{s\to 0}sF(s)$	

附录 B 的拉普拉斯变换表提供了一些常用时间常数 $f(t)\varepsilon(t)$ 的拉普拉斯变换式，读者在解题时可以查阅该表，查出待求的象函数 $F(s)$ 或原函数 $f(t)$。

12.3 拉普拉斯反变换

在应用拉普拉斯变换分析电路问题时，首先要将时域中的问题变换为复频域中的问题，求得解答的象函数，然后再对象函数进行拉普拉斯反变换才能得到时域中的解答。因此，对于拉普拉斯反变换也应该熟练地掌握。一般来说，不直接采用式 (12-9) 的定义式来计算拉普拉斯反变换，而是采用查表法、留数法或部分分式展开法等三种方法来计算拉普拉斯反变换，本节主要介绍部分分式展开法，这是一种最常用的求拉普拉斯反变换的方法，并主要介绍在象函数的分母具有单根、复根、重根三种情况下，用部分分式及分解定理求待定系数的拉普拉斯反变换。

12.3.1 象函数的两种形式

在线性时不变网络分析中,所求得的象函数一般是 s 的实有理函数,可表示为两个多项式之比,形式如下:

$$F(s)=\frac{P(s)}{Q(s)}=\frac{a_m s^m+a_{m-1}s^{m-1}+\cdots+a_1 s+a_0}{s^n+b_{n-1}s^{n-1}+\cdots+b_1 s+b_0} \tag{12-12}$$

式中,分子和分母都是复频域变量 s 的多项式,m 和 n 为正整数,所有的系数都是实数。根据 m 和 n 的大小不同,象函数 $F(s)$ 可以分为两种。

1. 象函数 $F(s)$ 为真分式,$m<n$

如果 $m<n$,则象函数 $F(s)$ 为真分式,对于这样的象函数 $F(s)$,可以直接应用部分分式展开法将 $F(s)$ 部分分式分解,然后通过查表,便可以直接得到拉普拉斯反变换的结果。

例 12-10 求 $F(s)=\dfrac{2s+1}{s^2+3s+2}$ 的原函数。

解: 先部分分式展开

$$F(s)=\frac{2s+1}{s^2+3s+2}=\frac{2s+1}{(s+2)(s+1)}=\frac{3}{s+2}-\frac{1}{s+1}$$

通过查表,得到原函数

$$f(t)=3\mathrm{e}^{-2t}-\mathrm{e}^{-t} \quad t>0$$

例 12-11 求 $F(s)=\dfrac{5s^2+4s-18}{(s-2)(s^2+2s+2)}$ 的原函数。

解:
$$F(s)=\frac{5s^2+4s-18}{(s-2)(s^2+2s+2)}=\frac{5s^2+4s-18}{(s-2)[(s+1)^2+1]}$$

$$=\frac{1}{s-2}+\frac{4s+10}{(s+1)^2+1}$$

$$=\frac{1}{s-2}+\frac{4(s+1)}{(s+1)^2+1}+\frac{6}{(s+1)^2+1}$$

所以 $f(t)=\mathrm{e}^{2t}+4\mathrm{e}^{-t}\cos t+6\mathrm{e}^{-t}\sin t, t>0$

2. 象函数 $F(s)$ 为假分式,$m\geqslant n$

如果 $m\geqslant n$,象函数 $F(s)$ 为假分式,可以利用长除法将其分解为一个有理多项式和一个真分式之和,即可将上式写成

$$F(s)=A(s)+\frac{R(s)}{Q(s)}$$

式中,$A(s)$ 是 $P(s)$ 被 $Q(s)$ 所除而得的商式,它是一个多项式,所对应的拉普拉斯反变换(时间函数)为 $\delta(t), \delta'(t), \delta''(t), \cdots$ 函数的线性组合;$R(s)$ 是余式,其次数总是低于 $Q(s)$ 的次数,因此 $\dfrac{R(s)}{Q(s)}$ 为有理真分式,可用部分分式展开法查表求得反变换。

例 12-12 求 $F(s)=\dfrac{s^4+8s^3+25s^2+31s+15}{s^3+6s^2+11s+6}$ 的原函数。

解: 先用长除法将象函数化为真分式

$$\begin{array}{r}s+2\\s^3+6s^2+11s+6\overline{\smash{\big)}\,s^4+8s^3+25s^2+31s+15}\\\underline{s^4+6s^3+11s^2+6s}\\2s^3+14s^2+25s+15\\\underline{2s^3+12s^2+22s+12}\\2s^2+3s+3\end{array}$$

$$F(s)=s+2+\frac{2s^2+3s+3}{s^3+6s^2+11s+6}$$

$$=s+2+\frac{1}{s+1}-\frac{5}{s+2}+\frac{6}{s+3}$$

所以 $f(t)=\delta'(t)+2\delta(t)+\mathrm{e}^{-t}\varepsilon(t)-5\mathrm{e}^{-2t}\varepsilon(t)+6\mathrm{e}^{-3t}\varepsilon(t)$

例 12-13 试求 $F(s)=\dfrac{s^3+5s^2+10s+16}{s+3}$ 的原函数。

解： 用长除法得

$$F(s)=\frac{s^3+5s^2+10s+16}{s+3}=s^2+2s+4+\frac{4}{s+3}$$

所以 $F(s)$ 对应的原函数为

$$f(t)=\delta''(t)+2\delta'(t)+4\delta(t)+4\mathrm{e}^{-3t}\varepsilon(t)$$

通过上面两个例子可以看出，假分式可以化为多项式和真分式，由于多项式的反变换比较容易求得，因此，假分式反变换的关键还是在于解决真分式的反变换问题，所以，下面只讨论真分式的反变换问题。

12.3.2 部分分式展开法求拉普拉斯反变换

假设 $F(s)=\dfrac{P(s)}{Q(s)}$ 为有理真分式，$P(s)$ 的最高阶次为 m，$Q(s)$ 的最高阶次为 n，$n>m$，它的分子多项式 $P(s)$ 与分母多项式 $Q(s)$ 互质，为了能够将 $F(s)$ 写成部分分式后再进行拉普拉斯反变换，我们将分母多项式 $Q(s)$ 用因式连乘的形式来表示，也就是将其写成

$$Q(s)=s^n+a_1s^{n-1}+\cdots+a_{n-1}s+a_n=\prod_{j=1}^{n}(s-s_j) \tag{12-13}$$

式中，$s_j(j=1,2,\cdots,n)$ 为 $Q(s)=0$ 的根，称为 $Q(s)$ 的零点。因为 $s\to s_j$ 时，$F(s)\to\infty$，所以将 s_j 称为有理函数 $F(s)$ 的极点。如 s_j 是多项式 $Q(s)$ 的单根，则称 s_j 为 $F(s)$ 的单极点。如果 $s_j(j=1,2,\cdots,r)$ 是 $Q(s)$ 的 r 重根，则称 s_j 为 $F(s)$ 的 r 阶极点。下面分三种情况讨论。

1. $Q(s)=0$ 的根均为单实根

此时，这些根 $s_j(j=1,2,\cdots,n)$ 互不相等，根据代数理论，$F(s)$ 可以展开成

$$F(s)=\frac{A_1}{s-s_1}+\frac{A_2}{s-s_2}+\cdots+\frac{A_k}{s-s_k}+\cdots+\frac{A_n}{s-s_n}=\sum_{k=1}^{n}\frac{A_k}{s-s_k}$$

系数 A_k 有两种求法：

（1）极限法 为了求得系数 A_k（$k=1,2,\cdots,n$），可将上式两端同乘以 $s-s_k$，得

$$(s-s_k)F(s) = \frac{A_1(s-s_k)}{s-s_1} + \cdots + A_k + \cdots + \frac{A_n(s-s_k)}{s-s_n}$$

令 $s \to s_k$，两边取极限，则右边除 A_k 外其他项为 0，因此得到

$$A_k = \lim_{s \to s_k}[(s-s_k)F(s)], \quad k = 1, 2, \cdots, n \tag{12-14}$$

(2) 导数法 $A_k(k=1, 2, \cdots, n)$ 还可以用下述求导的方法求出。

$$A_k = \lim_{s \to s_k}(s-s_k)F(s) = \lim_{s \to s_k}\frac{(s-s_k)P(s)}{Q(s)}$$

s_k 是 $Q(s)$ 的一个根，所以当 $s \to s_k$ 时，分子、分母均为 0，应用洛必达法则，分子、分母分别求导得

$$\lim_{s \to s_k}\frac{(s-s_k)P(s)}{Q(s)} = \lim_{s \to s_k}\frac{P(s)+(s-s_k)P'(s)}{Q'(s)} = \left.\frac{P(s)}{Q'(s)}\right|_{s=s_k} = \frac{P(s_k)}{Q'(s_k)}$$

即

$$A_k = \frac{P(s_k)}{Q'(s_k)} \tag{12-15}$$

求得每一项的系数 A_k 以后，利用 $\frac{A_k}{s-s_k} \leftrightarrow A_k \mathrm{e}^{s_k t}$，并根据拉普拉斯变换的线性性质，则容易求得 $F(s)$ 的原函数为

$$F(s) = \sum_{k=1}^{n}\frac{A_k}{s-s_k} \leftrightarrow \sum_{k=1}^{n}A_k \mathrm{e}^{s_k t} = f(t) \quad t \geqslant 0$$

对于所有极点均为实数的情况，$F(s)$ 的部分分式展开式较为简单。下面举例说明。

例 12-14 求 $F(s) = \dfrac{2s+1}{s^2+3s+2}$ 的拉普拉斯反变换。

解： $F(s) = \dfrac{2s+1}{s^2+3s+2} = \dfrac{2s+1}{(s+2)(s+1)} = \dfrac{A_1}{s+2} + \dfrac{A_2}{s+1}$

可得 $A_1 = \lim\limits_{s \to -2}(s+2) \cdot \dfrac{2s+1}{(s+2)(s+1)} = 3$

$A_2 = \lim\limits_{s \to -1}(s+1) \cdot \dfrac{2s+1}{(s+2)(s+1)} = -1$

或者

$Q(s) = s^2+3s+2, Q'(s) = 2s+3$

$A_1 = \left.\dfrac{2s+1}{2s+3}\right|_{s=-2} = 3; \quad A_2 = \left.\dfrac{2s+1}{2s+3}\right|_{s=-1} = -1$

两种方法所得结果一样。

$$F(s) = \frac{3}{s+2} - \frac{1}{s+1} \leftrightarrow f(t) = 3\mathrm{e}^{-2t} - \mathrm{e}^{-t}$$

例 12-15 试求 $F(s) = \dfrac{24s+64}{s^3+9s^2+23s+15}$ 的拉普拉斯反变换。

解： $F(s)$ 的分母多项式为
$$Q(s) = s^3 + 9s^2 + 23s + 15 = (s+1)(s+3)(s+5)$$
由上式可见，$F(s)$ 的极点为 -1、-3 及 -5。于是 $F(s)$ 可展开成
$$F(s) = \frac{K_1}{s+1} + \frac{K_2}{s+3} + \frac{K_3}{s+5}$$
应用式（12-14）可求得上式中各系数为
$$K_1 = \left.\frac{(s+1)(24s+64)}{(s+1)(s+3)(s+5)}\right|_{s=-1} = \left.\frac{24s+64}{(s+3)(s+5)}\right|_{s=-1} = 5$$

$$K_2 = \left.\frac{24s+64}{(s+1)(s+5)}\right|_{s=-3} = 2$$

$$K_3 = \left.\frac{24s+64}{(s+1)(s+3)}\right|_{s=-5} = -7$$

因此 $F(s)$ 的原函数为
$$f(t) = L^{-1}[F(s)] = (5\mathrm{e}^{-t} + 2\mathrm{e}^{-3t} - 7\mathrm{e}^{-5t})\varepsilon(t)$$
系数 K_1, K_2, K_3 也可应用式（12-15）求得。由于
$$Q'(s) = 3s^2 + 18s + 23$$
故有
$$K_1 = \left.\frac{24s+64}{3s^2+18s+23}\right|_{s=-1} = 5$$

$$K_2 = \left.\frac{24s+64}{3s^2+18s+23}\right|_{s=-3} = 2$$

$$K_3 = \left.\frac{24s+64}{3s^2+18s+23}\right|_{s=-5} = -7$$

由此可见，应用式（12-14）求得的系数与应用式（12-15）求得的系数完全相同。

2. $Q(s) = 0$ 有重根

设 $Q(s) = 0$ 在 $s = s_1$ 处有 m 重根，而其余 $s_{m+1}, \cdots, s_n$ 均为单根，这时 $F(s)$ 可展开为
$$F(s) = \frac{A_{1,m}}{(s-s_1)^m} + \frac{A_{1,m-1}}{(s-s_1)^{m-1}} + \cdots + \frac{A_{1,1}}{(s-s_1)} + N(s)$$
由 $(s-s_1)^m F(s) = A_{1,m} + (s-s_1)A_{1,m-1} + \cdots + (s-s_1)^{m-1}A_{1,1} + (s-s_1)^m N(s)$
可得 $A_{1,m} = \lim_{s \to s_1}(s-s_1)^m F(s)$

由 $\dfrac{\mathrm{d}}{\mathrm{d}s}[(s-s_1)^m F(s)] = A_{1,m-1} + \cdots + (m-1)(s-s_1)^{m-2}A_{1,1} + m(s-s_1)^{m-1}N(s)$

可得 $A_{1,m-1} = \lim_{s \to s_1} \dfrac{\mathrm{d}}{\mathrm{d}s}[(s-s_1)^m F(s)]$

以此类推，可得一般公式

$$A_{1,k} = \frac{1}{(m-k)!} \cdot \frac{d^{m-k}}{ds^{m-k}}[(s-s_1)^m F(s)]$$

再根据已知结果 $t^n \varepsilon(t) \leftrightarrow \frac{n!}{s^{n+1}}$ 和频移特性有

$$\frac{t^n}{n!} \cdot e^{s_1 t} \varepsilon(t) \leftrightarrow \frac{1}{(s-s_1)^{n+1}}$$

$$f(t) = L^{-1}[F(s)] = e^{s_1 t}\left[\frac{A_{1,m}}{(m-1)!}t^{m-1} + \frac{A_{1,m-1}}{(m-2)!}t^{m-2} + \cdots + A_{1,1}\right] + L^{-1}[N(s)] \quad t>0$$

例 12-16 求 $F(s) = \dfrac{7s+8}{s(s+1)(s+2)^2}$ 的拉普拉斯反变换。

解： $F(s) = \dfrac{7s+8}{s(s+1)(s+2)^2}$

$$= \frac{A_1}{(s+2)^2} + \frac{A_2}{s+2} + \frac{A_3}{s} + \frac{A_4}{s+1}$$

$$A_1 = (s+2)^2 F(s) \bigg|_{s=-2} = \frac{7s+8}{s(s+1)}\bigg|_{s=-2} = -3$$

$$A_2 = [(s+2)^2 F(s)]'_{s=-2}$$

$$= \frac{7s(s+1) - (7s+8)[(s+1)+s]}{s^2(s+1)^2}\bigg|_{s=-2}$$

$$= \frac{-14(-1) - (-6)(-3)}{4} = -1$$

$$A_3 = \frac{7s+8}{(s+1)(s+2)^2}\bigg|_{s=0} = 2$$

$$A_4 = \frac{7s+8}{s(s+2)^2}\bigg|_{s=-1} = -1$$

$$F(s) = -\frac{3}{(s+2)^2} - \frac{1}{(s+2)} + \frac{2}{s} - \frac{1}{s+1}$$

$$f(t) = -3te^{-2t} - e^{-2t} + 2 - e^{-t}$$

$$= -(3t+1)e^{-2t} + 2 - e^{-t} \quad t>0$$

3. $Q(s)=0$ 有一对共轭单根

当某些根为复数时，由于 $F(s)$ 的分母 $Q(s)$ 是实系数多项式，故复数根必以共轭复数的形式成对出现，即 $Q(s)=0$ 有共轭根。设：$s_{1,2} = -\alpha \pm j\beta$，则 $F(s)$ 的部分分式展开式可表示为

$$F(s) = \frac{P(s)}{Q(s)} = \frac{P(s)}{[(s+\alpha)^2+\beta^2]Q_2(s)} = F_1(s) + F_2(s)$$

$$= \frac{k_1}{s+\alpha-\mathrm{j}\beta} + \frac{k_2}{s+\alpha+\mathrm{j}\beta} + \frac{P_2(s)}{Q_2(s)} \tag{12-16}$$

其中有两项包含共轭根。计算 k_1、k_2 时应注意以下两点：

1）共轭单根可以作为单根来处理。

$$k_1 = \frac{P(s_1)}{Q'(s_1)} = \frac{P(-\alpha+\mathrm{j}\beta)}{Q'(-\alpha+\mathrm{j}\beta)}$$

$$k_2 = \frac{P(s_2)}{Q'(s_2)} = \frac{P(-\alpha-\mathrm{j}\beta)}{Q'(-\alpha-\mathrm{j}\beta)}$$

k_1 和 k_2 一般也是复数。

2）利用 k_1、k_2 之间的关系简化运算。

因为 $P(s)$ 和 $Q'(s)$ 是 s 的实系数多项式，所以其共轭复数 $P(\overset{*}{s}) = \overset{*}{P}(s)$，$Q'(\overset{*}{s}) = \overset{*}{Q'}(s)$，即 k_1、k_2 互为共轭，$k_1 = \overset{*}{k_2}$，可令 $k_1 = k\mathrm{e}^{\mathrm{j}\theta}$，$k_2 = k\mathrm{e}^{-\mathrm{j}\theta}$，这样式（12-16）中 $F_1(s)$ 的拉普拉斯反变换为

$$\begin{aligned}
f_1(t) &= L^{-1}[F_1(s)] \\
&= k\mathrm{e}^{\mathrm{j}\theta}\mathrm{e}^{(-\alpha+\mathrm{j}\beta)t} + k\mathrm{e}^{-\mathrm{j}\theta}\mathrm{e}^{(-\alpha-\mathrm{j}\beta)t} \\
&= k\mathrm{e}^{-\alpha t}[\mathrm{e}^{\mathrm{j}(\beta t+\theta)} + \mathrm{e}^{-\mathrm{j}(\beta t+\theta)}] \\
&= 2k\mathrm{e}^{-\alpha t}\cos(\beta t+\theta)
\end{aligned}$$

所以对于式（12-16），k_1、k_2 只需求出其中一个就行了。读者可利用这一结论简化运算。

求出了 k_1、k_2，容易求得 $F(s)$ 的原函数为如下形式：

$$f(t) = k_1\mathrm{e}^{(-\alpha+\mathrm{j}\beta)t} + k_2\mathrm{e}^{(-\alpha-\mathrm{j}\beta)t} + L^{-1}\left[\frac{P_2(s)}{Q_2(s)}\right]$$

3）利用以下式子运算：

$$\sin\omega t\varepsilon(t) \leftrightarrow \frac{\omega}{s^2+\omega^2}$$

$$\cos\omega t\varepsilon(t) \leftrightarrow \frac{s}{s^2+\omega^2}$$

例 12-17 试求 $F(s) = \dfrac{5s^2+24s+43}{(s+3)(s^2+2s+5)}$ 的拉普拉斯反变换 $f(t)$。

解： $F(s)$ 的部分分式展开式为

$$F(s) = \frac{k_1}{s+3} + \frac{k_2}{s-(-1+\mathrm{j}2)} + \frac{k_2^*}{s-(-1-\mathrm{j}2)}$$

式中

$$k_1 = \left.\frac{5s^2+24s+43}{s^2+2s+5}\right|_{s=-3} = 2$$

$$k_2 = \left.\frac{5s^2+24s+43}{(s+3)[s-(-1-\mathrm{j}2)]}\right|_{s=-1+\mathrm{j}2} = 1.5-\mathrm{j}2 = 2.5\mathrm{e}^{-\mathrm{j}53.18°}$$

直接利用式（12-16），可得到

$$f(t) = L^{-1}[F(s)] = 2e^{-3t} + 5e^{-t}\cos(2t - 53.18°), t \geq 0$$

上面的计算涉及一些复数计算，要避免复数计算，可在求出 K_1 后将 $F(s)$ 表示为

$$F(s) = \frac{2}{s+3} + \frac{As+B}{s^2+2s+5} = \frac{(2+A)s^2 + (3A+B+4)s + (3B+10)}{(s+3)(s^2+2s+5)}$$

将上式与 $F(s)$ 的原表达式相比较，应有

$$5s^2 + 24s + 43 = (2+A)s^2 + (3A+B+4)s + (3B+10)$$

根据此式易于求得 $A=3, B=11$。因此有

$$F(s) = \frac{2}{s+3} + \frac{3s+11}{s^2+2s+5} = \frac{2}{s+3} + \frac{3(s+1)}{(s+1)^2+2^2} + \frac{4\times2}{(s+1)^2+2^3}$$

其中各分式的原函数可在表 12-1 中查得，最后得到

$$f(t) = 2e^{-3t} + e^{-t}(3\cos 2t + 4\sin 2t) = 2e^{-3t} + 5e^{-t}\cos(2t - 53.18°), t \geq 0$$

可见用两种方法计算的结果是一样的。

例 12-18 求 $F(s) = \dfrac{s^3+s^2+2s+4}{s(s+1)(s^2+1)[(s+1)^2+1]}$ 的拉普拉斯反变换。

解： $F(s) = \dfrac{s^3+s^2+2s+4}{s(s+1)(s^2+1)[(s+1)^2+1]}$

$$= \frac{A_1}{s} + \frac{A_2}{s+1} + \frac{k_1}{s-j} + \frac{k_2}{s+1-j} + 各共轭项$$

$A_1 = 2, A_2 = -1$

$$k_1 = \lim_{s\to j}(s-j)F(s) = \frac{1}{-2j} = \frac{1}{2}e^{j90°}$$

$$k_2 = \lim_{s\to -1+j}(s+1-j)F(s) = \frac{2+j}{-1-j3} = \frac{1}{\sqrt{2}}e^{j135°}$$

$$F(s) = \frac{2}{s} - \frac{1}{s+1} + \frac{e^{j90°}}{2} \cdot \frac{1}{s-j} + \frac{e^{j135°}}{\sqrt{2}} \cdot \frac{1}{s+1-j} + 其他共轭项$$

$$f(t) = 2 - e^{-t} + \cos(t+90°) - \sqrt{2}e^{-t}\cos(t-45°)$$

$$= 2 - e^{-t} + \sin t - \sqrt{2}e^{-t}\cos(t-45°) \quad t>0$$

例 12-19 求 $F(s) = \dfrac{s+2}{s^2+2s+2}$ 的拉普拉斯反变换。

解： $F(s) = \dfrac{s+2}{s^2+2s+2} = \dfrac{(s+1)+1}{(s+1)^2+1} = \dfrac{s+1}{(s+1)^2+1} + \dfrac{1}{(s+1)^2+1}$

$f(t) = e^{-t}\cos t + e^{-t}\sin t$

$\quad\quad = e^{-t}(\cos t + \sin t)$

$\quad\quad = \sqrt{2}e^{-t}\cos(t-45°)$

例 12-20 试求 $F(s) = \dfrac{256}{(s+2)(s^2+4s+20)^2}$ 的拉普拉斯反变换。

解： 部分分式展开为

$$F(s) = \frac{k_1}{s+2} + \frac{k_2}{[s-(-2+j4)]^2} + \frac{k_3}{[s-(-2-j4)]^2} + \frac{k_4}{s-(-2+j4)} + \frac{k_5}{s-(-2-j4)}$$

式中

$$k_1 = \frac{256}{(s^2+4s+20)^2}\bigg|_{s=-2} = 1$$

$$k_2 = \frac{256}{(s+2)[s(-2-j4)]^2}\bigg|_{s=-2+j4} = j$$

$$k_3 = K_2^* = -j$$

$$k_4 = \frac{\mathrm{d}}{\mathrm{d}s}\left[\frac{256}{(s+2)[s-(-2-j4)]^2}\right]\bigg|_{s=-2+j4} = -\frac{1}{2}$$

$$k_5 = K_4^* = -\frac{1}{2}$$

则 $F(s)$ 的原函数为

$$f(t) = \mathrm{e}^{-2t} + 2t\mathrm{e}^{-2t}\cos(4t+90°) - \mathrm{e}^{-2t}\cos 4t, \quad t \geq 0$$

12.4 应用拉普拉斯变换分析线性时不变电路

应用拉普拉斯变换分析线性时不变网络时，可以先列出网络的积分微分方程，然后变换为复频域中的代数方程并求解；也可以先将各电路元件的特性方程变换成复频域形式，再作出线性时不变网络的复频域等效网络，然后直接列出网络在复频域中的代数方程并求解。两种方法都属于复频域分析法，一般来说，后一种方法比前一种方法简便。这一节主要介绍后一种方法。

复频域分析法的基本思路是：

把时间域内的输入信号和电路变换（映射）到复频域中，从而将时域电路转化为复频域电路，然后在复频域中求解电路，得到输出的象函数，再进行反变换，从而得到时间域的输出。

12.4.1 基尔霍夫定律的复频域形式

1. KCL 的复频域形式

对于电路中的任一个节点 A 或割集 C，其时域形式的 KCL 方程为 $\sum_{k=1}^{n} i_k(t) = 0$，$k=1$，2，$\cdots$，$n$。式中，$n$ 为连接在节点 A 上的支路数或割集 C 中所包含的支路数。对上式进行拉普拉斯变换得 $L\left[\sum_{k=1}^{n} i_k(t)\right] = 0$，即 $\sum_{k=1}^{n} I_k(s) = 0$，式中，$I_k(s) = L[i_k(t)]$ 为支路电流 $i_k(t)$ 的象函数。上式即为 KCL 的复频域形式。它说明电路中任一节点 A 的所有支路电流象函数的代数和等于零；或者电路的任一割集 C 中所有支路电流象函数的代数和等于零。

2. KVL 的复频域形式

对于电路中任一个回路,其时域形式的 KVL 方程为 $\sum_{k=1}^{n} u_k(t) = 0$,$k=1$,$2$,$\cdots$,$n$。式中,$n$ 为回路中所含的支路数。对上式进行拉普拉斯变换即得 $\sum_{k=1}^{n} U_k(s) = 0$,式中,$U_k(s) = L[u_k(t)]$ 为支路电压 $u_k(t)$ 的象函数。上式即为 KVL 的复频域形式。它说明任一回路中所有支路电压象函数的代数和等于零。

12.4.2 电路元件伏安关系的复频域形式

1. 电阻元件

线性时不变电阻元件的时域电路模型如图 12-5a 所示,其时域伏安关系为

$$u(t) = Ri(t)$$

或

$$i(t) = \frac{1}{R}u(t) = Gu(t)$$

对上两式求拉普拉斯变换,即得其复频域伏安关系为

$$U(s) = RI(s)$$

或

$$I(s) = GU(s)$$

此式为线性时不变电阻元件特性方程的复频域形式,式中 $U(s) = L[u(t)]$,$I(s) = L[i(t)]$。其复频域电路模型如图 12-5b 所示,其中电压、电流采用象函数,参数与时域模型相同。

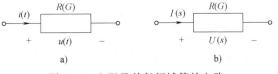

图 12-5 电阻及其复频域等效电路

2. 电容元件

线性时不变电容元件的时域电路模型如图 12-6a 所示,其时域伏安关系为

$$i_C(t) = C\frac{du_C(t)}{dt}$$

或

$$u_C(t) = u_C(0_-) + \frac{1}{C}\int_{0_-}^{t} i_C(\tau)d\tau$$

式中,$u_C(0_-)$ 为 $t=0_-$ 时刻电容 C 上的初始电压。

在时域中,一个初始电压为 $u_C(0_-)$ 的线性时不变电容的戴维南等效电路是由电压为 $u_C(0_-)$ 的直流电压源与初始电压为零的同一电容的串联而成(见图 12-6b)。它的诺顿等效电路是由电流为 $Cu_C(0_-)\delta(t)$ 的直流电源与初始电压为零的同一电容并联而成(见图 12-6c)。

对这上面两个方程分别进行拉普拉斯变换,得到线性时不变电容特性方程的复频域形式为

$$I_C(s) = sCU_C(s) - Cu_C(0_-) \qquad (12\text{-}17)$$

或

$$U_C(s) = \frac{1}{sC}I_C(s) + \frac{u_C(0_-)}{s} \qquad (12\text{-}18)$$

在式（12-17）中，$U_C(s) = L[u_C(t)]$，$I_C(s) = L[i_C(t)]$，$\frac{1}{sC}$ 是 $u_C(0_-) = 0$ 时 $U_C(s)$ 与 $I_C(s)$ 的比值，称为电容 C 的复频域阻抗，也称为运算容抗；$\frac{u_C(0_-)}{s}$ 是电容初始电压的象函数，可用独立电压源表示。与此相应的电容复频域等效电路如图 12-6d 所示。在式（12-17）中，sC 是 $u_C(0_-) = 0$ 时 $I_C(s)$ 与 $U_C(s)$ 的比值，称为电容 C 的复频域导纳，也称为运算容纳，与复频域阻抗 $\frac{1}{sC}$ 互成倒数，$Cu_C(0_-)$ 可用独立电流源表示。与此相应的电容复频域等效电路如图 12-6e 所示，图 12-6d 所示为串联电路模型，图 12-6e 所示为并联电路模型。

图 12-6d 和图 12-6e 所示复频域等效电路分别与图 12-6b 和图 12-6c 所示电路相对应，它们分别是图 12-6a 所示电容的复频域戴维南等效电路和诺顿等效电路。二者可以转换，前者的电压源电压 $\frac{u_C(0_-)}{s}$ 除以复频域阻抗 $\frac{1}{sC}$ 就是后者的电流源电流 $Cu_C(0_-)$，$\frac{1}{s}u_C(0_-)$ 和 $Cu_C(0_-)$ 均称为电容 C 的内激励。

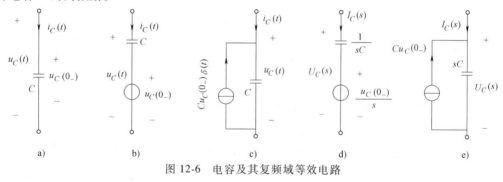

图 12-6 电容及其复频域等效电路

3. 电感元件

线性时不变电感元件的时域电路模型如图 12-7a 所示，其时域伏安关系为

$$u_L(t) = L\frac{\mathrm{d}i_L(t)}{\mathrm{d}t}$$

或

$$i_L(t) = i_L(0_-) + \frac{1}{L}\int_{0_-}^{t} u_L(\tau)\mathrm{d}\tau$$

式中，$i_L(0_-)$ 为 $t = 0_-$ 时刻电感 L 上的初始电流。

在时域中，一个初始电流为 $i_L(0_-)$ 的线性时不变电感的戴维南等效电路是由电流为 $i_L(0_-)$ 的直流电流源与初始电流为零的同一电感并联而成（见图 12-7b）。它的诺顿等效电路是由电压为 $Li_L(0_-)\delta(t)$ 的直流电压源与初始电流为零的同一电感串联而成（见图 12-7c）。

对这上面两个方程分别进行拉普拉斯变换，得到线性时不变电感特性方程的复频域形式为

$$U_L(s) = sLI_L(s) - Li_L(0_-) \qquad (12\text{-}19)$$

或

$$I_L(s) = \frac{1}{sL}U_L(s) + \frac{i_L(0_-)}{s} \quad (12\text{-}20)$$

在式（12-19）中，$U_L(s) = L[u_L(t)]$，$I_L(s) = L[i_L(t)]$，sL 是 $i_L(0_-) = 0$ 时 $U_L(s)$ 与 $I_L(s)$ 的比值，称为电感 L 的复频域阻抗，或称运算感抗；$\dfrac{i_L(0_-)}{s}$ 是电感初始电流的象函数，可用独立电流源表示。与此相应的电感复频域等效电路如图 12-7d 所示。在式（12-20）中，$\dfrac{1}{sL}$ 是 $i_L(0_-) = 0$ 时 $I_L(s)$ 与 $U_L(s)$ 的比值，称为电感 L 的复频域导纳，或称运算感纳，与复频域阻抗 sL 互成倒数，$Li_L(0_-)$ 可用独立电压源表示。与此相应的电感复频域等效电路如图 12-7e 所示，图 12-7d 所示为并联电路模型，图 12-7e 所示为串联电路模型。

图 12-7d 和图 12-7e 所示复频域等效电路分别与图 12-7b 和图 12-7c 所示电路相对应，它们分别是图 12-7a 所示电感的复频域诺顿等效电路和戴维南等效电路。二者可以相互转换，前者的电流源电流 $\dfrac{i_L(0_-)}{s}$ 乘以复频域阻抗 sL 就是后者的电压源电压 $Li_L(0_-)$，$\dfrac{i_L(0_-)}{s}$ 和 $Li_L(0_-)$ 均称为电感 L 的内激励。

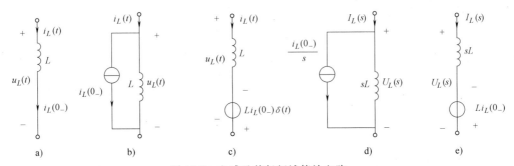

图 12-7　电感及其复频域等效电路

4. 耦合电感元件

在时域中，线性时不变耦合电感（见图 12-8a）的特性方程为

$$\begin{cases} u_1(t) = L_1 \dfrac{di_1(t)}{dt} + M \dfrac{di_2(t)}{dt} \\ u_2(t) = M \dfrac{di_1(t)}{dt} + L_2 \dfrac{di_2(t)}{dt} \end{cases}$$

电感 L_1 和 L_2 的初始电流分别为 $i_1(0_-)$ 和 $i_2(0_-)$，对以上两式进行拉普拉斯变换后得到耦合电感特性方程的复频域形式为

$U_1(s) = sL_1 I_1(s) + sM I_2(s) - L_1 i_1(0_-) - M i_2(0_-)$
$U_2(s) = sM I_1(s) + sL_2 I_2(s) - M_1 i_1(0_-) - L_2 i_2(0_-)$

式中，$U_1(s) = L[u_1(t)]$，$U_2(s) = L[u_2(t)]$，$I_1(s) = L[i_1(t)]$，$I_2(s) = L[i_2(t)]$，$i_1(0_-)$、$i_2(0_-)$ 分别为电感 L_1，L_2 中的初始电流；sM 称为耦合电感元件的复频域互感抗，或称运算互感抗；$L_1 i_1(0_-)$，$L_2 i_2(0_-)$，$Mi_1(0_-)$，$Mi_2(0_-)$ 均可等效表示为附加的独立电压源，均为耦合电感元件的内激励。根据上两式即可画出耦合电感元件的复频域电路模型，如图 12-8b 所示。

若将图 12-8a 所示耦合电感的去耦等效电路画出，则如图 12-8c 所示，与之对应的 s 域电路模型如图 12-8d 所示。

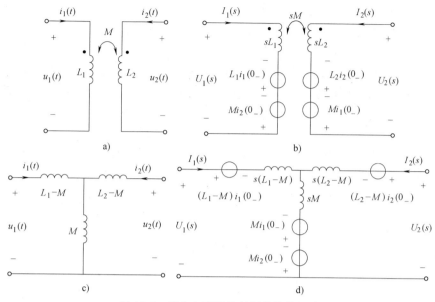

图 12-8 耦合电感及其复频域等效电路

受控源、回转器及理想变压器等电路元件的特性方程的复频域形式可根据它们的时域特性方程经拉普拉斯变换而得，这里不再一一列举。

12.4.3 复频域阻抗与复频域导纳

对于一个不含独立电源并处于零状态的单口网络，其端口处电压象函数与电流象函数之比定义为复频域阻抗，也称运算阻抗，即

$$Z(s) = \frac{U(s)}{I(s)} \tag{12-21}$$

端口处电流的象函数与电压的象函数之比定义为复频域导纳，也称运算导纳，即

$$Y(s) = \frac{I(s)}{U(s)} \tag{12-22}$$

单口网络的复频域阻抗与复频域导纳互为倒数，即

$$Z(s) = \frac{1}{Y(s)} \tag{12-23}$$

一般来说，对于一个不含独立电源的由电阻、电容、电感、耦合电感、受控源等电路元件组成并且处于零状态的线性时不变单口网络，其复频域等效网络（见图 12-9a）可用一个复频域阻抗 $Z(s)$，或用一个复频域导纳 $Y(s)$ 来等效（见图 12-9b），此时有

$$U(s) = Z(s)I(s) \tag{12-24}$$

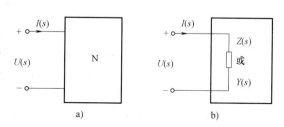

图 12-9 单口网络的复频域阻抗与复频域导纳

$$I(s) = Y(s)U(s) \tag{12-25}$$

以上两式即为复频域形式的欧姆定律。

复频域分析法也称为运算法,将复频域等效电路、复频域阻抗与复频域导纳分别称为运算电路、运算阻抗和运算导纳。在与正弦稳态分析中的阻抗和导纳不致混淆的前提下,可将复频域阻抗和复频域导纳简称为阻抗和导纳。单口网络的复频域阻抗(或导纳)也可称为单口网络的驱动点阻抗(或导纳)、入端阻抗(或导纳)、内阻抗(或导纳)等。

图 12-10a 所示为时域 RLC 串联电路模型,设电感 L 中的初始电流为 $i_L(0_-)$,电容 C 上的初始电压为 $u_C(0_-)$。

于是可作出其复频域电路模型如图 12-10b 所示,进而可写出其 KVL 方程为

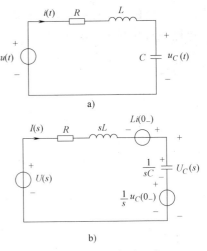

图 12-10 RLC 串联电路

$$I(s) = \frac{U(s) + Li(0_-) - \frac{1}{s}u_C(0_-)}{R + Ls + \frac{1}{Cs}} = \frac{U(s)}{Z(s)} + \frac{Li(0_-) - \frac{1}{s}u_C(0_-)}{Z(s)} \tag{12-26}$$

式中,$Z(s) = R + Ls + \frac{1}{Cs}$。

$Z(s)$ 称为支路的复频域阻抗,它只与电路参数 R,L,C 及复频率 s 有关,而与电路的激励(包括内激励)和响应无关。

式(12-26)中等号右端的第一项只与激励 $U(s)$ 有关,故为 s 域中的零状态响应;等号右端的第二项只与初始条件 $i_L(0_-)$,$u_C(0_-)$ 有关,故为 s 域中的零输入响应;等号左端的 $I(s)$ 则为 s 域中的全响应。若 $i_L(0_-) = 0$,$u_C(0_-) = 0$,则式(12-19)变为

$$I(s) = \frac{U(s)}{Z(s)} = Y(s)U(s) \tag{12-27}$$

式(12-27)即为复频域形式的欧姆定律。

12.4.4 线性时不变电路的复频域分析法

下面以线性时不变电路为例讨论线性系统的复频域分析方法。由于复频域形式的 KCL,KVL,欧姆定律在形式上与相量形式的 KCL,KVL,欧姆定律相同,因此关于电路时域分析的各种方法(节点法、网孔法、回路法)、各种定理(齐次定理、叠加定理、戴维南定理、替代定理、互易定理等)以及电路的各种等效变换方法与原则,均适用于复频域电路的分析,只是此时必须在复频域中进行,所有电量用相应的象函数表示,各无源支路用复频域阻抗或复频域导纳代替,且相应的运算为复数代数运算。其一般步骤如下:

1)根据换路前的电路(即 $t<0$ 时的电路)求 $t=0_-$ 时刻电感的初始电流 $i_L(0_-)$ 和电容的初始电压 $u_C(0_-)$。

2)求电路激励(电源)的拉普拉斯变换(即象函数)。

3)画出换路后电路(即 $t>0$ 时的电路)的复频域电路模型(运算模型)。

4) 应用节点法、网孔法、回路法及电路的各种等效变换、电路定理等，对复频域电路模型列写方程组，并求解此方程组，从而求得全响应解的象函数。

5) 对所求得的全响应解的象函数进行拉普拉斯反变换，即得时域中的全响应的解。

例 12-21 如图 12-11a 所示电路，$R_1 = R_2 = 1\Omega$，$L = 2H$，$C = 2F$，$g = 0.5S$，$u_C(0_-) = -2V$，$i_L(0_-) = 1A$，$u_S(t) = \cos t \varepsilon(t) V$。求零输入响应 $u_{2x}(t)$。

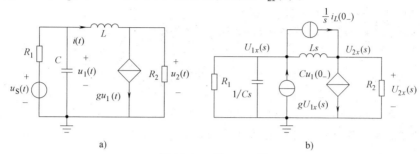

图 12-11 例 12-21 图

解：因只求零输入响应，故应使激励源 $u_S(t) = 0$，进而可画出求零输入响应的 s 域电路模型，如图 12-11b 所示。故可列出两个独立节点的 KCL 方程为

$$\left(\frac{1}{R_1} + Cs + \frac{1}{Ls}\right) U_{1x}(s) - \frac{1}{Ls} U_{2x}(s) = Cu_C(0_-) - \frac{1}{s} i_L(0_-)$$

$$-\frac{1}{Ls} U_{1x}(s) + \left(\frac{1}{R_2} + \frac{1}{Ls}\right) U_{2x}(s) = -gU_{1x}(s) + \frac{1}{s} i_L(0_-)$$

将已知数据代入并整理求解，即得

$$U_{2x}(s) = \frac{2s - \frac{1}{4}}{s^2 + s + \frac{5}{8}} = \frac{2\left(s + \frac{1}{2}\right)}{\left(s + \frac{1}{2}\right)^2 + \left(\sqrt{\frac{3}{8}}\right)^2} - \frac{\frac{5}{4}\sqrt{\frac{3}{8}} \times \sqrt{\frac{8}{3}}}{\left(s + \frac{1}{2}\right)^2 + \left(\sqrt{\frac{3}{8}}\right)^2}$$

通过查表，可得

$$u_{2x}(t) = L^{-1}[U_{2x}(s)] = \left(2e^{-\frac{1}{2}t} \cos\sqrt{\frac{3}{8}} t - \frac{5}{4}\sqrt{\frac{8}{3}} e^{-\frac{1}{2}t} \sin\sqrt{\frac{3}{8}} t\right) \varepsilon(t) V$$

例 12-22 如图 12-12a 所示电路，$i_1(t) = t\varepsilon(t) A$，$i_2(t) = e^{-2t}\varepsilon(t) A$，$u_C(0_-) = 0.25V$，$i_L(0_-) = 0$，$R = 1\Omega$，$L = 1H$，$C = 1F$。求全响应 $u_1(t)$。

解：该电路的 s 域电路模型如图 12-12b 所示。其中 $I_1(s) = L[i_1(t)] = \frac{1}{s^2}$，$I_2(s) = L[i_2(t)] = \frac{1}{s+2}$。故可列出独立节点的 KCL 方程为

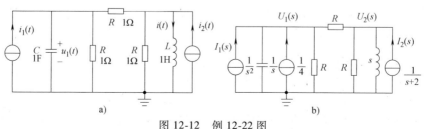

图 12-12 例 12-22 图

$$\left(1+1+\frac{1}{s}\right)U_2(s)-U_1(s)=\frac{1}{s+2}$$

$$-U_2(s)+(1+1+s)U_1(s)=\frac{1}{s^2}+\frac{1}{4}$$

解得

$$U_1(s)=\frac{1}{2}\frac{1}{s^2}+\frac{5}{4}\frac{1}{s+1}-\frac{9}{8}\frac{1}{(s+1)^2}-\frac{1}{s+2}$$

故得

$$u_1(t)=L^{-1}[U_2(s)]=\left(\frac{1}{2}t+\frac{5}{4}e^{-t}-\frac{9}{8}te^{-t}-e^{-2t}\right)\varepsilon(t)\text{ V}。$$

例 12-23 如图 12-13a 所示电路，已知 $t<0$ 时 S 闭合，电路已工作于稳定状态。今于 $t=0$ 时刻打开 S，求 $t>0$ 时开关 S 两端的电压 $u(t)$。已知 $R_1=30\Omega$，$R_2=R_3=5\Omega$，$C=10^{-3}\text{F}$，$L=0.1\text{H}$，$U_S=140\text{V}$。

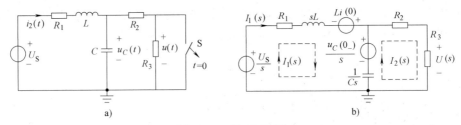

图 12-13 例 12-23 图

解：因 $t<0$ 时 S 闭合，电路已工作于稳态，且电路中作用的是直流电压源 U_S，故此时电感 L 相当于短路，电容 C 相当于开路。故有

$$i_L(0_-)=\frac{U_S}{R_1+R_2}=\frac{140}{30+5}\text{A}=4\text{A}$$

$$u_C(0_-)=R_2 i_1(0_-)=20\text{V}$$

于是可作出 $t>0$ 时的复频域电路模型，如图 12-13b 所示，进而可写出网孔回路的 KVL 方程为

$$\left(R_1+Ls+\frac{1}{Cs}\right)I_1(s)-\frac{1}{Cs}I_2(s)=\frac{1}{s}U_S+Li_L(0_-)-\frac{1}{s}u_C(0_-)$$

$$-\frac{1}{Cs}I_1(s)+\left(R_2+R_3+\frac{1}{Cs}\right)I_2(s)=\frac{1}{s}u_C(0_-)$$

将已知数据代入并求解得

$$I_2(s)=\frac{3.5}{s}-\frac{1.5s+400}{s^2+400s+40000}$$

又

$$U(s)=R_3 I_2(s)=5\left(\frac{3.5}{s}-\frac{1.5s+400}{s^2+400s+40000}\right)$$

故得

$$u(t)=L^{-1}[U(s)]=(17.5-500te^{-200t}-7.5e^{-200t})\varepsilon(t)\text{ V}$$

例 12-24 如图 12-14a 所示电路，求零状态响应 $u_C(t)$。

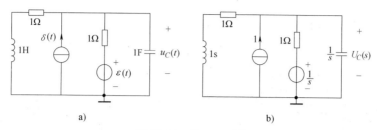

图 12-14　例 12-24 图

解： 因有 $L[\delta(t)]=1$，$L[\varepsilon(t)]=\dfrac{1}{s}$，故得复频域电路模型如图 12-14b 所示，进而可列出独立节点的 KCL 方程为

$$\left(\frac{1}{s+1}+1+s\right)U_C(s)=1+\frac{1}{s}$$

解之得

$$U_C(s)=\frac{s^2+2s+1}{s^3+2s^2+2s}=\frac{s^2+2s+1}{s(s^2+2s+2)}=\frac{s^2+2s+1}{s[(s^2+2s+1)+1]}=\frac{s^2+2s+1}{s[(s+1)^2+1]}=\frac{s^2+2s+1}{s(s+1-\text{j}1)(s+1+\text{j}1)}$$

$$=\frac{\dfrac{1}{2}}{s}+\frac{\dfrac{1}{4}\sqrt{2}\,\text{e}^{-\text{j}45°}}{s+1-\text{j}1}+\frac{\dfrac{1}{4}\sqrt{2}\,\text{e}^{\text{j}45°}}{s+1+\text{j}1}$$

故得

$$u_C(t)=\frac{1}{2}\left[1+\sqrt{2}\,\text{e}^{-t}\cos(t-45°)\right]\varepsilon(t)\,\text{V}$$

例 12-25 图 12-15a 所示电路中，已知 $C_1=1\text{F}$，$C_2=2\text{F}$，$R=3\Omega$，$u_{C1}(0_-)=10\text{V}$，$u_{C2}(0_-)=0\text{V}$。今于 $t=0$ 时刻闭合 S，求 $t>0$ 时的响应 $i_1(t)$，$i_2(t)$，$u_1(t)$，$u_2(t)$，$u_R(t)$，并画出波形。

解： $t>0$ 时的 s 域电路模型如图 12-15b 所示，进而可列出独立节点的 KCL 方程为

$$\left(C_1s+C_2s+\frac{1}{R}\right)U_2(s)=\frac{1}{s}u_{C1}(0_-)C_1s=10$$

代入数据解得

$$U_2(s)=\frac{30}{9s+1}=\frac{\dfrac{10}{3}}{s+\dfrac{1}{9}}$$

故得

$$u_2(t)=L^{-1}[U_2(s)]=\frac{10}{3}\text{e}^{-\frac{1}{9}t}\text{V},\ t>0$$

又有

$$U_2(s)=\frac{1}{s}u_1(0_-)-\frac{1}{C_1 s}I_1(s)$$

故

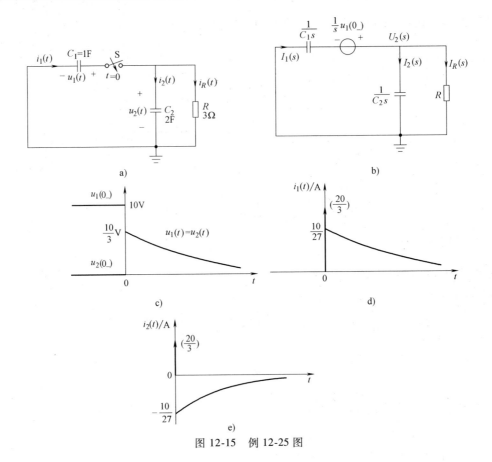

图 12-15 例 12-25 图

$$\frac{1}{C_1 s}I_1(s) = \frac{1}{s}u_1(0_-) - U_2(s)$$

即

$$\frac{1}{s}I_1(s) = \frac{10}{s} - \frac{30}{9s+1} = \frac{10(6s+1)}{s(9s+1)}$$

故

$$I_1(s) = 10 \times \frac{6s+1}{9s+1} = 10\left(\frac{2}{3} + \frac{\frac{1}{3}}{9s+1}\right) = 10\left(\frac{2}{3} + \frac{1}{27}\frac{1}{s+\frac{1}{9}}\right) = \frac{20}{3} + \frac{10}{27}\frac{1}{s+\frac{1}{9}}$$

所以

$$i_1(t) = \left[\frac{20}{3}\delta(t) + \frac{10}{27}e^{-\frac{1}{9}t}\right] A, t>0$$

又

$$I_R(s) = \frac{U_2(s)}{R} = \frac{1}{3}\frac{30}{9s+1} = \frac{10}{9}\frac{1}{s+\frac{1}{9}}$$

故得

$$i_R(t) = \frac{10}{9}e^{-\frac{1}{9}t} \text{A}$$

可以验证有

$$i_1(t) = i_2(t) + i_R(t)$$

也可以用以下方法求 $i_1(t)$，$i_2(t)$，$u_1(t)$，$u_R(t)$。从图 12-15a 可看出有

$$u_1(t) = u_2(t) = \frac{10}{3}e^{-\frac{1}{9}t} \text{V}, t>0$$

故

$$i_1(t) = -C_1\frac{du_1(t)}{dt} = \left[\frac{20}{3}\delta(t) + \frac{10}{27}e^{-\frac{1}{9}t}\right] \text{A}, t>0$$

$$i_2(t) = C_2\frac{du_2(t)}{dt} = \left[\frac{20}{3}\delta(t) - \frac{10}{27}e^{-\frac{1}{9}t}\right] \text{A}, t>0$$

$$i_R(t) = \frac{1}{R}u_2(t) = \frac{10}{9}e^{-\frac{1}{9}t} \text{A}, t>0$$

其波形如图 12-15c、d、e 所示。可见 $i_1(t)$ 和 $i_2(t)$ 中出现了冲激，这是因为在电路的换路瞬间（即 $t=0$ 时刻），C_1、C_2 上的电压 $u_1(t)$、$u_2(t)$ 发生了突变。

例 12-26 如图 12-16a 所示电路。已知 S 打开时 $u_1(0_-) = U_m$，$u_2(0_-) = 0$，$i(0_-) = 0$，$C_1 = C_2 = C$。今于 $t=0$ 时刻闭合 S。求 $t>0$ 时的响应 $u_1(t)$、$u_2(t)$，并画出波形。

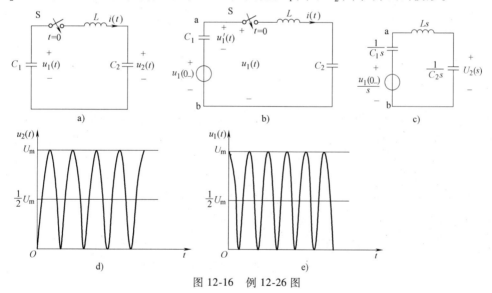

图 12-16 例 12-26 图

解：S 打开时的时域等效电路如图 12-16b 所示。$t>0$ 时的 s 域电路模型如图 12-16c 所示。

$$Z(s) = \frac{1}{C_1 s} + Ls + \frac{1}{C_2 s} = \frac{2}{Cs} + Ls$$

$$I(s) = \frac{\dfrac{u_1(0_-)}{s}}{Z(s)} = \frac{U_m}{s\left(Ls + \dfrac{2}{Cs}\right)}$$

$$U_2(s) = \frac{1}{C_2 s} I(s) = \frac{U_m}{LCs\left(s^2 + \frac{2}{LC}\right)} = \frac{\frac{U_m}{2}}{s} - \frac{U_m}{2} \frac{s}{s^2 + \omega_0^2}$$

式中，$\omega_0 = \sqrt{\frac{2}{LC}}$。

故得

$$u_2(t) = L^{-1}[U_2(s)] = \frac{U_m}{2}[1 - \cos\omega_0 t]\varepsilon(t) \text{ V} = -u_1'(t)$$

又

$$u_1(t) = u_1(0_-) + u_1'(t) = U_m - u_2(t) = \frac{U_m}{2}[1 + \cos\omega_0 t]\varepsilon(t) \text{ V}$$

其波形如图 12-16d、e 所示。

例 12-27 如图 12-17a 所示电路，$u_C(t)$ 为响应。（1）求单位冲激响应 $h(t)$；（2）求电路的初始状态 $u_C(0_-)$，$i_L(0_-)$，以使电路的零输入响应 $u_{Cx}(t) = h(t)$；（3）求电路的初始状态 $u_C(0_-)$，$i_L(0_-)$，以使电路对 $\varepsilon(t)$ 的全响应 $u_C(t)$ 仍为 $\varepsilon(t)$。

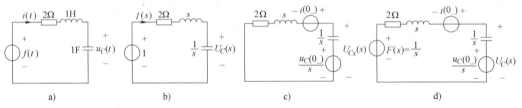

图 12-17 例 12-27 图

解：（1）该电路在单位冲激 $\delta(t)$ 激励下的 s 域电路模型如图 12-17b 所示，其中 $H(s) = L[h(t)]$，$L[\delta(t)] = 1$，故得

$$H(s) = \frac{1}{2 + s + \frac{1}{s}} \times \frac{1}{s} = \frac{1}{s^2 + 2s + 1} = \frac{1}{(s+1)^2}$$

经拉普拉斯反变换得

$$h(t) = L^{-1}[H(s)] = te^{-t}\varepsilon(t) \text{ V}$$

（2）在零输入条件下电路的 s 域模型如图 12-17c 所示。故得

$$U_{Cx}(s) = \frac{i(0_-) - \frac{1}{s}u_C(0_-)}{2 + s + \frac{1}{s}} \cdot \frac{1}{s} + \frac{1}{s}u_C(0_-) = \frac{i(0_-) + (s+2)u_C(0_-)}{s^2 + 2s + 1}$$

依题意要求，应使 $U_{Cx}(s) = H(s)$，即

$$\frac{i(0_-) + (s+2)u_C(0_-)}{s^2 + 2s + 1} = \frac{1}{s^2 + 2s + 1}$$

故得

$$i(0_-)+(s+2)u_C(0_-)=1$$

即

$$su_C(0_-)+i(0_-)+2u_C(0_-)=1$$

故有

$$\begin{cases} su_C(0_-)=0 \\ i(0_-)+2u_C(0_-)=1 \end{cases}$$

故得 $u_C(0_-)=0\text{V}, i(0_-)=1\text{A}$。

(3) 当激励 $f(t)=\varepsilon(t)$ 时,$F(s)=L[\varepsilon(t)]=\dfrac{1}{s}$,其 s 域电路模型如图 12-17d 所示,故得

$$U_C(s)=\dfrac{\dfrac{1}{s}+i(0_-)-\dfrac{1}{s}u_C(0_-)}{2+s+\dfrac{1}{s}}\times\dfrac{1}{s}+\dfrac{1}{s}u_C(0_-)=\dfrac{1}{s(s^2+2s+1)}+\dfrac{i(0_-)+(s+2)u_C(0_-)}{s^2+2s+1}$$

$$=\dfrac{1}{s}-\dfrac{s+2}{s^2+2s+1}+\dfrac{i(0_-)+(s+2)u_C(0_-)}{s^2+2s+1}$$

按题意要求,应使 $U_C(s)=\dfrac{1}{s}$,即

$$\dfrac{1}{s}-\dfrac{s+2}{s^2+2s+1}+\dfrac{i(0_-)+(s+2)u_C(0_-)}{s^2+2s+1}=\dfrac{1}{s}$$

故有

$$-\dfrac{s+2}{s^2+2s+1}+\dfrac{i(0_-)+(s+2)u_C(0_-)}{s^2+2s+1}=0$$

即

$$i(0_-)+(s+2)u_C(0_-)=s+2$$

即

$$su_C(0_-)+i(0_-)+2u_C(0_-)=s+2$$

故有

$$\begin{cases} su_C(0_-)=s \\ i(0_-)+2u_C(0_-)=2 \end{cases}$$

故得 $u_C(0_-)=1\text{V}, i(0_-)=0\text{A}$。

例 12-28 如图 12-18a 所示电路,以 $i(t)$ 为响应。(1) 求单位冲激响应 $h(t)$;(2) 已知 $f(t)=\varepsilon(t)$,$u_1(0_-)=0\text{V}$,$u_2(0_-)=2\text{V}$,求全响应 $i(t)$。

解:(1) $f(t)=\delta(t)$ 时的 s 域电路模型如图 12-18b 所示,其中 $L[\delta(t)]=1$。可得

$$H(s)=\dfrac{1}{\dfrac{1}{1+s}+\dfrac{1}{s}}=\dfrac{s(s+1)}{2s+1}=\dfrac{1}{2}s+\dfrac{1}{4}-\dfrac{1}{8}\dfrac{1}{s+\dfrac{1}{2}}$$

故得

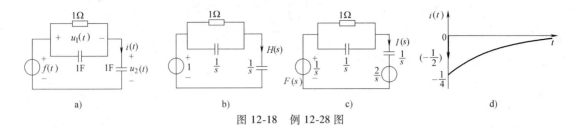

图 12-18 例 12-28 图

$$h(t) = L[H(s)] = \left[\frac{1}{2}\delta'(t) + \frac{1}{4}\delta(t) - \frac{1}{8}e^{-\frac{1}{2}t}\varepsilon(t)\right] A$$

（2）此时的 s 域电路模型如图 12-18c 所示，故得

$$I(s) = \frac{\dfrac{1}{s} - \dfrac{2}{s}}{\dfrac{1}{s+1} + \dfrac{1}{s}} = -\frac{s+1}{2s+1} = -\left(\frac{1}{2} + \frac{1}{4}\cdot\frac{1}{s+\dfrac{1}{2}}\right)$$

故得

$$i(t) = L[I(s)] = \left[-\frac{1}{2}\delta(t) - \frac{1}{4}e^{-\frac{1}{2}t}\varepsilon(t)\right] A$$

$i(t)$ 的波形如图 12-18d 所示。

通过前面几个例子可以看到采用复频率分析法分析线性时不变电路的优点是：

1) 求解步骤简明而有规律。
2) 不需要计算 0_+ 时刻的初始状态，只需用到 0_- 初始状态，减少了计算量。
3) 拉普拉斯变换把微分积分方程转化为代数方程，在复频域中计算比较简单，简化了运算。
4) 在分析线性电路时，甚至可以不列微分方程，就可以直接根据运算等效电路求解。

12.4.5 网络定理在复频域分析中的应用

在复频域分析中也可应用网络定理，如下面的示例所述。

例 12-29 在图 12-19a 所示电路中，参数 $R = 1.42\Omega$，$L = 0.7H$，$C_1 = 0.13F$，$C_2 = 0.013F$，$u_{C1}(0_-) = 1V$，$u_{C2}(0_-) = 2V$，$i_L(0_-) = 3A$，$u_S(t) = 5\varepsilon(t)V$。试应用戴维南定理求 $t \geq 0$ 时的 $i_L(t)$。

解：为了求 $i_L(t)$，先将电感支路移到网络右侧，改画后的复频域等效网络如图 12-19b 所示。将网络中端口 AB 左侧部分用其戴维南等效网络代替，如图 12-19c 点画线框中所示。其中，$U_{OC}(s)$ 为图12-19b 所示网络电感开路时端口 AB 的电压。应用节点分析法

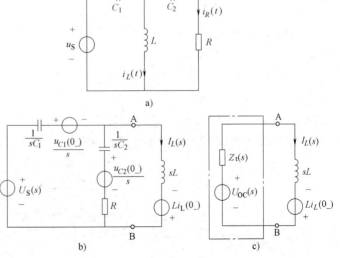

图 12-19 例 12-29 图

可得

$$\left(sC_1+\frac{1}{R+1/sC_2}\right)U_{OC}(s)=\frac{U_S(s)-u_{C1}(0_-)/s}{1/sC_1}+\frac{u_{C2}(0_-)/s}{R+1/sC_2}$$

由此式可求得

$$U_{OC}(s)=\frac{(R+1/sC_2)\left[U_S(s)-\dfrac{u_{C1}(0_-)}{s}\right]+\dfrac{1}{sC_1}\dfrac{u_{C2}(0_-)}{s}}{R+1/sC_2+1/sC_1}$$

$$=\frac{(sRC_1C_2+C_1)\left[U_S(s)-\dfrac{u_{C1}(0_-)}{s}\right]+C_2\dfrac{u_{C2}(0_-)}{s}}{sRC_1C_2+C_1+C_2}$$

代入数据并整理后得

$$U_{OC}(s)=\frac{4s+227.5}{s(s+59.58)}$$

内阻抗 $Z_i(s)$ 可由 R 与 $\dfrac{1}{sC_2}$ 串联后再与阻抗 $\dfrac{1}{sC_1}$ 并联而得，即

$$Z_i(s)=\frac{1}{sC_1+\dfrac{1}{R+1/sC_2}}=\frac{\dfrac{s}{C_1}+\dfrac{1}{RC_1C_2}}{s\left(s+\dfrac{C_1+C_2}{RC_1C_2}\right)}$$

代入数据并求得

$$Z_i(s)=\frac{7.69s+416.7}{s(s+59.58)}$$

求得 $U_{OC}(s)$ 及 $Z_i(s)$ 后，由戴维南等效网络可得

$$I_L(s)=\frac{U_{OC}(s)+Li_L(0_-)}{Z_i(s)+sL}=\frac{\dfrac{4s+227.5}{s(s+59.58)}+2.1}{\dfrac{7.69s+416.7}{s(s+59.58)}+0.7s}=\frac{2.1s^2+129.12s+227.5}{0.7s^3+41.706s^2+7.69s+416.7}$$

求上式得部分分式展开式，有

$$I_L(s)=-\frac{13.36}{s+59.56}+\frac{1.21e^{j29.77°}}{s+0.00832+j3.16}+\frac{1.21e^{-j29.77°}}{s+0.00832-j3.16}$$

最后取反变换得到

$$i_L(t)=-13.36e^{-59.56t}+2.42e^{-0.00832t}\cos(3.16t-29.77°)\,\text{A},\ t\geq 0$$

例 12-30 在图 12-20a 所示的以 AB 为端口的二端口网络中，$R_1=5\,\Omega$，$R_5=10\,\Omega$，$C=0.1\text{F}$，$L=0.5\text{H}$，$g_m=0.5\text{S}$，$r_m=0.4\,\Omega$，$u_S(t)=4\varepsilon(t)\text{V}$。在 $t=0$ 时网络处于零状态。

1) 求二端口网络的戴维南等效网络；
2) 求二端口网络的诺顿等效网络；
3) 当二端口网络的端口接入 $L=0.5\text{H}$ 的电感时，求电感的电流 $i_L(t)$ $(t\geq 0)$。已知 $i_L(0_-)=0$。

解：(1) 求端口 AB 的开路电压 $U_{OC}(s)$。在二端口网络中

$$I_3(s)=g_mU_1(s)=g_m[U_S(s)-r_mI_5(s)]=g_m[U_S(s)+r_mI_3(s)]$$

由上式可得

$$I_3(s) = g_m U_1(s) = \frac{g_m U_S(s)}{1-g_m r_m}$$

则端口 AB 的开路电压

$$U_{OC}(s) = U_S(s) - R_5 I_5(s) = U_S(s) + R_5 I_3(s) = \frac{1+g_m(R_5-r_m)}{1-g_m r_m} U_S(s)$$

(2) 求端口 AB 的短路电流 $I_{SC}(s)$。当 AB 短路时

$$U_1(s) = U_S(s) - r_m I_5(s) = U_S(s) - \frac{r_m}{R_5} U_S(s) = \left(\frac{R_5-r_m}{R_5}\right) U_S(s)$$

$$I_{SC}(s) = I_3(s) + I_5(s) = g_m U_1(s) + \frac{U_S(s)}{R_5} = \frac{1+g_m(R_5-r_m)}{R_5} U_S(s)$$

(3) 求二端口网络内阻抗 $Z_i(s)$ 及内导纳 $Y_i(s)$。

$$Z_i(s) = \frac{U_{OC}(s)}{I_{SC}(s)} = \frac{R_5}{1-g_m r_m}$$

$$Y_i(s) = \frac{1}{Z_i(s)} = \frac{1-g_m r_m}{R_5}$$

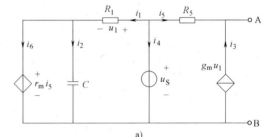

(4) 画出二端口网络的戴维南等效网络和诺顿等效网络。戴维南等效网络由 $U_{OC}(s)$ 与 $Z_i(s)$ 串联组成,如图 12-20b 所示。诺顿等效网络由 $I_{SC}(s)$ 与 $Y_i(s)$ 并联组成,如图 12-20c 所示。

(5) 求 $i_L(t)$。当端口 AB 处接入电感时,根据戴维南等效网络(见图 12-20d)可得

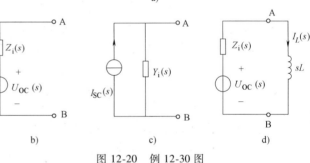

图 12-20 例 12-30 图

$$I_L(s) = \frac{U_{OC}(s)}{Z_i(s)+sL} = \frac{\frac{1+g_m(R_5-r_m)}{1-g_m r_m} U_S(s)}{\frac{R_5}{1-g_m r_m}+sL} = \frac{1+g_m(R_5-r_m)}{R_5+sL(1-g_m r_m)} U_S(s)$$

代入数据得

$$I_L(s) = \frac{1+0.5(10-0.4)}{10+0.5(1-0.5\times 0.4)s} U_S(s) = \frac{14.5}{s+25} U_S(s)$$

其中,$U_S(s) = L[u_S(t)] = \dfrac{4}{s}$,于是有

$$I_L(s) = \frac{58}{s(s+25)} = \frac{2.32}{s} - \frac{2.32}{s+25}$$

对上式进行拉普拉斯反变换后,得到电感的电流为

$$i_L(t) = 2.32(1-e^{-25t})\varepsilon(t) \text{A}, t \geq 0$$

【实例应用】

家用电路中多为感性负载,图 12-21 所示为某家用电路的模型,有三个负载 R_1、X_2、R_2,供电线路上的电感为 X_1。假设开关在 $t=0$ 时打开,相当于负载 R_2 在 $t=0$ 时脱离了电路。若供电线路电感 X_1 的初始电流为 20A,电阻性负载 R_1 的端电压 u_0 为 110V,阻抗为 20Ω,电感负载 X_2 的初始电流为 0,开关打开后,供电线路和负载之间是如何产生电压浪涌的呢?

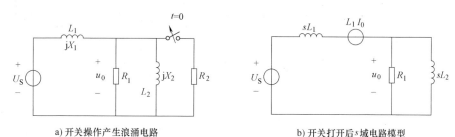

a) 开关操作产生浪涌电路   b) 开关打开后 s 域电路模型

图 12-21 开关操作产生浪涌的电路及其 s 域电路模型

现在利用拉普拉斯变换法来分析电路里的浪涌现象。开关打开后建立复频域的等效电路,如图 12-21b 所示。当开关打开前,电阻性负载 R_1 上的电压峰值为 $110\times\sqrt{2}\,\text{V}=155.5\text{V}$,开关打开瞬间,电阻 R_1 上电压会从 155.5V 跃变为 $20\text{A}\times\sqrt{2}\times20\Omega=565.6\text{V}$,电阻无法承受这么大的电压,会烧毁设备。工程上通常用浪涌抑制器来保护设备。

本 章 小 结

知识点:
1. 拉普拉斯变换及其基本性质;
2. 部分分式展开法求拉普拉斯反变换;
3. 应用复频域分析法求解线性时不变电路。

难点:
1. 利用拉普拉斯变换的性质求解拉普拉斯正、反变换;
2. 运算电路模型的建立;
3. 电路分析法在分析运算电路模型中的应用。

注意:复频域分析法只能用于线性时不变电路的分析,且复频域分析法的正确性,有赖于建立正确的复频域等效电路。

习 题 12

12-1 应用定义求下列函数的拉普拉斯变换。
(1) $f(t)=2\varepsilon(t-4)$;(2) $f(t)=-6e^{-2t}[\varepsilon(t)-\varepsilon(t-2)]$;
(3) $2\delta(t)-3\varepsilon(t)$;(4) $3\delta(t-2)-3t\varepsilon(t)$;(5) $\varepsilon(t)\varepsilon(t-2)$。

12-2 应用 s 域(复频域)微分性质,求 $f(t)=te^{-t}\sin t\varepsilon(t)$ 的拉普拉斯变换。

12-3 应用时域微分性质,求习题图 12-1 所示波形的拉普拉斯变换。

12-4 应用 s 域积分性质，求 $f(t)=\dfrac{\mathrm{e}^{-3t}-\mathrm{e}^{-5t}}{t}\varepsilon(t)$ 的拉普拉斯变换。

12-5 应用时移定理，求习题图 12-2 所示函数 $f(t)$ 的拉普拉斯变换。

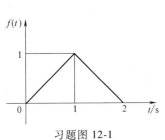
习题图 12-1

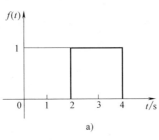
a)

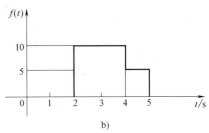
b)

习题图 12-2

12-6 求下列函数的拉普拉斯反变换。

(1) $F(s)=\dfrac{(s+1)(s+4)}{s(s+2)(s+3)}$；(2) $F(s)=\dfrac{2s^2+16}{(s^2+5s+6)(s+12)}$；

(3) $F(s)=\dfrac{2s+4}{s(s^2+4)}$；(4) $F(s)=\dfrac{s^2+4s}{(s+1)(s^2-4)}$；(5) $F(s)=\dfrac{2s}{(s^2+4)^2}$。

12-7 应用时移特性，求 $F(s)=\dfrac{\mathrm{e}^{-s}+\mathrm{e}^{-2s}+1}{(s+1)(s+2)}$ 的拉普拉斯变换。

12-8 列出习题图 12-3 所示电路的微分方程，应用时域微分定理求电容电压 $u_C(t)$。

12-9 习题图 12-4 所示电路已稳定，$t=0$ 时刻开关 S 从 1 转至 2。试用以下两种方法求电容电压 $u_C(t)$。

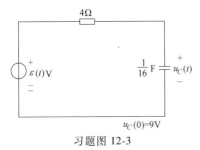
习题图 12-3

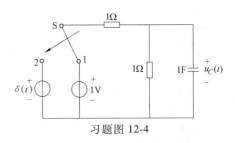
习题图 12-4

(1) 列出电路微分方程，再用拉普拉斯变换求解；
(2) 应用元件的 s 域模型画出运算电路，再求解。

12-10 习题图 12-5 所示电路中，已知 $i(0_-)=1\mathrm{A}$，$u_S=20\cos(10t+45°)\varepsilon(t)\mathrm{V}$，$L=2\mathrm{H}$，$R=20\Omega$。用运算法求电流 $i(t)$。

12-11 习题图 12-6 所示电路已稳定，$t=0$ 时刻将开关打开，画出运算电路，并求电流 $i(t)$。已知 $R_1=2\Omega$，$R_2=0.75\Omega$，$C=1\mathrm{F}$，$L=\dfrac{1}{12}\mathrm{H}$，$u_S=21\mathrm{V}$。

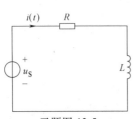
习题图 12-5

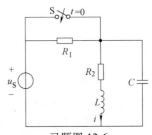
习题图 12-6

附 录

附录 A 法定单位

1984年2月27日,国务院发布命令:"我国的计量单位一律采用《中华人民共和国法定计量单位》。"

我国的法定计量单位简称法定单位,它是以国际单位制(SI)为基础构成的。表 A-1 列出了部分国际单位制单位。

表 A-1 部分国际单位制单位

量的名称	单位名称	单位符号	量的名称	单位名称	单位符号
长度	米	m	磁通量	韦[伯]	Wb
时间	秒	s	电阻	欧[姆]	Ω
电流	安[培]	A	电导	西[门子]	S
电压	伏[特]	V	电感	亨[利]	H
功率	瓦[特]	W	电容	法[拉]	F
能量	焦[耳]	J	平面角	弧度	rad
电荷量	库[仑]	C	频率	赫[兹]	Hz

注:[ ]内的字,在不致混淆的情况下可省略。

在实际应用中,上述单位有时嫌过小或过大,这时可在各单位前加适当的词头。表 A-2 列出了部分国际单位制词头。

表 A-2 部分国际单位制词头

因数	词头	符号	因数	词头	符号
10^9	吉	G	10^{-6}	微	μ
10^6	兆	M	10^{-9}	纳	n
10^3	千	k	10^{-12}	皮	p
10^{-3}	毫	m			

附录 B 拉普拉斯变换表

序号	$f(t)\varepsilon(t)$	$F(s)$
1	$\sigma(t)$	1
2	$\sigma^n(t)$	s^n
3	$\varepsilon(t)$	$\dfrac{1}{s}$
4	t	$\dfrac{1}{s^2}$
5	t^n	$\dfrac{n!}{s^{n+1}}$
6	e^{-at}	$\dfrac{1}{s+a}$
7	te^{-at}	$\dfrac{1}{(s+a)^2}$
8	$t^n e^{-at}$	$\dfrac{n!}{(s+a)^{n+1}}$
9	$e^{-j\omega t}$	$\dfrac{1}{s+j\omega}$
10	$\sin\omega t$	$\dfrac{\omega}{s^2+\omega^2}$
11	$\cos\omega t$	$\dfrac{s}{s^2+\omega^2}$
12	$e^{-at}\sin\omega t$	$\dfrac{\omega}{(s+a)^2+\omega^2}$
13	$e^{-at}\cos\omega t$	$\dfrac{s+a}{(s+a)^2+\omega^2}$
14	$t\sin\omega t$	$\dfrac{2\omega s}{(s^2+\omega^2)^2}$
15	$t\cos\omega t$	$\dfrac{s^2-\omega^2}{(s^2+\omega^2)^2}$
16	$\text{sh}\omega t$	$\dfrac{\omega}{s^2-\omega^2}$
17	$\text{ch}\omega t$	$\dfrac{s}{s^2-\omega^2}$
18	$\sum\limits_{n=0}^{\infty}\delta(t-nT)$	$\dfrac{1}{1-e^{-sT}}$
19	$\sum\limits_{n=0}^{\infty}f(t-nT)$	$\dfrac{F_0(s)}{1-e^{-sT}}$
20	$\sum\limits_{n=0}^{\infty}[\varepsilon(t-nT)-\varepsilon(t-nT-\tau)],\ T>\tau$	$\dfrac{1-e^{-s\tau}}{s(1-e^{-sT})}$

参 考 文 献

[1] 单潮龙. 电路 [M]. 2版. 北京：国防工业出版社，2014.
[2] 吴正国. 电路 [M]. 长沙：国防科技大学出版社，2002.
[3] 张年凤. 电路基本理论 [M]. 北京：清华大学出版社，2004.
[4] 刘健. 电路分析 [M]. 北京：电子工业出版社，2005.
[5] 邱关源. 电路 [M]. 5版. 北京：高等教育出版社，2006.
[6] 吴大正. 电路基础 [M]. 2版. 西安：西安电子科技大学出版社，2000.
[7] 李瀚荪. 电路分析基础：上、中、下册 [M]. 3版. 北京：高等教育出版社，2000.
[8] James W Nilsson, Susan A Riedel. Electric Circuits [M]. 8th ed. New Jersey：Prentice Hall, 2007.
[9] 孙玉坤, 陈晓平. 电路原理 [M]. 北京：机械工业出版社，2006.
[10] 嵇斗, 王向军. 基于二次谐波电流传感器研究 [J]. 仪器仪表学报，2008, 29 (4)：122-124.
[11] 汪小娜, 周永红, 单潮龙, 等. 关于谐振电路中能量问题的讨论 [J]. 电气电子教学学报，2011, 33 (1)：35-36.
[12] 汪小娜, 单潮龙, 王向军, 等. RL和C并联谐振电路品质因数精确值的计算 [J]. 大学物理，2011, 30 (3)：31-33.
[13] 何芳, 王向军.《电路》课程网络教学资源库建设的思考 [J]. 海军院校教育，2010, 20 (1)：40-41.
[14] 何芳, 王向军. 从无功功率讨论谐振电路的品质因数 [J]. 课程教育研究，2013, 9：23-25.
[15] Hefang, Wangxiangjun. Discussion of Innovative Curriculum Reform in University, 2013 International Conference on Education and Teaching [C]. 2013, 3：101-106.
[16] 汪小娜, 周永红, 单潮龙, 等. 关于谐振电路中能量问题的讨论 [J]. 电气电子教学学报，2011, 33 (1)：35-36.
[17] 嵇斗, 单潮龙, 王向军.《电路》课程教学方法研讨 [J]. 海军工程大学学报（综合版），2007 (11)：91-92.